21世纪高等院校网络工程规划教材

21st Century University Planned Textbooks of Network Engineering

网络设备配置与管理

Network Devices Configuration
and Management

甘刚 主编

田家昌 王力洪 副主编

人民邮电出版社

北 京

图书在版编目（C I P）数据

网络设备配置与管理 / 甘刚主编. -- 北京 ：人民
邮电出版社，2011.9
    21世纪高等院校网络工程规划教材
    ISBN 978-7-115-25275-3

    Ⅰ. ①网… Ⅱ. ①甘… Ⅲ. ①计算机网络－高等学校
－教材 Ⅳ. ①TP393

    中国版本图书馆CIP数据核字(2011)第148661号

内 容 提 要

　　本书详细阐述了计算机网络基础知识，具体分析了 OSI 参考模型和 TCP/IP 参考模型的体系结构和
相关层次网络协议，系统地讲解了路由器和交换机的工作原理和主要配置，简要介绍了 VoIP 技术和
WLAN 技术的理论知识和配置方法，详细介绍了 IOS 的安全问题，最后介绍了常见模拟器的使用。

　　在每章内容结束后，还给出了一些习题。通过完成习题可以达到强化每一章知识点的目的。

　　本书可作为大专院校相关专业的教材，以及网络相关公司的培训用书，也可供网络工程专业人员
学习参考。

◆ 主　　编　甘　刚
　　副 主 编　田家昌　王力洪
　　责任编辑　刘　博

◆ 人民邮电出版社出版发行　　北京市丰台区成寿寺路 11 号
　　邮编　100164　　电子邮件　315@ptpress.com.cn
　　网址　http://www.ptpress.com.cn
　　北京虎彩文化传播有限公司印刷

◆ 开本：787×1092　1/16
　　印张：23.25　　　　　　　2011 年 9 月第 1 版
　　字数：582 千字　　　　　2024 年 8 月北京第 23 次印刷

ISBN 978-7-115-25275-3

定价：45.00 元

读者服务热线：(010)81055256　印装质量热线：(010)81055316
反盗版热线：(010)81055315

前　　言

21世纪是一个以网络为核心的信息时代，因为网络可以迅速地传递各类信息，而要实现信息化就必须依靠完善的网络，网络的发展已经成为信息社会的命脉和发展知识经济的重要基础。在现代网络中，无论从简单的小型的局域网还是到复杂的大型的广域网，它们都是由各种各样的网络设备来连接的。作为一名从事网络规划设计、网络配置和网络管理的专业人员，各种网络设备的配置与管理是网络工程师必须熟悉和掌握的基本技能。

本书由从事网络教学工作十多年、经验丰富的多位老师合作编著，他们结合多年的计算机网络教学经验，计算机网络教学特点和工作实际，以初学者的身份和心理量身编写和安排了本书知识和工程内容，与此同时列举了大量的具体实例。

主要内容

本书完全按照模块化方式，全面而又精炼地讲解了网络及网络协议的基本知识、IOS的基础知识、路由和交换的基础知识、访问控制、网络地址转换、VLAN配置、IOS安全、VoIP技术、WLAN技术等方面的内容。全书共分为15章，主要分为6个模块来介绍，其中第1个模块介绍了计算机网络的基础知识，包括IP地址、子网划分、VLSM、CIDR和以太网基础知识等。第2个模块介绍了路由器的有关知识，包括不同路由协议的工作原理和配置方法、访问控制列表、NAT\PAT技术等。第3个模块介绍了交换机的有关知识，包括交换机交换原理、STP和VLAN技术等。第4个模块介绍了广域网、VoIP与WLAN有关知识及配置方法。第5个模块介绍了IOS安全有关知识。第6个模块介绍了常见模拟器的使用方法。

本书重点突出、主次分明、结构层次清晰、逻辑思维较强、语言通俗易懂。书中每一章都有本章知识点导读、本章小结、本章练习、本章实验，能使学习者很快掌握所有知识并能运用到实际的网络环境中。

相信本书能够满足广大热爱网络、学习网络的读者的需求。

特点

全书从基本的计算机网络知识出发逐渐深入，向读者系统讲解了如何在具体网络中使用路由器和交换机，并且对OSPF、EIGRP等路由协议以及VLAN技术进行了深入详细的说明。另外，本书图文并茂、实例众多，且所举出的实例针对性强，分析透彻，突出了本书以实例为中心的特点。通过阅读本书，会加深读者对计算机网络的理解，提高配置路由器和交换机的技巧。

适应对象

本书语言通俗易懂，内容丰富翔实，突出了以实例为中心的特点，适合希望学习网络技术的大中专院校学生以及与网络相关的公司培训职员。同时，本书也可以作为从事网络工程的专业人员的参考用书。

由于本书编写时间比较紧张，书中难免存在一些错误和某些知识点的缺漏，欢迎广大读者批评指正。

编　者

2011 年 5 月

目　　录

第1章　网络互连 ·························1
　1.1　OSI 参考模型 ·····················1
　　1.1.1　OSI 参考模型概述 ··········1
　　1.1.2　OSI 模型分层 ···············2
　　1.1.3　OSI 参考模型物理层的功能···3
　　1.1.4　OSI 参考模型数据链
　　　　　路层的功能 ··················3
　　1.1.5　OSI 参考模型网络层的功能···4
　　1.1.6　OSI 参考模型传输层的功能···4
　　1.1.7　OSI 参考模型会话层的功能···5
　　1.1.8　OSI 参考模型表示层的功能···5
　　1.1.9　OSI 参考模型应用层的功能···5
　1.2　数据的封装、解封与传输 ·······5
　　1.2.1　数据的封装解封原理 ·······5
　　1.2.2　数据的封装解封步骤 ·······7
　1.3　以太网 ··························8
　　1.3.1　以太网工作原理 ···········8
　　1.3.2　以太网的工作过程 ·········8
　　1.3.3　以太网帧结构 ·············9
　　1.3.4　以太网的类型 ············10
　1.4　数据线的分类与制作 ··········12
　　1.4.1　双绞线 ··················12
　　1.4.2　同轴电缆 ················14
　　1.4.3　光缆 ····················15
　　1.4.4　3 种 UTP 线缆的用途与
　　　　　制作 ·····················16
　本章小结 ··························19
　习题 ······························19
第2章　TCP/IP ·······················21
　2.1　网络协议概述 ··················21
　2.2　TCP/IP 模型层次结构 ···········22
　2.3　TCP/IP 网络协议组件 ···········23
　　2.3.1　TCP/IP 应用层的协议 ·······23
　　2.3.2　TCP/IP 传输层的协议 ·······24
　　2.3.3　TCP/IP 网络层的协议 ·······26
　2.4　OSI 与 TCP/IP 体系结构的比较···27
　2.5　IP 地址 ·······················28
　　2.5.1　IP 地址介绍 ··············28

　　2.5.2　IP 地址和 MAC 地址的
　　　　　比较 ·····················28
　　2.5.3　IP 地址结构 ··············29
　　2.5.4　IP 地址分类 ··············29
　　2.5.5　IP 地址使用规则 ·········31
　2.6　IP 地址的子网划分 ············31
　　2.6.1　子网划分方法 ············32
　　2.6.2　子网掩码的意义 ··········35
　2.7　可变长子网掩码 ···············36
　2.8　无类别域间路由 ···············37
　2.9　特殊 IP 地址 ··················38
　　2.9.1　私有 IP ··················38
　　2.9.2　广播地址 ················39
　　2.9.3　多播地址 ················39
　　2.9.4　环回地址 ················40
　本章小结 ··························40
　习题 ······························40
第3章　配置 Cisco Router 及 IOS
　　　管理命令 ·····················42
　3.1　Cisco Router 用户接口 ·········42
　　3.1.1　Cisco Router 的连接 ·······42
　　3.1.2　启动 Router ··············43
　3.2　命令行接口 ···················48
　　3.2.1　用户模式→enable→特权
　　　　　模式 ·····················48
　　3.2.2　全局配置模式 config
　　　　　terminal ·················48
　　3.2.3　Router 接口 ··············48
　　3.2.4　CLI 提示符 ··············49
　　3.2.5　帮助和编辑功能 ··········49
　3.3　收集信息：Show version 显示
　　　版本 ·························53
　　3.3.1　Cisco 路由器设置主机名与
　　　　　时钟 ·····················54
　　3.3.2　路由器接口 IP 地址的设置···54
　　3.3.3　路由器三类口令的设置······56
　　3.3.4　标题栏（Banners）与接口
　　　　　描述 ·····················58

本章小结 ························59
习题 ··························59
实验 ··························60

第4章 管理 Cisco 网络 ·········62
4.1 Cisco 路由器组成部分 ·······62
   4.1.1 路由器的硬件构成 ·····62
   4.1.2 路由器的接口 ········63
4.2 路由器接口与接口连接 ·····64
   4.2.1 局域网接口 ··········65
   4.2.2 广域网接口 ··········66
   4.2.3 路由器配置接口 ·····67
4.3 路由器的硬件连接 ·········68
   4.3.1 路由器与局域网接入设备
        之间的连接 ········68
   4.3.2 路由器与 Internet 接入设备的
        连接 ··············69
   4.3.3 路由器的配置接口连接 ···71
4.4 路由器 IOS ···············71
   4.4.1 路由器 IOS 概述 ······71
   4.4.2 路由器 IOS 引导顺序 ···72
4.5 管理配置寄存器 ···········72
   4.5.1 寄存器各个部分含义 ···72
   4.5.2 路由器密码恢复 ······74
4.6 备份、恢复（或升级）
   Cisco IOS ················76
   4.6.1 备份 Cisco IOS ········76
   4.6.2 恢复或升级 IOS ·······77
4.7 路由器 CDP ··············78
   4.7.1 CDP 概述 ·············78
   4.7.2 CDP 定时器 ···········78
   4.7.3 开启和关闭路由器 CDP···79
   4.7.4 查看 CDP 信息 ········79
4.8 配置主机名解析 ···········79
4.9 配置和管理 telnet 会话 ·····80
   4.9.1 配置 Telnet 线路 ······80
   4.9.2 同时管理多个 Telnet 会话···80
本章小结 ························81
习题 ··························81

第5章 IP 路由 ················83
5.1 IP 路由概述 ··············83
5.2 路由协议的类型 ···········84
5.3 静态路由 ················85

5.3.1 静态路由概述 ········85
5.3.2 静态路由配置 ········85
5.3.3 默认路由 ············87
5.3.4 浮动静态路由 ········88
5.4 动态路由 ················89
   5.4.1 动态路由概述 ········89
   5.4.2 路由环路与其解决方案······90
5.5 RIP ····················92
   5.5.1 RIP 概述 ·············92
   5.5.2 RIP 计时器 ···········92
   5.5.3 RIPv2 ···············92
   5.5.4 配置 RIP ·············93
5.6 IGRP ···················94
   5.6.1 IGRP 概述 ············94
   5.6.2 IGRP 特性 ············95
   5.6.3 IGRP 计时器 ··········95
   5.6.4 配置 IGRP ············95
   5.6.5 验证 IGRP 配置 ·······96
本章小结 ························98
习题 ··························98

**第6章 高级路由协议：OSPF 与
      EIGRP ···············100**
6.1 OSPF ··················100
   6.1.1 OSPF 概述 ···········100
   6.1.2 OSPF 相关术语 ·······101
   6.1.3 OSPF 包类型 ·········102
   6.1.4 OSPF 邻居 ···········102
   6.1.5 OSPF 邻居与相邻性初
        始化 ··············104
   6.1.6 LSA 泛滥 ············108
   6.1.7 SPF 树计算 ···········109
   6.1.8 OSPF 网络拓扑结构 ····110
   6.1.9 通配符掩码 ··········111
   6.1.10 配置 OSPF ···········112
   6.1.11 可选 OSPF 配置项 ····112
   6.1.12 OSPF 汇总
        （Summarzation）···113
   6.1.13 OSPF 的缺点 ········113
   6.1.14 OSPF 配置实例 ······113
   6.1.15 检查 OSPF 配置 ······116
6.2 EIGRP 的配置 ···········119
   6.2.1 EIGRP 概述 ··········119
   6.2.2 EIGRP 相关术语 ······120

6.2.3　EIGRP 邻接关系的建立……120

6.2.4　EIGRP 的可靠性……121

6.2.5　EIGPR 路由表的建立……123

6.2.6　EIGRP 路由汇总……124

6.2.7　EIGRP 负载均衡……126

6.2.8　EIGRP 的配置……127

6.2.9　EIGRP 的缺点……127

6.2.10　EIGRP 配置实例……127

6.2.11　检查 EIGRP 配置……129

本章小结……131

习题……131

第7章　访问控制列表……133

7.1　什么是 ACL……133

7.2　号码式 ACL……134

7.2.1　标准号码式 ACL……135

7.2.2　控制 VTY（Telnet）访问……136

7.2.3　扩展号码式 ACL……137

7.3　命名式 ACL……139

7.3.1　标准命名式 ACL……139

7.3.2　扩展命名式 ACL……140

7.4　验证 ACL……141

本章小结……141

习题……142

实验……143

第8章　网络地址转换（NAT）……147

8.1　NAT……147

8.1.1　术语……147

8.1.2　NAT 工作原理……147

8.1.3　NAT 支持的传输类型……149

8.1.4　NAT 的优点与缺点……150

8.2　NAT 的操作……150

8.2.1　静态 NAT……150

8.2.2　配置静态的 NAT……150

8.2.3　动态 NAT……151

8.2.4　配置动态 NAT……151

8.3　重载内部全局地址（Overload）……153

8.3.1　PAT 技术……153

8.3.2　动态与过载的配合使用……154

本章小结……154

习题……154

实验……155

第9章　交换原理与交换机配置……160

9.1　第二层交换（layer-2 switching）……160

9.1.1　概述……160

9.1.2　第二层交换的局限性……161

9.1.3　桥接与 LAN 交换的比较……161

9.1.4　第二层交换机的3个功能……161

9.2　生成树协议（STP）……163

9.2.1　如何工作……163

9.2.2　建立一棵初始生成树……165

9.2.3　STP 的优先级……167

9.3　LAN 交换机的转发帧方式……168

9.4　配置交换机……169

9.4.1　配置主机名 Hostname……169

9.4.2　配置 IP 信息……169

9.4.3　端口（port）配置……170

9.5　交换机的其他配置……170

9.5.1　配置密码……170

9.5.2　收集信息……172

9.5.3　配置端口常见参数……174

9.5.4　验证连接性……176

9.5.5　配置 MAC 地址表……178

9.5.6　配置端口安全性……178

9.5.7　备份、还原与删除配置文件……183

9.5.8　交换机口令破解……184

9.5.9　交换机的工作类型……185

9.6　三层交换机的配置与路由……186

9.6.1　三层交换机与路由器的比较……186

9.6.2　三层交换机配置……189

本章小结……195

习题……195

实验……196

第10章　虚拟局域网（VLAN)……199

10.1　VLAN 概述……199

10.2　VLAN 的特点与优越性……200

10.3　VLAN 中继协议的介绍……201

10.3.1　802.1Q 帧格式介绍……201

10.3.2　ISL 帧格式介绍……202

10.3.3　VLAN 中继协议兼容性

分析 ·····················203

10.4 一台交换机上 VLAN 的实现·····204
　10.4.1 静态 VLAN（Static
　　　　VLAN）的实现 ·········204
　10.4.2 动态 VLAN（Dynamic
　　　　VLAN）的实现 ·········204
10.5 多台交换机上 VLAN 的实现
　　（包括 1900、2900、
　　2950 型号）·············204
　10.5.1 VTP（VLAN Trunk
　　　　Protocol）·············205
　10.5.2 配置 VLAN ···········206
　10.5.3 创建并命名 VLAN ·······206
　10.5.4 分配端口到 VLAN ·······207
　10.5.5 配置 Trunk 端口 ·······207
　10.5.6 配置 ISL 和 802.1Q 路由···210
　10.5.7 配置 VTP ···········211
本章小结 ·····················212
习题 ·······················212
实验 ·······················213

第 11 章 广域网（WAN）·········218
11.1 WAN ···················218
　11.1.1 WAN 的术语 ·········218
　11.1.2 WAN 的连接类型 ·······218
11.2 HDLC（High-Lever Data-
　　Link Coutrol）··········219
11.3 PPP（Point To Point Protocol）···222
　11.3.1 LCP 配置选项 ·········222
　11.3.2 PPP 会话（连接）建立 ···222
　11.3.3 PPP 的认证方法 ·······223
　11.3.4 配置 PPP ···········223
　11.3.5 配置认证 ···········223
11.4 帧中继（Frame Relay）·····224
　11.4.1 工作过程 ···········224
　11.4.2 帧中继封装 ·········224
　11.4.3 虚电路 ·············225
　11.4.4 DLCI（Data Link
　　　　Connection Id）·······225
　11.4.5 LMI（Local Mnanagement
　　　　Interface）·········225
　11.4.6 子接口 ·············226
　11.4.7 帧中继映射（MAP）·····226
　11.4.8 监视帧中继 ·········226

本章小结 ·····················227
习题 ·······················227
实验 ·······················228

第 12 章 无线局域网 WLAN 与 VoIP····232
12.1 WLAN 的基本概念 ·······232
12.2 协议标准以及技术演进 ·····233
　12.2.1 802.11b·············233
　12.2.2 802.11a ···········233
　12.2.3 802.11g ···········234
12.3 WLAN 的基本网络组件 ·····235
　12.3.1 客户端适配器 ·······236
　12.3.2 接入点 AP ···········236
　12.3.3 网桥 ···············236
　12.3.4 无线交换机 ·········237
　12.3.5 天线 ···············237
12.4 WLAN 的基本组网方式 ·····238
　12.4.1 点对点模式
　　　　（Peer-to-Peer）·····238
　12.4.2 基础架构模式
　　　　Infrastructure ·······239
　12.4.3 多 AP 模式 ·········239
　12.4.4 无线网桥模式 ·······240
　12.4.5 无线中继器模式 ·····240
　12.4.6 瘦 AP+无线交换机的
　　　　集中式组网 ·········241
12.5 WLAN 的优势与劣势 ·······241
12.6 WLAN 的安全问题 ·······242
　12.6.1 WLAN 的安全问题表现 ···242
　12.6.2 802.11i 安全 ·······243
　12.6.3 构建安全的无线局域网 ···244
12.7 WLAN 的应用 ···········245
　12.7.1 WLAN 技术适用范围 ····245
　12.7.2 WLAN 行业应用示例 ····245
12.8 WLAN 前景展望 ·········246
12.9 无线网络的配置 ·········247
　12.9.1 无线路由器的配置 ·····247
　12.9.2 无线网卡客户端的设置 ···249
12.10 VoIP 技术 ·············250
　12.10.1 VoIP 原理概述 ·····250
　12.10.2 实现 VoIP 的基础技术 ···252
12.11 VoIP 服务质量保证 ·······255
12.12 影响语音质量的因素··········256

12.13 语音模块的类型 ……………257
12.14 VoIP 基本配置命令 …………258
　12.14.1 配置 POTS 对等体 ……258
　12.14.2 配置 VoIP 对等体 ………258
12.15 VoIP 配置实例 ………………259
　12.15.1 单机实现 IP 语音电话 …259
　12.15.2 路由器间实现 IP 语音
　　　　　 电话 …………………260
　12.15.3 网守方式实现
　　　　　（GATEKEEPER）………264
本章小结 ……………………………265
习题 …………………………………265

第 13 章　IPv6 …………………………267
13.1 IPv6 概述 ………………………267
13.2 IPv6 的优点 ……………………269
13.3 IPv6 数据报格式 ………………269
13.4 IPv6 单播地址 …………………273
13.5 IPv6 多播地址 …………………274
13.6 IPv6 地址的表示 ………………275
13.7 IPv4 向 IPv6 的过渡方案 ……276
13.8 一些协议的 IPv6 实现 ………277
　13.8.1 DHCPv6 ………………277
　13.8.2 IPv6 下的路由协议 ……277
　13.8.3 IPv6 路由配置实验 ……279
本章小结 ……………………………287
习题 …………………………………287

第 14 章　IOS 安全 ……………………289
14.1 密码与访问 ……………………289
　14.1.1 几种密码设置 …………289
　14.1.2 基于角色的 CLI …………293
14.2 AAA ……………………………295
　14.2.1 认证 ……………………295
　14.2.2 授权 ……………………307
　14.2.3 审计 ……………………311
14.3 管理安全 ………………………312
　14.3.1 telnet ……………………312

14.3.2 SSH …………………………314
14.3.3 日志 …………………………315
14.4 虚拟专用网-VPN ………………316
　14.4.1 VPN 原理概述 …………316
　14.4.2 VPN 的身份验证方法 …317
　14.4.3 IPSEC …………………318
　14.4.4 IPSEC 加密原理 ………320
　14.4.5 VPN/IPSEC 的配置
　　　　　 实验 …………………322
　14.4.6 SSLVPN ………………325
　14.4.7 SSL 工作原理 …………325
　14.4.8 SSL 密钥协商过程 ……326
　14.4.9 SSLVPN 实验 …………327
本章小结 ……………………………331
习题 …………………………………331

第 15 章　模拟器的使用 ………………334
15.1 Dynamips …………………………334
　15.1.1 Dynamips 安装过程 ……334
　15.1.2 Dynamips 的使用 ………336
15.2 7200 系列路由器的模拟 ………345
15.3 可以模拟的板卡和模块 ………346
15.4 以太网交换机的模拟 …………349
　15.4.1 NM-16ESW 模块 ………349
　15.4.2 Dynamips 自己模拟器的
　　　　　 交换机 ………………349
　15.4.3 虚拟帧中继交换机 ……350
15.5 与真实网路连接 ………………350
15.6 保存和重启配置 ………………351
15.7 GNS3 软件介绍 ………………352
　15.7.1 软件安装与配置 ………352
　15.7.2 简单的实验过程 ………356
　15.7.3 实验拓扑和配置文件的
　　　　　 保存与再次读取 ……359
　15.7.4 GNS 与本机网卡的桥接 …360
　15.7.5 GNS3 其他图标按钮
　　　　　 说明 …………………361

第1章 网络互连

知识点：
- 了解计算机网络 OSI 参考模型
- 了解数据的封装、解封与传输的过程
- 了解以太网的标准及其分类
- 掌握数据线的分类与制作

计算机之间的互连称为计算机网络。计算机既可以从计算机网络上获取信息，又可以给计算机网络提供信息。

如今，我们的生活中也越来越多地使用到计算机网络。计算机网络已经成为我们生活中不可或缺的一个重要组成部分。

1.1 OSI 参考模型

OSI（Open System Interconnection）参考模型实现了开放式数据通信的可能性。OSI 参考模型将网络分为物理层、数据链路层、网络层、传输层、会话层、表示层，应用层这些功能模块，使网络开放通信程度大大提高。这些模块被称为层。这种层次结构以及开放通信的概念，为网络更广泛的使用提供了场景和依据。

1.1.1 OSI 参考模型概述

计算机网络是一个极其复杂的系统。两个计算机系统必须高度协调工作，才能够相互通信，而这种"协调"是相当复杂的。"分层"这一理论依据可将庞大而复杂的问题，转化为若干较小的局部问题，而这些较小的局部问题就比较易于研究和处理。

人们通常把计算机网络按照一定的功能与逻辑关系划分成一种层次结构。这种层次结构对用户来说是"透明"的，用户不用关心网络是如何工作的，例如用户上网并不需要知道数据是如何传输的。但是作为网络工程师就需要知道这种层次关系及其实现的功能。

除了计算机网络的层次结构，计算机网络中还存在很多节点。计算机网络中的节点为计算机之间需要相互交换的数据提供了传输渠道。在这些节点在交换数据时，必须遵守的一组约定或规则，这些约定或者规则称为协议。这种层次结构与协议的集合体系就形成了计算机的网络体系结构。

最初的计算机与网络解决方案是一种享有很高专利权的互联解决方案，这种方案几乎就是一个完整的专利。

在个人计算机出现前，如果某个公司想使他们的数据处理和记账功能自动化，就必须联系某一个厂家，使用其监管系统。

在该解决方案中，在其单一厂家产品环境下，应用软件只执行在由单个操作系统支持的平台上。并且操作系统只能安全地执行在相同厂家的硬件产品上，甚至用户的终端设备和与计算机进行连接的设备，都必须是同一厂家产品的完整解决方案的一部分。

在单一厂家提供完整解决方案的时代，美国国防部（DoD）提议需要一个健壮可靠的通信网络。该网络应该可以把所需要的所有计算机（包括所有被接纳为会员的组织所拥有的计算机）互联起来。这些会员组织包括大学、智能坦克和国防项目的承包人。这种网络其实就是一个大型的系统。

在计算机的发展初期，因为制造商想永久地留住用户，所以制造商所开发的硬件、软件和网络平台是紧密结合的、非开放式系统。由此一个用户在一个计算机平台上同另一个用户在不同计算机平台上共享数据是困难的。

在这种环境下，让所有 DoD 的子机构和承包商的研究组织都使用某一厂商的设备是极不现实的。于是，跨越多种平台的通信方案由此产生。网际协议（IP）的开发成为了世界上第一个开放通信协议。

因此，两台不同计算机之间通信和共享数据在一个开放式网络下的实现成为了可能。计算机网络的开放性是通过厂商和科研机构的合作开发以及技术规范的维护而达到的。

这些技术规范，是完全公开的，是一组开放式的标准。OSI 参考模型的提出就成了解释通信分层模型（包括逻辑链接）的最好工具。

ISO（Internet Standard Organization，国际标准组织）是一个国际标准化组织，该组织创建于 1947 年，由多个国家组成。尽管国际标准化组织主要制订技术方面的标准，但它对经济和社会方面的标准化制定也有重要的影响。

20 世纪 70 年代末期，ISO 为了解决各种网络之间不兼容的问题，研究出了 DEC NET、SNA、TCP/IP 等网络通信协议。

ISO 在 1984 年发布了一套描述性的网络模型——开放系统互连参考模型（OSI，Open System Interconnection Reference Model）。OSI 网络参考模型为生产商们提供了共同遵守的标准，在最大程度上解决了不同网络间的兼容性和互操作性等问题。OSI 参考模型非常详细地规范了网络应该具有的功能模块和这些功能模块之间的互连方法。如今，OSI 网络参考模型已经成为最主要的参考标准。

OSI 参考模型只是一个纯理论分析的参考模型，其本身并不是一个具体协议的真实分层。实际上任何一个具体的协议栈都不具有完整 OSI 参考模型中的 7 个功能分层。虽然现实中的协议栈没有严格按照 OSI 分层，但仍然使用 OSI 的理论来指导工作，尤其在研究和教学方面。

1.1.2　OSI 模型分层

OSI 参考模型将网络通信需要的各种进程划分成 7 个相对独立的功能层次（Layer）。

从下层到上层的功能层次依次是：第一层，物理层；第二层，数据链路层；第三层，网络层；第四层，传输层；第五层，会话层；第六层，表示层；第七层，应用层。

使用分层的同时可以降低协议的复杂程度。不难想象，把一个复杂的事物分解成若干个部分去分析，就会简单得多。由于各个层次间的独立性，分层也有利于加速各种协议的发展和优化，更好地体现其开放性。如可以对某一层做优化修改而不影响其他层的功能。

层是根据网络功能来划分的。如果网络功能相同或相近，就把它们划分在同一层；如果不同，就要分层。不同的层在实现网络通信中的作用不同。层与层之间并不是孤立的，下层是为上层提供服务的。图 1-1 描述了 OSI 七层模型结构，其中 1～3 层提供了网络访问功能，4～7 层用于支持端端通信。

| 应用层 (Application Layer) |
| 表示层 (Presentation Layer) |
| 会话层 (Session Layer) |
| 传输层 (Transport Layer) |
| 会话层 (Session Layer) |
| 数据链路层 (Data-Link Layer) |
| 物理层 (Physical Layer) |

图 1-1　OSI 参考模型

1.1.3　OSI 参考模型物理层的功能

OSI 参考模型的最底层称为物理层（Physical Layer）。这一层的主要功能是传送和接收比特流，并且指定不同种传输介质之间的电压大小、线路速率和电缆的引脚数。物理层从第二层数据链路层（DLL）接收数据帧，并将帧的结构和内容转化成可以在介质中传输的比特流（即 0，1）。

物理层使用串行发送，发送方逐个发送比特流，在接收方的物理层逐个将比特流收起来进行组合，上交给 DLL 层。物理层只能理解 0 和 1，它没有一种机制用于确定自己所传输和发送比特流的含义。这些比特流只与电信号技术和光信号技术的物理特征相关。这些特征包括用于传输信号的电流的电压、介质类型以及阻抗等特征，这些特征甚至包括用于终止介质的连接器的物理形状。

对于 OSI 的物理层，人们常常误认为 OSI 第一层应该包括所有产生或发送通信数据信号的机制。其实物理层并非如此。OSI 物理层只是一个功能模型，该层只是一种处理过程和机制。这种处理过程和机制用于将信号发送到传输介质上以及从介质上接收到信号。

传输介质包含真正用于传输由 OSI 物理层机制所产生信号的任何方法。这些传输介质包括双绞线、同轴电缆、光纤等。物理层对介质的性能没有提出任何规范。但是介质的性能特征对于物理层定义的过程和机制是需要并假定存在的。

物理层为激活、维持和释放端系统之间的物理链路定义了电气、机械、规程的和功能的标准。因此，传输介质并未包括在物理层之内，传输介质有时被称为 OSI 参考模型的第 0 层。

1.1.4　OSI 参考模型数据链路层的功能

OSI 参考模型的第二层称为数据链路层（DLL）。数据链路层在网络通信中具有两个主要的功能：数据帧的发送和接收，为数据的有效传输提供端到端的连接。数据链路层还要分数据的有效传输规浅端到端连接。在发送方，数据链路层负责将指令、数据等封装到帧中。在接收方，数据链路层将从物理层收到的数据比特流重新组织成帧。帧（frame）是数据链路层生成的结构，它包含足够的信息用来确保数据可以安全地通过本地局域网到达目的地。成功发送数据帧意味着在一定时间内数据帧能够完整无缺地到达目的地。数据帧中必须包含一种机制用于保证在传送过程中内容的完整性。

为确保数据帧完整安全到达目的地，可使用如下机制。

● 在每个数据帧完整无缺地被目标节点收到时，源节点必须收到来自目标节点的响应。

● 有很多情况可以导致帧的发送不能到达目标或者在传输过程中被破坏或不能使用。因此在目标节点发出收到数据帧的响应之前，必须验证数据帧内容的完整性。数据链路层有责任检测并修正所有这些错误。

数据链路层的另一个功能是将从物理层收到的数据比特流重新组织成帧。

如果帧的结构和内容都被发出，数据链路层并不重建一个帧。数据链路层将缓存到达的比特流，直到这些比特流构成一个完整的帧。

不论哪种类型的网络通信都要求有第一层和第二层的参与。不管是局域网（LAN）还是广域网（WAN），都需要物理层和数据链路层的参与。

数据链路层的功能还包括物理寻址、网络拓扑、网络介质访问、错误检测、帧的顺序传送和流量控制等。

1.1.5　OSI 参考模型网络层的功能

网络层的功能是在源节点和目标节点之间建立它们所使用的路由。网络本身没有任何错误检测和修正机制。网络层的可靠传输服务必须依赖于由数据链路层提供的错误检测和修正机制。

网络层用于在两个不同网段之间的计算机系统建立通信。网络层有自己的路由地址结构，这种路由地址结构与数据链路层的物理地址是分开的、独立的。这种协议称为路由或者路由协议。路由协议分为被动路由协议和主动路由协议。被动路由协议用来支持数据传送，主动路由协议用来帮助构建和维护路由表。被动路由协议包括 IP、Novell 公司的 IPX 以及 Apple Talk 协议。本书将着重讲述 IP 协议以及与其相关的协议和应用。主动路由协议包括 RIP、OSPF、EIGRP、IS-IS 等。

网络层是可选的功能层次，因为只有当两个要通信的计算机系统都处于不同的路由器分割开的网段才会使用，或者当通信应用要求某种网络层或传输层提供的服务、特性或者能力时。例如，当两台主机处于同一个 LAN 网段的直接相连这种情况，它们之间的通信只使用 LAN 的数据链路层的通信机制就可以了。

网络层中有两种类型的包，一种就是数据包，通过整个 OSI 参考模型自上而下得来；另一种是路由更新包，就是为网络层的设备（如路由器）通过路由协议建立起来路由路径做更新而发送的包，使得数据包能够通过正确的最新的路由到达目的地。

1.1.6　OSI 参考模型传输层的功能

传输层提供的服务类似于数据链路层所提供的服务。传输层的功能也是保证数据在端与端之间完整传输。不过传输层与数据链路层不同，传输层可以检测到路由器丢弃的包，然后自动产生一个重新传输请求或给发送方一个反馈。

传输层的另一项重要功能就是重新排序收到的乱序数据包。

数据包乱序有很多原因：数据包可能通过网络的路径不同，或者有些在传输过程中被破坏，导致前面已经发送过的数据重传等。不管是什么情况下的数据包乱序，传输层都能够识别出最初的数据包顺序，并且在将数据包的内容传递给会话层之前，将这些数据包的顺序恢复成发送时的顺序。

传输层在发送主机系统上对将要发送的数据流进行分段，并且在接收主机系统上，完成数据段到数据流的重组。

传输层可以是无连接的或者是面向连接的。它为实现上层应用程序的多路复用、建立会话连接和断开虚电路提供了机制，同时也对上层隐藏了下层的细节问题。应用协议和数据流协议之间的分界就是传输层和会话层之间的边界。

1.1.7　OSI 参考模型会话层的功能

OSI 的第五层是会话层。OSI 会话层的功能主要用于建立、管理和终止两个计算机系统连接间的通信流。这些主机间的通信流称为会话。会话层决定了通信的模式是单工、半双工还是双工。会话层也保证了接受一个新请求一定在另一请求完成之后。相对其他几层而言，会话层的功能很少。许多网络协议都将会话层的功能与传输层的功能捆绑在一起。

会话层为表示层提供服务，它使两台主机表示层之间的对话保持了同步，同时会话层也管理主机之间的数据交换。

1.1.8　OSI 参考模型表示层的功能

表示层的最主要功能是管理数据编码的方式。不是所有计算机系统都使用相同的数据编码方式，表示层的功能就是为可能不兼容的不同的数据编码方式之间提供翻译，例如，在 ASCII 和 EBCDIC 之间。

表示层的另一个功能是在浮点格式间进行调整转换以及提供加密、解密服务。

因此表示层提供加密、翻译、压缩、转换等功能。

1.1.9　OSI 参考模型应用层的功能

OSI 参考模型的第七层是应用层。但是它并不包含任何用户应用程序。应用层只在应用程序和网络服务间提供接口。

应用层是初始化通信会话的起因。例如，邮件客户可能会产生一个从邮件服务器检索新消息的请求，客户端应用自动向与之相关的应用层协议发出请求，并产生通信会话，以获取所需要的文件。

应用层还负责识别通信的对方是否可用以及资源是否存在。

1.2　数据的封装、解封与传输

1.2.1　数据的封装解封原理

现在最普遍认可的数据处理的功能流程就是垂直方向的结构层次。在垂直方向的结构层次中，每一层都有与其相邻的层的接口。为了实现系统间的网络通信，两个系统必须在各层之间传递数据、指令、地址等信息。

OSI 参考模型中主机的每一层都使用自己的协议和其他系统对等层通信，如图 1-2 所示。本层的服务用户只能看见服务而无法看见下面的协议，下面的协议对于上面的服务用户是透明的。因为协议是控制对等实体之间通信的规则，所以协议之间是"水平的"；因为服务是由下层向上层通过层间接口提供的，所以服务之间是"垂直的"。

注意： 虽然 OSI 参考模型包含七层，但对任何给定的通信会话，并不是所有七层都必须参与。例如，通过单个 LAN 网段的通信可以直接在模型的 1、2 层操作，而不需要其他两个通信层操作。

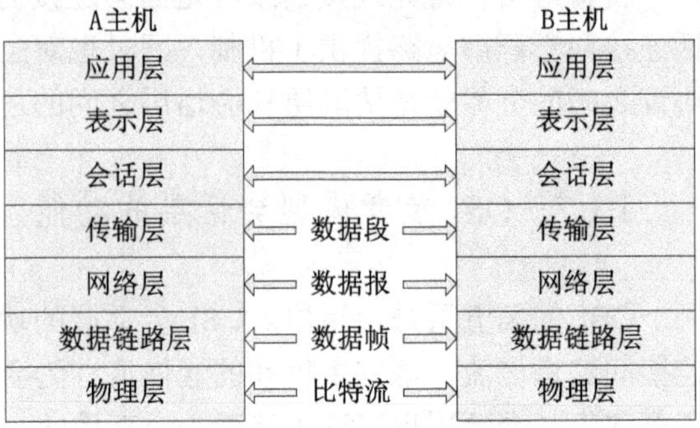

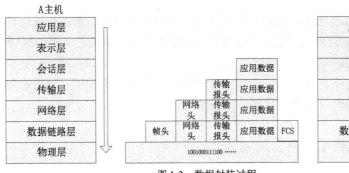

图 1-2　OSI 参考模型的层间通信

虽然通信流程是垂直通过各层次的，但每一层的通信都在逻辑上能够直接与远程计算机系统的相应层直接通信。为了使这种水平通信能够实现，引发通信系统的每一层协议都要在数据报文前增加各自的报文头。不同层的报文头只能被其他系统中的相应层识别和使用。接收端系统的协议层删去报文头，每一层都删去各自层负责的报文头，最后将数据传向它的应用，数据封装的过程如图 1-3 所示。

图 1-3　数据封装过程

例如，通信源发送方系统的第四层为从第五层收到的数据段进行打包，添加其运输层报头。第三层将从第四层收到数据后再次打包，添加其网络层包头，也就是第三层将数据打包并编址，然后通过自己的第二层将它们发向目标系统的第三层协议。第二层将第三层数据包分解为帧，完善它们的编址，添加 MAC 地址帧头（使其可以为 LAN 识别），并在尾部增加 4 字节的 FCS 校验和，组成一个数据帧。这些数据帧被提供给第一层，由第一层将其转换为二进制比特流，这些二进制比特流被发向目标系统的第一层。

目标系统将这些一个接一个的网络通信流程倒转过来进行，并在源系统每一层相对应的协议层上将各层增加的报头去掉。因此，当数据从源系统到达目标系统的第四层时，数据形式也回到源发送方系统在第四层时的形式。所以，这两个第四层协议之间的通信看起来好像是由物理连接的，并可以直接通信。

注意： 今天大部分网络都使用自己的分层模型，这些模型实际上是 OSI 参考模型的变型，它们在一定程度上对 OSI 参考模型所描述的功能划分做了一些更改。

大部分网络模型中最常见到的一种情况就是将 OSI 参考模型的七层结构进行了层与层的

合并。例如，在 TCP/IP 四层体系结构中，将 OSI 模型的上三层合并后统称为应用层，同时将 OSI 体系结构的下两层合称为网络接口层，中间的传输层和网络层不变。还有一种常见情况就是，大部分网络模型中的较高层与 OSI 模型中所对应的层并不很一致。

事实上，每个网络模型的第三层都向下将数据报转换为数据帧，第二层顺序往下将数据帧转换为比特流。当目标系统的物理层收到比特流后，它将比特流传向数据链路层，由数据链路层将其组合成帧。当目标系统成功完成帧的接收后，帧的报文头被去掉，并将嵌入的数据包提取出传向接收方的第三层。数据包到达接收方第三层时，与其从发送方第三层发出时的格式、内容完全相同。因此对于第三层，它们之间的通信是虚拟直接相连的。

在相关层之间，从各层的角度来看，通信像是直接发生在对应的层之间，这正是 OSI 参考模型的成功之处。

网络上所有通信都是产生于源，然后送到目的地。在网络上传输的信息称为数据报或数据段分组。如果源系统准备给目的发送数据，这些数据必须首先经过一个添加不同层报头或者报尾的过程，这个过程称为封装（encapsulation）。

封装（encapsulation）就是在数据网络传输之前，数据被添加上必要的协议信息，用以实现数据的传输。当数据沿着 OSI 参考模型的层次结构向下传递时，OSI 参考模型从传输层开始的每一层都会在向下传递之前，给数据添加上数据报头（在第 2 层还有数据报尾）。网络设备的接受者的控制信息被包含在数据上的报头和报尾中，这些控制信息确保数据正确传送，以及接收者能够正确读取数据。因此可以把数据看成一封信，而把报头看作是信封上的地址，因为信封需要地址来被邮递到所要到达的接收方。

1.2.2　数据的封装解封步骤

数据的封装过程可以通过以下 5 个步骤来进行，这 5 个转换步骤是网络中封装数据的必经之路。

（1）创建数据——当用户发送 E-mail 消息时，消息中的字母、数字和字符被转换成可以在 Internet 上传输的数据。

（2）为端到端的传输将数据分段——对数据分段来实现互联网的传输。通过使用分段（segment），传输功能确保 E-mail 系统两端的主机之间能可靠地通信。

（3）在报文中添加网络地址——数据被放置在一个分组或数据报中。这些分组中包含了带有源和目的的逻辑地址的网络报头。这些源和目的的逻辑地址有助于网络设备沿着已选定的路径发送这些分组。

（4）在数据链路报头上添加 MAC 地址——每一个网络设备都必须将分组放入帧中。这些数据帧使得数据可以传送到该物理链路上一个直接相连的网络设备上。在选定的路径上的每一个网络设备都必须把帧传递到下一台设备。

（5）将数据帧转换为比特在介质中传输——当这些比特在介质上进行传输时，时钟同步功能使得设备可以把它们区分开来。物理互联网络上的介质可能随着使用不同的链路而有所不同。

在数据通过 OSI 模型各层向下传送的过程中，会加上不同层的报头和报尾。

当远程设备顺序接收到一串比特流时，其物理层把这些比特传送到数据链路层进行操作。数据链路层会执行如下工作：

（1）检验该 MAC 目的地址是否与工作站的地址相匹配，或者是否为一个以太网广播地址。如果这两种情况都没有出现，就丢弃该帧。

（2）如果数据已经出错了，那么将它丢弃，而且数据链路层可能会要求重传数据。否则，数据链路层就读取并解释数据链路报头上的控制信息。

（3）数据链路层剥离数据链路报头和报尾，然后根据数据链路报头上的控制信息把剩下的数据向上传送到网络层。

物理层把这些比特逐步经过每层传送至应用层的过程称为解封装（de-encapsulation）。这样类似的解封装过程会在每一个后续层中执行。解封装的过程类似收信的过程，用户可以读取信件上的地址来判断是否是自己的信。如果信上写的是自己的地址，就可以从信封里取出信件。

OSI 参考模型最初的设计目标是为开放式通信协议设计一个体系结构和标准框架，虽然这种模型详细定义了在一个数据通信会话中所必需功能的逻辑顺序，但是它实际上并没有达到预定的设计目标。事实上，OSI 参考模型现在已经仅仅只是一个学术结构，尽管这种参考模型是一个完美的、解释开放式通信的模型。

1.3 以 太 网

以太网（Ethernet）最早是由 Xerox（施乐）公司在 20 世纪 70 年代开发出来的。在 1980 年，IEEE 发布了 IEEE802.3，它的技术基础是以太网。不久后，DEC、Intel 和 Xerox 3 家公司联合开发了以太网规范 2.0 版（DIX Ethernet V2）。以太网 V2 是目前应用最为广泛的局域网技术。

以太网被用来在网络设备之间传输数据。它是一种介质共享的技术，所有的网络设备连接到同一个传输介质上。

1.3.1 以太网工作原理

在以太网中，一个节点的数据帧传输贯穿整个网络，每一个节点都要进行数据帧接收和检查。所有节点收到数据帧后，识别数据帧的目的 MAC 地址，如果是自己的 MAC 地址，就处理此数据包，如果不是自己的 MAC 地址，就根据 CAM 表转发数据帧或者将其丢弃。当数据帧到达网络段的末尾时，终端连接器将数据帧吸收，防止数据帧返回网络段中。在任一时刻，网络段上只允许一个节点在共享的介质上传输数据。

1.3.2 以太网的工作过程

以太网使用带冲突检测的载波侦听和多路访问（carrier sense multiple access/collision detected）协议来赋予网络传输数据的权利。

CSMA/CD 是一种访问方法。它将所有的传输请求都考虑在内，并决定哪个设备可以传输数据，何时传输数据。

在节点发送数据之前，CSMA/CD 节点侦听网络是否在使用。如果网络正在被使用，该节点就等待。如果网络未被使用，该节点就传输数据。

如果两个节点同时侦听到网络未被使用而同时传输数据，就造成了冲突，于是两个节点的数据传输都被破坏。节点在传输的时候会一直监听线路，以确信其他的节点没有在发送数据。当传输节点识别出了一个冲突，它就发送一个拥塞信号，通知网络上所有的节点都停止传输。网络上其他节点在收到这个阻塞信号后，就是等待一个退避时间，这是随机产生的，再试图重传。如果在接下来的重传中又发生了冲突，节点会在放弃之前继续重传，最多重传16 次。可见，在使用 CSMA/CD 协议时，一个站不可能同时发送和接受数据，因此此时的以太网不可能进行全双工通信，而只能进行半双工通信。

1.3.3　以太网帧结构

以太网帧是 OSI 参考模型数据链路层的封装，网络层的数据包被加上帧头和帧尾，构成可由数据链路层识别的数据帧。虽然帧头和帧尾所用的字节数是固定不变的，但根据被封装数据包的大小不同，以太网帧的长度也随之变化，变化的范围是 64～1 518Byte（不包括 8Byte 的前导字）。

以太网帧的三种结构为：

● Ethernet_II

● 原始的 802.3

● 802.2SAP/SNAP

1. Ethernet_II

Ethernet_II（见图 1-4）中所包含的字段如下。

● 前导码：包括同步码（用来使局域网中的所有节点同步，7Byte 长）和帧标志（帧的起始标志 7，1 字节）两部分；

● 目的地址：接收端的 MAC 地址，6Byte 长；

● 源地址：发送端的 MAC 地址，6Byte 长；

● 类型：数据包的类型（即上层协议的类型），2Byte 长；

● 数据：被封装的数据包，46～1 500Byte 长；

● 校验码：错误检验，4Byte 长。

同步码	帧标志	目的地址	源地址	类型	IP数据报（数据）	FCS

图 1-4　以太网 V2 帧结构

Ethernet_II 的主要特点是通过类型域标识了封装在帧里的数据包所采用的协议，类型域是一个有效的指针，通过它，数据链路层就可以承载多个上层（网络层）协议。但是，Ethernet_II 的缺点是没有标识帧长度的字段。

2. 原始的 802.3

原始的 802.3 帧是早期的 Novell NetWare 网络的默认封装。它使用 802.3 的帧类型，但没有 LLC 域。它同 Ethernet_II 的区别是：将类型域改为长度域，解决了原先存在的问题。但是由于默认了类型域，因此不能区分不同的上层协议，如图 1-5 所示。

同步码	帧标志	目的MAC	源MAC	报文长度	DSAP	SSAP	CTL	IP数据报（数据）	FCS

图 1-5　802.3 帧结构

3．802.2SAP/SNAP

为了区别 802.3 数据帧中所封装的数据类型，IEEE 引入了 802.2SAP 和 SNAP 的标准。它们工作在数据链路层的 LLC（逻辑链路控制）子层。通过在 802.3 帧的数据字段中划分出被称为服务访问点（SAP）的新区域来解决识别上层协议的问题，这就是 802.2SAP。LLC 标准包括两个服务访问点，源服务访问点（SSAP）和目标服务访问点（DSAP）。每个 SAP 只有 1Byte 长，而其中仅保留了 6bit 用于标识上层协议，所能标识的协议数有限。因此，又开发出另外一种解决方案，在 802.2SAP 的基础上又添加了一个 2Byte 长的类型域（同时将 SAP 的值置为 AA），使其可以标识更多的上层协议类型，这就是 802.2SNAP（见图 1-6）。

同步码	帧标志	目的MAC	源MAC	报文长度	0xAA	0xAA	CTL	OC	协议类型	IP数据报（数据）	FCS

图 1-6　以太网 SNAP 帧结构

1.3.4　以太网的类型

以太网的网络类型包括：
- 标准以太网（10Mbit/s）
- 快速以太网（100Mbit/s）
- 吉比特以太网（1 000Mbit/s）
- 十吉比特以太网（10Gbit/s）

这些类型的以太网都符合 IEEE802.3 系列标准规范。

1．标准以太网

最初的以太网只有 10Mbit/s 的吞吐量，它所使用的是 CSMA/CD（带有冲突检测的载波侦听多路访问）的访问控制方法，通常把这种 10Mbit/s 以太网称之为标准以太网。

双绞线和同轴电缆是以太网主要使用的两种传输介质。

所有的以太网都遵循 IEEE 802.3 标准，下面列出是 IEEE 802.3 的一些以太网络标准，在这些以太网标准中，前面的数字表示传输速度，单位是"Mbit/s"；Base 表示"基带传输"，Broad 表示"宽带传输"。最后的一个数字表示单段网线长度（基准单位是 100m）。

- 10Base-5：使用粗同轴电缆、基带传输方法，最大网段长度为 500m，传输速度为 10Mbit/s。
- 10Base-2：使用细同轴电缆、基带传输方法，最大网段长度为 185m，传输速度为 10Mbit/s。
- 10Base-T：使用双绞线电缆、基带传输方法，最大网段长度为 100m，传输速度为 10Mbit/s。
- 1Base-5：使用双绞线电缆、基带传输方法，最大网段长度为 500m，传输速度为 1Mbit/s。
- 10Broad-36：使用同轴电缆（RG-59/U CATV），最大网段长度为 3 600m，是一种宽带传输方式。传输速度为 1Mbit/s。
- 10Base-F：使用光纤传输介质，传输速率为 10Mbit/s。

2.　快速以太网（Fast Ethernet）

随着网络的发展，原有的以太网技术已不能满足日益增长的网络数据流量速度需求。在 1993 年 10 月以前，只有光纤分布式数据接口（FDDI）可以满足对于要求 10Mbit/s 以上数据流量的 LAN 应用。FDDI 是基于 100Mbit/s 光缆的 LAN，但 FDDI 是一种价格非常昂贵的以太网技术。1993 年 10 月，Grand Junction 公司推出了世界上第一台快速以太网交换机 FastSwitch10/100 和网络接口卡 FastNIC100，快速以太网技术正式得以应用。随后 Intel、SynOptics、3COM、Bay Networks 等公司也相继推出自己的快速以太网装置。

IEEE802.3 工程组也制定了各种 100Mbit/s 以太网的标准，如 100BASE-TX、100BASE-T4、MII、中继器、全双工等标准。1995 年 3 月 IEEE 宣布了 IEEE802.3u 100BASE-T 快速以太网标准（Fast Ethernet）。快速以太网的时代就在快速以太网标准的推出中开始了。

与基于 100Mbit/s 带宽下工作的 FDDI 相比，快速以太网有着许多优势。其中最主要的是体现在快速以太网技术可以有效地保障用户在布线基础实施上的投资。快速以太网能有效地利用现有的设施，同时支持 3、4、5 类双绞线以及光纤的连接。

快速以太网技术与标准以太网技术有着同样的不足，那就是快速以太网仍是基于载波侦听多路访问和冲突检测（CSMA/CD）技术，当网络负载较重时，会造成效率的降低。但是这种不足可以使用交换技术来弥补。

100Mbit/s 快速以太网标准又分为：100BASE-TX、100BASE-FX、100BASE-T4 3 个子类。

● 100BASE-TX：是一种使用 5 类数据级无屏蔽双绞线或屏蔽双绞线的快速以太网技术。它使用两对双绞线，一对用于发送，一对用于接收数据。在传输中使用 4B/5B 编码方式，信号频率为 125MHz。符合 EIA586 的 5 类布线标准和 IBM 的 SPT 1 类布线标准。使用同 10BASE-T 相同的 RJ-45 连接器。它的最大网段长度为 100m。它支持全双工的数据传输。

● 100BASE-FX：是一种使用光缆的快速以太网技术，可使用单模和多模光纤（62.5μm 和 125μm）。多模光纤连接的最大距离为 550m。单模光纤连接的最大距离为 3 000m。在传输中使用 4B/5B 编码方式，信号频率为 125MHz。它使用 MIC/FDDI 连接器、ST 连接器或 SC 连接器。它的最大网段长度为 150m、412m、2 000m 或更长至 10km，这与所使用的光纤类型和工作模式有关，它支持全双工的数据传输。100BASE-FX 特别适合于有电气干扰的环境、较大距离连接或高保密环境等情况下使用。

● 100BASE-T4：是一种可使用 3、4、5 类无屏蔽双绞线或屏蔽双绞线的快速以太网技术。它使用 4 对双绞线，3 对用于传送数据，1 对用于检测冲突信号。在传输中使用 8B/6T 编码方式，信号频率为 25MHz，符合 EIA586 结构化布线标准。它使用与 10BASE-T 相同的 RJ-45 连接器，最大网段长度为 100m。

3.　千兆以太网（GB Ethernet）

随着以太网技术的深入应用和发展，人们对网络连接速度的要求越来越高。

1995 年 11 月，IEEE802.3 工作组委任了一个高速研究组（Higher Speed Study Group），研究如何提高快速以太网的速度。高速研究组研究了如何将快速以太网速度增至 1 000Mbit/s 的可行性方案和方法。1996 年 6 月，IEEE 标准委员会批准了吉比特以太网方案授权申请（Gigabit Ethernet Project Authorization Request）。随后 IEEE802.3 工作组成立了 802.3z 工作委员会。IEEE802.3z 委员会的目的是建立吉比特以太网标准：包括在 1 000Mbit/s 通信速率情况下的全双工和半双工操作、802.3 以太网帧格式、载波侦听多路访问和冲突检测（CSMA/CD）技术、在一个冲突域中支持一个中继器（Repeater）、10BASE-T 和 100BASE-T 向下兼容技术、吉比特以太网具有以太网的易移植、易管理特性。

吉比特以太网在处理新应用和新数据类型方面具有很大的灵活性，它是对 10Mbit/s 和 100Mbit/s IEEE802.3 以太网标准的延伸和拓展，提供了 1 000Mbit/s 的数据带宽。吉比特以太网已经成为高速、宽带网络应用的战略性选择。

1 000Mbit/s 吉比特以太网目前主要有以下 3 种技术版本：1 000BASE-SX，1 000BASE-LX 和 1 000BASE-CX 版本。1 000BASE-SX 系列采用低成本短波的 CD（compact disc，光盘激光器）或者 VCSEL（Vertical Cavity Surface Emitting Laser，垂直腔体表面发光激光器）发送器；而 1 000BASE-LX 系列则使用相对昂贵的长波激光器；1 000BASE-CX 系列则打算在配线间使用短跳线电缆，把高性能服务器和高速外围设备连接起来。

4．十吉比特以太网（10Gbit/s Ethernet）

IEEE 802.3 工作组于 2000 年正式制定了 10Gbit/s 的以太网标准。

十吉比特以太网仍使用与以往 10Mbit/s 和 100Mbit/s 以太网相同的形式，它允许直接升级到高速网络。十吉比特以太网同样使用 IEEE 802.3 标准的帧格式、全双工业务和流量控制方式。在半双工方式下，十吉比特以太网使用基本的 CSMA/CD 访问方式来解决共享介质的冲突问题。此外，十吉比特以太网使用由 IEEE 802.3 小组定义了和以太网相同的管理对象。

十吉比特以太网仍然是以太网，但是速度很快。十吉比特以太网技术的缺点在于它的复杂性及与其他以太网标准传输介质的兼容性问题（目前十吉比特以太网只能使用光纤作为传输介质，而传统以太网使用双绞线作为传输介质）。此外，十吉比特以太网的缺点还在于它的设备造价太高。

1.4　数据线的分类与制作

网络传输介质是网络中传输数据以及连接不同网络节点的载体。在局域网中，常见的网络传输介质有双绞线、同轴电缆、光缆 3 种。其中，双绞线是最常使用的传输介质，它一般用于星形网络中；同轴电缆一般用于总线型网络中；光缆一般用于主干网中。

1.4.1　双绞线

双绞线是将一对或一对以上的双绞线封装在一个绝缘外套中而形成的一种传输介质（见图 1-7）。双绞线是局域网最常用的一种布线材料。

从图中可以看出双绞线中的每一对都是由两根绝缘铜导线相互缠绕而成的，这是为了降低信号的干扰程度而采取的措施。

双绞线一般用于星型网络的布线连接，两端安装有 RJ-45 头（接口），最大网线长度为 100m。如果需要加大网络传输的范围，可以在两段双绞线之间安装中继器来扩大传输信号。但是在两段双绞线之间最多只能安装 4 个中继器。如果安装 4 个中继器连 5 个网段，可以使网络最大传输范围达到 500m。

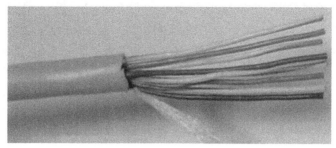

图 1-7　双绞线

1. 双绞线的分类

双绞线分为非屏蔽双绞线（UTP）和屏蔽双绞线（STP）两大类。在局域网中非屏蔽双绞线又分为 3 类、4 类、5 类和超 5 类 4 种；屏蔽双绞线又分为 3 类和 5 类两种，如图 1-8 所示。

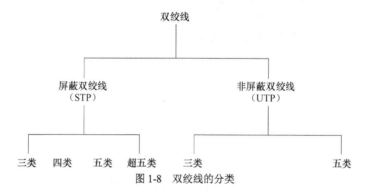

图 1-8　双绞线的分类

双绞线一共有 8 根铜导线。这 8 根铜导线的布线规则是 1、2、3、6 线有用，4、5、7、8 线闲置。

目前，局域网中常用到的双绞线一般都是非屏蔽的 5 类 4 对（即 8 根导线）的双绞线。5 类双绞线的传输速率可达到 100Mbit/s。

与普通 5 类双绞线相比，超 5 类双绞线在传送信号时衰减更小，抗干扰能力更强，在百兆网络中，用户使用超 5 类双绞线的受干扰程度只有普通 5 类线的 1/4。

屏蔽双绞线（STP）内有一层金属隔离膜。这层金属隔离膜可以使数据传输时减少电磁干扰。所以屏蔽双绞线的稳定性较高。而非屏蔽双绞线（UTP）内没有这层金属膜，所以它的稳定性较差。但非屏蔽双绞线的优点是价格便宜。

在使用 10M 双绞线组建局域网络时必须遵循"5-4-3 规则"。"5-4-3 规则"规定网络中任意两台计算机间最多不超过 5 段线（集线设备到集线设备或集线设备到计算机间的连线）、4 台集线设备、3 台直接连接计算机的集线设备。

2. 双绞线线序和 RJ-45 接口引脚序号

双绞线由 8 根铜导线组成，这 8 根铜导线的顺序分别橙白—1，橙—2，绿白—3，蓝—4，蓝白—5，绿—6，棕白—7，棕—8，如图 1-9 所示。

RJ-45 接口由金属片和塑料构成，特别需要注意的是引脚序号，当金属片面对我们的时候，从左至右引脚序号是 1～8，如图 1-10 所示。这个序号在做网络连线时非常重要，不能搞错。

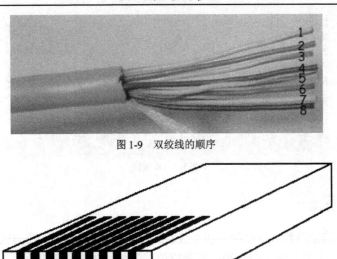

图 1-9　双绞线的顺序

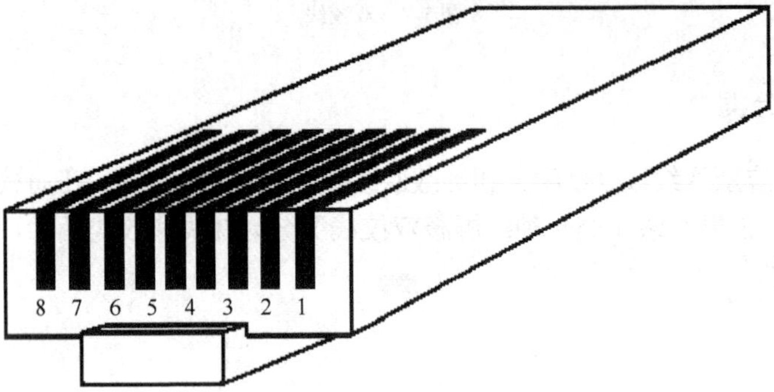

图 1-10　RJ-45 接口顺序

1.4.2　同轴电缆

同轴电缆是由一根空心的外圆柱导体（铜网）和一根位于中心轴线的内导线（电缆铜芯）组成，并且内导线和圆柱导体及圆柱导体和外界之间都是用绝缘材料隔开，如图 1-11 所示。

图 1-11　同轴电缆

同轴电缆的特点是抗干扰能力好，传输数据稳定，价格也便宜，同样被广泛使用，如闭路电视线等。

同轴电缆根据传输频带的不同，可分为基带同轴电缆和宽带同轴电缆 2 种类型。按直径不同，同轴电缆可分为粗缆和细缆 2 种。

以往的计算机局域网中一般都使用细缆组网。细缆一般用于总线型网络布线连接。利用 T 型 BNC 接口连接器连接 BNC 接口网卡，同轴电缆的两端需安装 50Ω 终端电阻器。细缆网络每段干线长度最大为 185m，每段干线最多可接入 30 个用户。如要拓宽网络范围，则需要使用中继器，如采用 4 个中继器连接 5 个网段，使网络最大距离达到 925m。细缆安装较容易，而且造价较低，但因受网络布线结构的限制，其日常维护不是很方便，一旦一个用户出故障，便会影响其他用户的正常工作。

粗缆在以往的局域网布线工程中适用于较大局域网的网络干线，布线距离较长，可靠性较好。用户通常采用外部收发器与网络干线连接。粗缆局域网中每段长度可达 500m，采用 4 个中继器连接 5 个网段后最大可达 2 500m。用粗缆组网如果直接与网卡相连，网卡必须带有 AUI 接口（15 针 D 型接口）。用粗缆组建的局域网虽然各项性能较高，具有较大的传输距离，但是网络安装、维护等比较困难，且造价较高。

1.4.3　光缆

光缆是由一组光导纤维组成的、用来传播光束的、细小而柔韧的传输介质。

光缆与其他传输介质相比较，它的频带较宽，电磁绝缘性能好，信号衰变小，传输距离较长，如图 1-12 所示。

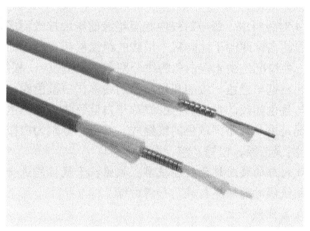

图 1-12　光缆结构

光缆主要用于距离较长的专线网络传输或者主干网的连接。

光缆通信由光发送机产生光束，将电信号转变为光信号，再把光信号导入光纤，在光缆的另一端由光接收机接收光纤上传输来的光信号，并将它转变成电信号，经解码后再处理。光缆的传输距离远，传输速度快。但是光缆的安装和连接需由专业技术人员完成。

光缆分为两种类型：单模光缆和多模光缆。单模光缆的纤芯直径很小，在给定的工作波长上只能以单一模式传输，传输频带宽，传输容量大。多模光缆是在给定的工作波长上，能以多个模式同时传输的光纤，与单模光纤相比，多模光纤的传输性能较差。

光缆是数据传输中最有效的一种传输介质，它有以下几个优点。

● **频带较宽**。

● **不受电磁干扰**。光纤电缆中传输的是光束，由于光束不受外界电磁影响，而且本身也不向外辐射信号，因此它适用于远距离的信息传输以及要求高度安全的场合。

● **衰减较小**。较长距离范围内信号衰减只是一个常数。

● **中继器的间隔较长**。在使用光缆互联多个小型机的应用中，必须考虑光纤的单向特性，如果要进行双向通信，就应使用双股光纤。由于要对不同频率的光进行多路传输和多路选择，因此出现了光学多路转换器。

1.4.4　3种UTP线缆的用途与制作

双绞线按照是否有屏蔽层可以分为屏蔽双绞线（STP）和非屏蔽双绞线（UTP）。STP抗干扰性较好，但由于价格较贵，因此采用的不是很多。目前布线系统规范通常建议采用UTP来进行水平布线，而将光纤用作主干线缆，同轴电缆已经不再推荐使用。

UTP按照性能与作用的不同，可以分为1、2、3、4、5类、超5类线和6类线，其中适用于计算机网络的是3类、5类和6类UTP。5类UTP的传输速率为10Mbit/s至100Mbit/s，阻抗为100Ω，线缆的最大传输距离为100m。增强型5类UTP线缆通过性能增强设计后可支持1 000Mbit/s的传输速率，所以又被称为超5类或5e线。6类UTP线缆是专为1 000Mbit/s传输制定的布线标准，该标准于2003年颁布。

1. UTP线缆的组成

UTF线缆内部由4对线组成，每一对线由相互绝缘的铜线拧绞而成，拧绞的目的是为了减少电磁干扰，双绞线的名称即源于此。每一根线的绝缘层都有颜色。一般来说其颜色排列可能有两种情况。第一种情况是由4根白色的线分别和1根橙色、1根绿色、1根蓝色、1根棕色的线相间组成，通常把与橙色相绞的那根白色的线称作白橙色线，与绿色线相绞的白色的线称作白绿色线，与蓝色相绞的那根白色的线称作白蓝色线，与棕色相绞的白色的线称作白棕色线。第二种情况是由8根不同颜色的线组成，其颜色分别为白橙（由一段白色与一段橙色相间而成）、橙、白绿、绿、白棕、综、白蓝、蓝。

注意：由于双绞线内部的线对均已经在技术上按照抗干扰性能进行了相应的设计，所以使用者切不可将两两相绞线对的顺序打乱，如将白绿色线误作为白棕色线或其他线等。

2. 3种UTP线缆的作用及线序排列

（1）直连线

直连线用于将计算机连入到集线器或交换机的以太网口，或在结构化布线中由配线架连到Hub或交换机等不同设备间的连接。如图1-13所示给出了根据EIA/TIA 568-B标准的直连线线序排列说明。EIA/TIA 568-B标准有时被称为端接B标准。

端A

1	2	3	4	5	6	7	8
橙白	橙	绿白	蓝	蓝白	绿	棕白	棕

端B

1	2	3	4	5	6	7	8
橙白	橙	绿白	蓝	蓝白	绿	棕白	棕

图1-13　直连线的线序图

（2）交叉线的作用和线图

交叉线用于同种设备间的连接，如将计算机与计算机直接相连、路由器式交换机直接相连，有时也被用于将计算机直接接入路由器的以太网口。如图1-14所示，右边为交叉线使用方式。

图1-14　直连线与交叉线的使用

如图 1-15 所示给出了 EIA/TIA 568-B 标准的交叉线线序排列。

（3）反转线的作用

反转线用于将计算机连到交换机或路由器的控制端口，如图 1-16 所示，在这个连接场合，计算机所起的作用相当于它是交换机或路由器的超级终端。反转线线序排列顺序端 B 与端 A 的线序相反。

端A

1	2	3	4	5	6	7	8
橙白	橙	绿白	蓝	蓝白	绿	棕白	棕

端B

1	2	3	4	5	6	7	8
绿白	绿	橙白	蓝	蓝白	橙	棕白	棕

图 1-15　交叉线的线序图

图 1-16　反转线的使用

3．制作步骤

（1）制作直连线

① 计算将要连线的两个设备间的距离，在这个距离上至少加上 12cm 作为将要截取的电缆的长度。

② 按照算好的长度截取一段 5 类双绞线。

③ 将电缆一端的塑料外皮剥掉 2cm 的长度（见图 1-17）。

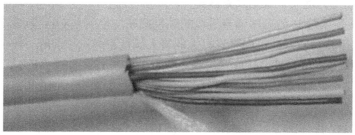

图 1-17　剥掉塑料外皮的双绞线

④ 用手将 4 对绞在一起的线缆按白橙、橙、白绿、绿、白蓝、蓝、白棕、棕的顺序拆分开来，并小心地拉直。注意尽量地保持电线绞在一起的状态，以使噪声可以被抵消。

⑤ 手持电缆，按图 1-15 所示端 A 的顺序调整线缆的颜色顺序，即交换蓝线与绿线的位置。

⑥ 将直并排列好所有的电线，然后在距离电缆外皮 0.5cm 到 0.75cm 的地方笔直地将电线铰断。应该使得电线没有交织在一起的部分尽量的短，因为这一部分过长的话，将成为电子噪声的主要来源。

⑦ 将一个 RJ-45 插头放到电缆的一端，注意插头的叉子应该朝下，橙色的一组电线对着最左边的连接器。

⑧ 轻轻地将插头推到电线上，直到透过插头的顶端可以看到电线的铜线。确认电缆的外皮是否已经进入插头和所有的电线排序是否正确。如果电缆的外皮没有进入插头的话，就不能很好地防止电缆的扭伤。如果没有问题，用力使用钳子夹插头，使它可以割破绝缘皮接触电线，完成导电回路（见图 1-18）。

⑨ 使用相同的方案，重复步骤 3～8 制作电缆另一端，完成直连线。

⑩ 使用指示器测试刚刚完成的电缆（见图 1-19）。

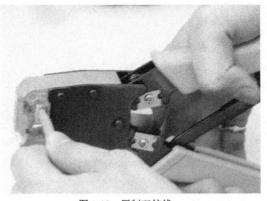

图 1-18　压制双绞线

图 1-19　网线测试仪

（2）制作交叉线

① 按照制作直连线中的步骤（1）～（7）制作线缆的一端。

② 用剥线工具在线缆的另一端剥出一定长度的线缆。

③ 用手将 4 对绞在一起的线缆按白绿、绿、白橙、橙、白蓝、蓝、白棕、棕的顺序拆分开来，并小心地拉直。

注意：切不可用力过大，以免扯断线缆。

④ 按图 1-15 所示端 B 的顺序调整线缆的颜色顺序，也就是交换橙线与绿线的位置。

⑤ 将线缆整平直并剪齐，确保平直线缆的最大长度不超过 1.2cm。

⑥ 将线缆放入 RJ-45 插头，在放置过程中注意 RJ-45 插头的把子朝下，并保持线缆的颜色顺序不变。

⑦ 检查已放入 RJ-45 插头的线缆颜色顺序，并确保线缆的末端已位于 RJ-45 插头的顶端。

⑧ 确认无误后，用压线工具用力压制 RJ-45 插头，以使 RJ-45 插头内部的金属薄片能穿破线缆的绝缘层，直至完成交叉线的制作。

⑨ 用网线测试仪检查自己所制作完成的网线，确认其达到交叉线线缆的合格要求，否则按测试仪提示重新制作交叉线。

（3）制作反转线

① 按制作直连线的步骤（1）～（7）制作线缆的一端。

② 用剥线工具在线缆的另一端剥出一定长度的线缆。

③ 用手将 4 对绞在一起的线缆按白橙、橙、白绿、绿、白蓝、蓝、白棕、棕的顺序拆分开来，并小心地拉直，然后交换绿线与蓝线的位置。

④ 将线缆整平直并剪齐，确保平直线缆的最大长度不超过 1.2cm。

⑤ 将线缆放入 RJ-45 插头，在放置过程中注意 RJ-45 插头的把子朝上，并保持线缆的颜

色顺序不变。

⑥ 翻转 RJ-45 头方向，使其把子朝上，检查已放人 RJ-45 插头的线缆颜色顺序是否和另一端颜色顺序全部反序，并确保线缆的末端已位于 RJ-45 插头的顶端。

⑦ 确认无误后，用压线工具用力压制 RJ-45 插头，以使 RJ-45 插头内部的金属薄片能穿破线缆的绝缘层，直至完成反转线的制作。

⑧ 用网线测试仪检查已制作完成的网线，确认其达到反转线线缆的合格要求，否则按测试仪提示重新制作线缆。

本 章 小 结

本章对计算机网络的一些基础知识进行了详细的介绍。首先介绍了计算机网络 OSI 参考模型的概念以及 OSI 参考模型中不同层次的功能；然后介绍了以太网的工作方式以及分类；同时介绍了数据封装、解封与传输的过程；最后介绍了数据传输介质的种类以及 UTP 线缆的分类和制作。

本章的目的是使读者了解计算机网络的基本概念，并掌握一些与计算机网络相关的基本技能。从第 2 章开始将讲述计算机网络网络协议的基本概念。

习　　题

选择题

1. 当诊断网络的连接问题时，在 PC 的 DOS 命令提示符下使用 ping 命令，但是输出显示 "request times out." 这个问题属于 OSI 参考模型的哪一层？（　　　）

　　A．物理层　　　　B．数据链路层　　　C．网络层　　　　　D．传输层

　　E．会话层　　　　F．表示层　　　　　G．应用层

2. 当你从 Internet 上的 FTP 站点上下载一个文件的时候，在 FTP 操作的过程中，所关联到的 OSI 参考模型的最高层是哪层？（　　　）

　　A．物理层　　　　B．数据链路层　　　C．网络层　　　　　D．传输层

　　E．会话层　　　　F．表示层　　　　　G．应用层

3. 在主机被正确地配置了一个静态的 IP 地址，但是默认网关没有被正确设置的情况下，这个配置错误最先会发生在 OSI 参考模型的哪一层？（　　　）

　　A．物理层　　　　B．数据链路层　　　C．网络层　　　　　D．传输层

　　E．会话层　　　　F．表示层　　　　　G．应用层

4. OSI 参考模型的哪一层涉及保证端到端的可靠传输？（　　　）

　　A．物理层　　　　B．数据链路层　　　C．网络层　　　　　D．传输层

　　E．会话层　　　　F．表示层　　　　　G．应用层

5. OSI 参考模型的哪一层完成差错报告、网络拓扑结构和流量控制的功能？（　　　）

　　A．物理层　　　　B．数据链路层　　　C．网络层　　　　　D．传输层

　　E．会话层　　　　F．表示层　　　　　G．应用层

6．OSI 参考模型的哪一层建立、维护和管理应用程序之间的会话？（　　　）

    A．物理层　　　　　B．数据链路层　　　　C．网络层　　　　　　D．传输层

    E．会话层　　　　　F．表示层　　　　　　G．应用层

7．10BaseT 使用哪种类型的电缆介质？（　　　）

    A．以太网粗缆　　B．以太网细缆　　　　C．同轴电缆　　　　　D．双绞线

8．下面关于 CSMA/CD 网络的描述，哪一个是正确的？（　　　）

    A．任何一个节点的通信数据都要通过整个网络，并且每一个节点都要接收并检验该数据

    B．如果源节点知道目的地的 IP 地址和 MAC 地址，它所发送的信号是直接送往目的地的

    C．一个节点的数据发往最近的路由器，路由器将数据直接发送到目的地

    D．信号都是以广播的方式发送的

9．网络中使用光缆的优点是什么？（　　　）

    A．便宜

    B．容易安装

    C．是一个工业标准，很方便购买

    D．传输速率比同轴电缆或者双绞线都高

10．当一台计算机发送一封 E-mail 给另一台计算机时，数据打包所经历的 5 个步骤是（　　　）。

    A．数据，数据段，数据包，数据帧，比特

    B．比特，数据段，数据包，数据帧，数据

    C．数据包，数据段，数据，比特，数据帧

    D．比特，数据帧，数据包，数据段，数据

第 2 章　TCP/IP

知识点：

- 了解计算机网络网络协议的基本概念
- 了解 TCP/IP 模型层次机构
- 掌握计算机网络中 IP 地址的分类以及使用
- 掌握 IP 地址的子网掩码的使用以及子网划分
- 了解 IPv6 地址的基本概念

　　网络协议在计算机网络中扮演着极其重要的角色。计算机网络中的通信必须基于网络协议。可以说，网络协议就是计算机网络中的语言。网络协议就是计算机网络中传递、管理信息的一些规范。

2.1　网络协议概述

　　人类用语言来交流信息，那么网络上的计算机之间又是如何交换各自的信息呢？在网络上的各台计算机之间也有一种语言，就像人们说话用的语言一样。计算机之间的语言就是网络协议，不同的计算机之间必须使用相同的网络协议才能进行通信。

　　网络协议存在于网络结构的各层中。发送方和接收方在同一层的协议必须一致，否则一方将无法识别另一方发出的信息。网络协议使网络上各种设备能够相互交换信息。计算机的网络体系结构中的关键要素之一就是网络协议。

　　网络协议的三要素为：语法、语义、同步。语法是解决"怎样通信"的问题，它规定了数据与控制信息的结构或格式。语义是解决"通信内容"的问题，它控制了需要发出何种控制信息、执行何种动作和返回应答。同步关系解决了"何时通信"的问题。

　　依据网络类型的不同，网络协议也各不相同。通常使用的网络协议有：TCI/IP、IPX/SPX、NetBEUI 等。

　　TCP/IP（传输控制协议/网间协议）是开放系统互连协议中最早的协议之一，也是目前最完全和应用最广的协议，它能实现各种不同计算机平台间的连接、交流和通信。

　　TCP/IP（Transmission Control Protocol/Internet Protocol，传输控制协议/网间协议）规范了网络上所有通信设备的通信过程和传输方式，尤其是一个主机与另一个主机之间的数据往来格式以及传送方式。TCP/IP 不仅仅是 Internet 的基础协议，它也是一种电脑数据打包和寻址的标准方法。TCP/IP 在 INTERNET 中几乎可以无差错地传送数据。对普通用户来说，并不需要了解网络协议的整个结构，仅需了解 IP 的地址格式，即可与世界各地进行网络通信。

IPX/SPX 是基于施乐的 Network System（XNS）协议，而 SPX 是基于施乐的 SPP（Sequenced Packet Protocol，顺序包协议），它们都是由 Novell 公司开发出来应用于局域网的一种高速协议。它不使用 IP 地址，而是使用网卡的物理地址（MAC）来代替 IP 地址通信。在实际使用中，它基本不需要什么设置，便可以直接使用。由于其在网络普及初期发挥了巨大的作用，所以得到了很多厂商的支持，包括 Microsoft 等。直到现在，很多软件和硬件也都支持这种协议。

NetBEUI（NetBios Enhanced User Interface，NetBios 增强用户接口）是 NetBIOS 协议的增强版本。许多操作系统都采用过这种网络协议，例如 Windows for Workgroup、Win 9x 系列、Windows NT 等。NETBEUI 是 Windows 98 之前的操作系统的默认协议。NetBEUI 是一种短小精悍、通信效率高的广播型协议，安装后不需要进行设置，特别适合在"网络邻居"传送数据。所以建议除了 TCP/IP 之外，局域网的计算机最好也安上 NetBEUI。另外还有一点要注意，对于一台只装了 TCP/IP 的 WINDOWS98 机器，要想加入到 WINNT 域，也必须安装 NetBEUI。

1969 年，Internet 的前身 ARPAnet 最初使用一种称为网络控制协议（NCP）的协议来进行网络数据的传输。1973 年，传输控制协议（TCP）被引进。1981 年，网际协议（IP）被引进。1982 年，TCP 和 IP 被标准化成为 TCP/IP 协议组，并在 1983 年，TCP/IP 协议组取代了 ARPANET 上的 NCP。1983 年，TCP/IP 协议组中加入了自由的电子通信和信息共享与其他一些内容，TCP/IP 协议组于是成为了大学和政府部门的标准。TCP/IP 作为一个标准组件被包含到柏克利标准发行中心 UNIX 的实现中。由于 TCP/IP 具有跨平台特性，ARPAnet 开始转为 TCP/IP 参考模型。

随着 ARPAnet 逐渐发展成为 Internet，TCP/IP 就成为 Internet 的标准连接协议。目前，TCP/IP 已经发展成一个分层的协议簇，包含着上千个协议。TCP/IP 的分层模型被称为 TCP/IP 参考模型。

TCP/IP 模型与 OSI 参考模型不同，它不是关注严格的功能层次划分，而是更侧重于互联设备间的数据传送。因此 TCP/IP 成为了互联网络协议的市场标准。

2.2 TCP/IP 模型层次结构

TCP/IP 协议栈包括 4 个功能层：进程/应用层、传输/运输层、网际层以及网络访问层，如图 2-1 所示。TCP/IP 协议栈的这 4 层大致对应 OSI 参考模型中的 7 层。

1. TCP/IP 参考模型进程/应用层的功能

TCP/IP 协议栈的应用层大致对应于 OSI 参考模型的应用层和表示层。该层提供远程访问和资源共享。这些应用包括 Telnet、FTP、SMTP、HTTP 等。很多其他应用程序驻留并运行在此层，并且依赖于底层的功能。同时，需要在 IP 网络上要求通信的任何应用（包括用户自己开发的和在商店买来的软件）也在模型的这一层中描述。

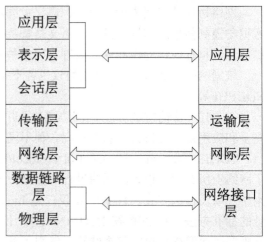

图 2-1 TCP/IP 参考模型与 OSI 参考模型的对应层次

2. TCP/IP 参考模型传输层/运输层的功能

TCP/IP 协议栈的传输层/运输层大致对应于 OSI 参考模型的会话层和传输层。这一层支持的功能包括：对应用数据进行分段使其能够在网络中进行传输，执行数学检查来保证所收数据的完整性，为多个应用同时传输数据多路复用数据流等。TCP/IP 协议栈的传输层/运输层能识别特殊应用，对收到的乱序数据进行重新排序。

TCP/IP 协议栈的传输层/运输层包括两个协议实体：传输控制协议（（TCP）和用户数据报协议（UDP）。实时/事务控制协议（Transaction/Transmission Control Protocol，T/TCP）正在定义中，这个协议针对于不断增长的面向事务的需要。

3. TCP/IP 参考模型网络层/网际层的功能

TCP/IP 协议栈的网际层由在两个主机之间通信所必须的协议和过程组成。网际层（IP）负责数据报文路由。同时，网际层也必须提供第二层地址到第三层地址的解析以及反向解析。网际层必须支持路由和路由管理功能。这些功能由外部对等协议提供，这些外部对等协议被称为路由协议。路由协议包括内部网关协议（IGP）和外部网关协议（EGP）。实际上，许多路由协议能够在多路由协议地址结构中发现和计算路由。IPX 和 AppleTalk 等是用于非 IP 地址的其他地址结构的路由协议。

4. TCP/IP 参考模型网络接口层的功能

TCP/IP 协议栈的网络接口层包括用于物理连接和传输的所有功能。但是在 OSI 模型中，这一层功能分为两层：物理层和数据链路层。由于因为各种 IP 协议中止于网际层，所以 TCP/IP 协议栈假设所有底层功能由局域网或串口连接提供。于是 TCP/IP 参考模型把两层合在一起。

2.3　TCP/IP 网络协议组件

虽然 TCP/IP 协议栈一般标识为 "TCP/IP"，但实际上在 TCP/IP 协议栈组件内有好几个不同的协议，如图 2-2 所示，包括如下协议。

- IP：网际层协议；
- TCP：可靠的传输层协议；
- UDP：尽力转发的传输层协议；
- ICMP：在 IP 网络内为控制、测试、管理功能而设计的多层协议，各种 ICMP 从传输层延伸至进程/应用层。

TCP/IP协议层应用层	各种应用层协议 FTP TFTP SNMP SSH 等
运输层	TCP UDP
网际层	IP ICMP ARP RARP
网络接口层	各种网络接口

图 2-2　TCP/IP 协议组

2.3.1　TCP/IP 应用层的协议

TCP/IP 应用层协议在文件传输、电子邮件和远程登录中发挥着重要的作用。常见的 TCP/IP 应用层协议包括：FTP，TFTP，SMTP，Telnet，SNMP，DNS。

　　FTP：文件传输协议（File Transfer Protocol）。FTP 网络协议使得主机间可以共享文件。与大多数 Internet 服务一样，FTP 也是一个 C/S 系统（客户机/服务器系统）。用户通过一个支持 FTP 协议的客户机程序，连接到在远程主机上的 FTP 服务器程序。用户通过客户机程序向服务器程序发出命令，服务器程序执行用户所发出的命令，并将执行的结果返回到客户机。FTP 协议则多用于互联网中。

　　TFTP：简单文件传输协议（Trivial File Transfer Protocol）。TFTP 的作用和 FTP 大致相同，都是用于文件的传输，可以实现网络中两台计算机之间的文件上传与下载。可以将 TFTP 看作是 FTP 的简化版本，TFTP 不需要认证客户端的权限。TFTP 多用于局域网以及远程 UNIX 计算机中。

　　SMTP：简单邮件传输协议（Simple Mail Transfer Protocol）。SMTP 是一种提供可靠且有效电子邮件传输的协议。SMTP 是基于 FTP 文件传输服务上的一种邮件服务，主要用于传输系统之间的邮件信息，并提供来信有关的通知。

　　Telnet：Telnet 用于 Internet 或者局域网内部的远程登录。应用 Telnet 能够把本地用户所使用的计算机变成远程主机系统的一个终端。

　　SNMP：简单网络管理协议（Simple Network Management Protocol）。SNMP 使网络管理员能够管理网络效能，发现并解决网络问题以及规划网络增长。通过 SNMP 接收随机消息（及事件报告），网络管理系统获知网络出现的问题。

　　DNS：域名系统/服务（Domain Name System/Service）。它主要的功能是将域名解析为 IP 地址。

2.3.2　TCP/IP 传输层的协议

传输层使用了 TCP 和 UDP 两种网络协议。

TCP 是面向连接的、可靠的协议。TCP 使用三次握手来进行连接。TCP 提供了全双工通信，而且它的确认机制提供了可靠性。

TCP 的结构如图 2-3 所示。

其中各个字段功能如下所述。

- 源端口号：指示源节点的端口号。
- 目标端口号：指示目标节点的端口号。
- 序列号：标识了数据段在已发送的数据流中的位置。
- 应答号：发送方通过返回一条消息来验证数据已被接收。
- TCP 报头长度：指示了 TCP 报头的长度。
  - URG：紧急指针（urgent pointer）有效。
  - ACK：确认序号有效。
  - PSH：接收方应该尽快将这个报文段交给应用层。
  - RST：重建连接。
  - SYN：发起一个连接。
  - FIN：释放一个连接。
- 滑动窗口尺寸：指示了接收方机器可接收的数据块个数。
- 校验和：允许接收节点判定ＴＣＰ段是否在发送过程中被破坏。
- 紧迫指示器：能够指示出紧迫数据驻留在数据中的位置。

- 可选项：用于具体指定一些特殊选项。
- 填充：包含了确保ＴＣＰ报头大小是３２位整数倍的填充信息。
- 数据：包含了由源节点发送的原始数据。

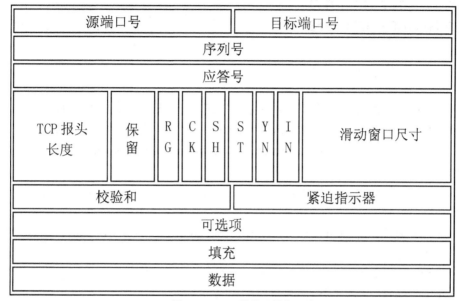

图 2-3　TCP 网络协议结构

UDP 是不连接、不可靠的协议。UDP 没有窗口和确认来保证连接和可靠的传输，但是应用层协议可以保证可靠性。在传送数据较少、较小的情况下，UDP 比 TCP 更加高效。

UDP 网络协议结构如图 2-4 所示。

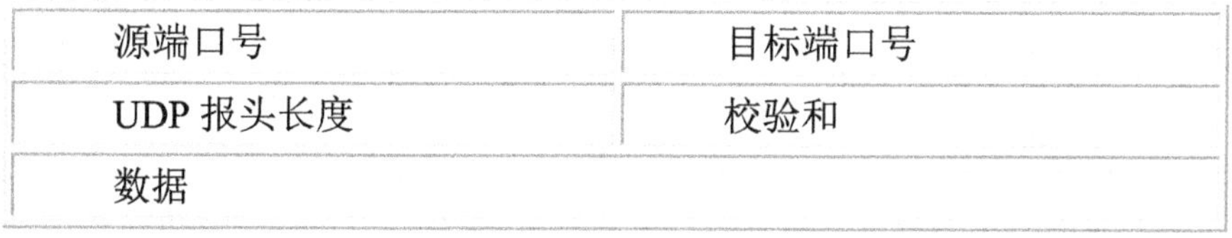

源端口号	目标端口号
UDP 报头长度	校验和
数据	

图 2-4　UDP 网络协议结构

其中各个字段功能如下所述。
- 源端口号：指示源节点的端口号。
- 目标端口号：指示目标节点的端口号。
- UDP 报头长度：指示了 UDP 报头的长度。
- 校验和：允许接收节点判定 UDP 段是否在发送过程中被破坏。
- 数据：包含了由源节点发送的原始数据。

TCP 和 UDP 都必须使用端口号来与其上层进行通信，端口号范围为 0～65535，端口号小于 256 的定义为常用端口，服务器一般都是通过常用端口号来识别。任何 TCP/IP 实现所提供的服务都用 1～1 023 之间的端口号，是由 IANA 来管理的。大多数 TCP/IP 动态连接分配的端口在 1 024～5 000 之间。大于 5 000 的端口号是为其他服务器预留的。一些常用的应用层协议对应的端口号为：
- FTP：TCP 的 20 和 21 端口；

- TFTP：UDP 的 69 端口；
- SMTP：TCP 的 25 端口；
- TELNET：TCP 的 23 端口；
- SNMP：TCP 的 161 端口；
- DNS：TCP 和 UDP 的 53 端口。

2.3.3　TCP/IP 网络层的协议

TCP/IP 网络层对应 OSI 模型中的网络层。TCP/IP 网络层包括了以下协议。
- IP：它不关心数据报的具体内容，只负责选择数据报的最优传送路径。
- ICMP：网络控制信息协议（Internet Control Message Protocol）。它提供了控制和传递消息的功能。
- ARP：地址解析协议（Address Resolution Protocol）。它为已知 IP 地址进行 MAC 地址的解析。
- RARP：逆向地址解析协议（Reverse Address Resolution Protocol）。它提供 MAC 地址到 IP 地址的映射。
- IGMP：网际组管协议（Internet Group Management Protocol）。用于在组播中 IP 主机向任一个直接相邻的路由器报告它们的组成员情况。

IP 是 TCP/IP 协议族中最为核心的协议。它提供不可靠、无连接的服务，也依赖其他层的协议进行差错控制。在局域网环境中，IP 往往被封装在以太网帧中传送。而其他的协议 TCP、UDP、ICMP、IGMP 数据都被封装在 IP 数据报中传送。

IP 网络协议结构如图 2-5 所示。

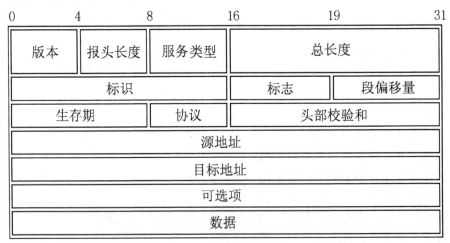

图 2-5　IP 网络协议结构

其中各个字段的功能如下所述。
- 版本：用来表明 IP 实现的版本号，当前一般为 IPv4，即 0100，占四位。
- 报头长度：普通 IP 数据报（没有任何选项），该字段的值是 5，即 160bit=20Byte。此字段最大值为 60Byte。
- 服务类型：服务类型字段声明了数据报被网络系统传输时可以被怎样处理。

- 总长度：指明整个数据报的长度（以 Byte 为单位）。最大长度为 65 535Byte。
- 标识：用来唯一地标识主机发送的每一份数据报。通常每发一份报文，它的值会加 1。在分片的时候，相同的标识表示它们是被同一个数据报分片出来的几个数据报，便于重组。
- 标志：标志一份数据报是否要求分段。它的三位中的最低位等于 0 时，表示该数据报是最后一个分片；它的三位中的中间一位等于 1 时，表示允许分片；它的最高位尚无意义。
- 段偏移：如果一份数据报要求分段的话，此字段指明该段偏移距原始数据报开始的位置。
- 生存期：用来设置数据报最多可以经过的路由器数。由发送数据的源主机设置，通常为 32、64、128 等。每经过一个路由器，其值减 1，直到 0 时，该数据报被丢弃。最大不能超过 255。
- 协议：指明 IP 层所封装的上层协议类型，如 ICMP（1）、IGMP（2）、TCP（6）、UDP（17）、OSPF（89）等。
- 头部校验和：内容是根据 IP 头部计算得到的校验和码。计算方法是：对头部中每个 16 比特进行二进制反码求和。（和 ICMP、IGMP、TCP、UDP 不同，IP 不对头部后的数据进行校验）。
- 源 IP 地址：发送 IP 数据报文的源主机地址。
- 目标 IP 地址：接收 IP 报文的目标主机地址。
- 可选项：用来定义一些任选项：如记录路径、时间戳等。这些选项很少被使用，同时并不是所有主机和路由器都支持这些选项。可选项字段的长度必须是 32bit 的整数倍，如果不足，必须填充 0 以达到此长度要求。
- 数据：包含了由源节点发送的原始数据。

2.4 OSI 与 TCP/IP 体系结构的比较

TCP/IP 参考模型和 OSI 参考模型有许多相似之处，如图 2-6 所示。两种参考模型中都包含能提供可靠的进程之间端到端传输服务的传输层，在传输层之上是面向用户应用的传输服务。尽管如此，它们还是有许多不同之处。

TCP/IP 参考模型由于更强调功能分布而不是严格的功能层次的划分，因此它比 OSI 参考模型更灵活。

下面是 TCP/IP 参考模型与 OSI 参考模型的差异比较，这些比较不是两个模型中所使用的协议间的比较。

（1）两种模型在层数上的差异。OSI 参考模型有 7 层，而 TCP/IP 参考模型只有 4 层。虽然两种参考模型都具有网络层、传输层和应用层，但其他层是不同的。

OSI参考模型层	TCP/IP参考模型层
应用层	进程/应用层
表示层	
会话层	
传输层	传输层
网络层	网际层
数据链路层	网络接口层
物理层	

图 2-6 OSI 参考模型和 TCP/IP 参考模型比较

在 OSI 参考模型的 7 层中所包含的数据链路层并不是 TCP/IP 参考模型的一个独立层，但数据链路层是 TCP/IP 参考模型不可缺少的组成部分，它是基于各种通信网络载体和 TCP/IP

之间的接口。这些通信网包括各种局域网，如以太网、令牌网等，以及多种广域网，如ARPAnet、MILNET 和 X.25 公用数据网等。而在 TCP/IP 参考模型的网际层内提供了专门的功能，解决了 IP 地址与物理地址的转换。

（2）相对于 TCP/IP 参考模型而言，OSI 模型中的协议具有更好的隐蔽性，并更容易被替换，而 TCP/IP 参考模型并不能清晰地区分服务、接口等概念。

（3）OSI 参考模型的设计是先于协议的。OSI 参考模型并不是基于某个特定的协议集而设计的，所以 OSI 参考模型更具有通用性。但是，这种先于协议的设计，也意味着 OSI 模型的协议在实现方面存在某些不足。TCP/IP 参考模型与 OSI 参考模型的这种设计正好相反。TCP/IP 参考模型是在协议之后被设计出来的，TCP/IP 参考模型只是对现有协议的描述，因而协议与模型非常吻合。但是，正是由于这种先有协议后有模型的设计，使得 TCP/IP 参考模型缺乏通用性，它不适合描述其他协议栈。

（4）在服务类型方面，OSI 参考模型的网络层提供面向连接和无连接两种服务，而传输层只提供面向连接服务。而在 TCP/IP 参考模型中，它在网络层只提供无连接的服务，却在传输层提供面向连接和无连接两种服务。

（5）使用 OSI 模型可以很好地解释计算机网络，但是 OSI 参考模型由于没有基于现实的协议，所以并未得到设计的应用。相反，TCP/IP 参考模型因其本身实际上并不存在，只是对现存协议的一个归纳和总结，所以 TCP/IP 被广泛使用。TCP/IP 参考模型是在基于它所解释的协议出现之后才发展起来的，并且，由于它更强调功能分布，而不是严格的功能层次的划分，因此它比 OSI 模型更灵活实用。

2.5　IP 地址

2.5.1　IP 地址介绍

IP 地址实际上是一种标识符，用于在计算机网络中标识系统中的某个对象。IP 地址分为网络部分和主机部分。

IP 地址能够方便地在庞大的网络中确定位置。IP 地址不仅标识主机，还要指出主机所在的网络位置。IP 地址就是当今在因特网中采用的这种所谓结构化的（也称为层次化）地址。

2.5.2　IP 地址和 MAC 地址的比较

IP 地址不同于 MAC 地址，它的地址结构中可以包含位置信息。以太网地址（MAC 地址）并不含有位置信息（在这个 48 比特的数字中没有站点的位置信息），只是唯一地标识一个对象以区别不同的网络站点。在规模不大的网络环境中，MAC 地址是足够使用的，它能够帮助找到目的站点，起到确定位置的作用。但是在一个规模较大的环境中，MAC 地址中没有位置信息，就几乎无法定位站点。如果在因特网中通过 MAC 地址寻找目标机器，就必须逐一对比网卡的 MAC 地址。面对因特网中如此大的主机数，逐一对比网卡的 MAC 地址几乎是一件无法完成的工作。

这两种地址是并存的，IP 地址并不能代替 MAC 地址。IP 地址是在大网中为了方便定位主机所采用的方式，如果网络规模不大，完全可以不使用 IP 地址，因此，无论什么网络环境，物理地址都是要使用的，因为物理地址对应于网卡的接口，只有找到它才算真正达到了目的。而 IP 地址是为了方便寻址人为划分的地址格式（管理人员是不能够根据网络设计的要求真实地修改物理地址的），因此 IP 地址也被称为逻辑地址，又因为这种结构化地址是在 OSI 的第三层定义的，也被称为三层地址，相应地，物理地址被称为二层地址。IP 地址是一种通用格式，无论其下一层的物理网络地址是什么类型，都可以被统一到一致的 IP 地址形式上。因此 IP 地址屏蔽了下层物理地址的差异。

2.5.3　IP 地址结构

IP 地址是一种层次型地址，它由两个部分组成：网络号和主机号，如图 2-7 所示。其中网络号表示互联网络中的某个网络，而同一网络中有许多主机，由主机号区分。因此给出一台主机的 IP 地址，就可以知道它所处的网络，就是前面所说的位置信息。这与人们到某个单位去找人非常相似，通常先寻找其所在的部门，再到这个部门中找到这个员工。网络号对应于部门，主机号对应员工本人。这种方式定位一个个体是非常方便和迅速的。

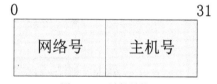

图 2-7　IP 地址结构

IP 地址由一个 32 位长的二进制数字表示。为了方便表达，这 32 位又分为 4 个 8 比特数，由于日常习惯使用十进制表示数字，因此以十进制来表示每个 8 比特数，它的范围是 0～255。这 4 个十进制数用小圆点隔开，称为点分十进制表示法，例如：

```
11000000      10101000      00000001      00010010
192           168           1             18
IP  =  192  .  168  .  1  .  18
```

2.5.4　IP 地址分类

如图 2-8 所示，IP 址按网络规模大小分为 5 类：A 类，B 类，C 类，D 类，E 类，分类方法如下所述。

A 类地址的最高位为 0，它用前 8 比特表示网络号，后 24 比特表示主机号，A 类网络的网络数相对较少，但在一个网络中可容纳很多主机，每个网络最多可容纳（$2^{24}-2$）台主机（减 2 是因为在一个网络中有一个网络号地址和广播地址，它们不能分配给主机），该类地址适用于大型网，它的首字节范围为 0～127。

B 类地址的最高两位为 10（以二进制表示），它用前 16 比特表示网络号，后 16 比特表示主机号，此类网络类型的网络数相对较多，每个网络最多可容纳（$2^{16}-2$）台主机，该类地址适用于中等规模的网络，它的首字节取值范围为 128～191。

C 类地址的最高两位为 110（以二进制表示），它用前 24 比特表示网络号，后 8 比特表示主机号，它的网络数量很大，每个网络最多可容纳（2^8-2）台主机，该类地址适用于小型网，它的首字节取值范围为 192～223。

D 类地址为组播地址（multicast address），跟前面的 A、B、C 3 类地址不一样，不能分给单独主机使用，组播地址用来给一个组内的主机发送信息，它的首字节取值范围是 224～239。

E 类地址目前保留未用。

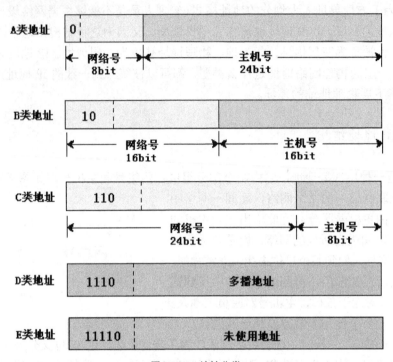

图 2-8　IP 地址分类

根据上述划分规则，通过 IP 地址的第一个十进制数可以区分 A、B、C 类地址。

（1）A 类地址首字节取值范围：0～127，对应二进制范围 00000000～01111111。根据上面的规则，实际上 A 类地址范围应该从 1 开始，因为网络号全 0 的地址保留，又因为 127 开头的 IP 地址保留给回送地址，因此 A 类地址可用范围调整为 1～126，所以共有 126 个 A 类网可提供给用户使用。

（2）B 类地址首字节取值范围：128～191，对应二进制范围 10000000～10111111。

（3）C 类地址首字节取值范围：192～223，对应二进制范围 11000000～11011111。

提示：在 IP 中约定，以十进制数 127 开头的地址为回送地址（Lopback Address）。主要应用在测试方面，当任何程序用回送地址作为目的地址时，计算机上的协议软件不会把该数据报向网络上发送，而是把数据直接返回给本主机。实际上，以 127 开头的 IP 地址代表执行命令的这台设备本身，实现对本机网络协议的测试或实现本地进程间的通信。例如在工作站上 ping 127.0.0.1，这相当于自己 Ping 自己，这样做的目的是测试该设备是否已配置好 TCP/IP。

根据上面的分类方法和地址规则，可以得到下面的结果，如表 2-1 所示。

表 2-1　　　　　　　　　　A、B、C 三类地址比较

类　　别	首字节值范围	网　络　数	主　机　数
A	1～126	126	16777314
B	128～191	16384	65534
C	192～223	2097152	254

A 类网共有 126 个，每个 A 类网络中最多可容纳 $2^{24}-2=16\ 777\ 214$ 台主机（减 2 的原因是全 0 全 1 的主机号分别代表网络地址和广播地址，不能分给主机作为一般 IP 地址进行使用）；

B 类网共有 $2^{14}=16\ 384$ 个，每个 B 类网络中最多可容纳 $2^{16}-2=65\ 534$ 台主机（减 2 的原因是全 0 全 1 的主机号分别代表网络地址和广播地址，不能分给主机作为一般 IP 地址进行使用）；

C 类网共有 $2^{21}=2\ 097\ 152$ 个，每个 C 类网络中最多可容纳 $2^8-2=254$ 台主机。（减 2 的原因是全 0 全 1 的主机号分别代表网络地址和广播地址，不能分给主机作为一般 IP 地址进行使用）。

对于任何一个采用默认子网掩码的 IP 地址，都可以根据其第一个字节的数值来确定它是哪一类的地址，进而得知网络号位数和主机号位数，例如地址 222.101.9.251，第一个字节在 192～223 范围内，属于 C 类地址，所以网络位是 24 比特，网络号 222.101.9.0；主机位是 8 比特；主机号是 0.0.0.251。

2.5.5　IP 地址使用规则

IP 地址有如下规则：

● 网络号全 "0" 的地址保留，不能作为标识网络使用。（现在很多新版的协议已经支持使用该段网络。）

● 主机号全 "0" 的地址保留，作为表示网络地址。例如 172.16.0.0，表示一个 B 类网络。

● 网络号全 "1"、主机号全 "0" 的地址代表网络的子网掩码。子网掩码将在下一小节中论述。

● 主机号全 1 的地址为广播地址，称为直接广播或是有限广播。如 172.16.255.255，表示对 172.16.0.0 里的所有主机进行广播。这类广播地址可以跨越路由器。此外，还有两个特殊的地址，如下所述。

● 地址 0.0.0.0——表示默认路由，默认路由是用来发送那些目标网络没有包含在路由表中的数据包的一种路由方式。

● 地址 255.255.255.255——代表本地有限广播，也就是 32 比特位都为 "1"。如果按前面的广播设置，理解为 "向所有网络中所有主机发出广播"，就可能造成全网的风暴，所以规定这种广播数据默认（路由器没有进行特殊配置）情况下不能跨越路由器（路由器能分割广播域）。

提示：计算机是通过将子网掩码与 IP 地址相 "与运算" 来区分出计算机的网络号和主机号。

2.6　IP 地址的子网划分

最初设计 IP 地址时并没有考虑到互联网络发展如此迅速，更没有想到互联网的规模如此巨大。随着网络规模的扩张，对 IP 地址的需求越来越大，地址空间变得紧缺起来，最初的这种分类方法逐渐暴露出一些缺陷。以 B 类地址为例，共有 16 384 个 B 类网络号，每个 B 类网可容纳 65 534 台主机。试想 6 万多台主机共用一个网络号，如此大规模的单一网络几乎是不可能出现的。InterNIC 向申请者分配的是网络号，如果将某个 B 类地址中的网络号分配出去，其他人就不能再使用这个网络号，而申请者通常远远不会拥有 6 万多台的主机数，因此当他得到一个 B 类地址后，将会造成 IP 地址的严重浪费。子网划分就是解决这种浪费的有效可行方法。

2.6.1 子网划分方法

子网划分允许在单个 A 类、B 类或者 C 类网络之内创建多个逻辑网络，这样可以大大提高网络地址的使用率。

划分子网，需要使用划分子网掩码从 IP 地址的主机 ID 部分借位来创建子网的网络 ID。例如，一个 C 类网络地址 204.15.5.0，能够通过划分掩码来创建子网：

```
205.15.5.0:          10101101.00001111.00000101.000      00000
255.255.255.224:  11111111.11111111.11111111.  111      00000
                                                        子网位    主机位
```

通过划分子网掩码 255.255.255.224，从地址的原始主机部分借了 3 位来作为子网。这 3 位能够创建 8 个子网。剩余 5 位主机 ID 位，每个子网能有 30 个主机地址。因为全 0 或者全 1 不能够作为主机的 IP 地址。这样就使用子网划分得到了一个 C 类网络。该 C 类网络的子网和主机的 IP 地址范围如下：

子网网络号	子网掩码	主机 IP 地址范围
204.15.5.0	255.255.255.224	205.15.5.1 － 205.15.5.30
205.15.5.32	255.255.255.224	205.15.5.33 － 205.15.5.62
205.15.5.64	255.255.255.224	205.15.5.65 － 205.15.5.94
205.15.5.96	255.255.255.224	205.15.5.96 － 205.15.5.126
205.15.5.128	255.255.255.224	205.15.5.129 － 205.15.5.158
205.15.5.160	255.255.255.224	205.15.5.161 － 205.15.5.190
205.15.5.192	255.255.255.224	205.15.5.193 － 205.15.5.222
205.15.5.224	255.255.255.224	205.15.5.225 － 205.15.5.254

如图 2-9 所示，某学校 A 根据功能的需要划分 3 个部门，要求每个部门有独立的网络，即不同部门的网络号不相同。每个部门有 260 台主机，也就是说需要 260 个 IP 地址。如何规划网络地址可以满足这一设计方案？

我们可以把这些需求转变成 IP 地址规则中的术语，即需要有 4 个 IP 网络号，而且每个网络中不少于 260 个 IP 地址。

考虑到主机数的要求，根据 IP 地址 A、B、C 类的规则，只有 A 类和 B 类地址满足主机数不少于 260 个 IP 地址的要求。选择 4 个 B 类网络，这样既能满足需要有 3 个 IP 网络号的要求，又能满足每个网络中不少于 260 个 IP 地址的要求。这样似乎是完成了这个任务，但分析这个结果发现，如此设计存在着严重的浪费（如果选择 A 类，浪费更严重），每个 B 类地址中可容纳 65 534 台主机，而该公司只使用了其中的 260 台，因为地址的唯一性，其他人无权使用这个 B 类网络中的另外 65 534-260=65 274 个地址，这些地址被某学校占有而又得不到应用，况且这只是其中一个网络，3 个相加将会有 19 万多个地址被浪费掉。如果像这样规划 IP 地址，恐怕因特网中早已无新地址可用了。

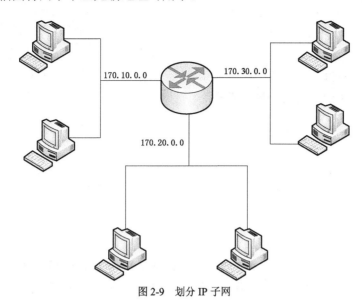

图 2-9 划分 IP 子网

分析其中的原因，主要是由于最初给地址分类时，没有考虑到网络增长如此之快，只是简单地对应了大、中、小型规模的网络，现在看来划分得不够细致。现实情况不可能是：要么网络规模是 254 台主机，要么就是 65 534 台主机，要么是一千六百多万台。实际情况是绝大多数网络都是处于这之间的。

有没有办法解决这个问题呢？这个解决办法就是划分子网（subnetting）。就这个例子来说，260 个主机 IP 地址，主机位数为 9 位就可以满足要求，因为 $2^9-2=510$ 个 IP 地址，所以其余的 7 比特主机位对于这个情况来说就是浪费的，既然主机位数有宽余，为何不借用它作网络位呢?划分子网的思想正基于此。

接着讨论上面的案例，以具体说明如何划分子网。如图 2-10 所示，其中 170.10.0.0、170.20.0.0、170.30.0.0 是假设分配的 3 个 B 类网络号，这个方案非常浪费，不予采纳。根据借位的思想，试着只用一个 B 类地址看看能否满足要求。首先至少要保留 9 比特主机位，以满足 260 个 IP 地址的要求，现在的问题是，1 个 B 类网如何分成 3 个网段？这就要用到剩余的那 7 比特主机位，用它来表示网络号。这些从主机位中借来表示网络号的被称为子网位。7 比特最多能够表示 $2^7=128$ 个子网号。只需从中选出 3 个，即可满足这个案例的要求。具体划分方法如下所述。

假定选择了 170.10.0.0 这个 B 类网络进行划分。根据要求保留 9 比特作为主机位，所以借 7 个比特位表示子网（规则规定借位必须连续，并且要从高位借起），共需要 3 个这样的子网，写成二进制格式如下：

10101010.00001010.**0000000**　　0.00000000

　　170　　　　10　　　　子网位　　主机位

把所借的 7 个比特位排列组合如下：

00000000　　=0

00000010　　=2

00000100　　=4

00000110　　 =6

．

．

11111100　　 =252

11111110　　 =254

一共有 128 个子网，写成十进制格式：

170.10.2.0

170.10.4.0

170.10.6.0

…

…

170.10.252.0

170.10.254.0

从中选出 3 个分配给学校的 3 个部门即可满足要求。不防选 170.10.2.0、170.10.4.0 和 170.10.6.0 这 3 个子网（通常为了兼容，不使用 0 网段），如图 2-10 所示。

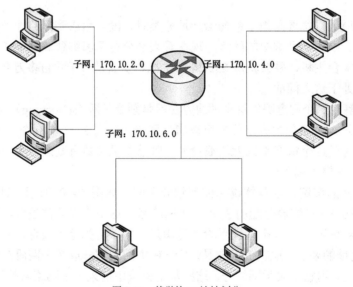

图 2-10　某学校 IP 地址划分

接下来的任务就是确定每个子网的地址范围。规则规定主机位全"0"和全"1"的地址不能分配给主机使用，所以以 170.10.2.0 为例，在这个子网中最小的一个 IP 地址是 170.10.2.1。该子网中理论上最大的 IP 地址是主机位全 1 的地址，即广播地址 170.10.3.255，这个地址不能用于表示主机，所以最大可用的地址是广播地址减 1：170.10.3.254。这样子网 170.10.2.0 的主机 IP 地址范围为：170.10.2.1～170.10.3.254。这样网络管理员就可以使用这个地址范围来设置网络。

从这个例子可以看到：使用子网划分的方法，用一个 B 类地址就满足了要求，这在很大的程度上节省了 IP 地址（最初的方案使用 3 个 B 类网络号）。当然，这个结果并不唯一，在满足该案例的要求情况下，也可以借用 3 比特主机位用作子网号，这样就保留 13 比特的主机位。其他的划分方法也可满足条件，所以管理员可以根据实际情况选择方案。

提示：有些资料上还建议子网全 0 和 1 不能使用，这要看应用环境中是否有这种要求，实际上规则并没有严格禁止子网全 0 和全 1 的使用。如果在路由器 IOS 12.0 以前的版本中要启动全 0 和全 1 的子网，需要执行 ip subnet-zero 指令。

通过上面的实际例子，已经了解子网划分的概念和方法。原来的 IP 地址分为网络号和主机号两个部分，划分子网后整个 IP 地址就分成 3 个部分：

主网络号，它对应于标准 A、B、C 类的网络号部分；

借用主机位而作为网络号的部分，这个被称作子网号；

还有一部分就是剩余的主机号。

IP 地址虽然分成了 3 个部分，但是主网号和子网号从本质上讲，共同表示 IP 地址的网络部分。InterNIC 向申请者分配的是网络号，也就是这里所说的主网号，划分子网的工作由申请者自己决定，因此在因特网上看到的通常是主网号部分，只有进入到企业内部，才能了解到子网是如何设置的。目前，划分子网已经成为规划 IP 地址不可或缺的方法，是设计网络时必须掌握的技术。

2.6.2　子网掩码的意义

在使用子网地址时常会遇到下列问题，比如在上面的例子中，给子网 170.10.2.0 中的主机分配地址，第一个（最小）地址是 170.10.2.1，但是仅仅从这个地址不能确定哪些位是网络位，哪些是主机位，这个问题在介绍划分子网之前是不存在的。如果没有子网的概念，给出某个 IP 地址，就可以根据它的第一个字节的大小来确定它是哪一类的地址，从而确定网络位数和主机位数。引入了子网的概念后，只给出 IP 地址就不能准确地确定哪些位是网络位，为了准确地区分地址中的网络位和主机位，在给出一个 IP 地址后，还要同时给出一个网络掩码，网络掩码的格式与 IP 地址相同，都是点分十进制表示法，在掩码中，用 1 表示网络位，用 0 表示主机位。例如一个标准的 B 类 IP 地址（前 16 位表示网络号）的掩码应该是 255.255.0.0，前面 16 个 1 表示网络号是前 16 比特，后面跟着 16 个 0，表示主机位是 16 比特。上面举的例子中，地址 160.10.2.1 的掩码就是 255.255.254.0，其中前 16 比特是主网位，紧随后面的 7 比特 1 是借用的子网位，所以共有 23 比特作为网络位，最后 9 比特 0 说明有 9 位主机位。

机器在计算一个 IP 地址的网络号部分时，采用 IP 地址与掩码地址对应位相"与"的算法。首先把 IP 地址和子网掩码换算成二进制，然后位对位做"与"运算，最后得到 IP 地址中的网络地址。"与"运算规则如下：

1 AND 1=1

0 AND 0=0

0 AND 1=0

例如：

IP:　　　　　　10100000.00001010.00000010.00000001　　160.10.2.1

NETMASK：11111111.11111111.11111110.00000000　　255.255.254.0

结果：　　　　10101011.00001010.00000010.00000000　　160.10.2.0

计算的结果是网路号，即 160.10.2.0。这样，一个 IP 地址再跟着一个掩码，就能够准确地说明这个 IP 地址中网络位和主机位的长度。网络掩码能够准确地表示是否划分了子网以及借用了多少位作子网位，所以也通常被称为子网掩码（Subnet Mask）。

提示：网络上的设备依靠将 IP 地址与子网掩码进行"与"运算来判断 IP 地址所在的网络。其中 A、B、C 3 类 IP 地址的默认子网掩码如下。

A：255.0.0.0

B：255.255.0.0

C：255.255.255.0

上面这个划分子网的例子中，3 个子网都使用了相同长度的子网掩码，这种设计方式被称为定长子网掩码（Fixed-Length Subnet Mask，FLSM）设计，因为它们的情况相同，而在其他一些情况下，为了最大限度地节省地址，会在不同网络中使用不同的掩码长度，称为可变长子网掩码。

2.7　可变长子网掩码

VLSM（Variable Length Subnet Mask，可变长子网掩码），这是一种产生不同大小子网的网络分配机制，是指对同一个主网络在不同的位置使用不同的子网掩码。VLSM 将允许给点到点的链路分配子网掩码 255.255.255.252，而给 Ethernet 网络分配 255.255.255.0。VLSM 技术对高效分配 IP 地址（较少浪费）以及减少路由表大小都起到非常重要的作用。但是需要注意的是使用 VLSM 时，所采用的路由协议必须能够支持它，这些路由协议包括 RIP2、OSPF 和 BGP 等。

图 2-11 所示以太网段中有 30 台主机，因此需保留 5bit 作主机位（$2^5 = 32$），所以子网掩码长度为 27（32-5）比特。而两个路由器之间的点到点连接只需要两个 IP 地址，设置子网掩码 30 位，刚好可容纳两台主机。这样规划 IP 地址是最节省的方式。根据不同网段中的主机个数使用不同长度的子网掩码，这种设计方式被称为变长子网掩码（Variable-Length Subnet Mask，VLSM）设计。

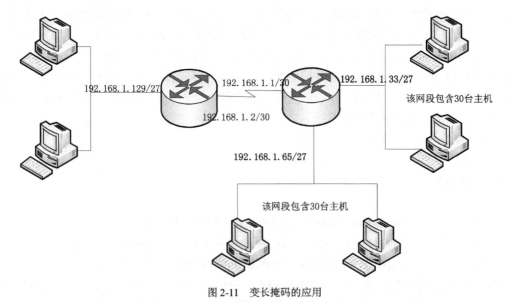

图 2-11　变长掩码的应用

提示：熟练掌握 IP 地址的分类、子网划分及可变长掩码的计算方法，无论是在考试还是工作中都是十分重要的。

例：某大学欲构建校园网。网络覆盖 3 个功能区。每个功能区大楼不超过 4 栋。每栋大楼楼层不超过 5 层。每层大约 100 台主机。使用网络地址 10.0.0.0 设计一个可实现拓展和汇总的编址方案。

该编制方案如表 2-2 所示。

表 2-2　　　　　　　　　　　　　　　某大学编制方案

功　能　区	大　　楼	楼　　层	主　　机
0000	.0000	0000	.00000000

根据以上编制方案，可支持最多 16 个功能区，每个功能区最多可支持 16 栋大楼，每层楼层最多可以支持 254 台主机。

应用 VLSM 的编制结构如下。

功能区：

A 功能区：0001

B 功能区：0002

C 功能区：0003

大楼：

大楼 1：0001

大楼 2：0010

大楼 3：0011

大楼 4：0100

楼层：

楼层 1：0001

楼层 2：0010

楼层 3：0011

楼层 4：0100

楼层 5：0101

主机：

1～254

在功能区 A 的第二栋大楼第 3 层的第 4 台主机地址如下所示。

二进制主机地址：00001010.0000　**0001　.0010　0011　.00000100**

　　　　　　　　　　　　　　　功能区　大楼　楼层　　主机

十进制主机地址：10　　　　.1　　　　　.35　　　　.4

基于物理结构来应用 VLSM 编址将会使网络管理工作容易很多。网络管理员在看到网络地址后，便可以知道主机的物理地址，优化了网络管理工作。

2.8　无类别域间路由

CIDR（Classless Inter-Domain Routing，无类别域间路由）基本思想是取消地址的分

类结构，取而代之的是允许以可变长分界的方式分配网络数。它支持路由聚合，可限制 Internet 主干路由器中必要路由信息的增长。"无类别"的意思是现在的选路决策是基于整个 32 位 IP 地址的掩码操作，而不管其 IP 地址是 A 类、B 类或是 C 类，都没有什么区别。做 IP 规划的时候，刻意将子网作成 2n 模式，目的便是为了尽量支持路由归并，以减少路由表规模，2n 子网规划模式也是为了保证 IP 地址划分的规范性，此外，为进行选路要对多个 IP 地址进行归并时，这些 IP 地址必须具有相同的高位地址比特。

路由表和选路算法必须扩展成根据 32 位 IP 地址和 32 位掩码做出选路决策的算法，必须扩展选路协议，使其除了 32 位地址外，还要有 32 位掩码。CIDR 技术用于帮助减缓 IP 地址耗尽和路由表增大的问题，这种技术使得多个 C 类地址块可以被组合或聚合在一起，以生成更大的无类别 IP 地址集（也就是说，可以用一个 CIDR 的聚合体来表示一组 C 类地址）。

其中 CIDR 的表示方法为采用斜线符加子网掩码中 1 的个数。例如/30，表示了子网掩码中 1 的个数为 30 个。

例，某学校向 Internet 机构申请获得了 8 个 C 类地址 200.100.48.0～200.100.55.0，但 Internet 只使用一个 IP 地址 200.100.48.0/21 就可以表示这些 IP 地址。这样就解决了管理大型路由选择表需要占有过多网络资源的问题。

```
200.100.48.0  =11001000.01100100.00110 000 .00000000
200.100.49.0  =11001000.01100100.00110 001 .00000000
200.100.50.0  =11001000.01100100.00110 010 .00000000
200.100.51.0  =11001000.01100100.00110 011 .00000000
200.100.52.0  =11001000.01100100.00110 100 .00000000
200.100.53.0  =11001000.01100100.00110 101 .00000000
200.100.54.0  =11001000.01100100.00110 110 .00000000
200.100.55.0  =11001000.01100100.00110 111 .00000000
```

超网地址：200.100.48.0/21

根据上述例子，总结得知：如果要对一些连续的网络进行合并，一般来说要满足下面两个原则，一是要合并的网络其合并后的网络号必须一致，二是合并后的网络规模跟合并前的网络规模大小一致。

2.9　特殊 IP 地址

2.9.1　私有 IP

IP 地址依照用途和安全性级别不同，分为公用 IP 地址和私有 IP 地址两种。

公有地址在 Internet 中使用，是由 Internet 权力机构（亚太区为 APNIC、中国为 CNNIC）统一分配的，目的是为了保证网络地址的全球唯一性。

私有地址不可以在公网上使用，因为本网络中的保留地址同样也可能被其他网络使用，如果进行网络互连，寻找路由时就会因为地址的不唯一而出现问题。但是这些使用保留地址的网络可以通过将本网络内的保留地址翻译转换成公共地址的方式，实现与外部网络的互连。这也是保证网络安全的重要方法之一。

在 IP 地址的主要 3 种类型里，各保留了 3 个区域作为私有地址，其地址范围如下。

A 类地址：10.0.0.0～10.255.255.255

B 类地址：172.16.0.0～172.31.255.255

C 类地址：192.168.0.0～192.168.255.255

2.9.2　广播地址

广播是主机针对某一个网络上的所有主机发送数据包。这个网络可能是网络，可能是子网，还可能是所有的子网。如果是网络，例如 A 类网址的广播就是 NETID.255.255.255，如果是子网，则是 NETID. NETID.subnetID.255；如果是所有的子网（B 类 IP），则是 netid.netid.255.255。

广播所用的 MAC 地址为 FF-FF-FF-FF-FF-FF。网络内所有的主机都会收到这个广播数据，网卡只要把 MAC 地址为 FF-FF-FF-FF-FF-FF 的数据交给内核就可以了。一般来说 ARP 或者路由协议 RIP 都是以广播的形式播发的。

2.9.3　多播地址

如果使用多播 IP 地址作为通信的目的地址，其实就是给一组特定的主机或者路由器发送数据。多播的播发范围比广播的播放范围会小一些。多播 MAC 地址的最高字节的最低位应该为 1，而多播 MAC 地址的低 23 位从多播 IP 地址的低 23 位复制而来，例如多播 IP 为：224.0.0.5，则对应的多播 MAC 地址为：01-00-00-00-00-05，其中 MAC 地址前 3 个字节代表厂商号。多播组的地址是属于有类地址中定义的 D 类 IP，其取值范围从 224.0.0.0～239.255.255.255。以 224 开头的多播地址在网络中只能传一跳。

多播的数据是通过数据链路层进行 MAC 地址绑定，然后进行发送。所以一个以太网卡在绑定了一个多播地址之后，必定还要绑定一个单播的 MAC 地址，使得其可以像单播那样工作。基本现在所有的路由协议都是用多播来实现的，OSPF 的多播地址是：224.0.0.5 和 224.0.0.6。RIPv2（RIP 的第二版本）的多播地址是：224.0.0.9。在路由协议中使用多播而不再使用早期的广播，一大优势就是不加入该多播组的节点就不会收到该多播内的信息。例如在 RIPv2 网络中，当一个节点不需要运行 RIPv2 的时候，它就不会加入 224.0.0.9 的多播组，所以不会收到只有加入了该组的节点才能收到的 RIPv2 的相关信息，减少了该节点不需要的处理资源消耗。因为如果是早期的 RIP 路由协议，由于它用的是广播，所以，即使不运行 RIP 协议，也会将该 RIP 的数据包收起来，直至拆封至应用层发现包内数据是指向 UDP 520 端口（RIP 的两个版本都是通过 UDP 的 520 端口来操作），才会丢弃该数据包。

常见的多播地址如下：

224.0.0.1—网段中所有支持组播的主机

224.0.0.2—网段中所有支持组播的路由器

224.0.0.4—网段中所有的 DVMRP 路由器

224.0.0.5—所有的 OSPF 路由器

224.0.0.6—所有的 OSPF 指派路由器（DR）

224.0.0.9—所有 RIPv2 路由器

224.0.0.13—所有 PIM 路由器

224.0.0.10—EIGRP 路由器

224.0.0.251—所有的支持组播的 DNS 服务器

2.9.4 环回地址

把网络地址 127.0.0.1 作为环回地址，并命名为 localhost。一个发给环回地址的 IP 数据报不能在任何网络上出现。环回地址主要用于测试 TCP/IP 协议组件是否功能正常。

本 章 小 结

本章对计算机网络中的网络协议进行了详细的介绍。首先介绍了网络协议的基本概念以及 TCP/IP 参考模型中不同层次的功能；然后讲解了 IP 地址的分类以及子网划分；最后介绍了一些特殊的 IP 地址的范围及作用。

本章的重点在于使读者对 TCP/IP 模型有足够的认识，以及熟悉 IP 地址的划分及一些特别的用处。

习 题

1.下面哪种网络协议在传输过程中既应用了 UDP 端口，又应用了 TCP 端口？

    A．FTP   B．TFTP   C．SMTP

    D．Telnet   E．DNS

2．下面哪些应用服务使用了 TCP 传输协议？

    A．DHCP   B．SMTP   C．SNMP

    D．FTP   E．HTTP   F．TFTP

3．下面哪些 IP 地址是在子网 192.168.15.19/28 中有效的主机地址？

    A．192.168.15.17   B．192.168.15.14

    C．192.168.15.29   D．192.168.15.16

    E．192.168.15.31

4．你被分配了一个 C 类网络地址，但是你需要划分 10 个子网，同时要求每一个子网内的主机数量尽可能多。你应该选择下面哪一项子网掩码来划分这个 C 类网络？

    A．255.255.255.192   B．255.255.255.224

    C．255.255.255.240   D．255.255.255.248

5．当你使用子网掩码/28 来划分一个 C 类网络 210.10.2.0 的时候，有多少子网？每个子网内有多少有效的主机地址？

    A．30 个子网，6 台主机   B．6 个子网，30 台主机

    C．8 个子网，32 台主机   D．32 个子网，18 台主机

　　E．16 个子网，14 台主机

　6．一个 B 类网络地址，它的掩码是 255.255.255.0。下面哪些选项是对这个网络地址的正确描述？

　　A．这个网络地址中有 254 个有效的子网

　　B．每一个子网中有 256 个有效的主机地址

　　C．这个网络地址中有 50 个有效的子网

　　D．每一个子网中有 254 个有效的主机地址

　　E．每一个子网中有 24 个有效的主机地址

　7．某台 PC 的 IP 地址是 172.16.209.10/22，它所在的子网地址是什么？

　　A．172.16.42.0　　B．172.16.107.0　　　C．172.16.208.0

　　D．172.16.252.0　　E．172.16.254.0

　8．ISP 分配了一个 115.64.4.0/22 的 CIDR 地址，下面哪些地址能够用来作为主机地址？

　　A．115.64.8.32　　B．115.64.7.64　　　C．115.64.5.255

　　D．115.64.3.255　　E．115.64.3.128　　　F．115.64.12.128

　9．你要配置一个静态 IP 地址到 192.168.20.24/29 网络。该网络的第一个有效的主机地址被分配给了路由器。下面哪个选项是正确的 IP 地址的配置？

　　A．IP 地址：192.168.20.14 子网掩码：255.255.255.248 默认网关：192.168.20.9

　　B．IP 地址：192.168.20.254 子网掩码：255.255.255.0 默认网关：192.168.20.1

　　C．IP 地址：192.168.20.30 子网掩码：255.255.255.248 默认网关：192.168.20.25

　　D．IP 地址：192.168.20.30 子网掩码：255.255.255.240 默认网关：192.168.20.17

　　E．IP 地址：192.168.20.30 子网掩码：255.255.255.240 默认网关：192.168.20.25

　10．当使用/27 来划分网络，下面哪些选择是有效的主机地址？

　　A．15.234.118.63　　　　　　　　B．83.121.178.92

　　C．134.178.18.56　　　　　　　　D．192.168.19.37

　　E．201.45.116.159　　　　　　　　F．217.63.12.192

第 3 章　配置 Cisco Router 及 IOS 管理命令

知识点：
- 连接并启动路由器
- 了解路由器的各种命令模式
- 学习使用命令行接口
- 了解路由器的基本配置

Cisco 路由器的核心是互联网络操作系统（IOS），它是用于完成资源定位及对低层次的硬件接口和安全的管理操作。

在本章，将了解路由器的命令行接口，掌握如何使用设置模式一步步地配置路由器。

3.1　Cisco Router 用户接口

Cisco 路由器 IOS 是用来传送网络服务和启用网络应用的，IOS 负责重要的工作：
- 加载网络协议和功能；
- 在设备间连接高速流量；
- 为简化网络的增长和冗余备份，提供可缩放性；
- 在控制访问中添加安全性，防止未授权的网络使用；
- 为连接到网络中的资源，提供网络的可靠性。

3.1.1　Cisco Router 的连接

路由器的配置端口依据配置方式的不同，所采用的端口也不一样，主要有两种：一种是本地配置所采用的 Console 端口；另一种是远程配置时采用的 AUX 端口。

1. Console 端口的连接方式

当执行计算机配置路由器时，必须执行翻转线将路由器的 Console 口与计算机的"串口"/"并口"连接在一起，这种连接线一般来说需要特制，根据计算机端口所执行的是串口还是并口，选择制作 RJ-45-to-DB-9 或 RJ-45-to-DB-25 转换用适配器，如图 3-1 所示。

2. AUX 端口的连接方式

当需要通过远程访问的方式实现对路由器的配置时，就需要采用 AUX 端口。根据 Modem

所执行的端口情况不同，来确定通过 AUX 端口与 Modem 进行连接时，所必须借助的收发器是 RJ-45 to DB9 还是 RJ-45 to DB25。路由器的 AUX 端口与 Modem 的连接方式如图 3-2 所示。

图 3-1　Console 端口的连接方式

图 3-2　AUX 端口的连接方式

3.1.2　启动 Router

一般的路由器，操作系统都支持用多种方式对路由器进行配置，用户可以选择最合适的连接方式来进行。

- 利用终端通过 Console 口进行本地配置。
- 利用异步口连接 Modem 进行远程配置。
- 通过 telnet 方式进行本地以太网或者远程配置。
- 预先编辑好配置文件，通过 TFTP 方式进行网络配置。
- 通过浏览器进行配置。
- 运用 Cisco 软件进行配置。

下面对前 3 种典型的配置方式做详细的说明。

1. 通过 Console 口搭建本地配置环境

在路由器第一次执行的时候，必须采用通过 Console 口方式对路由器进行配置，具体操作步骤如下。

（1）如图 3-3 所示，将一字符终端或者微机的串口通过标准的 RS232 电缆和路由器的 Console

口（也叫配置口）连接。

图 3-3　通过 Console 口配置

说明：在不同系列路由器中，路由器的 Console 口、AUX 口在路由器的正面还是反面，不同型号的路由器会有所不同，请参阅相关产品的《安装手册》。

（2）配置终端的通信设置参数，如果采用微机，则需要运行终端仿真程序，如 Windows 操作系统提供的 Hyperterm（超级终端）等，以下以超级终端为例，说明具体的操作过程。运行超级终端软件，建立新连接，如图 3-4 和图 3-5 所示，选择和路由器的 Console 连接的串口，如图 3-6 所示，设置通信参数：9 600 波特率，8 位数据位，1 位停止位，无校验，无流控，如图 3-7 所示。

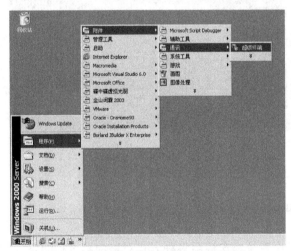

图 3-4　在"开始"菜单中运行"超级终端"

图 3-5　为连接会话输入名称

图 3-6 选择和路由器的 Console 连接的微机串口

图 3-7 设置串口的通信参数

（3）路由器上电，启动路由器，这时将在终端屏幕，或者微机的超级终端窗口内显示自检信息，自检结束后提示用户键入回车，直到出现命令行提示符"Router>"，如图 3-8所示。

（4）这时便可以在终端上或者超级终端中对路由器进行配置，查看路由器的运行状态，如果需要帮助，可以随时键入"？"，路由器便可以随时提供详细的在线帮助了，具体的各种命令的细节请查阅本书第 3 章、第 4 章。

2. 通过异步口搭建远程配置环境

路由器的第一次配置，一定要通过路由器的 Console 口进行。其他的时候，也可以通过

Modem 拨号方式，与路由器的异步串口（包括 8/16 异步口以及 AUX 口）上连接的 Modem 建立连接，搭建远程配置环境。下面以 AUX 口为例，详细说明如何通过拨号方式，建立远程配置环境。

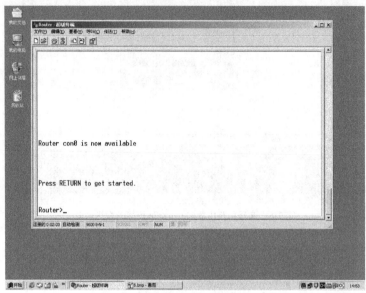

图 3-8　路由器提示符

说明： 在通过路由器的异步口搭建远程配置环境时，路由器首先要设置控制密码（enable password/secret），否则只能进入普通用户层，无法进入特权层对路由器进行配置。

（1）如图 3-9 所示，在微机的串口上和路由器的异步口（见图 3-2 中的 AUX 口，也称为备份口或者辅助口）上分别连接上异步 Modem。

图 3-9　搭建远程配置环境

（2）对连接在路由器 AUX 口上的异步 Modem 进行初始化，设置为自动应答方式。具体的方法是：将用于配置 Modem 的终端或者超级终端的波特率，设置成和路由器连接 Modem 的异步口波特率一致，将 Modem 通过标准 RS232 电缆连接到微机的串口上，根据 Modem 的说明书，将 Modem 设置成为自动应答方式，一般的异步 Modem 的初始化序列为 "AT&FS0=1&W"（注意这里的 0 为数字零），出现 "OK" 提示则表明初始化成功，再将初始化过的 Modem 连接到路由器的 AUX 口上。

（3）在用于远程配置的微机上运行终端仿真程序，如 Windows 操作系统的超级终端等，建立新连接，和通过 Console 配置一样，设置终端仿真类型为 VT100，选择连接时执行的 Modem，并且输入路由器端的电话号码，如图 3-10 所示。

（4）如图 3-11 所示，利用远程微机进行拨号，和路由器异步口上连接的 Modem 建立远程连接，连接成功后，在终端上按回车键，直到出现命令行提示符 "Red-Giant>"。

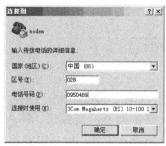

图 3-10　超级终端拨号连接配置　　　　图 3-11　在远程微机上拨号

（5）这时便可以利用远程微机对路由器进行配置，查看路由器的运行状态，如果需要帮助，可以随时键入"？"，路由器便可以随时提供详细的在线帮助了，各种命令的细节请查阅随后各章节。

3. 搭建本地或者远程的 Telnet 配置环境

如果用户对路由器已经配置好各接口的 IP 地址，同时可以正常地进行网络通信了，则可以通过局域网或者广域网，执行 Telnet 客户端登录到路由器上，对路由器进行本地或者远程的配置。下面介绍具体的配置步骤。

说明：通过 Telnet 方式对路由器进行配置，首要条件是路由器已经可以进行正常的网络通信了，同时用于配置的微机和路由器网络可以连通，否则不能通过 Telnet 方式对路由器进行配置，另外必须在 line vty 中配置密码，才可以登录，同时在全局配置层中必须配置控制密码，否则无法进入特权层，对路由器进行配置，具体密码的配置方法见相关章节。

如图 3-12 所示，如果建立本地 Telnet 配置环境，则只需要将微机上的网卡接口通过局域网与路由器的以太网口连接，如果需要建立远程 Telnet 配置环境，则需要将微机和路由器的广域网口连接。

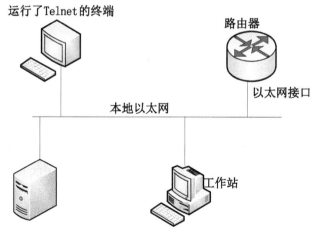

图 3-12　建立 Telnet 配置环境

说明：通过 Telnet 方式对路由器配置的过程中，不要修改路由器的接口的 IP 地址，否则 Telnet 连接会断开。如果确实有必要修改，可以在修改接口 IP 地址后，重新用新的 IP 地址进行 Telnet 登录，利用 Telnet 方式对路由器进行配置，一般默认情况下，网络设备可以同时允许 5 个 Telnet 的连接。

3.2 命令行接口

命令行接口（Command Line Interface，CLI）是一个基于 DOS 命令行的软件系统模式，对大小写不敏感（即不区分大小写）。这种模式不仅路由器有，交换机、防火墙都有，CLI 其实就是一系列相关命令，但它与 DOS 命令不同，是由设备生产厂商根据自己的标准自己设定的。CLI 可以缩写命令与参数，只要它包含的字符足以与其他当前可用到的命令和参数区别开来即可。对设备的配置和管理除了使用 CLI 模式外，也可以使用图形界面的 Web 浏览器或专门的网管软件（如 CiscoWorks 2000、Cisco SDM 等）。相比较而言，命令行方式的功能更强大，但掌握起来难度也更大些。下面介绍路由器的一些常用的配置命令。

3.2.1 用户模式→enable→特权模式

用户模式仅允许基本的监测命令，在这种模式下不能改变路由器的配置。router>的命令提示符表示用户正处在 USER 模式下。特权模式可以查看所有的配置命令，在用户模式下访问特权模式一般都需要一个密码。router#命令提示符表示用户正处在 privileged 模式下。

当第一次启动成功后，cisco 路由器会出现用户模式提示符 router>。如果你想进入特权模式下，键入 enable 命令（第一次启动路由器时不需要密码）。这时，路由器的命令提示符变为 router#。再输入 Exit，从当前配置模式退到上一级配置模式。按住 ctrl+z 快捷键，则直接保存当前操作退到特权模式。

例：

```
Router>enable
Router#exit
Router>

Router(config)#int loopback 0
Router(config-if)#^Z
Router#
```

3.2.2 全局配置模式 config terminal

用户模式一般只能允许用户显示路由器的系统信息而不能改变任何路由器的设置，要想使用所有的命令，就必须进入特权模式或者全局模式以及全局模式下的其他特殊的配置模式。这些特殊模式都是全局模式的一个子集。

例：

```
Router # configure terminal
Router(config)#
```

3.2.3 Router 接口

路由器支持两种类型接口：物理接口和逻辑接口。物理接口意味着该接口在路由器上有对应的、实际存在的硬件接口，如以太网接口、同步串行接口、异步串行接口、ISDN 接口。逻辑接口意味着该接口在路由器上没有对应的、实际存在的硬件接口。逻辑接口可以与物理接口关联，也可以独立于物理接口存在，如 Dialer 接口、NULL 接口、Loopback 接口、子接口等。实际上对于网络协议而言，无论是物理接口还是逻辑接口，都是同样对待。

在全局模式下输入"interface 接口号"，就可以进入接口配置模式。

例如进入以太网接口：

Router1(config)# interface fastethernet 0
Router1(config-if)#

例如进入串行接口：

Router1(config)# interface serial 0
Router1(config-if)#

3.2.4　CLI 提示符

在配置路由器时，理解所遇到的不同提示符的含义，是非常重要的。Cisco IOS 共包括 6 种不同的命令模式：User EXEC 模式、Privileged EXEC 模式、VLAN dataBase 模式、Global configuration 模式、Interface configuration 模式和 Line configuration 模式。在不同的模式下，CLI 界面中会出现不同的提示符。为了方便大家的查找和使用，下面列出了 6 种 CLI 命令模式的提示符与用途。

User Exec	Router>	改变终端设置，执行基本测试，显示系统信息
Privilege-d Exec	Router#	校验键入的命令，该模式由密码保护
VLAN Database	Switch(vlan)#	在交换机中配置 VLAN 参数
Global Configura-tion	Router(config)#	将配置的参数应用于整个路由器
Interface Configura-tion	Router(config-if)#	为接口配置参数
Line Configura-tion	Router(config-line)#	为" terminal line"配置参数

3.2.5　帮助和编辑功能

1．命令行相关帮助

Cisco IOS 提供了丰富的在线帮助功能，只需要输入一个"？"，便可以得到详细的帮助信息了，为了得到有效的命令模式、指令名称、关键字、指令参数等方面的帮助，可以执行如表 3-1 所示的方法。

表 3-1　　　　　　　　　　　　　　帮助方法

命令或者键盘输入	命令或者键盘输入
Router # ？	列出当前命令模式下的所有命令
Router #help	显示简短的系统帮助描述信息
Router #abbreviated-command-entry？	显示出当前命令模式下，以指定的字符开始的所有命令
Router #abbreviated-command-entry"Tab"	自动补齐以指定字符开始的命令
Router#command ？	列出这个命令开头的所有参数或后续命令选项

说明：上述表格中的"#"号和其他一些符号被称为 prompt，表示当前命令模式下的系

统提示符，而 abbreviated-command-entry 表示用户输入的简短的命令入口。

在任何命令模式下，输入 help 便可以获得简短的帮助信息了。

Router#help

Help may be requested at any point in a command by entering a question mark '?'.

If nothing matches, the help list willbe empty and you must backup until entering a '?' shows the available options.

Two styles of help are provided:

1. Full help is available when you are ready to enter acommand argument (e.g. 'show ?') and describes each possible argument.

2. Partial help is provided when an abbreviated argument is entered and you want to know what arguments match the input

(e.g. 'show pr?'.)

在任何命令模式下，用户如果不知道在该命令模式下有哪些可以执行的命令，都可以在该命令模式的系统提示符下，简单地输入一个"？"，便可以获得该命令模式下所有可以执行的命令和该命令的简短说明了。

Router>?
Exec commands:

clear	Reset functions
exit	Exit from the EXEC
disable	Turn off privileged commands
enable	Turn on privileged commands
help	Description of the interactive help system
ping	Send echo messages
show	Show running system information start-terminal-service Start terminal service
telnet	Open a telnet connection
terminal	Set terminal line parameters

对于一些命令，用户可能知道这个命令是以某些字符开头的，但是完整的命令又不知道，这时可以用 KGNOS 提供的模糊帮助功能，只需要输入开头少量的字符，同时紧挨着这些字符再键入"？"，操作系统便会列出以这些字符开头的所有指令了。

例：

Router#c?

　　clear　　　clock　　　configure　　　copy

如上例，在特权用户模式下，输入"c？"KGNOS 便列出在特权用户模式下以字符"C"开头的所有命令了。

对于某些命令，不知道后面可以跟随哪些参数，或者有哪些后续命令选项，操作系统也提供了强大的帮助功能，只需要输入对应的命令，同时输入一个空格后，再输入"？"，IOS（路由器操作系统）便将该命令当前模式的后续命令和参数都显示出来，并且对各个后续命令选项给予简短的说明，或者列出参数类型，并且给出各个参数的取值范围，保证输入指令的正确性。

例：

Router #copy ?

flash:	Copy from flash: file system
running-config	Copy from current system configuration
startup-config	Copy from startup configuration
tftp:	Copy from a TFTP server

以上例子列出了后续的所有命令，并且给予了简短的说明。

例：

Router (config)#access-list ?
    <1-99>   IP standard access list
    <100-199>   IP extended access list
    <1300-1999>   IP standard access list (expanded range)
    <2000-2699>   IP extended access list (expanded range)

上述例子便是列出了各种参数类型，并且给出参数的取值范围，同时对各个参数作简短的说明。

2. 查看命令行历史记录

路由器操作系统提供了可以记录用户输入命令的功能，也就是所谓的命令行历史记录功能，这个功能在输入一些比较长、复杂的指令时特别有用，以前输入的所有指令可以简单地通过上下光标键重新调出来，类似 DOSKey 的功能。

（1）设置命令行历史记录缓冲区大小

默认的，KGNOS 可以记录最近输入的 10 条指令，可以通过指令设置命令行历史记录的缓冲区的大小。要设置命令行历史记录缓冲区大小，在特权用户模式下，执行以下命令：

Router#**terminal history size number**

其作用为：设置指定线路命令行历史记录缓冲区大小。

上述命令设置后，只是对当前的终端会话起作用，并且不会保存，如果要能够保存设置值，需要到指定的线路配置模式下配置，执行如下命令：

Router(config-line)#**history size number**

其作用是：设置指定线路命令行历史记录缓冲区大小。

比如要配置控制台口命令行历史记录缓冲区大小为 15，则执行如下的命令序列，如表 3-2 所示。

表 3-2

步　骤	命　　　令	功　　能
第一步	Router#**configure terminal**	进入全局配置模式
第二步	Router (config)#**line console 0**	进入控制口线路配置模式
第三步	Router (config-line)#**history size 15**	指定命令行历史记录缓冲区

（2）调出历史命令行

要调出用户最近输入的命令行，可以执行如表 3-3 所示的命令或键盘输入。

表 3-3

命令或者键盘输入	作　　用
Router>**show history**	查看命令行历史记录
Ctrl+N 快捷键或者向下方向键	访问下一条历史命令，如果没有则响铃警告
Ctrl+P 快捷键或者向上方向键	访问上一条历史命令，如果没有则响铃警告

默认情况下，允许执行命令行历史记录功能。可以通过命令来禁止或者允许命令行历史记录功能，也可通过命令临时禁止/允许当前的终端会话命令行历史记录功能，并且不保存默认。RGNOS 允许执行命令行历史记录功能，可以通过命令来禁止或者允许命令行

历史记录功能，也可通过命令临时禁止/允许当前的终端会话命令行历史记录功能，并且不保存。

说明：光标键只有在配置终端的终端仿真类型为 VT100 或者 ANSI 的时候，才可以执行，在其他的仿真类型下，无法执行光标键调出历史命令行。

3. 命令行配置编辑功能

（1）在命令行移动光标键功能

在命令行中移动光标键的方法如表 3-4 所示。

表 3-4   光标键执行方法

键 盘 输 入	作 用
Esc，B	向左回退一个词，直到系统提示符
Esc，F	向右前进一个词，最多到行末
Ctrl+A	光标直接移动到命令行的最左端
Ctrl+E	光标直接移动到命令行的末端
Ctrl+B 或者向左方向键	向左移动光标，最多可以移动到系统提示符
Ctrl+F 或者向右方向键	向右移动光标，最多可以移动到行末

（2）命令行自动补齐功能

如果用户忘记了一个完整的命令，或者希望可以减少输入的字符的数量，可以采用 RGNOS 提供的命令行自动补齐功能，只需要输入少量的字符，然后按 Tab 键，或者按 Ctrl+I 快捷键，由 RGNOS 自动补齐成为完整的命令，当然必要条件是输入的是少量字符已经可以确定一个唯一的命令了。比如在特权用户层，只需要输入 conf，然后按 Tab 或者 Ctrl+I 快捷键，则由系统自动补齐成完整的 configure 命令，因此此时以 conf 开头的命令已经没有其他的了，可以唯一标示 configure。

例：

Router#conf **"Tab"**

Router#configure

（3）命令行删除功能

在命令行中删除字符的方法如表 3-5 所示。

表 3-5   删除快捷键

键 盘 输 入	作 用
Esc，D	向右删除一个词
Ctrl+W	向左删除一个词
Ctrl+K	删除光标键以右的所有命令行字符
Ctrl+U	删除光标键以左的所有命令行字符
Ctrl+D	删除光标键所在的一个字符
Delete 或者 Backspace 键	删除光标键左边的一个字符，最多到系统提示符

4. 命令行错误提示信息

不管是什么厂家的 OS 系统，对于用户输入的命令、参数都进行严格的检查判断，对于错误的命令给出提示，方便用户找出问题，常见的错误提示信息如表 3-6 所示。

表 3-6 　　　　　　　　　　　　　　　**错误提示信息表**

错误提示信息	错误的原因
% Invalid input detected at'^' marker.	输入的命令有错误，错误的地方在 '^' 指明的位置
% Incomplete command.	命令输入不完整
错误提示信息	错误的原因
%　Ambiguous command "line".	以 line 开头的指令有多个，指令输入不够明确
Password required，but none set.	以 Telnet 方式登录时，需要在对应的 **line vty** number 配置密码，该提示是由于没有配置对应的登录密码
% No password set.	以 Telnet 方式登录时，需要在对应的 **line vty** number 配置密码，该提示是由于没有配置对应的登录密码

3.3　收集信息：Show version 显示版本

使用 show version 可以查看当前运行的操作系统信息。

Router#sh version
1. Cisco internetwork Operating System Software
2. IOS(tm)C2600 Software(C2600-IS-M),Version 12.0(7)T,RELEASE SOFTWARE(fc2)
3. Copyright© 1986-1999 by cisco systems,Inc.
4. Compiled Tue 07-Dec-99 02:21 by phanguye
5. Image text-base:0x80008088,data-base:0x80C524F8
6. ROM:System Bootstrap,Version 11.3(2)XA4,RELEASE SOFTWARE(fc1)
7. Router uptime is 4 minutes
8. System returned to ROM by reload at 20:18:37 UTC Mon Sep 9 2002
9. System image file is "flash:c2600-is-mz.120-7.t.bin"
10. Cisco 2620 (MPC860)processor(revision 0x 102)with 26624K/6144K bytes of memory.
11. Processor board ID JAD04240CNP (2383571026)
12. M860 processor:part number 0,mask 49
13. Bridging software.
14. X.25 software,Version 3.0.0.
15. 1 FashtEthernet/IEEE 802.3 interface(s)
16. 2 Serial(sync/async)network interface(s)
17. 32K bytes of non-volatile configuration memory.
18. 8192K bytes of processor board system flash (Read/Write)
19. Configuration register is 0x2102

第 2 行显示 IOS 的版本号。
第 6 行显示 bootstrap 版本号。
第 7 行显示路由器已经运行的时间。
第 8 行显示上次启动的原因，这里是因为上次使用了 reload 命令。
第 9 行显示系统是从 flash 中加载的 IOS 及 IOS 的名字。
第 10 行显示 CPU 型号和 RAM 大小。共 32MB 内存，其中 6MB 用作 I/O 缓冲区。
第 15～16 行显示接口类型和数量。
第 17 行显示 NVRAM 的大小。

第 18 行显示 flash 的大小。

第 19 行显示寄存器的值，该值与加载 IOS 的位置有关，详见加载 IOS 的顺序。

3.3.1　Cisco 路由器设置主机名与时钟

1. 路由器的主机名配置

本小节介绍如何给一个路由器取一个主机名。

命令为：Router(config)#**hostname** hostname

其作用为：设置路由器名称。

在默认情况下，思科路由器的名称为 Router。下面将路由器的名称改成 Router-Cisco，如表 3-7 所示。

表 3-7　　　　　　　　　　　　改变路由器名称为 **Router-Cisco**

命　　令	作　　用
Router#configure terminal	进入全局配置模式
Router (config)#hostname Router-Cisco	设置路由器名称为 Router-Cisco
Router-Cisco (config)#^Z	退出全局配置模式到特权模式
Router-Cisco#write 或 copy running-config startup-config	保存当前配置

配置好后，显示如下提示：

Building configuration...

[OK]

2. 工作时间的配置

设置路由器的日期和系统时钟。

命令为：Router #**clock set** hh:mm:ss date month year 或 Router #**clock set** hh:mm:ss month date year

其作用为：设置路由器的日期和系统时钟，但重启路由器后该设置将失效。

例如：把系统时间改成 2011-2-25，08:00:00。

Router A#**show clock**..显示当前系统时间

　clock: 20011-1-11 11:11:11

Router A#**clock set** 08:00:00 25 february 20011.........设置路由器系统时间和日期

Router A#**show clock**..确认修改系统时间生效

　clock: 20011-2-25 08:00:00

Router A#**copy running-config startup-config**............保存当前配置

Building configuration...

[OK]

在配置月份的时候，注意输入月份正确的英文单词或者该单词的缩写。

3.3.2　路由器接口 IP 地址的设置

以下列出路由器常见 3 种接口的 IP 地址配置方法，其他接口配置 IP 地址的过程类似，可以参考以下接口的配置方法进行设置。

1. 路由器以太网接口 IP 地址配置

配置以太网接口 IP 地址命令序列：
Router >enable..进入特权模式
Router # configure   terminal.......................................进入全局模式
Router (config) # interface ethernet 0.............................进入以太网接口
Router(config-if) # ip address 192.168.0.1   255.255.255.0...........配置接口主 IP
Router(config-if) # ip address 192.168.0.2   255.255.255.0   secondary...配置接口从 IP
Router(config-if) # no shutdown...................................启用接口工作
Router(config-if) # end
Router # show interface e0   (show interface ethernet 0)..................查看接口状态
Router # ping   192.168.0.1 ....验证接口工作

2. 路由器串行接口 IP 地址配置

路由器的串口分为 DTE 和 DCE 两种类型。一般说来，通信双方一边为 DTE，另一边为 DCE，而 DCE 需要指定通信双方的工作时钟频率，DTE 就根据这个通告的工作频率来进行数据传输。

配置 DTE 串口 IP 地址命令序列：
Router >enable..进入特权模式
Router # configure   terminal.......................................进入全局模式
Router (config) # interface serial 0.................................进入串行接口
Router(config-if) # ip address 192.168.0.1   255.255.255.0...............配置接口主 IP
Router(config-if) # ip address 192.168.0.2   255.255.255.0   secondary......配置接口从 IP
Router(config-if) # no shutdown...................................启用接口工作
Router(config-if) # end
Router # show interface s0   (show interface serial 0)......................查看接口状态
Router # ping   192.168.0.1 ....验证接口工作
配置 DCE 串口 IP 地址命令序列：
Router >enable..进入特权模式
Router # configure   terminal.......................................进入全局模式
Router (config) # interface serial 1.................................进入串行接口
Router(config-if) # ip address 192.168.0.1   255.255.255.0...............配置接口主 IP
Router(config-if) # ip address 192.168.0.2   255.255.255.0   secondary.....配置接口从 IP
Router(config-if) #clock rate 64000................................配置工作频率
Router(config-if) # no shutdown...................................启用接口工作
Router(config-if) # end
Router # show interface s1   (show interface serial 1).......................查看接口状态
Router # ping   192.168.0.1 ....验证接口工作
那么如何知道当前使用的接口是 DTE 接口还是 DCE 接口呢？可以使用下面的指令来查看当前路由器串行接口的状态和类型。
Router #show controllers
或者
Router #show controller serial 0/1

3. 路由器令牌环接口 IP 地址配置

配置令牌环接口 IP 地址命令序列：

```
Router >enable..............................................................................进入特权模式
Router # configure    terminal...............................................进入全局模式
Router (config) # interface tokenring 0...........................................进入令牌环接口
Router(config-if) # ip address 192.168.0.1    255.255.255.0...................配置接口主 IP
Router(config-if) # ip address 192.168.0.2    255.255.255.0    secondary....配置接口从 IP
Router(config-if) #ring-speed 16..............................................................配置工作速度
    （or Router(config-if) #ring-speed 4，令牌环可有 16M 和 4M 两种工作速度设置）
Router(config-if) # no shutdown...............................................................启用接口工作
Router(config-if) # end
Router # show interface To1     (show interface tokenring 0)................查看接口状态
Router # ping    192.168.0.1 ............................................................验证接口工作
```

3.3.3 路由器三类口令的设置

路由器是网络上比较重要的设备，设置一些访问密码可以提高它的安全性，也是必须的。

1. Cisco 配置特权口令

启用口令是用来保护特权模式的。

在早期的路由器上设置启用明文口令，语法如下：

Router(config)#**enable password** cuit

其作用为：为特权用户模式建立一条新的明文口令或修改已存在的口令，对大小写敏感。

配置后通过命令 show running-config 可以看到刚才的密码设置保存为明文方式，一眼就能看出：

!

enable password cuit

!

还有一种新的更安全的口令配置方法，称为 Enable Secret 口令。这个加密口令启用语法如下：

Router(config)#**enable secret** cuit

其作用为：启用加密口令，如果之前设置的有明文口令，将覆盖明文口令，并且，两种口令不能设置为相同。

配置后通过命令 show running-config，可以看到刚才的密码设置保存为乱码，无可读性：

!

enable secret 5 $1$3bW3$1ZPTyDc8MfiOzJ18J/gvt0

!

由显示的保存配置结果可知，相比较而言，设置的加密口令更安全，因为其采用的是基于 MD5 不可逆散列算法来处理我们配置输入的口令。也可以在设置了明文口令后，再加上一条命令，两条命令组合使用后，也可达到口令在配置文件中的不可读性，安全性也能提高。但是设置加密口令的安全性是最高的。见下一节"加密口令"。

2. Cisco 配置 line 口令

Line 口令是用于配置通过控制台接口、辅助接口或通过 Telnet 访问用户模式的口令。注

意在配置 line 口令时要启用 login。如果不启用 login，那么将默认使用本地数据库的用户名
和口令进行登录。

（1）控制台口令

要设置控制台口令，执行 line console 0 命令，由于只有一个控制台接口，所以只能选择
线路控制台 0。

例：设置控制台口令为 cuit。

Router#config t
Router(config)#line console 0
Router(config-line)#password cuit
Router(config-line)#login

（2）辅助口令

要配置辅助接口口令，需要进入到全局模式并输入 line aux 0，只可以选择 0-0 这一条线
路（这是因为这个路由器只有一个 AUX 接口）。

例：设置辅助口令为 cuit。

Router#config t
Router(config)#line aux 0
Router(config-line)#password cuit
Router(config-line)#login

（3）Telnet 口令

要为 Telnet 访问路由器设置用户模式口令，执行 line vty 命令。路由器默认时有 5 条 VTY
线路，序号为 0～4。但是如果使用的是企业版的路由器，会拥有更多的线路。可以用"？"
来查看可以使用多少条线路。

例：

Router#config t
Router(config)#line vty 0 ?
<1-4> Last Line Number
<cr>

可知这个路由器有 5 条可用的 VTY 线路，在这 5 条线路上都设置 Telnet 口令为 cuit。

Router(config)#line vty 0 4
Router(config-line)#password cuit
Router(config-line)#login

注意：如果没有设置 telnet 口令，就无法 telnet 到路由器。设置了 Telnet 口令，再在路
由器上设置 IP 地址后，就可以使用 Telnet 程序来配置并检查路由器，而不再需要使用控制
台电缆。

3．加密口令

从上面所显示的配置文件中，可能已经看出了以上设置密码方式的一个致命缺点。如果
其他人能够进入特权模式，执行 show running-config 命令，则除了 enable secret 设置的密码
外，其他的密码都被一览无遗。这样显然不是读者所希望的。

执行 service password-encryption 命令，可以对所设的明文密码进行加密，但 enable secret
所设置的密码除外，因为它已经被加密。

执行 service password-encryption 命令后，重新查看配置文件，则所有的密码都被加密，
输出如下：

```
Router # config t
Router (config)#service password-encryption
Router# sh run
Building configuration...

Version 12.2

Service timestamps debug uptime
Service timestamps log uptime
Service password-encryption
!
Hostnae "Router"
!
Enable secret level 10 5 $ 1$cbver$f71/nHHOfzxf6seZ.uqmy1
Enable secret 5 $1$ecpG$dgAei1UnfIqgICWE9rnub.
Enable password 7 0255095852
!
Username user1 password 7 111918160405041E007B
Username user3 password 7 111918160405041E0079
Username user4 password 7 03145A1815182E5E4A5D
Ip subnet-zero
!
Router#
```

这种加密的方法使用 Cisco 7 号加密算法，它是一种可逆的加密方式，目前在 Internet 上可以找到解密用的软件工具。配置文件中 enable secret 所设置的密码是经过 MD5 算法加密的，MD5 的全称是 Message-Digest Algorithm 5（信息-摘要算法），在 20 世纪 90 年代初由 MIT Laboratory for Computer Science 和 RSA Data Security Inc 的 Ronald L. Rivest 开发出来，经 MD2、MD3 和 MD4 发展而来。它是不可逆的，因此，比前者更安全。

3.3.4 标题栏（Banners）与接口描述

1. 标题栏

当用户登录到路由器时，可以设置一个标题栏（banners）来为路由器的管理员提供一个有用的信息或者警告未授权用户的访问。其中，日期消息（motd）是应用最多的标题栏。

例：

```
Router(config)#banner motd #
                        WARNING
You are connected to $(hostname) on the cisco system ,incorporated network.
Unauthorized access and use of this network will be vigorously parosecuted
    #
Router(config)#^Z
Router#exit
                        WARNING
You are connected to Router on the cisco system ,incorporated network.
Unauthorized access and use of this network will be vigorously parosecuted
Router>
```

在上面应用到了定界符"#"，它是用来告诉路由器消息是在什么位置处结束，也可以用其他的字符，两个定界符之间的信息为要显示的信息。最好不要在 banner 处配置成"welcome"等一类的欢迎语句，如果有非法用户，登录后也出现此类的欢迎语句，可能会造成非法用户的责任推卸。另外，上面的$（hostname）表示此处显示路由器的名称，相关参数还有：

　　$(domain)　　　显示路由器域名
　　$(line)　　　　显示 VTY 或者 TTY(异步）链路号
　　等等

2. 接口描述

在路由器管理中，在接口上设置描述非常有意义，同主机名一样，这也是只在本地有意义的设置。description description-string 是一个很有帮助的命令，如可以设置以太网口描述。

```
Centre(config)#int e0
Centre(config-if)#description office
```
使用接口配置命令"no description"移除一个描述。

本 章 小 结

本章介绍了许多有关路由器操作系统的内容，让读者学习到如何启动一个路由器以及命令行接口的作用。

在讨论完如何连接到路由器后，我们介绍了各种常用的配置模式，以及 CLI 的帮助功能，学会如何使用 CLI 来查找命令和命令的参数。此外，本章还介绍了一些基本的路由器的配置方法。

习　　题

选择题

1. 以下哪个是特权模式的提示符？（　　）
　　A. ＞　　　　　　B. (config)#　　　C. #　　　　　　　　D. ！
2. 以下哪个命令可以显示路由器引导时被加载的配置内容？（　　）
　　A. show running-config　　　　　B. show startup-config
　　C. show version　　　　　　　　D. show backup-config
3. 如果你收到"% incomplete command"错误，应该如何获得帮助？（　　）
　　A. 输入"history"显示错误
　　B. 重新输入命令并在后面输入一个问号，来查看命令串中下一个可用命令
　　C. 输入"help"
　　D. 输入"？"来查看所有可用命令
4. 重启路由器的命令是什么？（　　）
　　A. Router>reload　　　　　　　　B. Router# reload

      C．Router# reset   D．Router(config)# reload

5．以下哪个命令可经显示所在模式下的可用命令？（　　　）

      A．help   B．help all   C．?   D．list

6．以下哪个命令是设置启用加密口令为"Cuit"？（　　　）

      A．enable secret password Cuit   B．enable secret CUIT

      C．enable secret Cuit   D．enable password Cuit

7．如果你删除了启动配置并又重新加载了路由器，路由器将进入什么模式？（　　　）

      A．特权模式   B．全局模式   C．设置模式   D．用户模式

8．如果你要显示在历史缓存中的命令，需要输入什么命令？（　　　）

      A．Ctrl+Shift+X B．Ctr+Z   C．show history   D．show history buffer

9．使用什么命令可以设置串行接口为另一个路由器提供 64kHz 时钟？（　　　）

      A．Router(config-if)#clock rate 64000   B．Router(config)#clock rate 64000

      C．Router(config-if)#clock rate 64   D．Router(config)#clock 64000

10．路由器可以通过下列哪些方式进行配置？（　　　）

      A．通过 FTP 方式传送配置文件   B．通过远程登录配置

      C．通过拨号方式配置   D．通过控制口配置

实　　验

实验一　登录到路由器，并使用帮助和编辑功能

实验步骤：

1．按回车键连接到路由器，进入用户模式。

2．在 Router>提示符下，输入"？"，注意在底部显示的-more-。

3．按回车键以一次一行的方式查看命令，按空格键以一次一屏的方式查看命令。

4．输入 enable 并按回车键，进入特权模式，在这里可以修改并查看路由器的配置。

5．在 Router#提示符下，输入"？"，可以看到在特权模式下可用的命令。通过 Tab 键可以帮助完成命令的输入。

6．输入"cl?"并按回车键，注意这时可以看到所有以 cl 开头的命令。通过输入 clock？一步步设置路由器的时间和日期。如：clock set 12:20:30 15 March 2006。再通过输入 show clock 查看时间和日期。

7．按 Ctrl+A 快捷键到本行的开始。按 Ctrl+E 快捷键到本行的结尾。按 Ctrl+A 快捷键，然后按 Ctrl+F 快捷键前移一个字符。按 Ctrl+B 快捷键后移一个字符。按回车键，然后按 Ctrl+P 快捷键，可以重复上次的命令（按向上键也可以）。

8．输入 show history，显示最近输入的 10 条命令。输入 show terminal，来获行终端统计及历史记录尺寸。

9．输入 config terminal 并回车进入全局模式。

实验二　设置主机名、描述、IP 地址和时钟速率

实验步骤：

1．进入特权模式，使用 hostname 命令来设置主机名。

2．使用 banner 命令来设置一个网络管理员可以看到的标志区。要删除 NOTD 标志区，可以输入 config terminal，再输入 no banner motd。

3．使用 ip address 命令可以为一个接口添加 IP 地址。

4．使用 description 命令为一个接口添加标识。

5．当模拟一个 DCE 的 WAN 链接时，可以为一个串行链路添加带宽和时钟速率。

例：config t

int so

bandwidth 64

clock rate 64000

第 4 章　管理 Cisco 网络

知识点：
- 了解 Cisco 路由器的组成部分
- 掌握路由器的硬件连接
- 理解 Cisco IOS 的概念
- 掌握 Cisco 路由器 IOS 的备份和升级
- 掌握 Cisco 路由器的密码恢复
- 理解 CDP 协议
- 掌握路由器主机名解析的配置
- 掌握 Telnet 的配置和管理

如果企业网络失效或运行状态不佳，数据流就会受到阻塞，关键数据就会不能得到有效地共享，从而影响企业的生产效率。网络管理的重要性就在于避免这种情况的发生。同时，网络管理也能够在一定程度上优化网络，使得网络的利用率提升。

4.1　Cisco 路由器组成部分

4.1.1　路由器的硬件构成

1. 中央处理器

中央处理器（CPU），和计算机一样，Cisco 路由器也包含"中央处理器"。不同系列和型号的路由器，CPU 也不尽相同。路由器的处理器负责许多运算工作，比如维护路由所需的各种表项以及做出路由选择等。路由器处理数据包的速度在很大程度上取决于处理器的类型。某些高端的路由器上会拥有多个 CPU 并行工作。

2. 内存

在 Cisco（思科）路由器中，主要有以下几种类型的内存。

（1）只读内存（ROM）

ROM 中的映像（image）是路由器在启动的时候首先执行的部分，负责让路由器进入正常工作状态，例如路由器的自检程序就存储在 ROM 中。有些路由器将一套小型的操作系统存于 ROM 中，以便在完整版操作系统不能执行时作为备份执行。这个小型的映像通常是操作系统的一个较旧的或较小的版本，它并不具有完整的操作系统功能。ROM 通常做在一个或多个芯片上，焊接在路由器的主板上。

（2）随机访问内存（RAM）

存储正在运行的配置文件、路由表、ARP 表和作为数据包的缓冲区。IOS 也在 RAM 中运行。

（3）闪存（FLASH）

闪存的主要作用是存储 IOS 软件，维持路由器的正常工作。如果在路由器中安装了容量足够大的闪存，便可以保存多个 IOS 的映像文件，以提供多重启动功能。在默认情况下，路由器用闪存中的 IOS 映像来启动路由器。根据路由器型号的不同，有些闪存做在主板的 SIMM 上，有些则做在 PCMCIA 卡上。根据平台的不同，一台路由器中也可以有多块闪存。

（4）非易失性内存（NVRAM）

非易失性内存是一种特殊的内存，在路由器电源被切断的时候，它保存的信息也不会丢失。它主要用于存储系统的配置文件，当路由器启动时，就从其中读取该配置文件，所以它的名称为 Startup-config：启动时就要加载的意思。如果非易失性内存中没有存储该文件，比如一台新的路由器或管理员没有保存配置，路由器在启动过程结束后，就会提示用户是否进入初始化会话模式，也叫 setup 模式。路由器的相关硬件如图 4-1 所示。

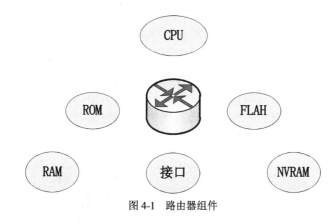

图 4-1 路由器组件

4.1.2 路由器的接口

路由器的主要作用就是从一个网络向另一个网络转发数据包，路由器的每一个接口连接一个或多个网络，所以，路由器的接口（Interface）是配置路由器主要考虑的对象之一，同一台路由器上不同接口的地址应属于不同的网段。路由器通过接口在物理上把处于不同逻辑地址的网络连接起来。这些网络的类型可以相同，也可以不同。路由器的一些接口是 ISDN 接口、串行接口（serial interface），它们通常将路由器连接到广域网链路上；还有其他一些局域网接口（LAN 接口），如 Ethernet、令牌环网、FDDI 等。

每个接口都有自己的名字和编号，接口的全名由它的类型标识和至少一个数字组成，编号从 0 开始。

Cisco（思科）路由器的设计大致有两种：一种是模块化设计，如图 4-2 所示，一台完整的路由器由多个功能各不相同的模块组成，接口模块就是其中重要的一个模块；另一种是固化设计，对于固定设计的路由器（如 2500 系列中的大部分产品），在接口的全名中，只有一个数字，并且根据它在路由器中的物理顺序进行编号。比如第 1 个 10MB 以太网口的全名是 Ethernet0，第 2 个串口全名是 Serial 1。

图 4-2　路由器的接口

随着网络技术的发展和网络业务的拓展，宽带化、IP 化成为发展的必然趋势，这个趋势在可靠性、接口密度和配置的灵活性、路由计算和数据包的转发速率以及多业务支持等方面对路由器提出了更高的要求。路由器是当今网络中的主要构建块，它们是获得网络层服务的关键，路由器对网络发展起到了革命性的推进作用。只有当路由器出现以后，才能够很好地解决局域网和城域网的连接问题，才能在更大范围内解决不同网络之间的通信。

如今，传统固定接口的路由器已不能很好地满足用户多变的组网需求，因为固定接口路由器的网络接口类型和接口数量是固定的，一旦网络需要升级，就不得不将原有的设备抛掉，重新购置，造成了很严重的重复投资；其次，随着网络的普及，已经不可能存在能够适用于所有用户需要的网络模型，每个用户都会提出适合自己特性的需求，以充分利用网络并保护原有投资。作为关键网络设备，固定接口路由器很大程度上已经不能满足这些要求，于是，模块化路由器应运而生了，并很快成为网络市场的热门产品。

目前，模块化路由器已经成为用户和厂商重点选择的对象，其原因如下，模块化路由器相对于普通的路由器来说，最大的优势在于其接口采用模块化设计，可以根据不同用户的不同需求选择不同类型的接口模块，并可以通过增加或替换接口模块，来适应用户在不同应用环境下扩容的需求和业务的发展，保护用户的原有投资。模块化路由器如图 4-3 所示。

图 4-3　模块化设计

4.2　路由器接口与接口连接

在了解基本路由器的硬件构成后，现在介绍路由器的硬件连接。因为路由器属于一种用于网络之间互连的高档网络接入设备，因其连接的网络可能多种多样，所以其接口类型也就比较多。为此，在正式介绍路由器的连接方法之前，有必要对路由器的一些基本接口进行介绍。

路由器的接口技术非常复杂。路由器既可以对不同局域网段进行连接，也要对不同类型的广域网络进行连接，所以路由器的接口类型一般也就可以分为局域网接口和广域网接口两种。另外，因为路由器本身不带有输入和终端显示设备，但它需要进行必要的配置后才能正常执行，所以一般的路由器都带有一个控制端口 Console，并与计算机或终端设备进行连接，通过特定的软件来进行路由器的配置。

4.2.1　局域网接口

因为局域网类型也是多种多样的，这就决定了路由器的局域网接口类型也是多样的。不同的网络有不同的接口类型，常见的以太网接口主要有 AUI、BNC 和 RJ-45 接口，还有 FDDI、ATM、光纤接口。

1. AUI 接口

AUI 端口是用来与同粗轴电缆连接的接口，它是一种 D 型 15 针接口，这在令牌环网或总线型网络中是一种比较常见的端口之一。路由器可通过粗同轴电缆收发器实现与 10Base-5 网络的连接，但更多的是借助于外接的收发转发器（AUI-to-RJ-45）来实现与 10Base-T 以太网络的连接。AUI 接口示意图如图 4-4 所示。

图 4-4　AUI 接口

2. RJ-45 端口

RJ-45 端口是我们最常见的端口了，它是我们常见的双绞线以太网端口，因为在快速以太网中也主要采用双绞线作为传输介质，所以根据端口的通信速率不同，RJ-45 端口又可分为 10Base-T 网 RJ-45 端口和 100Base-TX 网 RJ-45 端口两类。图 4-5 左边所示为 10Base-T 网 RJ-45 端口，右边所示为 10/100Base-TX 网 RJ-45 端口。其实这两种 RJ-45 端口仅就端口本身而言是完全一样的，但端口中对应的网络电路结构是不同的。

图 4-5　RJ-45 端口

3. SC 端口

SC 端口也就是光纤端口，它是用于与光纤进行连接，一般来说，这种光纤端口是不太可能直接用光纤连接至工作站的，而是通过光纤连接到快速以太网或千兆以太网等具有光纤端口的交换机，如图 4-6 所示。

图 4-6　SC 端口

4.2.2　广域网接口

广域网规模大，网络环境复杂，对路由器用于连接广域网的端口的速率要求非常高，在以太网中，一般都要求在 100Mbit/s 快速以太网以上。下面介绍几种常见的广域网接口。

1. RJ-45 端口

利用 RJ-45 端口也可以建立广域网与局域网之间的 VLAN 之间，以及与远程网络或 Internet 的连接。图 4-7 所示为快速以太网（Fast Ethernet）端口。

2. AUI 端口

AUI 端口用于与粗同轴电缆连接的网络接口，其实 AUI 端口也被常用于与广域网的连接。在 Cisco 2600 系列路由器上，提供了 AUI 与 RJ-45 两个广域网连接端口，用户可以根据自己的需要选择适当的类型，如图 4-8 所示。

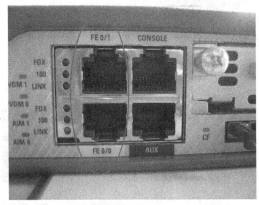

图 4-7　快速以太网（Fast Ethernet）端口

图 4-8　广域网 AUI 端口

3. 高速同步串口

在路由器的广域网连接中，应用最多的端口还要算"高速同步串口"（SERIAL）了，这种端口主要是用于连接目前应用非常广泛的 DDN、帧中继（Frame Relay）、X.25、PSTN（模拟电话线路）等网络连接模式。这种同步端口一般要求速率非常高，因为一般来说，通过这种端口所连接的网络的两端都要求实时同步。图 4-9 所示为高速同步串口。

（1）异步串口（ASYNC）主要是应用于 Modem 或 Modem 池的连接，用于实现远程计算机通过公用电话网拨入网络。图 4-10 所示为异步串口。

图 4-9　高速同步串口

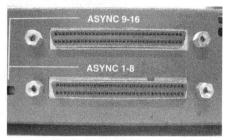

图 4-10　异步串口

（2）ISDN BRI 端口用于 ISDN 线路通过路由器实现与 Internet 或其他远程网络的连接，可实现 128kbit/s 的通信速率。ISDN 有两种速率连接端口：一种是 ISDN BRI（基本速率接口），另一种是 ISDN PRI（基群速率接口），ISDN BRI 端口是采用 RJ-45 标准，与 ISDN NT1 的连接执行 RJ-45-to-RJ-45 直通线。图 4-11 所示为 ISDN BRI 端口。

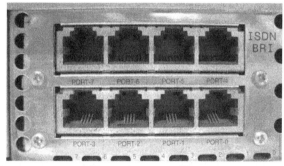

图 4-11　ISDN BRI 端口

4.2.3　路由器配置接口

路由器的配置端口有两个，分别是 Console 和 AUX，Console 通常是用来进行路由器的基本配置时通过专用连线（一般指反转线）与计算机连用的，而 AUX 是用于路由器的远程配置连接时用的。

1. Console 端口

Console 端口执行配置专用连线直接连接至计算机的串口，利用终端仿真程序（如 Windows 下的"超级终端"）进行路由器本地配置。路由器的 Console 端口多为 RJ-45 端口。图 4-12 就包含了一个 Console 配置端口。

2. AUX 端口

AUX 端口为异步端口，主要用于远程配置，也可用于拔号连接，还可通过收发器与

MODEM 进行连接。支持硬件流控制（Hardware Flow Control）。AUX 端口与 Console 端口通常被放置在一起，因为它们各自所适用的配置环境不一样（见图 4-12）。

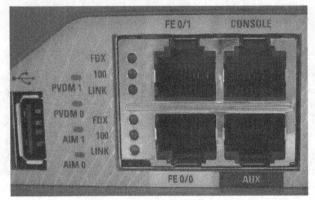

图 4-12　Console 端口与 AUX 端口

4.3　路由器的硬件连接

路由器的应用非常广泛，它所具有的端口类型一般也是比较多的，它们用于各自不同的网络连接，如果不能明白各自端口的作用，就很可能进行错误的连接，导致网络连接不正确，网络不通。路由器的硬件连接主要包括与局域网设备之间的连接、与广域网设备之间的连接以及与配置设备之间的连接。

4.3.1　路由器与局域网接入设备之间的连接

局域网设备主要是指集线器与交换机，交换机通常执行的端口只有 RJ-45 和 SC，而集线器执行的端口则通常为 AUI、BNC 和 RJ-45。

1．RJ-45-to-RJ-45

这种连接方式就是路由器的一端是 RJ-45 接口，集线一端也是 RJ-45 端口，那么，执行双绞线将集线设备和路由器的 RJ-45 接口连接在一起。需要注意的是，与集线设备之间的连接不同，路由器和集线设备之间的连接不执行交叉体，而是执行直通线，也就是说，跳线两端的线序完全相同，但也不是说只要线序相同就行，对于 100Mbit/s 的网络来说就要采用 100Mbit/s 交换法。再一个要注意的是集线器设备之间的级联通常是通过级联端口进行的，而路由器与集线器或交换机之间的互连是通过普通端口进行的。另外，路由器和集线设备的端口通信速率应当尽量匹配，否则，应使集线设备的端口速率高于路由器的速率。最好将路由器直接连接至交换机。

2．AUI-to-RJ-45

如果路由器仅拥有 AUI 端口，而集线设备提供的是 RJ-45 端口，那么，必须借助于

AUI-to-RJ-45 收发器才可实现两者之间的连接。当然,收发器与集线设备之间的双绞线跳线也必须执行直通线,因为是不同设备间的连接。连接示意图如图 4-13 所示。

图 4-13　AUI-to-RJ-45 连接示意图

3. SC-to-RJ-45 或 SC-to-AUI

如交换机只拥有光纤端口,而路由设备提供的是 RJ-45 端口或 AUI 端口,那么必须借助于 SC-to-RJ-45 或 SC-to-AUI 收发器才可实现两者之间的连接。收发器与交换机设备之间的双绞线跳线同样必须执行直通线。

4.3.2　路由器与 Internet 接入设备的连接

路由器与互联网接入设备的连接情况主要有以下几种。

1. 通过异步串行口连接

异步串口主要是用来与 Modem 连接,用于实现远程计算机通过公用电话网拨入局域网络。除此之外,也可用于连接其他终端。当路由器通过电缆与 Modem 连接时,必须执行 AYSNC-to-DB25 或 AYSNC-to-DB9 适配器来连接。路由器与 Modem 或终端的连接如图 4-14 所示。

2. 同步串行口

在路由器中所能支持的同步串行端口类型比较多,如 Cisco 系统就可以支持 5 种不同类型的接口,分别是 EIA/TIA-232 接口、EIA/TIA-449 接口、V.35 接口、X.21 串行电缆

图 4-14　异步串行口连接示意图

接口和 EIA-530 接口,所对应的接口图分别如图 4-15、图 4-16、图 4-17 和图 4-18 所示。要注意的一点就是,一般来说适配器连线的两端是采用不同的外形(一般将带插针的一端称为"公头",而带有孔的一端通常称为"母头"),但也有例外,"EIA-530"接口两端都是一样的接口类型,这主要是考虑到连接的紧密性,如图 4-19 所示。其余各类接口的"公头"为 DTE(数据终端设备,Data Terminal Equipment)连接适配器,"母头"为 DCE(数据通信设备,Data Communications Equipment)连接适配器。

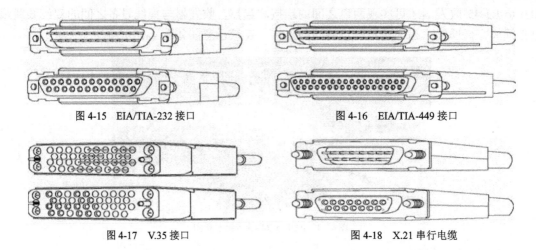

图 4-15　EIA/TIA-232 接口　　　　　　图 4-16　EIA/TIA-449 接口

图 4-17　V.35 接口　　　　　　　　　图 4-18　X.21 串行电缆

图 4-20 所示为同步串行口与 Internet 接入设备连接的示意图，在连接时，只需要对应连接用线与设备端接口类型就可以正确连接。

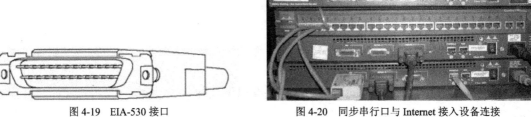

图 4-19　EIA-530 接口　　　　　图 4-20　同步串行口与 Internet 接入设备连接

3．ISDN BRI 端口

Cisco（思科）路由器的 ISDN BRI 模块一般可分为两类：一是 ISDN BRI S/T 模块，二是 ISDN BRI U 模块。前者必须与 ISDN 的 NT1 终端设备一起才能实现与 Internet 的连接，因为 S/T 端口只能连接数字电话设备，不适用通过 NT1 连接现有的模拟电话设备，连接图如图 4-21 所示。而后者由于内置有 NT1 模块，我们称之为"NT1+"终端设备，它的 U 端口可以直接连接模拟电话外线，因此，无需再外接 ISDN NT1，可以直接连接至电话线墙板插座，如图 4-22 所示。

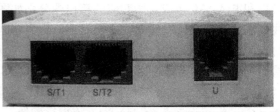

图 4-21　ISDN BRI S/T 模块　　　　　　　图 4-22　ISDN BRI U 模块

4.3.3 路由器的配置接口连接

与前面讲的一样，路由器的配置端口依据配置的方式的不同，所采用的端口也不一样，主要有两种：一种是本地配置所采用的 Console 端口；另一种是远程配置时采用的 AUX 端口。

1. Console 端口的连接方式

当执行计算机配置路由器时，必须执行翻转线将路由器的 Console 口与计算机的"串口"/"并口"连接在一起，这种连接线一般来说需要特制，根据计算机端口所执行的是串口还是并口，选择制作 RJ-45-to-DB-9 或 RJ-45-to-DB-25 转换用适配器，如图 4-23 所示。

2. AUX 端口的连接方式

当需要通过远程访问的方式实现对路由器的配置时，就需要采用 AUX 端口进行了。根据 Modem 所执行的端口情况不同，来确定通过 AUX 端口与 Modem 进行连接时所必须借助的收发器是 RJ-45 to DB9 还是 RJ-45 to DB25。路由器的 AUX 端口与 Modem 的连接方式如图 4-24 所示。

图 4-23　Console 端口的连接方式

图 4-24　AUX 端口的连接方式

4.4　路由器 IOS

4.4.1 路由器 IOS 概述

路由器如 PC 一样，也需要操作系统才能运行。Cisco（思科）路由器的操作系统叫做 IOS（Internetwork Operating System），路由器的平台（platform）不同、功能不同，运行的 IOS 也不相同。IOS 是一个特殊格式的文件，对于 IOS 文件的命名，Cisco（思科）采用了一套独特的规则。根据这套规则，只需要检查一下映像（Image）文件的名字，就可以判断出它适用的路由器平台、它的特性集（features）、它的版本号、在哪里运行、是否有压缩等。

映像文件名由两个部分组成，中间用点号分开，如 c2600-is-mz.120-7.t.bin。

● 第 1 部分细分为 3 个小部分，中间用短横线连接。第 1 小部分（C2600）指出适用的路由器平台，C2600 表示思科的 2600 系列路由器。第 2 小部分（js、is）指出特性集。J 表示企业特性集；i 表示 IP 特性集；s 表示在标准的特性集中加入了一些扩展功能。第 3 小部分表明映像文件在哪里运行，是否有压缩等。l（英文字母 L）表示映像文件既可以在 RAM 中运行，也可以在 Flash 中运行；m 表示只能在 RAM 中运行，z 表示映像文件采用了 zip 压缩格式。

● 第 2 部分反映了映像文件的版本信息。"120-7"表示 IOS 版本号 12.0（7）最后的 bin 表示这是一个二进制文件。

4.4.2　路由器 IOS 引导顺序

启动 Cisco IOS 的目的是使路由器开始工作。Cisco 路由器加电自测确定 CPU、存储器和网络接口的基本工作情况正常后，开始加载 Cisco IOS。其初始化顺序如下。

从 ROM 上装载普通引导程序（bootstartup）。引导程序是一种简单的预置操作程序，用于引导装载其他指令。

Cisco IOS 可定位于不同的位置，这些位置取决于寄存器的配置。

装载 Cisco IOS 映象文件。

装载 NVRAM 中的配置文件。

如果 NVRAM 中没有有效的配置文件，Cisco IOS 将执行初始配置程序。

4.5　管理配置寄存器

4.5.1　寄存器各个部分含义

通常在恢复密码的时候，会使用引导寄存器。当把寄存器地址从 0x2102 改成 0x2142 的时候，实际上是改变了寄存器的第 6bit。当恢复密码的时候，第 6bit 被设置成在启动的时候忽略 NVRAM 的引导。这是寄存器最普遍的用法。

引导寄存器一般的格式如表 4-1 所示。表 4-1 说明了在 Cisco 路由器上 0x2102 这个默认设置的格式。

表 4-1　　　　　　　　　　　　　**16bit 引导寄存器默认设置**

bit 15	bit 14	bit 13	bit 12	bit 11	bit 10	bit 9	bit 8	bit 7	bit 6	bit 5	bit 4	bit 3	bit 2	bit 1	bit 0
0	0	1	0	0	0	0	1	0	0	0	0	0	0	1	0
2				1				0				2			

当默认的时候，bit 1，8，13 都被设置成 1。

当 bit 1 被设置成 1 的时候，第一部分的值为 2。这是告诉路由器在引导过程中，如果发现了有效的 IOS，就从 Flash 引导。

当 bit 4 到 7 位被设置成 0 的时候，路由器从 NVRAM 引导。

bit 8 告诉路由器 Break key 是失效的。

剩下的 bit 是用来设置 console 口的速率为 9 600，以及决定当网络引导失效时，路由器作出回应。最常见的寄存器的用法是改变第 6bit 的值，使路由器在启动的时候忽略存储在 NVRAM 中的配置。

（1）引导域（bit 0-3）

引导域控制了路由器的引导。引导域从最右边的 4bit 开始。如果这个区域是 0x0，路由器会用 ROM monitor 模式开始引导。例如，将寄存器设置为 0x2100，使路由器从 ROM monitor 开始引导。如果这个区域是 0x1，路由器会从自带的 ROM 开始引导。ROM 可能包含了一个完整的 IOS，比如 7000 系列的路由器，或者部分的 IOS，比如 2500 系列。如表 4-2 所示。

表 4-2　　　　　　　　　　　　　　　引导域 bit 位

行　　为	bit 3	bit 2	bit 1	bit 0
用 ROM monitor 模式引导	0	0	0	0
从 ROM 引导	0	0	1	0

如果把引导域设置成 2 到 F，若有一个有效的系统引导命令被存储在配置文档中，路由器会根据这个值从系统软件来引导。比如 Cisco 7500 的引导域被设置成 0x3，它会装载一个名为 Cisco3-7500 的 TFTP 文件。如表 4-3 所示，其中，7500 代表处理器的型号。比如，Cisco 7500，wxyz = 7500，如表 4-3 所示。

表 4-3　　　　　　　　　　　　　　　引导域 bit 位

文　件　名	bit 3	bit 2	bit 1	bit 0
Cisco2—wxyz	0	0	1	0
Cisco3—wxyz	0	0	1	1
Cisco4—wxyz	0	1	0	0
Cisco5—wxyz	0	1	0	1
Cisco6—wxyz	0	1	1	0
Cisco7—wxyz	0	1	1	1
Cisco10—wxyz	1	0	0	0
Cisco11—wxyz	1	0	0	1
Cisco12—wxyz	1	0	1	0
Cisco13—wxyz	1	0	1	1
Cisco14—wxyz	1	1	0	0
Cisco15—wxyz	1	1	0	1
Cisco16—wxyz	1	1	1	0
Cisco17—wxyz	1	1	1	1

（2）Fast Boot/Force Boot（bit 4）

当这个值被设置得合适，路由器如果发现配置 boot system flash 命令，它会强制装载 Cisco IOS 软件。如果没有符合 boot system flash 命令中文件名的 Cisco IOS 软件，路由器会引导进入 boot 模式。比如，添加命令行 boot system flash c2500-js56-1.120.3.bin 强制路由器在闪存中寻找 c2500-js56-1.120.3.bin 这个文件。如果没有符合 c2500-js56-1.120.3.bin 这个名字的文件，路由器会引导进入 boot 模式。

（3）High-Speed Console（bit 5，11 和 12）

bit 5 的值的设置和 bit 11，bit 12 相关联。设置这个值是为了 console 端口可以在高于 9 600bit/s 速率的情况下进行访问。当这个值被设定的时候，可以在 console 端口以 19 200bit/s 或者 38 400bit/s 的速率进行连接。如表 4-4 所示。

bit 5	bit 11	bit 12	Console 口速率
1	1	0	38 400bit/s
1	0	0	19 200bit/s
0	0	0	9 600bit/s
0	0	1	4 800bit/s
1	1	0	1 200bit/s
0	1	1	2 400bit/s

表 4-4 控制 console 口的 bit 位

（4）忽略 NVRAM（bit 6）

bit 5 的值的设置，是为了使路由器忽略 NVRAM 中存储的 startup-config 配置文件。当忽略从 NVRAM 中引导的时候，就能忽略引导 startup-config 配置文件。

（5）OEM bit（bit 7）

这个 bit 是被使用于原始设备制造商（OEMs）路由器版本的。设置这个值，Cisco Systems,Inc. 的标识会被忽略。如果 IOS 上运行有加密软件，加密警告会被显示出来。

（6）Break Key（bit 8）

这个 bit 位的设置是用于使 Break Key 失去作用。

（7）保留位（bit 8）

这个 bit 位的值未被使用。

（8）Netboot 广播格式（bit10 and 14）

设置 bit 10 和 14 是为了控制路由器以及交换机如何操作子网和主机的广播。

（9）Netboot 失效应答（bit 13）

设置 bit13 使路由器在 5 个 netboot 失效后从默认位置装载 Cisco IOS。默认 bit 位设置为 1。如果该值设置为 0，路由器不会在 ROM 中进行引导，而会一直使用 netboot。

（10）显示工厂诊断（bit 15）

这个值的设置是为了使路由器显示工厂诊断信息。同时设置这个值也是为了忽略 NVRAM。配置寄存器值为 0xA102 来显示工厂诊断信息，强制工厂诊断信息在初始化的时候出现。

4.5.2 路由器密码恢复

如果忘记了路由器的口令，会对工作造成极大的麻烦，可以通过修改寄存器的值来进行恢复，需要进入路由器的 Boot ROM Monitor 运行模式。默认的配置寄存器值是 0x2102，在这种情况下，路由器会查找并加载存储在 NVRAM 中的路由器配置。现在我们要更改寄存器值，让路由器启动的时候忽略 NVRAM 的内容，这样就可以避免口令验证。

下面是口令恢复的主要步骤：

（1）启动路由器并通过执行一个中断来中断启动顺序；

（2）修改配置寄存器开启第 6 位（值为 0x2142）；

（3）重启路由器；

（4）进入特权模式；

（5）将 startup-config 文件复制为 running-config 文件；

（6）修改口令；

（7）将配置寄存器重设为默认值；

（8）保存路由器的配置；

（9）重启路由器。

恢复密码准备工作：PC 运行终端仿真程序（启动超级终端），PC 串口（COM1/COM2）通过配置线与路由器 Console 接口连接，如图 4-25 所示。

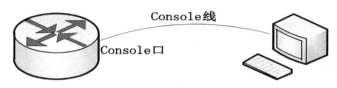

图 4-25　PC 连接路由器

路由器密码恢复实例

（1）路由器开机，60s 内按 Break 键（如果没有出现该提示符，路由器重新开机，重复 1 步骤）。

（2）输入命令：>e/s 2000002 记录下返回值。通常情况下返回值为 0x2102。

（3）输入命令：>o/r 0x142 修改寄存器值。使其忽略 NVRAM 中的配置文档。

（4）输入命令：>i。初始化路由器。

（5）重新启动系统，屏幕显示系统配置对话："System configuraiton to get started ?"，键入 no。系统显示 "Press RETURN to get started!"，按回车键进入 Router>。

（6）输入命令：Router>enable 进入超级用户状态（系统不再需要输入密码）。

输入命令：Router＃show startup-config 显示配置参数，记录所可看到的密码。同时也可以通过输入命令 enable serect *password* 来更改密码。

（7）输入命令：Router＃copy start run 把配置文件拷贝到 RAM。

输入命令：Router＃config t

　　　　　　Router(config)＃config-register 0x2102 恢复寄存器默认值。

　　　　　　Router(config)＃Ctrl＋z

　　　　　　Router＃write t 保存配置文件。

（8）输入命令：Router＃reload 重新启动路由器

针对不同系列的路由器，口令恢复的指令也存在一些不同之处，主要区别如下。

● 修改配置寄存器

2600、2800、4500 系列路由器参考命令：

Rommon 1> confreg 0x2142

1700、2500 系列路由器参考命令：

>o/r 0x2142

● 重新启动路由器进入特权模式时，需要像下面这样重启路由器：

2600、2800、4500 系列路由器参考命令：输入 reset。

1700、2500 系列路由器参考命令：输入 I（初始化）。

● 查看并修改配置

将 startup-config 文件复制到 running-config 文件。

Copy startup-config running-config

● 要修改口令

Config t

Enable secret 新口令

● 重设配置寄存器并重载路由器

使用 config-register 命令将配置寄存器设置回默认值：

Config t

Config-register 0x2102

● 最后使用 Copy run start 命令保存配置并重启动路由器。

4.6 备份、恢复（或升级）Cisco IOS

4.6.1 备份 Cisco IOS

在进行路由器的管理维护过程中，可能会需要升级路由器的 IOS。在升级之前，最好将 IOS 映象备份到 TFTP 服务器中。如果路由器 IOS 升级失败，可以从 TFTP 服务器中使用原来的 IOS 来恢复。

TFTP 服务器是一台装有 TFTP 程序的 PC，TFTP 服务器 IP 地址是：192.168.1.10。路由器 IP 地址是 192.168.1.1。将路由器的 IOS 备份到这台服务器上，如图 4-26 所示。

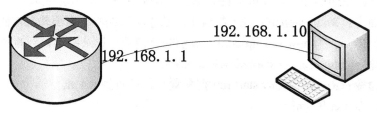

图 4-26 TFTP 服务器连接路由器

使用命令查看路由器 IOS 映象文件名：

Router# **dir flash**（查看目前 IOS 映象文件名，也可用 Router#**Show version**)

Directory of flash:/

1 -rw-   5998292   C2600-I-MZ.122-11.BIN（IOS 映像文件名）

8388608 bytes total (2390252 bytes free)

将路由器 IOS 映像文件备份到 TFTP 服务器：

Router#**copy flash tftp**（备份 IOS 文件）

Source filename []?**c2600-i-mz.122-11.bin**（IOS 映像文件名）

Address or name of remote host []?**192.168.1.10** (远端的 TFTP 服务器 IP 地址)

Destination filename [c2600-i-mz.122-11.bin]?

!!
!! （感叹号提示拷贝成功）

5998292 bytes copied in 324.071 secs (18509 bytes/sec)

Router#

4.6.2　恢复或升级 IOS

将要升级的 IOS 映象文件拷贝到相关的目录中（例：D:\），并运行 TFTP 服务器软件，通过菜单设置 Root 目录为拷贝 IOS 映象文件所在目录（如 D:\）。假设该计算机的 IP 地址为 192.168.1.10；连接路由器的 console 口与 PC 的 COM 口，使用 PC 的超级终端软件访问路由器。路由器的 IP 地址为 192.168.1.1（与 PC 的 IP 地址同网段），如图 4-27 所示。

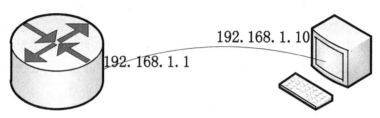

图 4-27　TFTP 服务器连接路由器

对路由器进行 IOS 升级：
Router#copy tftp flash

Address or name of remote host []? **192.168.1.10** (TFTP 服务器地址)

Source filename []? **c2600-i-mz.122-11.bin**（需升级的新 IOS 映像文件名）

Destination filename [c2600-i-mz.122-11.bin]?

Do you want to over write? [confirm]

Accessing tftp://192.168.1.10/c2600-i-mz.122-11.bin...

Erase flash: before copying? [confirm]

Erasing the flash filesystem will remove all files! Continue? [confirm]

Erasing device... eeeeeeeeeeeeeeeeeeeeeeeeeeeeeeeeeeee ...erasedee

Erase of flash: complete

Loading c2600-i-mz.122-11.bin from 192.168.1.10 (via Ethernet0/0): !!!!!!!!!!!!!!!

!!!
!! （感叹号提示拷贝成功）

[OK - 5998292 bytes]

Verifying checksum...   OK (0xA0C0)

5998292 bytes copied in 318.282 secs (18846 bytes/sec)

Router#

4.7 路由器 CDP

4.7.1 CDP 概述

Cisco 在交换机和路由器上都使用了一个私有协议 CDP（Cisco Discovery Protocol），用来发现邻接设备。每个运行 CDP 的设备都会定期发送宣告消息，来更新邻居信息，以及同直接相连的邻居交换基本信息。同时每个运行 CDP 的设备也会接收 CDP 消息来记录邻居设备的信息。在 CDP 消息交换中的信息包括设备类型、软件版本、设备间的连接以及每一个设备中的端口号码。

大多数 Cisco 设备上均默认运行该协议。只要是支持 SNAP 封装的网络（WAN 或 LAN），都可以运行 CDP。CDP 运行在数据链路层，对上层协议的透明性非常好，可以支持多种网络，如以太网、令牌环网、FDDI、FR 等网络。即使是运行不同的网络层协议，如 A 路由器运行 IP，B 路由器运行 IPX，也可以获得设备信息。

CDP 分为 CDPv1 和 CDPv2 两个版本，Cisco 路由器 12.0(3)T 或以上的 IOS 版本支持 CDPv2。在 10.3 到 12.0(3)T 版本的 IOS 中 CDPv1 默认是开启的。

4.7.2 CDP 定时器

CDP 中要涉及两个定时器（Timer），更新时间定时器与保持时间定时器。更新时间定时器，每隔 60s 时间，Cisco 设备向启用了 CDP 的各个接口发送一个 CDP 信息。临近的 Cisco 设备接收到该更新信息后，就会更新自己的 CDP 邻居表。

保持时间定时器：告诉用户自收到临近设备的 CDP 信息已多久了。默认情况下，从 180s 开始倒计时，如果某设备的保持时间定时器到了零，那么该设备表项将从 CDP 邻居表中删除。

可以修改上述参数默认的时间，分别在全局配置模式下使用 cdp timer 和 cdp holdtime 命令，如下：
Router#conf t
Router(config)#cdp timer 90
Router(config)#cdp holdtime 240

4.7.3　开启和关闭路由器 CDP

在默认情况下，路由器中的 CDP 是打开的，如果路由器或某些接口上的 CDP 被人为地关闭了，需要打开时，可以使用命令 cdp run 或者 cdp enable。

在全局模式下运行的 cdp run，是打开整个路由器的 CDP 功能，而在某个接口模式下运行的 cdp enable 是只打开这个接口的 CDP 功能。

Router(config)#**cdp run**
Router(config)#interface S0
Router(config-if)#**cdp enable**

注意：cdp run 命令与 cdp enable 命令是有优先级顺序的。只有在路由器中配置了 cdp run 的前提下，在相应接口下配置 cdp enable 才有用。

CDP 协议包会使某些广域连接（如 FRAMERELAY）产生不必要的费用，需要关闭 CDP。在全局模式下需关闭所有网络端口的 CDP 或者只关闭某一接口的 CDP。

全局模式下关闭所有网络端口的 CDP：

Router(config)# **no cdp run**

在相应地需要关闭 CDP 的接口下关闭 CDP 消息更新：

Router(config-if)#**no cdp enable**

4.7.4　查看 CDP 信息

CDP 通过临近设备间相互交流信息而构建一个 CDP 邻居表，利用该表可以显示出邻居的一些简单配置信息。尽管 CDP 工作在数据链路层，但它能够向用户提供 IP 地址等第三层协议的信息。

Router(config)#**show cdp neighbors** [*type number*] [detail]

通过使用该命令，可以获得相连接的 CDP 邻居的平台、设备类型、相连接的端口等信息。

Router(config)#**show cdp traffic**

该命令显示设备发送和接收的 CDP 分组数以及任何出错信息。

Router(config)#clear cdp counters

该命令用来重置 CDP 流量计数器，当使用这个命令后，再用 **show cdp traffic** 命令时，就会看到所有的进出 CDP 数据包等信息都被清空了。

Router(config)#**show cdp**

该命令的功能是显示发送 CDP 消息的间隔时间和版本信息。

Router(config)#**show cdp entry** {*|device-name[*][protocol | version]}

该命令用来查看特定邻居设备的信息。我们可以查看特定邻居的 IP 地址、硬件平台、相连接的端口、IOS 版本信息。

Router(config)#**show cdp interface** [*type number*]

该命令查看 CDP 在特定端口是开启的还是关闭的，也可以显示 CDP 的消息更新时间等内容。

4.8　配置主机名解析

通过在路由器上配置主机表，管理者可以在使用 Telnet 或 ping 命令的时候，直接键入和

IP 地址绑定的主机名，而不需要再去输入每个路由器的 IP 地址。

该命令格式如下：

Router(config)#**ip host** *hostname ip-address*

这样在输入 Telnet *hostname* 命令时，路由器会自动将 *hostname* 映射到 *ip-address*。同理主机名解析也会自动发生在 ping *hostname* 命令中。

4.9　配置和管理 telnet 会话

4.9.1　配置 Telnet 线路

要为 Telnet 访问路由器设置用户模式口令，可执行 line vty 命令。路由器默认时有 5 条 VTY 线路，由 0～4。但是如果使用的是企业版的路由器，会拥有更多的线路。可以用"？"来查看可以使用多少条线路。

例：

Router#**config t**
Router(config)#**line vty** 0 ？
<1-4> Last Line Number
<cr>

可知这个路由器有 0～4 5 条可用的 VTY 线路，在这 5 条线路上都设置 Telnet 口令为 cuit。

Router(config)#**line vty** 0 4
Router(config-line)#**password** cuit
Router(config-line)#**login**

如果没有设置 telnet 口令，就无法 telnet 到路由器。设置了 Telnet 口令，再在路由器上设置 IP 地址后，就可以使用 Telnet 程序来配置并检查路由器，而不再需要使用控制台电缆。

4.9.2　同时管理多个 Telnet 会话

当控制台服务器 Telnet 连接到路由器或交换机后，需要在同一时间对多个会话连接进行管理。这样有助于更为方便地对设备进行配置以及排除故障。

管理多个 Telnet 会话按照如下步骤操作。

（1）使用 PC Telnet 到设备上。这是 1 号连接。

（2）在没有断开 PC 与设备连接的情况下，按下［Ctrl+Shift+6］快捷键，然后按下 x 键，其中 x 为连接号码（如 1 或 2）。这将显示控制台服务器提示符。

（3）在这里，就可以通过从 ip 主机列表中键入其主机名称来 Telnet 到另一设备。这是 2 号连接。

（4）一旦连接到了该设备，再次按下［Ctrl+Shift+6］快捷键，还有 x 键，将返回到控制台提示符。

（5）输入 show sessions。该命令将列出当前连接的会话。例如，用户有了两个会话：一个到第 1 台设备，一个到第 2 台设备。如果要取消其中某个会话，可以输入 disconnect X，其中 X 即为连接号码线（1 或 2）。

（6）要转到某个会话，输入连接号码即可。如果在空命令行中直接回车，也可以把用户带回到上一个会话连接。

当用户尝试在 ip 主机列表中键入其主机名称来回到已有的一个会话中，系统将返回"Connection refused by remote host."，这表明要么已经有了一个连接，要么有其他人已经连接到控制端口上了。

本 章 小 结

本章对如何管理 Cisco 网络进行了详细的介绍。首先介绍了 Cisco 路由器的硬件组成和接口的连接方式；然后介绍了 Cisco IOS 的概念，以及 Cisco IOS 的备份和升级与 Cisco 路由器的密码恢复；同时也介绍了 CDP 协议的使用及配置；最后介绍了路由器主机名解析的配置以及 Telnet 的配置和管理。

本章的目的是使读者了解如何管理 Cisco 网络。从第 5 章开始将讲述 IP 路由的概念。

习 题

选择题

1. 当启动一台路由器时，start-up 配置文件通常存储在哪种存储器中？（ ）
   A．RAM   B．ROM   C．FLASH   D．NVRAM

2. 当完成一台密码被遗忘的路由器的密码恢复后，寄存器应该被设置回初始值。这个值是？（ ）
   A．0x2112   B．0x2104   C．0x2102
   D．0x2142   E．0x2100

3. 当需要查看寄存器的时候，使用下面哪一条命令？（ ）
   A．show boot   B．show flash   C．show register
   D．show version   E．show config

4. 当一台路由器中有以前的配置文件时，在输入新的配置之前，需要进行怎样的操作来清除以前的配置文件？（ ）
   A．擦除 RAM 中的存储，然后重启路由器
   B．擦除 Flash 中的存储，然后重启路由器
   C．擦除 NVRAM 中的存储，然后重启路由器
   D．直接保存新的配置文件

5. 一台路由器工作了一段时间后，一些问题出现了。用户希望查看最近输入过哪些命令，哪条命令能打开历史缓存来显示最近输入的命令？（ ）
   A．Show history   B．Show buffers
   C．Show typed commands   D．Show terminal buffer
   E．Show command

6. 在 2500 系列路由器恢复密码的时候，需要输入命令"o/r 0x2142"。输入这条命令的目的是什么？（ ）

    A．用来重启路由器   B．用来忽略 NVRAM 中的配置文件

    C．用来进入 ROM Monitor 模式   D．用来查看以前的密码

    E．用来保存配置时做的改动

7．当需要查看 IOS 镜像文件名的时候，在路由器上输入哪条命令？（　　　）

    A．Router# show IOS   B．Router# show version

    C．Router# show image   D．Router# show protocols

    E．Router# show flash

8．一台路由器需要升级 IOS。新的 IOS 文件已经存储在 TFTP 服务器上。当将 IOS 镜像从 TFTP 服务器下载到路由器中，需要输入哪条命令？（　　　）

    A．Router # copy tftp flash   B．Router # copy flash run

    C．Router(config) # restore flash   D．Router(config) # repair flash

    E．Router# copy flash tftp   F．Router # copy start flash

9．装载 Cisco IOS 的顺序是（如果当前存储介质不可用）？（　　　）

    A．ROM, Flash, NVRAM   B．ROM, TFTP server, Flash

    C．Flash, TFTP server, ROM   D．Flash, NVRAM, RAM

10．当将路由器上的 IOS 镜像文件保存到 TFTP 服务器上，需要做些什么准备？（　　　）

    A．确定 TFTP 服务器能够被访问

    B．确定 TFTP 服务器的访问认证被设置

    C．确定确定 TFTP 服务器有足够的空间来存储 IOS 文件

    D．查看文件名和文件路径

    E．确定 TFTP 服务器能够存放二进制文件

    F．调整 TCP 的窗口大小去加速文件传输

第 5 章 IP 路由

知识点：

- 了解 IP 路由的基本概念
- 理解路由协议的类型
- 掌握静态路由的配置
- 掌握默认路由的配置
- 掌握静态浮动路由的配置
- 理解动态路由协议的基本概念
- 理解 RIP 路由协议的基本概念
- 掌握 RIPv1 和 RIPv2 的配置
- 理解 IGRP 路由协议的基本概念
- 掌握 IGRP 的配置

IP 网络是由通过路由设备互连起来的 IP 子网构成的，这些路由设备负责在 IP 子网间寻找路由，并将 IP 分组转发到下一个 IP 子网。

当路由器收到一个网络层数据报时，路由器便要决定是直接转发给与自己相连的网络还是发往另一个路由器，或者丢弃该数据报。

5.1 IP 路由概述

路由是把数据从源地址通过网络传输到目的地址的行为。

主机把数据报发往默认的路由器上，由路由器来转发该数据报。

路由器使用并维护路由表。当路由器收到一份数据报并准备进行发送时，它需要查看其路由选择表。并决定转发或者丢弃数据报。

路由表中的每一项都包含下面这些信息。

- 网络。它包含了路由已知的存在的网络。它是通过静态配置或者通过路由选择协议获知网络的。
- 出站接口。其中存储了有关路由选择进程应将数据报发送到哪个路由器接口的信息。该字段还说明了路由选择更新是从哪个网络接口接收的。
- 度量值。它是根据路由选择协议指定的准则来给每条路径分配一个值。当有多条到远端网络的路径时，可根据度量值来选择最佳的路径。
- 下一跳路由器的 IP 地址。确定下一跳路由器的 IP 地址的目的是可以使用该 IP 地址来创建第 2 层帧。下一跳的 IP 地址应该与出站接口位于同一个子网中。

IP 路由选择主要通过下列方式来转发数据报。

（1）查看路由选择表，寻找能与数据报目的 IP 地址完全匹配的表目（网络号和主机号都要匹配）。如果找到，则把报文发送给该表目指定的下一站路由器或直接连接的网络接口。

（2）查看路由选择表，寻找能与目的网络号相匹配的表目。如果找到，则把报文发送给该表目指定的下一站路由器或直接连接的网络接口。目的网络上的所有主机都可以通过这个路由条目来处置。**（如果有两个条目的网络号都能与之匹配，则继续匹配子网位，实行最佳匹配原则）**。

（3）查看路由选择表，寻找是否存在默认路由。如果找到，则把报文发送给该表目指定的下一站路由器。如果上面这些步骤都没有成功，该数据报就不能被传送，将被丢弃。如果不能传送的数据报来自本机，那么一般会向生成数据报的应用程序返回一个"主机不可达"或"网络不可达"的错误。

5.2　路由协议的类型

IP 路由协议可以分为几类。根据不同协议是否在其路由更新中发送子网掩码，一般将 IP 路由协议分为两大类：有类路由选择协议和无类路由选择协议。

有类的路由协议只会传送网络前缀（网络地址），但是不会包含子网掩码。当它传送更新时，首先检查直接连接的网络是否和发送更新的网络属于同一个大一点的子网，如果是的，那么它会继续检查它们的子网掩码是否相等，如果不等，那么更新信息会被丢弃而不会被广播。因此，在同一个主网络中的所有子网都必须使用相同的子网掩码，换句话说，有类路由选择协议不支持可变长子网掩码（VLSM）。有类路由选择协议具有如下特征。

● 在网络边界自动进行汇总。

● 对于同一个 IANA 分类网络内的所有路由器接口，必须使用相同的子网掩码，即不支持 VLASM 和不连续子网。

● 外部网络之间的交换路由汇总到 IANA 分类边界。

● 在同一个 IANA 分类网络中，路由器在交换子网路由时不提供子网掩码。

有类路由选择协议包括：RIPv1，IGRP。

无类路由协议传输网络前缀（网络地址）的同时，也会传输子网掩码，所以它支持 VLSM。无类路由选择协议具有如下特征。

● 在 IANA 主分类网络内，可以随某些路由进行汇总，这是以手工方式完成的。

● 在同一个网络中的路由器接口可以有不同的子网掩码，即支持 VLSM 和连续子网。

● 无类路由选择协议支持使用无类域间路由（CIDR）。

无类路由协议包括 RIPv2、EIGRP、OSPF、IS-IS、BGP。

在 Cisco IOS 较早的版本中，网络设备的硬件支持很有限，因此 IOS 的默认方式都是采用的有类别路由查找。通过全局模式下命令 ip classless 来启用无类别路由查找。启用后，它的对路由的查找方式，不会再注意目的地址的类别，而是在目的地址和所有已知的路由之间逐位执行"最佳匹配"。

5.3　静　态　路　由

5.3.1　静态路由概述

路由选择进程向自主系统中的其他路由器发送更新，并接收来自这些路由器的更新。这些更新中的信息将被加入到路由选择表中，路由器根据路由选择表做出转发决策并将数据报发给目标地址。

手工配置路由选择表意味着将静态路由加入到路由选择表中。使用静态路由的优点是，可以节省路由器和网络资源。路由选择协议会占用自主系统中所有路由器（而不仅仅是当前路由器）的内存、CPU 和带宽。静态路由信息在默认情况下是私有的，不会传递给其他的路由器。当然，网络管理员也可以通过对路由器进行设置使之成为共享的。静态路由一般适用于比较简单稳定的网络环境，在这样的环境中，网络管理员易于清楚地了解网络的拓扑结构，便于设置正确的路由信息。

手工配置的代价是需要耗费网络管理员的大量精力。如果网络拓扑发生变化，网络管理员必须修改网络中所受影响的静态路由。根据定义，这些路由不能自动纠正，因此重新配置路由器之前，网络将不能汇聚。

有以下几种情况适合采用这种解决方案。

- 链路的带宽非常低，如拨号链路。
- 网络管理员需要控制链路。
- 到远程网络的路径只有一条，如末节网络。
- 路由器的资源极其有限，无法运行路由选择协议。
- 网络管理员需要控制路由选择表，让分类和无类路由选择协议填充路由选择表。

5.3.2　静态路由配置

用于配置静态路由的命令是一个全局配置命令，其正确语法如下：

Router(config)# **ip route** prefix mask {*ip-address* | *interface-type interface-number*} [distance] [**tag** *tag*] [**permanent**]

表 5-1 所示为命令中参数的用法和含义。

表 5-1　　　　　　　　　　静态路由命令中参数的用法和含义

参　　数	描　　述
prefix	目标网络的 IP 路由前缀
mask	目标网络的前缀掩码
ip-address	可用于到达目标网络的下一跳的 IP 地址
interface-type interface-number	网络接口类型和接口号
distance	（可选）管理距离
tag tag	（可选）可用作 match 值的标记值，用于通过路由映射表控制重分发
permanent	（可选）指定即使在接口被关闭后该路由也不会被删除

静态路由的具体配置拓扑图如图 5-1 所示。

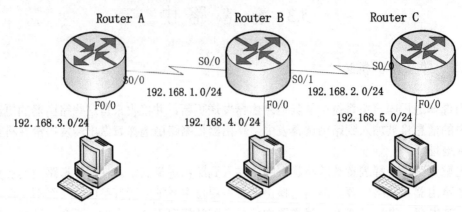

图 5-1　静态路由的具体配置拓扑图

静态路由的配置过程如下。

（1）准备工作

先配置 RouterA，RouterB 和 RouterC 的基本信息，注意 RouterB 作为 DCE 提供时钟频率：

RouterA (config)#int fa0/0
RouterA (config-if)#ip address 192.168.3.1 255.255.255.0
RouterA (config-if)#no shut
RouterA (config-if)#int s 0/0
RouterA (config-if)#ip address 192.168.1.1 255.255.255.0
RouterA (config-if)#no shut
RouterA (config-if)#^Z
RouterA#copy run start

RouterB (config)#int fa0/0
RouterB (config-if)#ip address 192.168.4.1 255.255.255.0
RouterB (config-if)#no shut
RouterB (config-if)#int s 0/0
RouterB (config-if)#ip address 192.168.1.2 255.255.255.0
RouterB (config-if)#clock rate 6400
RouterB (config-if)#no shut
RouterB (config-if)#int s 0/1
RouterB (config-if)#ip address 192.168.2.1 255.255.255.0
RouterB (config-if)#clock rate 6400
RouterB (config-if)#no shut
RouterB (config-if)#^Z
RouterB#copy run start

RouterC (config)#int fa0/0
RouterC (config-if)#ip address 192.168.5.1 255.255.255.0
RouterC (config-if)#no shut
RouterC (config-if)#int s 0/0
RouterC (config-if)#ip address 192.168.2.2 255.255.255.0
RouterC (config-if)#no shut
RouterC (config-if)#^Z
RouterC#copy run start

（2）配置 Router A 静态路由

RouterA 了解自己的网络 192.168.3.0 和 192.168.1.0（直接相连），所以 Router A 的路由表必须加入 192.168.4.0 和 192.168.2.0，192.168.5.0 的信息，注意下一跳接口（数据包经过的下一个接口）如下：

RouterA (config)#ip route 192.168.4.0 255.255.255.0 192.168.1.2
RouterA (config)#ip route 192.168.2.0 255.255.255.0 192.168.1.2
RouterA (config)#ip route 192.168.5.0 255.255.255.0 192.168.1.2

（3）验证路由信息

RouterA #**sh ip route**

S 192.168.5.0 [1/0] via 192.168.1.2

上面输出中，S 代表静态路由，[1/0]分别为管理距离和度量值。

（4）配置 Router B 静态路由

RouterB 所需要学习到的网络应该是 192.168.3.0 和 192.168.5.0，注意它们的下一跳接口地址，配置如下：

RouterB (config)#ip route 192.168.3.0 255.255.255.0 192.168.1.1
RouterB (config)#ip route 192.168.5.0 255.255.255.0 192.168.2.2

（5）配置 Router C 静态路由

RouterC 所需要学习到的网络应该是 192.168.3.0，192.168.1.0 和 192.168.4.0，注意它们的下一跳接口地址，配置如下：

RouterC (config)#ip route 192.168.3.0 255.255.255.0 192.168.2.1
RouterC (config)#ip route 192.168.1.0 255.255.255.0 192.168.2.1
RouterC (config)#ip route 192.168.4.0 255.255.255.0 192.168.2.1

根据上面的拓扑结构，来验证下是否能够端到端的 ping 通：

RouterC#**ping** 192.168.3.1

Sending 5，100-byte ICMP Echos to 192.168.3.1，timeout is 2 seconds：

!!!!!

RouterA#**ping** 192.168.5.1

Sending 5，100-byte ICMP Echos to 192.168.5.1，timeout is 2 seconds：

!!!!!（成功返回 5 个数据包）。

从测试结果看，两端都能 ping 通，说明没问题，网络已经建立好。

在配置静态路由时，除了可以跟下一跳的 IP 地址外也可以跟出站接口。在一般情况下使用接口能减少跟下一条 IP 时所需要的开销。但是在某些场合是必须跟下一跳的，如出接口连接了一个交换机，交换机又连接了两个或以上的线缆到其他路由器，此时如果跟的是出站接口那么数据没有一个稳定的传送线路。

5.3.3　默认路由

有时候需要使用静态路由来创建默认路由。默认路由是在路由选择表中没有对应于特定目标网络的条目时使用的路由。前往 Internet 的数据报到达路由器后，如果路由选择表对自主系统外的网络一无所知，它将把该数据报发送给连接外部世界的边缘路由器。

在下述情形下需要使用默认路由：

● 　从末节网络连接到自主系统。

● 　连接到 Internet。

用于配置默认静态路由的命令是一个全局配置命令：

Router(config)#**ip default-network** *network-number*

network-numbers 是 IP 网络号或子网网络号。

如果路由器对目标网络一无所知（路由选择表中没有相应的条目），则不管数据报来自哪里，去往何方，路由器都将它发送到默认路由所指定的地址。

根据图 5-1 所示，通常不能把默认路由定义在 Router C 上，因为 Router C 拥有不止 1 个出口路径接口。其实可以把默认路由理解成带通配符（wildcard）的静态路由。

首先要去掉之前配置的静态路由：

RouterC (config)#no ip route 192.168.1.0 255.255.255.0 192.168.2.1

RouterC (config)#no ip route 192.168.3.0 255.255.255.0 192.168.2.1

RouterC (config)#no ip route 192.168.4.0 255.255.255.0 192.168.2.1

接下来配置默认路由：

RouterC (config)#ip route 0.0.0.0 0.0.0.0 192.168.2.1

ip classless 是额外的命令，目的是使各个接口打破分类 IP 规则，Cisco 12.x 版本的 IOS 默认包含这条命令，当 ip classless 命令关闭时，路由器在查询路由时只看路由表中的主类条目。

Cisco 早期的 IOS 是默认关闭该命令的，这也是为什么 cisco 路由器的路由表中一直会有诸如以下条目出现的原因。

```
        1.0.0.0/32 is subnetted, 1 subnets
C           1.1.1.1 is directly connected, Loopback0
        172.30.0.0/24 is subnetted, 1 subnets
C           172.30.1.0 is directly connected, Ethernet0
```

其实不管是否开启 ip classless，Cisco 路由表一直会有类似于"172.30.0.0/24 is subnetted, 1 subnets"的主类条目，它显示该网络被 24 位的掩码进行子网划分（然后列出具体的子网），这是因为 Cisco 软件早期是将 IPv4 子网分类别对待的（那个时候，查询路由只看主类号，不看具体子网号）。后来开启 ip classless，cisco 路由器才将 IPv4 视为无类别的，在查找路由时，会比较子网号。

在 Cisco 设备上，如果关闭 ip classless，那么路由器在向一个直连主类网络的未知子网发数据包时，会出现问题。如下：

RouterC (config)#**ip classless**

再验证如下：

RouterC #**sh ip route**

S* 0.0.0.0/0 [1/0] via 192.168.2.1

S*代表默认路由

5.3.4　浮动静态路由

浮动静态路由是另一种用于以手工方式将信息加入到路由选择表中的机制。浮动静态路由提供了一条备用路由，该静态路由由于设置的管理距离大于动态路由协议获得的路由（默认是静态路由的 AD 小于其他任何动态路由协议的 AD）因此处于休眠状态。当主路由失效后，该路由将被激活，并代替主路由；网络被修复后，备用路由重新进入休眠状态，直到再次被唤醒。

一条路由比其他路由拥有更高优先权的概念被称为管理距离，简称 AD（administrative

distance），它是用来比较不同路由协议有多条路径到达目的站点时的参数，管理距离由于不同厂家的不同路由器又有所不同；另外一种说法就是管理距离表示一条路由被选择用于传输数据的可信度，该值越小（AD 值越小），表示该路由的可信度级别越高，越容易被选择用来传输网络数据包。AD 值是一个介于 0 到 255 之间的数字，数字越大，该路由的优先级越低，AD 值为 0，该路由可信度最高，当 AD 值为 255 时，表示该路由最不被信任，即没有任何流量从这条线路通过。当静态路由的管理距离改变到比动态路由选择协议产生的路由（通常优先级更低）优先级还低的时候，就变成了"浮动"静态路由。

浮动静态路由配置步骤：

（1）正确配置主干线路，保证其能正常通信；

（2）配置主干线路的动态路由；

（3）正确配置备份线路，保证其能正常通信；

（4）配置通过备份线路的浮动静态路由。

配置浮动静态路由：

echo(config)# **ip route** 10.13.1.3 255.255.255.0 10.12.1.2 254

行尾的数字 254 定义此条静态路由拥有的管理距离为 254（默认时静态路由的管理距离等于 1）。如果使用的动态路由选择协议是 RIP（默认的管理距离等于 120），则上述指令配置的静态路由比动态路由优先级还要低，我们称这种静态路由为浮动静态路由。假如由于某种原因，RIP 路由被丢失，则浮动静态路由变为可用路由，直到 RIP 路由重新恢复为有效路由为止。

各种协议的默认管理距离如表 5-2 所示。

表 5-2　　　　　　　各种路由协议的默认管理距离（思科路由器下）

路由选择信息源	管 理 距 离
直连路由或指出出站接口而不是下一跳的静态路由	0
静态路由	1
EIGRP 汇总路由	5
外部 BGP	20
EIGRP	90
IGRP	100
OSPF	110
RIP	120
外部 EIGRP	170
内部 BGP	200
未知网络	255（无穷大）

5.4　动态路由

5.4.1　动态路由概述

动态路由协议是一组规则，描述了第 3 层路由选择设备之间如何彼此发送有关可用网络的更新。如果到远程网络的路径不止一条，协议还决定如何从中选择一条最佳路径（路由）或者在多条的路径上实行负载均衡。

路由协议比静态路由更容易使用，但有一定的代价，路由协议要比静态路由占用更多CPU 循环和网络带宽，但对于大型网络，这个代价是值得的。

目前使用的动态路由协议有两类：内部网关协议（Interior Gateway Protocols，IGP）和外部网关协议（External Gateway Protocols，EGP）。IGP 在同一路由域中交换路由信息。EGP 在不同 AS（Autonomous System，AS，是同一管理控制中的路由域集合）之间交换路由信息。

3 种路由协议如下：

● 距离矢量（distance vector）；
● 链路状态（link state）；
● 混合型（hybrid）。

距离矢量：距离矢量协议是最先被设计出来的路由选择协议，这样的协议有 RIPv1 和 IGRP 以及 BGP（外部网关协议）。这些协议是分类协议，用于小型网络。距离矢量协议使用的度量值通常是距离，这种距离用前往目标设备的路径上遇到的路由器（跳）数来度量。距离矢量协议使用贝尔曼-福特算法根据度量值（即跳数）来选择路径。距离矢量协议一大优势在于易于控制路由协议，这对于 BGP 来说很重要。

用于根据距离（distance）来判断最佳路径，当 1 个数据包每经过 1 个路由器时，被称为经过 1 跳。经过跳数最少的则作为最佳路径。

链路状态：也叫最短路径优先（shortest-path-first）协议。每个 router 创建 3 张单独的表，1 张用来跟踪与它直接相连的相邻 router；1 张用来决定网络的整个拓扑结构；另外 1 张作为路由表。所以这种协议对网络的了解程度要比距离矢量高。这类协议的例子有 OSPF、IS-IS。链路状态协议的一大优势在于不容易形成环路。

混合型：综合了前 2 者的特征，这类协议的例子有 EIGRP。

5.4.2 路由环路与其解决方案

（1）Routing Loops

距离矢量协议通过向所有接口周期性地广播路由更新来跟踪整个网络的变化，这些广播路由包括了完整的路由表。这样看上去不错，却给 CPU 增加了负荷并占用了额外的带宽，而且，汇聚过慢容易导致路由表的不一致性并容易产生路由循环（routing loops）。

路由循环的例子如图 5-2 所示。

假如网络 5 出现故障，RouterD 发送更新给 RouterC 汇报情况，于是，RouterC 开始停止通过 RouterD 来路由信息到网络 5。但是这个时候 RouterA，RouterB 和 RouterE 还不知道网络 5 出问题。所以它们仍然继续发送更新信息。RouterC 发送更新给 RouterB 说停止路由到网络 5。但是此时 RouterA 和 RouterE 还没有更新，所以它们觉得网络 5 仍然可用，而且跳数为 3，接下来，RouterA 发送网络 5 还可用的更新，RouterB 和 RouterE 接受到 RouterA 发来的更新后，也相同地觉得可用经过 RouterA 到达网络 5，并且认为网络 5 可用。就这样，1 个目标网络是网络 5 的数据包将经过 RouterA 到 RouterB，然后又回到RouterA……。

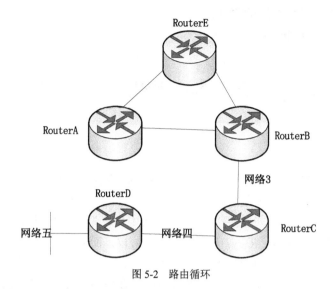

图 5-2　路由循环

（2）Maximum Hop Count

路由循环的问题也可以描述为跳数无限（counting to infinity）。其中的一个解决办法就是定义最大跳数（maximum hop count）。RIP 是这样定义最大跳数的：最大跳数为 15，第 16 跳为不可达。但是这样不能根本性地去除路由循环的问题。

（3）Split Horizon

另外一个解决办法就是水平分裂（split horizon），它规定由一个接口发送出去的路由信息不能再朝这个接口往回发送。这个办法减少路由信息的不正确性和负载。

（4）Route Poisoning

路由中毒（route poisoning）也用于避免不一致的更新信息来阻止网络循环。如图 4-2 所示，当网络 5 不可用时，E 将把这条线路的度变为 16，即不可达，使这条路由处于印制状态。这样 C 就不会发送错误的更新。当 C 收到 E 的 route poisoning 信息，C 发送一个称为 poison reverse 的更新信息给 E，这样保证所有的线路都知道那条破坏线路的信息，来防止循环。

（5）Holddowns

抑制计时（holddown）：一条路由信息无效之后，一段时间内这条路由都处于抑制状态，即在一定时间内不再接收关于同一目的地址的路由更新，默认是 180s。如果，路由器从一个网段上得知一条路径失效，然后，立即在另一个网段上得知这个路由有效。这个有效的信息往往是不正确的，抑制计时避免了这个问题，而且，当一条链路频繁起停时，抑制计时减少路由的浮动，增加网络的稳定性。它使用触发更新（trigger update）来重新设定 holddown 计时器。

（6）触发更新

触发更新和一般的更新不一样，当路由表发生变化时，更新报文立即广播给相邻的所有路由器，而不是等待 30s 的更新周期。同样，当一个路由器刚启动 RIP 时，它广播请求报文。收到此广播的相邻路由器立即应答一个更新报文，而不必等到下一个更新周期。这样，网络拓扑的变化会最快地在网络上传播开，减少路由循环产生的可能性。

触发更新重新设定计时器的几个情况：

● 计时器超时；

- 收到 1 个拥有更好的度的更新；
- 刷新时间（flush time）。

5.5 RIP

5.5.1 RIP 概述

RIP（路由选择信息协议）是一种简单的路由选择协议，适用于不太可能有重大扩容或变化的小型网络。作为一种距离矢量路由选择协议，它使用跳数作为度量值，跳计数允许的最大值是 15 跳。它每隔 30s 送一条更新，这些更新中包含整个路由选择表。RIP 目前有 3 个版本：RIPv1、RIPv2 和 RIPng。RIPv1 是个有类路由协议，而 RIPv2 是个无类路由协议，RIPng 是基于 RIPv2 开发的支持 IPv6 的无类路由协议。有类与无类路由协议的关键差别在于有类路由协议不在更新中发送子网掩码，而无类路由协议在更新中发送子网掩码。

5.5.2 RIP 计时器

RIP 使用以下 4 种不同的计时器来调节它的性能。
- 路由更新计时（route update timer）。路由器发送整张路由表副本给相邻路由器的周期性时间，默认为 30s 发送一次。但是在实现的时候一般为了避免 30s 一次的路由更新高峰，每个路由器会用 30s 减去一个随即产生的抖动值，大约为 4.5s。
- 路由无效计时（route invalid timer）。如果经过 180s，路由表里某个路由都没有得到相邻路由器的更新确认，路由器就认为此条路由已失效。
- 保持计时器（holddown timer）。当路由器得知路由无效后，路由器将进入 holddown 状态，默认时间是 180s。如果在这 180s 里，路由器接收到对此无效路由的更新，则保持计时器停止计时，否则启用路由清理时间。
- 路由清理时间（route flush timer）。如果经过 240s，无效路由表项仍没有得到确认，那么它就从路由表中删除。

5.5.3 RIPv2

RIPv2 不是一个新的路由协议，它是 RIPv1 的改进版本。它与传统 RIPv1 不同，是无类路由协议。这些改进在下列几方面增强了 RIPv1 的功能。
- 支持 VLSM。在路由更新中发送了子网掩码。
- 每条路由条目都有下一条路由地址信息。
- 支持外部路由标记。
- 使用 224.0.0.9 的多播地址。
- 支持 MD5 认证。

在这些改进中，最有意义的就是 RIPv2 提供了对 VLSM 的支持，使 RIPv2 成为了无类路由协议。

RIPv2 使用 224.0.0.9 的多播地址来传送更新，来替代了传统的 RIPv1 使用广播地址来传送更新，从而节省了资源。

RIPv2 很好地提供了对 RIPv1 兼容的支持。路由器能够被配置成为只接收 RIPv1 更新，只接收 RIPv2 更新，或者两者都接收。路由器也能够被配置成为只发送 RIPv1 更新，RIPv2 更新，或者两者同时发送。

5.5.4　配置 RIP

1. 配置 RIP 的具体过程

（1）选择 RIP 作为路由协议：

CUIT (config) # **router rip**

（2）指定基于 NIC 的主类网络号码，选择直连的网络：

CUIT (config-router) # **network** *network-number*

（3）配置 RIPv2：

CUIT (config)#**router rip**

CUIT (config-router)#**version 2**

CUIT(config-router)#**network** *ip-address*

（4）配置阻止 RIP 更新信息传播。如果想阻止 RIP 更新信息传播到 LAN 和 WAN 上，可以执行 passive-interface 命令，这条命令可以防止 RIP 更新信息广播从定义了的接口上发送出去，但是这个接口仍然可以接受到更新信息，如下所示：

CUIT (config) # **router rip**

CUIT (config-router) # **network** *network-number*

CUIT (config-router)#passive-*interface-type interface-number*

RIP 路由的具体配置，拓扑图如图 5-3 所示。

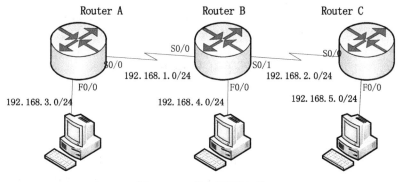

图 5-3　RIP 路由的网络拓扑

2. Cisco 路由器配置 RIP 实例

（1）先来配置 RouterA，由于 AD 的问题，所以要先去掉之前的静态路由，如下所示：

RouterA (config)#no ip route 192.168.4.0 255.255.255.0 192.168.1.2

RouterA (config)#no ip route 192.168.2.0 255.255.255.0 192.168.1.2

RouterA (config)#no ip route 192.168.5.0 255.255.255.0 192.168.1.2

（2）使用 RIP 配置命令 router rip，起用 RIP，接下来执行 network 命令，配置需要进行通告（advertise）的网络号，注意 router 的提示符。如下所示：

RouterA (config)#router rip
RouterA (config-router)#network 192.168.3.0
RouterA (config-router)#network 192.168.1.0
RouterA (config-router)#^Z

注意：配置的网络号，是直接相连的网络，而通告非直接相连的网络任务，就交给 RIP 来做。还要注意 RIPv1 是 classful routing，意思是假如用户使用 B 类 172.16.0.0/24，子网 172.16.10.0，172.16.20.0 和 172.16.30.0，在配置 RIP 的时候，只能把网络号配置成 network 172.16.0.0。

（3）配置 RouterB，由于 AD 的问题，所以要先去掉之前的静态路由，如下所示：

RouterB (config)#no ip route 192.168.5.0 255.255.255.0 192.168.2.2
RouterB (config)#no ip route 192.168.3.0 255.255.255.0 192.168.1.1

（4）配置 RIP：

RouterB (config)#router rip
RouterB (config-router)#network 192.168.1.0
RouterB (config-router)#network 192.168.2.0
RouterB (config-router)#network 192.168.4.0
RouterB (config-router)#^Z

（5）配置 RouterC，由于 AD 的问题，所以要先去掉之前的默认路由，如下所示：

RouterC (config)#no ip route 0.0.0.0 0.0.0.0 192.168.2.1

（6）配置 RIP：

RouterC (config)#router rip
RouterC (config-router)#network 192.168.5.0
RouterC (config-router)#network 192.168.2.0
RouterC (config-router)#^Z

（7）验证配置好的路由信息，如下所示：

RouterA#**sh ip route**
R 192.168.5.0 [120/2] via 192.168.1.2，00：00：23，Serial0/0

注意：R 代表的是 RIP，[120/2]分别代表 AD 和度量值，在这里，度即为跳数。假如在这个信息里看到的是[120/15]，那么下一跳为 16，不可达，这条路由线路也将随之无效，将被丢弃。

5.6　IGRP

5.6.1　IGRP 概述

IGRP（Interior Gateway Routing Protocol，内部网关协议）是 Cisco 公司 20 世纪 80 年代中期开放的路由协议。在 20 世纪 80 年代中期，RIP 是最常使用的内部路由协议。尽管 RIP 对于实现小型或中型同机种互联网络的路由选择是非常有用的，但是随着网络的不断发展，其受到的限制也越加明显。Cisco 路由器的实用性和 IGRP 的强大功能性，使得众多小型互联网络组织采用 IGRP 取代了 RIP。早在上世纪 90 年代，Cisco 公司就推出了增强的 IGRP，进一步提高了 IGRP 的操作效率。

IGRP 是一种在自治系统（AS，autonomous system）中提供路由选择功能的路由协议。IGRP 和 RIP 不同，RIP 使用跳数，而 IGRP 使用复合度量，从而 IGRP 克服了 RIPv1 中的距离限制。

5.6.2　IGRP 特性

尽管 IGRP 能够克服 RIP 中的的距离限制，但它在某些方面仍然有一定的局限性。由于 IGRP 是 Cisco 的专属路由协议，因此不能使用在其他厂家的平台上。此外，IGRP 还有一个局限性，它属于有类距离矢量路由协议，因此不能很好地扩展到大型网络中。

IGRP 虽然克服了距离限制，但是它仍然有跳数上的限制：最大跳数 255，默认 100 跳。但是这样使得 IGRP 就比较适合中大型网络。

IGRP 是一种距离矢量（Distance Vector）内部网关协议（IGP）。它使用复合度来寻找最佳路径，默认情况下它只使用带宽和延迟来作为复合度的度量。IGRP 中的复合度量包括了下列 4 个元素：

- 带宽；
- 延迟；
- 负载；
- 可靠性。

为了提供更多的灵活性，IGRP 允许多路径路由。两条等带宽线路可以以循环（round-robin）方式支持一条通信流，当一条线路断掉时自动切换到第二条线路。此外，即使各条路的 metric 不同，也可以使用多路径路由。只有具有一定范围内的最佳路径 metric 值的路由才用作多路径路由。IGRP 支持最多 6 条链路的均衡负载。

当配置 IGRP 的时候，必须以 AS 号作为配置参数，所有的路由器必须使用相同的 AS 号来共享路由表信息。

IGRP 同 RIP 一样，都不支持 VLSM 和不连续的子网。

5.6.3　IGRP 计时器

IGRP 维护一组计时器和含有时间间隔的变量，包括以下几种情况。

- 路由更新计时器。路由更新计时器规定路由更新消息应该间隔多长时间发送一次。IGRP 协议规定的默认时间是 90s。
- 路由无效计时器。路由无效计时器规定在没有收到对特定路由的更新消息时，应等待多长时间才能宣布该路由失效，IGRP 中等待的时间默认为更新周期的 3 倍，即路由无效计时器的默认时间是 270s。
- 保持计时器。保持计时器规定在宣布路由无效后需要等待 hold-down 确定的时间，才能进入路由清理时间，IGRP 中此值缺省为无效周期时间再加 10s，即保持计时器的默认时间是 280s（3 倍更新时间加号 10s）。
- 路由清理计时器。路由清理计时器规定路由器要清空路由表中的无效路由之前需等待的时间，IGRP 的默认值为路由更新周期的 7 倍。路由清理计时器的默认时间是 630s。

5.6.4　配置 IGRP

配置 IGRP 的具体过程如下所示。

（1）选择 IGRP 为路由协议：

CUIT(config) # **router igrp** *autonomous-system*

（2）定义直接连接的网络：

CUIT (config-router) # **network** *network-number*

（3）IGRP 路由的具体配置，拓扑图如图 5-4 所示。

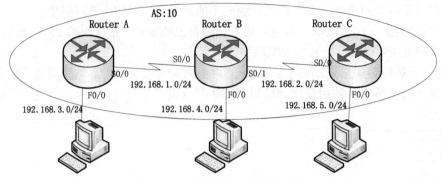

图 5-4　IGRP 路由的具体配置拓扑图

（4）配置 RouterA，注意 AS 号的范围为 1～65535，如下所示：

RouterA (config)#router igrp ?
<1-65535> Autonomous system number
RouterA (config)#router igrp 10
RouterA (config-router)#netw 192.168.3.0
RouterA (config-router)#netw 192.168.1.0
RouterA (config-router)#^Z

（5）记住 IGRP 也是 classful routing，而且配置网络号是与它直接相连的网络。

配置 RouterB，如下所示：

RouterB (config)#router igrp 10
RouterB (config-router)#netw 192.168.1.0
RouterB (config-router)#netw 192.168.4.0
RouterB (config-router)#netw 192.168.2.0
RouterB (config-router)#^Z
RouterB#

（6）配置 RouterC，如下所示：

RouterC(config)#router igrp 10
RouterC (config-router)#netw 192.168.2.0
RouterC (config-router)#netw 192.168.5.0
RouterC (config-router)#^Z

注意：RouterA，RouterB 和 RouterC 使用相同的 AS 号。

（7）验证一下：

RouterA#**sh ip route**
I 192.168.5.0 [100/170420] via 192.168.1.2，Serial0/0
I 代表 IGRP[100/170420]为 AD 和复合度，复合度值越低越好。

5.6.5　验证 IGRP 配置

（1）显示所有的可路由协议并查看接口及其相关协议：

CUIT# **show protocols**

（2）显示路由器上配置好了的 IP 路由协议：

CUIT # **show ip protocols**

（3）发送控制台消息，显示有关在 router 接口上收发 IGRP 数据包的信息：

CUIT # **debug ip igrp**：

（4）关闭 debug：

CUIT # **undebug all**

（5）提供在网络中运行的 IGRP 路由选择信息的概要：

CUIT #**debug ip igrp events**

（6）关闭接收 IGRP 路由选择信息的概要：

CUIT #**undebug ip igrp events**

（7）显示来自相邻 router 要求更新的请求消息和由 router 发到相邻 router 的广播消息：

CUIT #**debug ip igrp transactions**

（8）在路由器 RouterB 上的输出：

RouterB#**sh protocols**

GlRouterAbal values：

Internet Protocol routing is enabled

FastEthernet0 is up，line protocol is up

Internet Address is 192.168.4.1/24

Serial0/0 is up，line protocol is up

Internet Address is 192.168.1.2/24

Serial0/1 is up，line protocol is up

Internet Address is 192.168.2.1/24

RouterB # **show ip protocols**

Routing Protocols is "igrp"

RouterB# **debug ip igrp**

IGRP protocol debugging is on

RouterB#

07:12:56: IGRP: received v1 update from 192.168.2.2 on Serial0/1

07:12:56: 192.168.5.0 in 1 hops

RouterB #**undebug all**

All possible debugging has been turned off

RouterB #**debug ip igrp events**

IGRP event debugging is on

07:13:50: IGRP: received request from 192.168.2.2 on Serial0/1

07:13:50: IGRP: sending update to 192.168.2.2 via Serial1(192.168.2.1)

07:13:51: IGRP: Update contains 3 interior， 0 system， and 0 exterior routes

07:13:51: IGRP: Total route in update: 3

RouterB #**debug ip igrp transactions**

07:14:05: IGRP: received request from 192.168.2.2 on Serial1

07:14:05: IGRP: sending update to 192.168.2.2 via Serial1(192.168.2.1)

07:14:05: subnet 192.168.30.0， metric=1100

07:14:05: subnet 192.168.20.0， metric=158250

本 章 小 结

本章对 IP 路由进行了详细的介绍。首先介绍了 IP 路由的基本概念和路由协议的不同类型划分；然后介绍了静态路由、默认路由、静态浮动路由的概念以及配置；又介绍了 RIP 路由协议基本概念以及配置；最后介绍了 IGRP 路由协议的基本概念以及配置。

本章的目的是使读者理解 IP 路由，并掌握一些基本路由协议的配置。从第 6 章开始将讲述高级路由协议的概念。

习 题

选择题

1. 距离矢量路由协议使用下面哪些方式来阻止路由环路？（ ）
   A．生成树协议
   B．SPF 树
   C．链路状态通告（LSA）
   D．Hold-down 计时器
   E．水平分割

2. 在路由表中，静态路由、RIP 和 IGRP 都有到达某一目标网络的路由表项。在它们的管理距离都是默认值的情况下，哪种路由会成为首选？（ ）
   A．RIP
   B．静态路由
   C．IGRP
   D．所有的实现负载均衡

3. 下面哪种路由协议支持 VLSM 和路由汇总？（ ）
   A．IGRP
   B．EIGRP
   C．RIP v1
   D．RIP v2
   E．OSPF

4. RIPv2 是怎样阻止路由环路的？（ ）
   A．CIDR
   B．水平分割
   C．认证
   D．无类子网掩码
   E．Hold-down 计时器
   F．多播路由更新
   G．路径定向

5. 在下面哪种情况下最适合使用静态路由？（ ）
   A．当前设备连接另外一个网络中的第三层设备的情况下配置
   B．公司网络到 ISP 网络连接的情况下配置
   C．在当前路由协议的管理距离太低的情况下配置
   D．到目标网络超过 15 跳的情况下配置

6. 在路由器上使用 passive 接口的原因是？（ ）
   A．允许所有的接口使用共同的 IP 地址
   B．允许接口保持 "up" 状态
   C．允许路由器经过接口发送但不接收路由更新
   D．允许路由器转发更新
   E．允许路由器在该接口接收更新但不发送更新

7. 当配置 IGRP 路由协议时，下面哪个选项是必须首先配置的？（ ）
   A．通配符掩码
   B．IP 地址
   C．IP 地址掩码
   D．AS 号

8．在默认情况下，IGRP 每隔多长时间发送完整的路由表给邻居？

  A．每隔 5min B．每隔 90s   C．每隔 60s   D．每隔 30s

9．一台路由器同时运行 RIP 和 IGRP 两种路由协议。同一个路由被这台路由器的两种路由协议所学会。但是，当输入命令"show ip route"的时候，能看见 IGRP 路由，而没有看见 RIP 路由。为什么会出现这种情况？（　　　　）

  A．IGRP 有更快的更新计时器   B．IGRP 有更低的管理距离

  C．RIP 有更高的度量值   D．IGRP 有较少的跳数

  E．RIP 路径会出现路由环路

10．RIPv1 和 IGRP 在收到闪速更新的时候，它们将如何处理受影响的路由？（　　　　）

  A．将其置为抑制状态

  B．将其删除

  C．继续使用它们，直到获悉它们不可用

  D．如果有可行后继路由，则使用可行后继路由

第6章　高级路由协议：OSPF 与 EIGRP

知识点：
- 理解 OSPF 路由协议的基本概念
- 了解 OSPF 路由协议的包类型
- 理解 OSPF 建立邻接关系的过程
- 理解 SPF 计算的过程
- 理解 OSPF 的网络类型
- 掌握 OSPF 路由协议的配置与查看方法
- 理解 EIGRP 路由协议的基本概念
- 了解 EIGRP 邻接关系的建立过程
- 理解 EIGRP 路由协议路由表的建立过程
- 掌握 EIGRP 路由协议的配置和查看方法

随着 Internet 技术在全球范围的飞速发展，OSPF（Open Shortest Path First，开放最短路径优先）和 EIGRP（Enhanced Interior Gateway Routing Protocol，增强型内部网关协议）路由协议已成为目前 Internet 广域网和 Intranet 企业网采用最多、应用最广泛的被动路由协议。

6.1　OSPF

6.1.1　OSPF 概述

OSPF 是由 IETF（Internet Engineering Task Force）的 IGP（内部网关协议）工作小组提出的，是一种基于 SPF 算法的路由协议。OSPF 是一种链路状态路由选择协议。

作为一种路由选择协议，OSPF 用于将链路状态信息传递给组织网络中的所有路由器。它使用链路状态技术，使得路由传播更新的效率非常高，使网络更具有可扩展性。

作为一种链路状态的路由协议，OSPF 将广播链路状态数据包 LSA（Link State Advertisement）传送给在某一区域内的所有路由器，使得该区域的所有路由器的 LSA 同步，这一点与距离矢量路由协议不同。运行距离矢量路由协议的路由器是将部分或全部的路由表传递给与其相邻的路由器。LSA 包括有关邻居和通道成本的信息，用以路由器构建路由表。

OSPF 的最大的特点就是引入了区域的概念，减少了 SPF 算法的计算量，很大程度地减少了区域内的路由数量，提高了网络的稳定性。每一个区域内的所有路由器的 LSDB 是同步的。它们的 LSA 只在自己的区域内扩散。

区域也是链路状态路由协议的特征，例如在 IS-IS 协议中也有区域的设计。在运行 OSPF 的路由器中，是按照路由器的接口来划分区域，因此一个路由器的不同接口可能属于不同的 OSPF 区域。而在 IS-IS 中，是按照路由器来划分的区域，因此一个路由器的所有接口都属于一个区域。

OSPF 的区域大致分为骨干区域（区域 0）和非骨干区域两个层次。一个合理的 OSPF 区域的规划是所有的非骨干区域直接与骨干区域相连，非骨干区域之间不应该连接，非骨干区域间的通信需要骨干区域来转发。区域 0 中转其他区域的流量，起到了防环的作用，因此，在 OSPF 中，区域间具有距离矢量的特性，而区域内又是一种链路状态。如果 OSPF 自治系统中只含有一个区域，那么可以不具有区域 0 而直接只含有一个非骨干区域。

链路状态路由协议（link-state routing protocol）的一些特征如下：

● 对网络发生的变化能够快速响应；

● 当网络发生变化的时候发送触发式更新（triggered update）；

● 发送周期性更新（链路状态刷新），间隔时间为 30min。

链路状态路由协议只在网络拓扑发生变化以后产生路由更新。当链路状态发生变化以后，检测到变化的设备创建 LSA（link state advertisement），通过使用组播地址传送给所有的邻居设备，然后每个设备拷贝一份 LSA，更新它自己的链路状态数据库（link state database,LSDB），再转发 LSA 给其他的邻居设备。这种 LSA 的泛滥（flooding）保证了所有的路由设备在更新自己的路由表之前更新自己的 LSDB。

LSDB 通过使用 Dijkstra 算法（shortest path first,SPF）来计算到达目标网络的最佳路径，建立一条 SPF 树（tree），然后最佳路径从 SPF 树里选出来，被放进路由表里，由于该路径是树状的，所以确保了路由的无环。链路状态路由协议在一个特定的区域（area）里从邻居处收集网络信息，一旦路由信息都被收集齐以后，每个路由器开始使用 Dijkstra 算法（SPF）独立计算到达目标网络的最佳路径。

运行了 OSPF 的路由器维持了下述 3 张表。

● 邻居表（neighbor table）：也叫 adjacency database。存储了邻居路由器的信息。如果一个 OSPF 路由器和它的邻居路由器失去联系，在几秒中的时间内，它会标记所有到达那条路由均为无效，并重新计算到达目标网络的路径；

● 拓扑表（topology table）：一般叫做 LSDB。OSPF 路由器通过 LSA 学习到其他的路由器和网络状况，LSA 存储在 LSDB 中。

● 路由表（routing table）：也叫 forwarding database，包含了到达目标网络的最佳路径的信息。

6.1.2　OSPF 相关术语

OSPF 相关术语如表 6-1 所示。

表 6-1　　　　　　　　　　　　　　　　　　　　OSPF 术语

术　语	描　述
Neighbor（邻居）	同一条链路上的路由器，它们之间交换路由选择信息
Adjacency（邻接关系）	邻接关系指路由器与 DR 和 BDR 之间的逻辑连接
Link-state advertisement（链路状态通知）	描述路由器链路以及这些链路状态的分组
Designated router（指定路由器）	多路访问网络上负责同所有邻居建立邻接关系的路由器

续表

术　语	描　述
Backup Designated router（备份指定路由器）	指定路由器的备份，当 DR 出现故障时使用
OSPF areas（OSPF 区域）	区域号 ID 相同的一组路由器，区域中的所有路由器的拓扑表都相同
Router ID	路由器号是标识路由器的 IP 地址
Internal router（内部路由器）	所有接口都位于同一区域的路由器
Area border router（区域边界路由器）	任何接口都属于不同区域的路由器
Autonomous system boundary router（自治系统边界路由器）	路由器的接口连接外部网络或者不同 AS

6.1.3　OSPF 包类型

OSPF 使用了五种类型的包来发现邻居，并维护其数据库。

● Hello 包：Hello 协议的责任是发现邻居并维持邻居关系。Hello 协议还负责在多路访问网络中挑选出 DR。

● 数据库描述包（DBD）：DBD 有两个作用。第一，在邻居建立的最初情况，邻居路由器相互发送第一个空壳 DBD 用以选择主从关系。第二，由选择出来的主路由器控制接下来进行的 DBD 交互，此时的 DBD 包含自己所含的所有的 LSA 的目录，让对方收到自己的 DBD 后查看它自身是否含有 DBD 中包含的 LSA，以便为下阶段的 LSA 请求做准备。

● 链路状态请求包：链路状态请求包是 OSPF 的第三类包，一旦整个数据库使用数据库描述包来与路由器交换，路由器将比较它邻居的数据库和它自己的。此时，路由器也许会发现邻居的数据库在某些部分比自己的更先进。如果这样，路由器将会使用链路状态请求包向邻居要求这部分 LSA。

● 链路状态更新包：路由器使用扩散技术来传递 LSA，LSA 有很多类。

● 链路状态确认包：它用来对收到的 LSA 进行应答，这种应答使 OSPF 的扩散过程更可靠。

6.1.4　OSPF 邻居

1．OSPF 邻居

OSPF 邻居是位于同一物理链路或物理网段上的路由器，Hello 协议用于发现、维护邻居和建立邻接关系。OSPF 路由器定期地发送 Hello 分组，目标是多播地址 224.0.0.5。所有运行 OSPF 的路由器都会加入该分组。

Hello 分组中包含路由器的大量信息，其中的各个字段都有特定的功能，如表 6-2 所示。

表 6-2　　　　　　　　　　　　　　　　　Hello 分组信息

字　段	描　述
Router ID（路由器号）	路由器上的最高活动 IP 地址（先用回环地址，如果没有配置回环接口，则选择物理和逻辑接口）
Area ID（区域号）	原路由器接口所在的区域

字　　　段	描　　　述
Authentication information（验证信息）	验证类型与相应信息
Network mask（网络掩码）	原路由器接口 IP 地址和 IP 掩码
Hello interval（Hello 间隔）	Hello 分组之间的时间
Option（选项）	建立邻居的 OSPF 选项
Router priority（路由器优先级）	帮助选择 DR 与 BDR 的 8 位值（点对点链路上不设置）
Router dead interval（路由器死亡间隔）	认为邻居关闭之前要收到 Hello 分组的时间长度，默认为 Hell 间隔的 4 倍
DR（指定路由器）	当前 DR 的路由器号
BDR（备份指定路由器）	当前 BDR 的路由器号
Neighbor router IDs（邻居路由器号）	原路由器邻居的路由号

2. OSPF 邻接关系

使用 Hello 协议发现邻居后，邻居之间便交换路由选择更新（LSA），这些关于网络的信息被加入数据库中，这个数据库（LSDB）被称为拓扑表。根据该数据库可确定到目的地的最佳路径，并将其加入到路由选择表中。

当邻居关系拓扑数据库同步后，它们便处于完全邻接关系。为确保链路不中断，拓扑数据库是最新和准确的，路由器要不断传输 Hello 分组（默认 10s）。

建立邻居关系的优点如下：

● 它是一种用于判断路由器是否失效的机制；

● 提高了交流效率，因为拓扑数据库同步后，一旦网络发生变化，将发送增量更新。同时每隔 30min 发送一次链路状态刷新；

● 在邻居之间建立邻接关系后，可控制路由选择协议更新的分发。

3. DR/BDR 选择

DR 的主要功能就是负责同所有邻居建立邻接关系，使一个 LAN 内的所有路由器拥有相同的拓扑数据库，而且把完整的拓扑数据库信息发送给新加入的路由器。为了最小化整个网络的拓扑连接，需要让同一个区域内的路由器与 DR 及 BDR 邻接即可。

其他路由器都是 DR 的对等体，DR 负责将网段上的变化告诉它们。使用 DR 维护邻接关系和转发更新可以极大地降低网络开销。

为了避免单点故障，需要用 BDR 在网络中实现冗余。所有路由器都与 DR 和 BDR 建立邻接关系，所有路由器都与 DR 和 BDR 建立邻接关系，而 BDR 也与 DR 建立邻接关系。如果 DR 出现故障，BDR 要立刻成为新的 DR。

每个路由器接口都拥有一个可配置的路由器优先级。Cisco 默认为 1。如果路由器接口不参与 DR/BDR 选择过程，则可以在接口中将路由器优先级设置为 0。

DR/BDR 选择过程如图 6-1 所示。

DR/BDR 选择过程的具体步骤如下所述。

（1）生成合法路由器清单，合法路由器的条件如下：

● 优先级大于 0；

● OSPF 状态为双向；

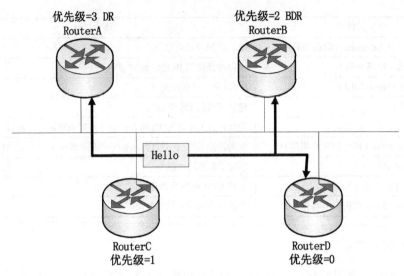

图 6-1 DR 和 BDR 的选择

● DR 或 BDR IP 地址与参与接口的 IP 地址相同。

所有非 DR 路由器的列表是从合法路由器清单编译而成的。

（2）根据下列条件从第 2 步选择 BDR：

● BDR IP 地址与参与接口的 IP 地址相同；

● 路由器优先级最高的路由器成为 BDR；

● 路由器优先级相等时，路由器号最高的路由器成为 BDR。路由器号在有本地回环地址时等于回环地址大的 IP，若没有回环地址即为其他接口的最大的 IP 地址。

（3）根据下列条件从其余路由器清单中选择 DR：

● DR 字段设置为路由器接口 IP 地址；

● 路由器优先级最高的路由器成为 DR，路由器优先级相同时，路由器号最好的路由器成为 DR；

● 如果其余合法路由器都不是 DR，则第 3 步选择的 BDR 成为 DR，重复第 3 步，选择另一个 BDR。

如果网段中已经有了 DR 和 BDR，则不管新加入到网络的路由器有更好的路由器号和优先级，OSPF 都不会让其成为 DR，这样可以提高网络稳定性。

6.1.5 OSPF 邻居与相邻性初始化

运行 OSPF 的路由器通过交换 hello 包和别的路由器建立邻接（adjacency）关系，过程如下所述。

（1）路由器和同一物理链路或物理网段上的路由器交换 hello 包，目标地址采用多播地址 224.0.0.5。

（2）hello 包交换完毕，邻居关系形成。

（3）接下来通过交换 LSA 同步 LSDB。对于 OSPF 路由器而言，同步以后进入完全邻接状态。

（4）如果需要的话，路由器转发新的 LSA 给其他的邻居，来保证整个区域内 LSDB 的完全同步。

对于点到点的 WAN 串行连接，两个 OSPF 路由器通常使用 HDLC 或 PPP 来形成完全邻接状态。在点对点的链路中 OSPF 不会选择 DR/BDR。

对于 LAN 连接，选举 IP 地址最大或者优先级最高的路由器作为 designated router（DR），再选举一个作为 backup designated router（BDR）。所有其他的路由器和 DR/BDR 形成完全邻接状态，而且只通过组播地址 224.0.0.6 传输 LSA 给 DR/BDR。DR 的主要功能就是负责同所有邻居建立邻接关系，再通过组播地址 224.0.0.5 把不同的 LSA 传输给区域内所有的 OSPF 路由器，使一个 LAN 内的所有路由器拥有相同的拓扑数据库，而且把完整的拓扑数据库信息发送给新加入的路由器。

路由器加入到网络中后，它通过侦听有完整路由选择表的路由器来建立自己的路由选择表。区域中所有路由器的拓扑数据库都相同，它们知道该区域中的所有网络。根据该数据库建立的路由选择表随路由器不同而有所不同，因为区域中各台路由器做出的路由选择决策取决于它对于远程目标网络的位置。

首次建立路由选择表时使用了下述 5 种分组。

- Hello 分组：用于发现邻居，选举 DR 和 BDR；
- DBD（数据描述分组）：用于向邻居发送摘要信息以同步拓扑数据库；
- LSR（链路状态请求）：路由器收到包含完整的 LSA 的 DBD 后，将摘要信息同拓扑数据库进行比较，如果拓扑数据库中没有该 LSA，或者其中的 LSA 比 DBD 更旧，路由器将请求更多的信息；
- LSU（链路状态更新）：为相应的 LSR 而发送的更新；
- LSACK（链路状态确认）：收到请求数据库信息的 LSR 分组后发送的一种 LSA 分组。

1. 使用交换进程发现邻居

路由器建立邻居关系时经过的各个状态如下所述。

- Down（失效）状态：新路由器处于失效状态，新路由器发送分组，向网段中的其他路由介绍自己，并试图发现其他路由器。发送多播地址为 224.0.0.5 的 Hello 分组，其中 DR 和 BDR 的字段都被设置为 0.0.0.0，如图 6-2 所示。

- Init（初始）状态：新路由器等待应答。通常等待时间为 Hello 间隔的 4 倍，此时路由器处于初始状态，在等待期间，新路由器从另一台路由器那里收到 Hello 分组，并获悉 DR 和 BDR 的信息。如果收到的 Hello 分组没有指出谁是 DR 和 BDR，则开始选举。

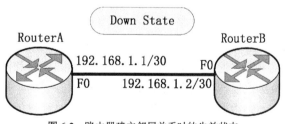

图 6-2　路由器建立邻居关系时的失效状态

网络上的其他路由器收到新路由器发送的 Hello 分组后，将该路由器的 ID 加入到拓扑数据库中，并用多播地址 224.0.0.5 发送一个 Hello 分组，其中包含自己的 ID 和一个由所有邻居组成的列表，如图 6-3 所示。

- 2-way（双向状态）：新路由器看到自己的 ID 出现在其他路由器应答的邻居表中，就建立了邻居关系。新路由器将其状态改为双向，如图 6-4 所示。

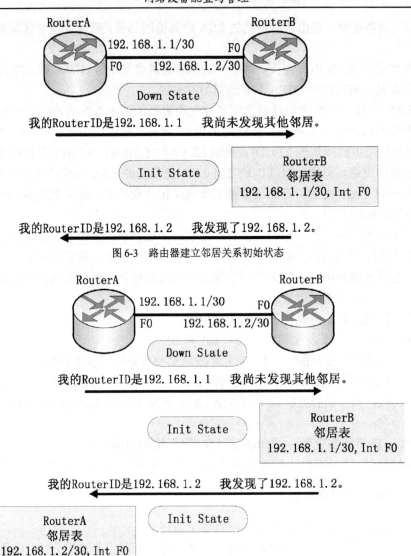

图 6-3　路由器建立邻居关系初始状态

图 6-4　路由器建立双向邻居关系的过程

2. 发现路由

新路由器和指定路由器建立了邻居关系后，在多点接入的网络中需要确保该路由器拥有关于网络的相关信息。指定路由器必须更新和同步新路由器的拓扑数据库，这是通过使用交换协议发送数据库描述分组来实现的。

路由器同邻居交换路由选择信息时经过的状态如下所述。

● Exstart（预启动）状态：其中一台路由器成为 master（主）路由器。两个邻居根据路由器号的大小来确定主/从关系。主路由器负责发起通信，如图 6-5 所示。

● Exchange（交换）状态：两台路由器都发送 DBD（数据库描述分组），DR 发送一系列的数据库描述分组，其中包含了存储在其拓扑数据库中的网络。数据库描述分组中没有包括所有必要的信息，而只是摘要，其路由器从邻接路由器那里收到 DBD 后，将其同自己的拓扑表进行比较。对于新路由器来说，所有的 DBD 都是新的，如图 6-6 所示。

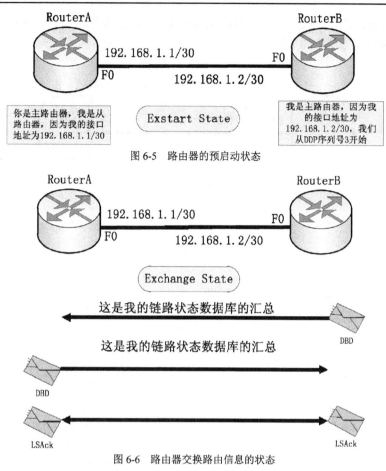

图 6-5　路由器的预启动状态

图 6-6　路由器交换路由信息的状态

● Loading（加载）状态：新路由器需要更详细的信息，将使用 LSR（链路状态请求）分组请求有关特定链路的详细信息。新路由器等待邻居的 LSU（链路状态更新）时，便处于加载状态，如图 6-7 所示。

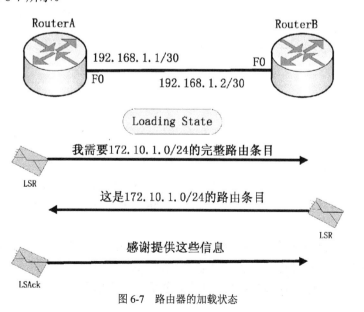

图 6-7　路由器的加载状态

● **Full**（完全邻接）状态：收到邻居发送的 LSU 并更新和同步拓扑数据库后，邻居便处于完全邻接状态，如图 6-8 所示。

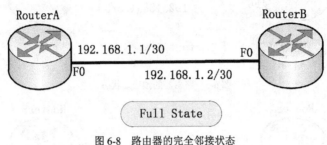

图 6-8　路由器的完全邻接状态

邻居状态从 down 到 full 的转变，如图 6-9 所示。

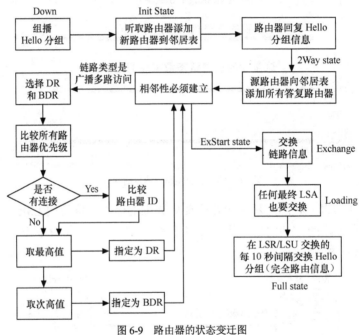

图 6-9　路由器的状态变迁图

6.1.6　LSA 泛滥

LSA 泛滥是 OSPF 共享路由信息的方法，包含链路状态数据的 LSA 信息通过 LSU 分组和所有 OSPF 路由器共享。网络拓扑从 LSA 分组建立 LSA 泛滥，使所有 OSPF 路由器具有进行 SPF 计算所需的拓扑图。

有效的 LSA 泛滥是通过保留组播地址 224.0.0.5 实现的。在整个网络中泛滥 LSA 更新之后，每个接收者要确认泛滥更新，接收者还要验证 LSA 更新。

图 6-10 显示了广播多路访问网络上的简单更新与泛滥情形。

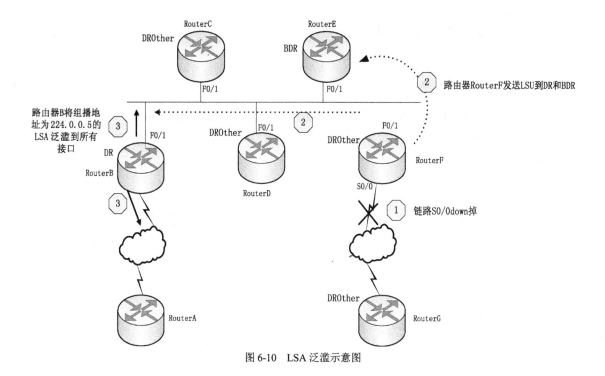

图 6-10　LSA 泛滥示意图

6.1.7　SPF 树计算

SPF（Shortest Path First，最短路径优先）树是网络中到任何目标的最佳路径，可以达到无环的要求。所有 OSPF 路由器在同步链路状态数据库后使用 Dijkstra 算法，来查找到达目标网络中的最佳路径。根据每条链路的成本（cost），选出耗费最低的作为最佳路径，最后把最佳路径放进 forwarding database（路由表）里，如图 6-11 所示。

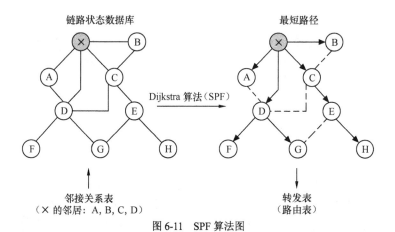

图 6-11　SPF 算法图

OSPF 度量称为成本（cost）。成本与 SPF 树的每个输出接口相关联，整个路径的成本是沿路径输出接口的成本之和。

6.1.8 OSPF 网络拓扑结构

1. 广播多路访问网络

所有 LAN 网络（如以太网、令牌环和 FDDI）都属于广播多路访问网络。在这种网络中，OSPF 数据流以多播方式发送（224.0.0.5），并选举出 DR 和 BDR 广播网络，默认 Hello 间隔为 10s，如图 6-12 所示。

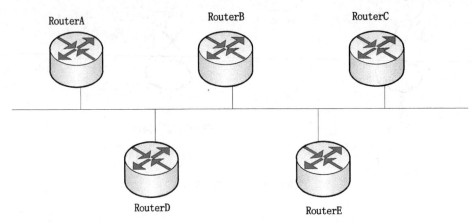

图 6-12　广播多路访问网络

2. 点到点网络

路由器只与另一台路由器直接相连时使用点到点技术，典型的例子是串行线在这种网络中，OSPF 数据流以多播方式发送（224.0.0.5），不要选举 DR 和 BDR 点到点网络，默认 Hello 间隔为 10s，如图 6-13 所示。

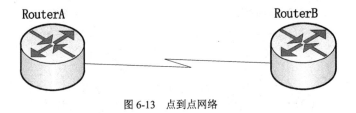

图 6-13　点到点网络

3. 点到多点网络

点到多点是一个接口与多个目的地相连，网络将这些连接视为一系列的点到点链路。在这种网络中，OSPF 数据流以多播方式发送（224.0.0.5），不需要选举 DR 和 BDR，所有端点都位于同一个 IP 子网中，点到多点网络默认 Hello 间隔为 10s，如图 6-14 所示。

4. 非广播多路访问网络（NBMA）

从物理上说，NBMA 网络类似于点到点网络，但可以有很多目的地。OSPF 在 NBMA 网络下正常运行会有很多问题，CISCO 提供了 5 种模式去解决，分别是 NBMA、点到多点、点到多点非广播、广播、点到点。X.25 和帧中继都属于 NBMA，这种网络要求手工配置邻居，手工指定 DR/BDR 或者在二层网络需要广播的支持。在这种网络中，OSPF 数据流使用单播地址而不是多播地址，这种单播地址有时起到了多播地址的作用，又称之为伪广播。默认 Hello 间隔为 30s，如图 6-15 所示。

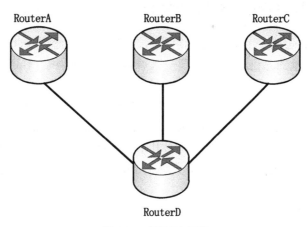

图 6-14　点到多点网络

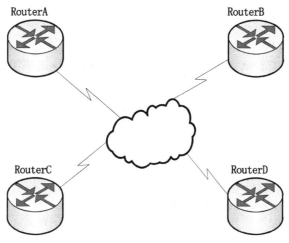

图 6-15　非广播多路访问网络

6.1.9　通配符掩码

通配符掩码是一个 32bit 的数字字符串，它被用点号分成 4 个 8 位组，每组包含 8 比特位。在通配符掩码位中，0 表示"检查相应的位"，1 表示"不检查相应的位"。通配符掩码与 IP 地址是成对出现的，通配符掩码与子网掩码工作原理是不同的。在 IP 子网掩码中，数字 1 和 0 用来决定是网络、子网，还是相应的主机的 IP 地址。如表示 192.168.1.0 这个网段，使用通配符掩码应为 0.0.0.255。

在通配符掩码中，可以用 255.255.255.255 表示所有 IP 地址，因为全为 1 说明所有 32 位都不检查相应的位，所以 4 个 255 的表示方法可以用一个 any 字符来取代。而 0.0.0.0 的通配符掩码则表示所有 32 位都要进行匹配，这样就只表示一个 IP 地址，因此可以用 host 字符来表示。所以在访问控制列表中，可以选择数字或者字符来表示相关的网络、子网或主机。

6.1.10　配置 OSPF

启用路由选择协议 OSPF，可使用如下命令：
Router(config)# **router ospf** *process-number*

其中 process-number 是路由器本地的进程号，可以在路由器上运行多个进程，但启用了过多的进程会占用大量的路由器资源，同一区域或自主系统中，不同路由器的进程号可以不同。

指定参与交换 OSPF 更新的网络以及这些网络所属的区域，可使用如下命令：
Router(config-router)# **network** *network-number wildcard-mask* **area** *area-number*

OSPF 用命令 network 中的通配符掩码对其中的地址进行过滤，将 IP 地址同过滤结果进行比较，以确定哪些接口将参与 OSPF 参数，area 用于指定接口所属的区域。

6.1.11　可选 OSPF 配置项

1．环回接口和路由器 ID

路由器要加入到 OSPF 域中，必须有一个自己的 ID 号，称为路由器号（RID）。在 OSPF 数据库中，RID 用于标识 LSA 更新的来源，它是一个 IP 地址。环回接口地址常被用来定义 RID，环回接口是一个虚拟接口，其优点是永远不会出现故障，因为它没有物理特性，只要路由器加电启动后该环回口就生效。路由器可能存在多个环回接口，在这种情况下，如果没有配置 RID，将选择最大的环回接口 IP 地址作为 RID，如果没有环回接口，就选择最大的其它接口的 IP 地址为 RID。

配置 RID 命令如下：
Router (config)# **router ospf**　*process-number*
Router (config-router)# **router-id** *ip-address*
配置环回接口命令如下：
Router (config)# **interface loopback** *interface-number*
Router (config-router)# **ip address** *ip-address subnet-mask*

2．修改默认度量值

默认成本是根据出站接口的带宽参数计算得到的，在 Cisco 路由器上，路径成本是使用公式 10^8/带宽计算得到的。手工覆盖路由器接口指定默认成本的命令如下：
Router (config-if)# **ip router ospf cost** *cost*
成本越低，接口被选作最佳路径的可能性越大，可将链路的成本配置为 1～65535。

3．指定 DR

Hello 分组中包含路由器的优先级，用于选举 DR 和 BDR.要参与选举，路由器的优先级必须是 1～255 之间的整数，如果优先级为 0，路由器将不能参与选举，优先级越高，赢得选举的可能性越大。如果没有配置，所有 Cisco 路由器默认优先级都是 1，在这种情况下，RID 最大的路由器将在选举中获胜。

配置优先级命令如下：

Router (config-if)# **ip ospf priority** *number*

需要注意的是，在已经选择好 DR/BDR 的链路上，如果此时想靠该条命令提高其他路由的优先级来使得其他路由器成为 DR/BDR，是不行的。因为，DR/BDR 不能被抢占。如果此时想手动改变 DR/BDR，那么先将要想成为 DR/BDR 的路由器优先级增高或者保持默认不变，再在 DR/BDR 用上述命令修改它们的优先级为 0，表示不参与 DR/BDR 的选举。此时链路会重新选择 DR/BDR，选举出后，最后给原先的 DR/BDR 一个优先级，此时它们已经不再是 DR/BDR 了。

6.1.12　OSPF 汇总（Summarzation）

OSPF 允许两种形式的汇总。一种汇总是用于汇总路由重分布 OSPF 到其他路由协议的自治系统间的汇总，该汇总在自治系统边界路由器 ASBR 上做。另一种汇总是用于汇总一个区域的情况，称为区域间汇总，该汇总在区域间的边界路由器 ABR 上做。在这两种情况中，汇总 LSA 被制造并被泛滥到 Area0 或者骨干区。骨干区再依次把这些链路状态泛滥到其他区域。在配置 OSPF 汇总的时候，使用下列方针：

● 使用连续的地址空间到每一个 OSPF 区域。它允许在 ABRs 上使用简单的汇总。汇总多个网络到一个单区域通告，减小了路由表条目，改善了 OSPF 全面的性能和可扩展性。

● 你不能汇总区域 0 或者骨干区。所以汇总被泛滥到区域 0，然后从区域 0 泛滥到其他区域。因此，区域 0 的路由不能被汇总。

汇总外部路由，或者重分配外部路由到 OSPF，在 ASBR 上用下列命令：

Router (config-router)# **summary-address** *network_address network_mask* [**tag** *tag_number*]

从其他 OSPF 区域汇总到 Area0，在 ABR 上使用下列路由命令：

Router (config-router)# **area** area_id range network_address network_mask

6.1.13　OSPF 的缺点

OSPF 的配置相对复杂。由于网络区域划分和网络属性的复杂性，需要网络分析员有较高的网络知识水平才能配置和管理 OSPF 网络。

OSPF 的路由负载均衡能力较弱。OSPF 虽然能根据接口的速率、连接可靠性等信息，自动生成接口路由优先级，但通往同一目的的不同优先级路由，OSPF 只选择优先级较高的转发，不同优先级的路由，不能实现负载分担。只有相同优先级的，才能达到负载均衡的目的，因此不像 EIGRP 那样可以做非等价负载均衡，只能实现等价的负载均衡。

6.1.14　OSPF 配置实例

在这一小节中，我们将以图 6-16 的网络环境为例，利用 OSPF 协议来配置各路由器，以实现各网络联通。

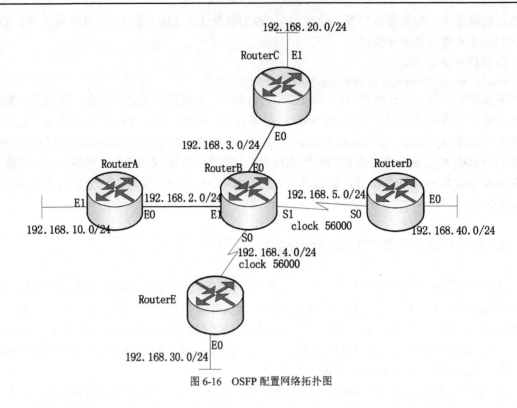

图 6-16　OSFP 配置网络拓扑图

1. 实验拓扑

OSFP 配置网络拓扑图如图 6-16 所示。

2. 实验配置

RouterB：
Router>enable
Router#configure terminal
Router (config)#hostname RouterB
RouterB(config)#
RouterB(config)# interface Serial0
RouterB (config-if)#ip address 192.168.4.1 255.255.255.0
RouterB(config-if)#clock rate 56000
RouterB (config-if)#no shutdown
RouterB (config)# interface Serial1
RouterB (config-if)#ip address 192.168.5.1 255.255.255.0
RouterB (config-if)#clock rate 56000
RouterB (config-if)#no shutdown
RouterB (config)# interface Ethernet0
RouterB (config-if)#ip address 192.168.2.1 255.255.255.0
RouterB (config-if)#no shutdown

RouterB (config)# interface Ethernet1

RouterB (config-if)#ip address 192.168.3.1 255.255.255.0

RouterB (config-if)#no shutdown

RouterB (config)#router ospf 10

RouterB (config-router)#network 192.168.2.0 0.0.0.255 area 0

RouterB (config-router)#network 192.168.3.0 0.0.0.255 area 0

RouterB (config-router)#network 192.168.4.0 0.0.0.255 area 0

RouterB (config-router)#network 192.168.5.0 0.0.0.255 area 0

RouterA：

Router>enable

Router#configure terminal

Router (config)#hostname RouterA

RouterA (config)#

RouterA (config)# interface Ethernet0

RouterA (config-if)#ip address 192.168.2.2 255.255.255.0

RouterA (config-if)#no shutdown

RouterA (config)# interface Ethernet1

RouterA (config-if)#ip address 192.168.10.1 255.255.255.0

RouterA (config-if)#no shutdown

RouterA (config)#router ospf 10

RouterA (config-router)#network 192.168.2.0 0.0.0.255 area 0

RouterA (config-router)#network 192.168.10.0 0.0.0.255 area 0

RouterC：

Router>enable

Router#configure terminal

Router (config)#hostname RouterC

RouterC (config)#

RouterC (config)# interface Ethernet0

RouterC (config-if)#ip address 192.168.3.2 255.255.255.0

RouterC (config-if)#no shutdown

RouterC (config)# interface Ethernet1

RouterC (config-if)#ip address 192.168.20.1 255.255.255.0

RouterC (config-if)#no shutdown

RouterC (config)#router ospf 10

RouterC (config-router)#network 192.168.3.0 0.0.0.255 area 0

RouterC (config-router)#network 192.168.20.0 0.0.0.255 area 0

RouterE：

Router>enable

Router#configure terminal

Router (config)#hostname RouterE

RouterE (config)#

RouterE (config)# interface Serial0

RouterE (config-if)#ip address 192.168.4.2 255.255.255.0

RouterE (config-if)#no shutdown

RouterE (config)# interface Ethernet0

RouterE (config-if)#ip address 192.168.30.1 255.255.255.0

RouterE (config-if)#no shutdown

RouterE (config)#router ospf 10

RouterE (config-router)#network 192.168.4.0 0.0.0.255 area 0

RouterE (config-router)#network 192.168.30.0 0.0.0.255 area 0

RouterD：

Router>enable

Router#configure terminal

Router (config)#hostname RouterD

RouterD (config)#

RouterD (config)# interface Serial0

RouterD (config-if)#ip address 192.168.5.2 255.255.255.0

RouterD (config-if)#no shutdown

RouterD (config)# interface Ethernet0

RouterD (config-if)#ip address 192.168.40.1 255.255.255.0

RouterD (config-if)#no shutdown

RouterD (config)#router ospf 10

RouterD (config-router)#network 192.168.5.0 0.0.0.255 area 0

RouterD (config-router)#network 192.168.40.0 0.0.0.255 area 0

6.1.15 检查 OSPF 配置

检查 OSPF 配置，如表 6-3 所示。

表 6-3 检查 OSPF 配置命令

命　令	描　述
show ip ospf	显示 OSPF 进程及其细节，如路由器重新计算了其路由选择表多少次
show ip ospf database	显示拓扑数据库的内容
show ip ospf interface	提供各个接口的 OSPF 配置信息，使用该命令很容易发现输入错误
show ip ospf neighbor	显示有关当前路由器同其邻居之间的关系信息，如通信状态。其中重要的一点是，所有的邻居是否都出现在邻居表中
show ip ospf protocols	用于查看路由器的 IP 路由选择协议配置
show ip route	显示有关路由器知道的网络的详细信息以及到这些网络的最佳路径，还提供路径中的下一逻辑跳

1. 命令 show ip ospf

该命令指出了路由选择协议 OSPF 在路由器上的运行情况，其输出中包括路由选择算法

SPF 运行了多少次，这是网络稳定性的风向标。该命令如下：

> Router# **show ip ospf** *process-id*

下列是该命令的输出：

RouterE#sh ip ospf
Routing Process "ospf 10" with ID 192.168.30.1
Supports only single TOS(TOSO) routes
SPF schedule delay 5 secs, Hold time between two SPFs 10 secs
Minimum LSA interval 5 secs. Minimum LSA arrival 1 secs
Number of external LSA 0. Checksum Sum 0x0
Number of DCbitless external LSA 0
Number of DoNotAge external LSA 0
Number of areas in this router is 1. 1 normal 0 stub 0 nssa
　Area BACKBONE(0)
　　Number of interfaces in this area is 2
　　Area has no authentication
　　SPF algorithm executed 4 times
　　Area ranges are
　　Number of DoNoAge LSA 0

2. 命令 show ip ospf database

该命令显示路由器拓扑数据库的内容，以及被加入到该数据库中的 LSA。该命令如下：

> Router# **show ip ospf database**

下列是该命令的输出：

RouterE #sh ip ospf database
　　OSPF Router with ID (192.168.30.1)　(Process ID 10)
　　Router Link States (Area 0)

Link ID	ADV Router	Age	Seq#	Checksum	Link	count
192.168.2.2	192.168.5.1	0	0x80000005	0x3443		
192.168.2.2	192.168.5.1	0	0x80000002	0x3479		
192.168.4.1	192.168.5.1	0	0x80000008	0x4357		
192.168.5.1	192.168.5.1	0	0x80000001	0x4619		
192.168.30.1	192.168.30.1	0	0x80000005	0x5722		
192.168.40.1	192.168.5.1	0	0x80000004	0x9900		

　　Net Link States (Area 0)

Link ID	ADV Router	Age	Seq#	Checksum	Link	count
192.168.3.2	192.168.4.1	0	0x80000005	0x3443		

3. 命令 show ip ospf interface

该命令显示接口的 OSPF 配置及运行情况，这种细节对诊断配置错误很有帮助。该命令如下：

> Router# **show ip ospf interface** [*type-number*]

下列是该命令的输出：

RouterE #sh ip ospf interface
Serial0 is ip, line protocol is up
　Internet Address 192.168.4.2/24　, Area 0
　Process ID 10, Router ID 192.168.30.1, Network Type DR, Cost: 64
　Transmit Delay is 1 sec, State DR, Priority 0
　Timer intervals configured, Hello 10, Dead 40, Wait 40, Retransmit 5

       Hello due in 00:00:02
     Neighbor Count is 1, Adjacent neighbor count is 1
     Adjacent With neighbor 192.168.4.1 (Backup Designated Router)
     Suppress hello for 0 neighbor (s)
   Ethernet0 is ip, line protocol is up
     Internet Address 192.168.30.1/24   , Area 0
     Process ID 10, Router ID 192.168.30.1, Network Type DR Cost: 100
     Transmit Delay is 1 sec, State DR, Priority 1
     Timer intervals configured, Hello 10, Dead 40, Wait 40, Retransmit 5
       Hello due in 00:00:02
     Neighbor Count is 0, Adjacent neighbor count is 0
     Suppress hello for 0 neighbor (s)

4．命令 show ip ospf neighbor

该命令显示 OSPF 邻居，该命令可用于显示路由器知道的所有邻居，某个接口相连的邻居或特定的邻居，这种细节对诊断配置错误很有帮助。该命令如下：

Router# **show ip ospf neighbor** [*type-number*] 　[*neighbor-id*] 　[**detail**]
下列是该命令的输出：

RouterE #sh ip ospf neighbor

Neighbor ID	Pri	State	Dead Time	Address	Interface
192.168.5.1	1	FULL/	00:03:54	192.168.4.1	Serial0

5．命令 show ip protocols

该命令显示路由器的 IP 路由选择协议配置，详细说明了协议的配置情况以及协议之间的交互情况，还指出了下一次更新在何时进行，这种细节对诊断配置错误很有帮助。该命令如下：

Router# **show ip protocols**
下列是该命令的输出：

RouterE #sh ip protocols
Routing Protocol is "ospf 10"
Sending updates every 90 seconds, next due in 10 seconds
Invalid after 30 seconds, hold down 0, flushed after 60
    Outgoing update filter list for all interfaces is
Incoming update filter list for all interfaces is
    Redistributing: ospf 10
    Routing for Networks:
    192.168.4.0 0.0.0.255   area 0
    192.168.30.0 0.0.0.255   area 0
Routing Information Sources:
    Gateway   Distance   Last Update
    192.168.4.2   110   00:00:03
    Distance: (default is 110)

6．命令 show ip route

该命令显示路由器的 IP 路由选择表，详细指出了路由器是如何获悉网络和发现路由的。该命令如下：

Router# **show ip route**

下列是该命令的输出：

RouterE #sh ip route

Codes: C - connected, S - static, I - IGRP, R - RIP, M - mobile, B - BGP

        D - EIGRP, EX - EIGRP external, O - OSPF, IA - OSPF inter area

        N1 - OSPF NSSA external type 1, N2 - OSPF NSSA external type 2

        E1 - OSPF external type 1, E2 - OSPF external type 2, E - EGP

        i -IS-IS, L1 - IS-IS level-1, L2 - IS-IS level-2, * - candidate default

        U - per-user static route, o -ODR

Gateway of last resort is not set

```
     192.168.4.0/24 is subnetted, 1 subnets
C        192.168.4.0 is directly connected, Searil0
     192.168.30.0/24 is subnetted, 1 subnets
C        192.168.30.0/24 is directly connected, Ethernet0
     192.168.2.0/24   is subnetted, 1 subnets
O        192.168.2.0 [110/164] via 192.168.5.1, 00:05:53, Ethernet0
     192.168.3.0/24   is subnetted, 1 subnets
O        192.168.3.0 [110/164] via 192.168.5.1, 00:05:53, Ethernet0
     192.168.5.0/24   is subnetted, 1 subnets
O        192.168.5.0 [110/64] via 192.168.5.1, 00:05:53, Ethernet0
     192.168.40.0/24   is subnetted, 1 subnets
O        192.168.40.0 [110/192] via 192.168.4.1, 00:05:53, Ethernet0
```

6.2　EIGRP 的配置

6.2.1　EIGRP 概述

EIGRP（Enhanced Interior Gateway Routing Protocol，增强型内部网关协议）是 Cisco 公司在 IGRP 上开发的距离矢量路由协议。EIGRP 是一个平衡混合型路由协议，既有传统的距离矢量协议的特点，又有传统的链路状态路由协议的特点。同时该协议又具有自己的独特性：支持非等成本路由上的负载均衡。EIGRP 采用差分更新算法（DUAL）在确保无路由环路的前提下，收敛迅速。因而适用于中大型网络。

EIGRP 的特点包括如下方面。

● 快速收敛：EIGRP 使用 Diffusing Update 算法（DUAL）来实现快速收敛。路由器使用拓扑表来存储到达目的地的所有路由，以便进行快速切换。如果没有合适的或备份路由在本地路由表中的话，路由器向它的邻居进行查询来选择一条备份路由。

● 减少带宽占用：EIGRP 不作周期性的更新，它只在路由的路径和度发生变化以后做部分更新。当路径信息改变以后，DUAL 只发送该条路由信息改变了的更新，而不是发送整个路由表，和更新传输到一个区域内的所有路由器上的链路状态路由协议 OSPF 相比，DUAL 只发送更新给需要该更新信息的路由器。

● 支持多种网络层协议：EIGRP 通过使用 protocol-dependent modules（PDMs），可以支持 ApplleTalk，IP 和 Novell Netware 等主动路由协议；

● 无缝连接数据链路层协议和拓扑结构：EIGRP 能够有效地工作在 LAN 和 WAN 中，

而且 EIGRP 保证网络不会产生环路（loop-free）；而且配置起来很简单；支持 VLSM；它使用多播和单播，不使用广播，这样做节约了带宽；它使用和 IGRP 一样的度的算法，但是是 32 位长的；它可以做非等价的路径的负载平衡。

运行了 EIGRP 的路由器维持下述 3 张表。

● 邻居表（neighbor table）：保存了和路由器建立邻居关系，直接相连的路由器的相关信息；

● 拓扑表（topology table）：包含组织内部所有已知的路由，而不仅仅是最佳路由（successor）和备份路由（feasible successor）。EIGRP 从拓扑表中选择最佳路由，并将其加入到路由选择表中；

● 路由表（routing table）：路由表是根据 DUAL 算法运行后的拓扑建立的。拓扑表是 EIGRP 的基石，所有路由都存储在这里，即使在 DUAL 算法运行后，最佳路径也存储在路由选择表中，路由选择进程使用路由选择表。

6.2.2　EIGRP 相关术语

EIGRP 相关术语如下。

● 邻居表：每台 EIGRP 路由器都维护着一个有相邻路由器的路由表。该表与 OSPF 所使用的邻居数据库是可比的；

● 拓扑表：EIGRP 路由器为所配置的几种网络协议都维护着一个拓扑结构表；

● 路由表：EIGRP 从拓扑结构表中选择到目的地的最佳路径，并将这些路由放到路由表中；

● 后继路由器（successor）：这是用来到达目的地的主要路由器；

● 可行后继路由器（Feasible Successor，FS）：一条到达目的地的备份路由。

EIGRP 采用下面的 5 种类型的数据包。

● HELLO：HELLO 数据包用于发现维护邻居关系；

● 更新：更新信息被发送来通告已被某台路由器认为达到收敛的路由；

● 查询：当路由器进行路由计算但没能发现可行的后继路由时，它就向其他邻居发送一个查询数据包，以询问它们是否有一个到目的地的可行后继路由；

● 答复：答复数据包是用于对查询数据包进行应答的；

● 确认（ACK）：确认是用来确认更新、查询和答复的。

6.2.3　EIGRP 邻接关系的建立

不同于 OSPF，即使两个路由器的 hello time 和 hold time 相互之间不匹配，它们仍然有可能成为邻居。hello 包含了 hold time 的信息并保持跟踪每个 EIGRP 邻居路由器的 hold time。如果 EIGRP 路由器在 hold time 超出之前没有收到 EIGRP 的 hello 包，路由器就会察觉拓扑的变化，于是路由器会删除邻居路由器的相关信息，包括从邻居那里认可的 topology table 条目。假如 FD 可用的话，EIGRP 进程将进行重新快速的收敛。所以我们可以得出，EIGRP 之所以能实现快速收敛，被称为"收敛之王"的重要原因是它有可行的后备路由。

EIGRP 不会基于次要地址（secondary address）建立邻居关系，因为 EIGRP 使用接口的主地址，次要地址不会发送 hello 包。

6.2.4　EIGRP 的可靠性

EIGRP 的可靠性技术（RTP）确保了到期相邻路由器的关键路由信息的传输。这些信息是 EIGRP 维护无环路拓扑结构所需要的。所有传递路由信息（更新、查询和答复）的数据都被可靠地发送。

可靠传输协议 RTP，负责 EIGRP 数据包到所有邻居有保证和按顺序的传输。它支持多目组播或单点传送数据包的混合传输。出于对效率的考虑，只有某些 EIGRP 数据包被保证可靠传输。

RTP 确保在相邻路由器间正在进行的通信能够被维持。因此，它为每个邻居维护了一张重传表。该表指示还没有被邻居确认的数据包。未确认的可靠数据包最多可以被重传 16 次或直到保持时间超时，以它们当中时间更长的那个为限。

EIGRP 使用 DUAL 来决定到达目的地的最佳路由（successor）。当最佳路由出问题的时候，EIGRP 不使用 holddown timer 而立即使用备份路由（feasible successor），这样就使得 EIGRP 可以进行快速收敛。这种算法实际上是将不确定的路由信息散播（向邻居发 query 报文），得到所有邻居的确认后（reply 报文）再收敛的过程，邻居在不确定该路由信息可靠性的情况下又会重复这种散播，因此某些情况下可能会出现该路由信息一直处于活动状态（这种路由被称为活动路由栈），并且，如果在活动路由的这次 DUAL 计算过程中，出现到该路由的后继（successor）的测量发生变化的情况，就会进入多重计算，这些都会影响 DUAL 算法的收敛速度。

EIGRP 使用 DUAL（扩散更新算法）来进行路由计算，维护网络数据库。DUAL 算法选择一条到目的地最短路径，并在某些情况下存储一条备用路径。使得汇合加速，在需要时才重新计算路由。

AD（通告距离）是邻居通告的度量值。FD（可行距离）是指当前路由器通告的度量值。当 AD 小于当前路由器 FD 的时候，则下一跳路由处于下游，不存在环路，这种情况称为 FC（可行条件）。满足 FC 的邻居将成为 FS（可行后继站），这是 DUAL 用来防止环路的重要机制。

EIGRP 邻居发送路由更新，告诉路由器路由度量已经改变或发生了拓扑改变。这时路由器需要寻找更好的路由。路由器从 FS（可行后继站）中寻找最好的度量。如果没有 FS，则路由器立即选择新后继站。满足其 AD 小于 successor 的 FA 的路由器就可以成为 FS。

假设在图 6-17 所示的网络中，路由器 G 出现了故障。DUAL 查找替代路径的过程如下所述。

（1）路由器在保持时间内没有收到路由器 RouterB 的 Hello 分组。发现路由器 RouterB 不可达。

（2）路由器 RouterD 查看其拓扑表，看其中有没有 FS。

（3）路由器 RouterD 在拓扑表找到一条经由路由器 RouterC 到路由器 RouterA 的替代路由。路由器 RouterC 的 AD 为 5，比原来的路由 RouterD 的 FD（15）小。因此，路由器不用将状态切换到主动状态。

（4）如果路由器 RouterD 没有 FS，则将原来的路由器置于主动状态，并向其他路由器查询替代路径。

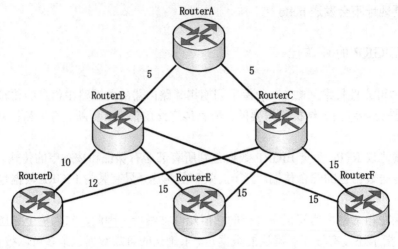

图 6-17 DUAL 算法的网络拓扑

（5）邻居查看其拓扑表，如果找到替代路由，则做出应答，并通告替代路由。

（6）DUAL 更新路由选择表。

（7）路由器重新设置成为被动状态，路由器进行正常转发，并维护 EIGRP 表。

图 6-18 所示为路由器寻找某个目的地的替代路由的过程。

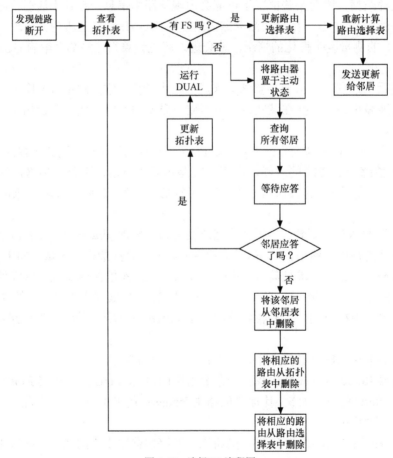

图 6-18　选择 FS 流程图

6.2.5　EIGPR 路由表的建立

首先说明一下 EIGRP 的 AS（自治系统）。当 EIGRP 路由器彼此交换路由之前，它们必须是邻居。而除去相互收到 Hello 或 ACk，以及相同的度量值外，同样还需要路由器属于同一个 AS。EIGRP 协议支持在一个路由器上配置多个 EIGRP 的 AS，并且分别运作，互不干涉。同一个 AS 下的路由器表示在这个 AS 中它们自成一体，互相发布路由更新。属于不同自治系统（AS）的 EIGRP 路由器，不会自动地共享路由信息，并且它们也不会成为邻居关系。

EIGRP 选择一条主路由（最佳路由）和一条备份路由放在 topology table（EIGRP 到目的地支持最多 6 条链路）。它支持几种路由类型：内部、外部（非 EIGRP）和汇总路由。EIGRP 使用混合度量值。

EIGRP 度量值是 IGRP 度量值乘以 256。该度量值的计算可以使用下面 5 个变量。

- 带宽：源和目的地间最小带宽；
- 延时：路径上的累积接口延时；
- 可靠性：根据 keepalive 信息的源与目的地间的最差可靠性；
- 负载：在源和目的地之间链路上的最重负载；
- 最大传输单元（MTU）：路径中最小 MTU。

EIGRP 计算度量值的公式，K 是常量，公式如下：

metric=[K1*bandwidth+(K2*bandwidth)/(256－load)+K3*delay]*[K5/(reliability+K4)]

默认：K1=1,K2=0,K3=1,K4=0,K5=0

这样就得到默认的度的简化计算公式，如下：

$$metric=bandwidth+delay$$

注意：不推荐修改 K 值。K 值通过 EIGRP 的 hello 包运载。如果两个路由器的 K 值不匹配的话，它们是不会形成邻居关系的。

来看一个 EIGRP 度的计算的例子，如图 6-19 所示。

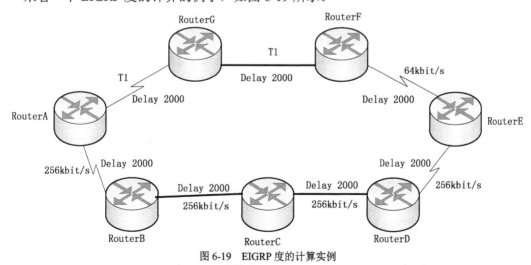

图 6-19　EIGRP 度的计算实例

注意图上各个路由器之间的链路带宽，先看看 RouterA 经过 RouterG，RouterF 到达 RouterE 之间的度的计算，RouterA 和 RouterG 之间、RouterG 和 RouterF 之间为 T1 线路，

RouterF 和 RouterE 之间带宽为 64kbit/s，计算如下：

$$带宽=10\ 000\ 000/64×256=40\ 000\ 000$$

$$累积延迟=(2\ 000+2\ 000+2\ 000)×256=1\ 536\ 000$$

$$度量值=带宽+累积延迟=41\ 536\ 000$$

为了决定到达目的地的最佳路由（successor）和备份路由（feasible successor），EIGRP 使用 DUAL 算法来解决这个问题，DUAL 算法使用下面 2 个参数。

- AD（advertised distance）：邻居通告的距离；
- FD（feasible distance）：最佳路径的度量值。

EIGRP 根据 FC（可行条件）来判断到远程网络的路径是否可行。仅当邻居的 AD 小于 FD 时，该邻居才能成为 FS，这是 DUAL 用来防止环路的重要机制。如果路由中包含环路，其 AD 将大于 FD，也就不满足 FC。通过保存邻居的路由选择表，降低了网络开销和计算量。丧失到远程网络的路径后，路由器只需发送很少的数据流，进行少量的计算，就能找到替代路径。这就使得网络的会聚速度非常快。

6.2.6 EIGRP 路由汇总

理解 EIGRP 路由汇总和知道如何有效地使用 EIGRP 路由汇总，对于设计一个大型的 EIGRP 网络来说是十分重要的。虽然 EIGRP 中能运行的路由器数量十分大，但是当路由器数量上百的时候，更多的注意力应该放在控制路由传播和查询范围上。

EIGRP 汇总是提供给两个大型的 EIGRP 网络的。首先，EIGRP 汇总减小了路由表中的路由条目。它减小了 EIGRP 广播的数量和大小。其次，它限制了 EIGRP 的查询范围。

实际上路由汇总的目的是为了减少路由表的条目，减少 update 包和边界查询。

1. EIGRP 自动汇总

在默认情况下，EIGRP 在下面两种环境下执行自动汇总。

- 自动汇总会出现在重分配 EIGRP 到其他有类路由协议（比如 IGRP 和 RIP）的边界上。这种类型的自动汇总是不能被关闭的。
- 自动汇总会出现在路由从接口通告出去的边界上。这种汇总是能够被关闭掉的。在配置模式下使用命令 no auto-summary 关闭这种类型的自动汇总。

2. 人工汇总

EIGRP 人工汇总应用在大型的 EIGRP 网络中。它限制了 EIGRP 的查询并减小了路由表的体积。它的特点如下：

- 可以基于接口的配置汇总；
- 当在接口做了人工汇总以后，路由器将自动为每一条汇总路由创建一条指向 null0 口的路由，这样做是为了防止路由循环；
- 当汇总之前的路由 down 掉以后，汇总路由将自动从路由表里被删除；
- 汇总路由的度取决于特定路由中度最小的来作为自己的度。

有下述两种基本的方式去配置人工汇总。

- 用下面的命令通告一个汇总地址或者聚合地址：

ip summary-address eigrp *as_number summary_address address_mask*

● 用下面的命令通告一个默认路由：

ip summary-address eigrp *as_number 0.0.0.0 0.0.0.0*

这个命令导致了只有默认路由被通告，所有其他路由更新被禁止。

例：在图 6-20 的路由器 oa 上，配置 serial 0 的 EIGRP 路由汇总和 serial 0/1 的默认路由。

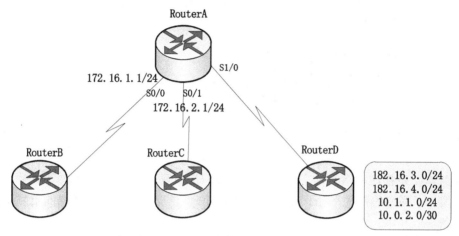

图 6-20　EIGRP 的路由汇总实例图

RouterA (config)#int serial 0/0
RouterA (config-if)#ip address 172.16.1.1 255.255.255.0
RouterA (config-if)#ip summary-address eigrp 2006 182.0.0.0 255.0.0.0
RouterA (config-if)#ip summary-address eigrp 2006 10.0.0.0 255.0.0.0
RouterA (config-if)#no shut

RouterA (config)#int serial 0/1
RouterA (config-if)#ip address 172.16.2.1 255.255.255.0
RouterA (config-if)#ip summary-address eigrp 2006 0.0.0.0 0.0.0.0
RouterA (config-if)#no shut

汇总输出：

RouterB#**sh ip route**
Codes: C - connected, S - static, I - IGRP, R - RIP, M - mobile, B - BGP
　　　　D - EIGRP, EX - EIGRP external, O - OSPF, IA - OSPF inter area
　　　　N1 - OSPF NSSA external type 1, N2 - OSPF NSSA external type 2
　　　　E1 - OSPF external type 1, E2 - OSPF external type 2, E - EGP
　　　　i -IS-IS, L1 - IS-IS level-1, L2 - IS-IS level-2, * - candidate default
　　　　U - per-user static route, o -ODR

Gateway of last resort is not set

　　　　172.16.0.0/24 is subnetted, 3 subnets
C　　　　172.16.1.0 is directly connected, Serial0/0
D　　　　172.16.2.0 [90/2717456] via 172.16.1.1, 00:34:11, Searil0/0
D　　　　172.16.3.0 [90/2117456] via 172.16.1.1, 00:34:11, Searil0/0
D　　　　182.0.0.0/8 [90/2835456] via 172.16.1.1, 00:34:11, Searil0/0
D　　　　10.0.0.0/8 [90/2313984] via 172.16.1.1, 00:34:11, Searil0/0

RouterC #**sh ip route**

```
Codes: C - connected, S - static, I - IGRP, R - RIP, M - mobile, B - BGP
        D - EIGRP, EX - EIGRP external, O - OSPF, IA - OSPF inter area
        N1 - OSPF NSSA external type 1, N2 - OSPF NSSA external type 2
        E1 - OSPF external type 1, E2 - OSPF external type 2, E - EGP
        i -IS-IS, L1 - IS-IS level-1, L2 - IS-IS level-2, * - candidate default
        U - per-user static route, o -ODR

Gateway of last resort is not set

        172.16.0.0/24 is subnetted, 3 subnets
C           172.16.2.0 is directly connected, Serial0/0
D           172.16.1.0 [90/409600] via 172.16.2.1, 00:34:11, Searil0/0
D*          0.0.0.0/0 [90/2185984] via 172.16.2.1, 00:34:11, Searil0/0
```

6.2.7　EIGRP 负载均衡

负载均衡是指在网络的多个出口上分发数据流量到目的地。负载均衡增加了网段的使用，也增加了网络的带宽。对于 IP，Cisco 的 IOS 默认支持 4 条等价链路的负载均衡，最大支持 6 条。

EIGRP 支持不等价链路的负载均衡，不等价链路的负载均衡可以根据这些能到目的地址的路径不同 metric 值来分配与之相应的流量，从而实现合理的流量分配达到充分的利用。使用 variance 命令，跟上一个乘数，默认是 1（即代表等价的链路的均衡负载），值的范围是 1~128。这个乘数代表了可以接受的不等代价链路的度的倍数，在这个积值内的链路都将被接受，作为负载均衡。来看一个例子，如图 6-21 所示。

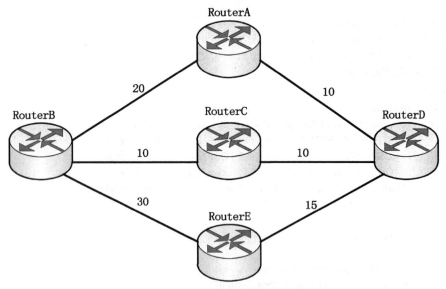

图 6-21　EIGRP 的负载均衡

如图 6-21 所示，使用了 variance 2，即乘数是 2，路由器 RouterD 选择经过 RouterC 来到达网络 RouterB，因为 FD 是 20。FD 从上到下分别是 30、20 和 45。因为乘数是 2，RouterD 还将选择经过 RouterA 到达网络 Z，因为 RouterA 的 FD 是 30，小于 2 倍 RouterC 的 FD 即

40；而 SA 的 FD 是 45，大于 2 倍 RouterC 的 FD，所以 RouterD 将不会经过 RouterE 到达网络 RouterB（关系是必须小于，不能等于或大于）。

6.2.8　EIGRP 的配置

EIGRP 的配置步骤如下所述。
（1）要启用 EIGRP 路由选择进程，可执行如下命令：
Router(config)# **router eigrp** *autonomous-system*
（2）指定需要通告的网络，在 EIGRP 中，命令 network 的作用与 RIP 和 IGRP 中类似。
Router(config-router)# **network** *network-number*
（3）配置 EIGRP 最大路径数和跳计数：
Router(config-router)#maximum-paths ?
　　<1-6> Number of paths
Router(config-router)#metric maximum-hops ?
　　<1-255> Hop count
下面将以图 6-22 中的网络环境为例，说明配置 EIGRP 协议的详细过程。

6.2.9　EIGRP 的缺点

EIGRP 没有区域（AREA）的概念，所以 EIGRP 适用于网络规模相对较小的网络，这也是距离矢量路由算法的局限。

运行 EIGRP 的路由器之间必须通过定时发送 HELLO 报文来维持邻居关系，这种邻居关系即使在拨号网络上，也需要定时发送 HELLO 报文，这样在按需拨号的网络上，无法定位这是有用的业务报文，还是 EIGRP 发送的定时探询报文，从而可能误触发按需拨号网络发起连接。所以一般运行 EIGRP 的路由器，在拨号备份端口还需配置 Dialer list 和 Dialer group，以便过滤不必要的报文，或者运行 TRIP，这样做增加路由器运行的开销。

EIGRP 的无环路计算和收敛速度是基于分布式的 DUAL 算法的，这种算法实际上是将不确定的路由信息（active route）散播（向邻居发 query 报文），得到所有邻居的确认后（reply 报文）再收敛的过程，邻居在不确定该路由信息可靠性的情况下，又会重复这种散播，因此某些情况下可能会出现该路由信息一直处于 active 状态（这种路由被称为 stuck in active route），并且，如果在 active route 的这次 DUAL 计算过程中，发生到该路由的后继（successor）的 metric 发生变化的情况，就会进入多重计算，这些都会影响 DUAL 算法的收敛速度。

EIGRP 是 Cisco 公司的私有协议。因此一般而言，我们只能够在 Cisco 公司的产品上看到 EIGRP 协议的使用，对这个协议的更新和改良，也只有 Cisco 公司来进行，不具备广泛的应用性。

6.2.10　EIGRP 配置实例

1. 实验拓扑

EIGRP 的配置示意图如图 6-22 所示。

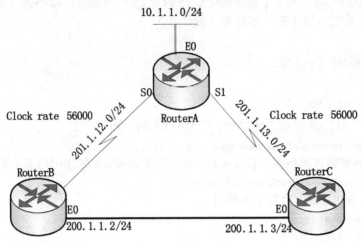

图 6-22　EIGRP 配置示例图

2．实验配置

RouterA：

router>enable

router#configure terminal

router (config)#hostname RouterA

RouterA (config)#interface ethernet 0

RouterA (config-if)# ip address 10.1.1.1 255.255.255.0

RouterA (config-if)#no shutdown

RouterA (config)#interface serial 0

RouterA (config-if)# ip address 201.1.12.1 255.255.255.252

RouterA (config-if)#clock rate 56000

RouterA (config-if)#no shutdown

RouterA (config)#interface serial 1

RouterA (config-if)# ip address 201.1.13.1 255.255.255.252

RouterA (config-if)#clock rate 56000

RouterA (config-if)#no shutdown

RouterA (config)#router eigrp 100

RouterA (config-router)#network 10.1.1.0 0.0.0.255

RouterA (config-router)#network 201.1.12.0 0.0.0.3

RouterA (config-router)#network 201.1.13.0 0.0.0.3

RouterB：

router>enable

router#configure terminal

router (config)#hostname RouterB

RouterB (config)#interface ethernet 0

RouterB (config-if)#ip address 200.1.1.2 255.255.255.0

RouterB (config-if)#no shutdown

RouterB (config-if)#ip address 201.1.12.2 255.255.255.252

RouterB (config-if)#no shutdown

RouterB (config)#router eigrp 100

RouterB (config-router)#network 200.1.1.0 0.0.0.255

RouterB (config-router)#network 201.1.12.0 0.0.0.3

RouterC：

router>enable

router#configure terminal

router (config)#hostname RouterC

RouterC (config)#interface ethernet 0

RouterC (config-if)#ip address 200.1.1.3 255.255.255.0

RouterC (config-if)#no shutdown

RouterC (config)#interface serial 0

RouterC (config-if)#ip address 201.1.13.2 255.255.255.252

RouterC (config-if)#no shutdown

RouterC (config)#router eigrp 100

RouterC (config-router)#network 200.1.1.0 0.0.0.255

RouterC (config-router)#network 201.1.13.0.0.0.0.3

6.2.11　检查 EIGRP 配置

检查 EIGRP 配置命令如表 6-4 所示。

表 6-4 **检查 EIGRP 配置命令**

命　　令	描　　述
show ip eigrp neighbors	提供有关邻居的详细信息，包括接口和地址
show ip eifrp topology	提供有关拓扑表中路由的详细信息，包括已知的网络，到这些网络的最佳路径，下一跳等，拓扑表还记录了路由器发送给邻居的 EIGRP 分组
show ip eigrp topology all-links	显示拓扑表中的所有路由和替代路径。拓扑表还记录了路由器发送给邻居的 EIGRP 分组
show ip eigrp traffic	提供了 EIGRP 进程发送和接收的总流量

1. 命令 show ip eigrp neighbors

该命令提供有关邻居的详细信息，显示拓扑表。其命令如下：

Router# **show ip eigrp neighbors**　[*type-number*]

下列是该命令的输出：

RouterA#sh ip eigrp neighbors

IP-EIGRP neighbors for process 100

H	Address	Interface	Hold (sec)	Uptime	SRTT (ms)	RTO	Q Cnt	Seq Num

| 1 | 201.1.13.2 | Se1 | 12 | 00:10:30 | 20 | 200 | 0 | 6 |
| 0 | 201.1.12.2 | Se1 | 12 | 00:10:50 | 20 | 200 | 0 | 6 |

2. 命令 show ip route

该命令显示有关路由器知道的网络的详细信息以及到这些网络的最佳路径，还提供路径中的下一逻辑跳，其命令如下：

Router# **show ip route**
下列是该命令的输出：

RouterC#sh ip route
Codes: C – connected, S – static, I – IGRP, R – RIP, M – mobile, B – BGP
        D – EIGRP, EX – EIGRP external, O – OSPF, IA – OSPF inter area
        N1 – OSPF NSSA external type 1, N2 – OSPF NSSA external type 2
        E1 – OSPF external type 1, E2 – OSPF external type 2, E – EGP
        i –IS-IS, L1 – IS-IS level-1, L2 – IS-IS level-2, * - candidate default
        U – per-user static route, o –ODR

Gateway of last resort is not set

C   200.1.1.0/24 is directly connected, Ethernet0
      200.1.1.13/30 is subnetted, 1 subnets
C   200.1.1.13/30 is directly connected, Searil0
      200.1.1.12/30 is subnetted, 1 subnets
D   200.1.1.12 [90/1817600] via 200.1.1.2, 00:00:46, Ethernet0
      10.0.0.0/24   is subnetted, 1 subnets
D   10.1.1.0 [90/192000] via 200.1.13.1, 00:00:46, Searil0

3. 命令 show ip protocols

该命令显示路由器的 IP 路由选择协议配置，其命令如下：

Router# **show ip protocols**
下列是该命令的输出：

RouterC #sh ip protocols
Routing Protocol is "eigrp100"
Outgoing update filter list for all interfaces is
Incoming update filter list for all interfaces is
Default networks flagged in outgoing updates
Default networks accepter from incoming updates
EIGRP metric weight K1=1, K2=0, K3=3, K4=0, K5=0
EIGRP maximum hopcount 100
EIGRPmaximum metric variance 1
    Redistributing: eigrp 100
    Routing for Networks:
        10.1.1.0/24
        201.1.12.0/30
        201.1.13.0/30
Routing Information Sources:
    Gateway   Distance   Last Update
    (this router)   90   00:42:44
    201.1.12.2   90   00:35:29
    201.1.13.2   90   00:35:27
    Distance: internal 90 external 170

本 章 小 结

　　本章对高级路由协议进行了详细的介绍。首先介绍了 OSPF 路由协议的相关概念；然后介绍了 OSPF 路由协议的配置方法以及查看方法；同时也介绍了 EIGRP 路由协议的相关概念；最后介绍了 EIGRP 路由协议的配置方法以及查看方法。

　　本章的目的是使读者了解如何配置高级路由协议。从第 7 章开始将讲述访问控制列表。

习　　题

选择题

1. 路由器的 OSPF 优先级为 0 意味着什么？（　　　）
   A. 该路由器可参与 DR 选举，其优先级最高
   B. 该路由器执行其他操作前转发 OSPF 分组
   C. 该路由器不能参加 DR 选举，它不能成为 DR，也不能成为 BDR
   D. 该路由器不能参与 DR 选举，但可以成为 BDR

2. 当 OSPF 认为一个网络不可达的时候，此时 OSPF 允许的最大跳数是多少？（　　　）
   A. 15 　　　　　B. 16 　　　　　C. 99
   D. 255 　　　　　E. Unlimited

3. 当在一台具有物理接口和逻辑接口的路由器上配置 OSPF 时，下面哪个因素决定路由器 ID?（　　　）
   A. 所有接口中最低的 IP 地址　　　　B. 所有接口中最高的 IP 地址
   C. 所有逻辑接口中最高的 IP 地址　　D. 所有逻辑接口中中等的 IP 地址
   E. 所有物理接口中最低的 IP 地址　　F. 所有物理接口中最高的 IP 地址
   G. 所有逻辑接口中最低的 IP 地址

4. 在 DR/BDR 选举的时候，OSPF 路由器 ID 的作用是？（　　　）
   A. 它和 OSPF 优先级一起使用，在点到点网络中决定哪台路由器成为 DR 或者 BDR
   B. 它和 OSPF 优先级一起使用，用来决定哪个接口与其他路由器形成邻居关系
   C. 它和 OSPF 优先级一起使用，在多路访问网络中决定哪台路由器成为 DR 或者 BDR
   D. 它用来决定哪个端口发送 Hello 包到邻接路由器

5. 在点到点网络中，OSPF 的 hello 包发送到哪个地址？（　　　）
   A. 127.0.0.1　　　B. 192.168.0.5　　　C. 223.0.0.1　　　　D. 172.16.0.1
   E. 224.0.0.5　　　F. 254.255.255.255.255

6. OSPF 发送什么类型的包来和邻居保持连接？（　　　）
routers?
   A. SPF packets　　　　　　　　B. hello packets
   C. keepalive packets　　　　　　D. dead interval packets
   E. LSU packets

7．当启用 EIGRP 路由的时候，哪一些参数必须被指定？（　　　）

A．The broadcast address, and AS number

B．The network number and AS number

C．EIGRP routing, network number and passive interface

D．EIGRP routing, network number, and AS

8．在一台路由器上配置负载均衡，流量需要通过 4 条不等开销的路径。哪种路由协议能满足这些需求？（　　　）

A．RIP v1　　　　B．RIP v2　　　　C．EIGRP

D．OSPF　　　　E．IS-IS

9．EIGRP 要建立邻居关系，必须满足下列哪些条件？（　　　）

A．必须启用身份验证

B．两台路由器用来计算度量值的常量 K 必须相同

C．AS 号必须相同

D．Hold-Down 定时器的值必须相同

10．下面哪些情况会导致重新计算拓扑表？（　　　）

A．收到 LSP　　　　　　　　B．收到 SRT 分组

C．有新的路由器加入　　　　D．发现链路出现故障

第7章 访问控制列表

知识点：

- 了解 ACL 的基本原理
- 学会配置号码式的访问列表
- 学会配置命名的访问列表
- 使用 ACL 控制 VTY（Telnet）访问

本章将学习使用访问列表管理流量，正确地使用和配置访问列表，是路由器配置中至关重要的一部分。访问列表对网络的正常运行和提高网络功效起很大的作用，提供了强大的控制网络流量的能力。

7.1 什么是 ACL

访问控制列表（Access list, ACL）是应用到路由器或交换机接口的指令列表，这些指令列表用来告诉路由器哪些数据包可以接收，哪些数据包需要拒绝。至于数据包是被接收还是被拒绝，可以由类似于源地址（基于 IP 地址或者 MAC 地址）、目的地址、端口号、时间等特定指示条件来决定。

ACL 通过在访问控制列表中对目的地进行归类来管理通信流量，处理特定的数据包。归类处理将激活每个特定接口的 ACL，从而通过该接口的所有通信流量都要按照 ACL 所指定的条件接受检测。

ACL 适用于所有的路由协议，如 IP，IPX 等。这些协议的数据包经过路由器时，都可以利用 ACL 来过滤。可以在路由器上配置 ACL，来控制对某一网络或子网的访问。

ACL 通过在路由器接口处控制路由数据包是被转发还是被阻塞，来过滤网络通信流量。路由器根据 ACL 中指定的条件，来检测通过路由器的每个数据包，从而决定是转发还是丢弃该数据包。ACL 中的条件，既可以是数据包的源地址，也可以是目的地址，还可以是上层协议或其他因素。

ACL 的定义是基于每一种协议的。换言之，如果想控制某种协议的通信数据流，那么必须要对该接口处的这种协议定义单独的 ACL。通过灵活地增加访问控制列表，ACL 可以当作一种网络控制的有力工具，来过滤流入、流出路由器接口的数据包。

设置 ACL 的一些规则如下所述。

- 按顺序的比较，先比较第一行，再比较第二行，直到最后一行。
- 从第一行起，直到找到 1 个符合条件的行；符合以后，其余的行就不再继续比较下去。
- 默认在每个 ACL 中最后一行为隐含的拒绝（deny），如果之前没找到一条许可（permit）

语句，意味着包将被丢弃。所以每个 ACL 必须至少要有一行 permit 语句，除非用户想把所有数据包丢弃。

访问控制列表一般用号码区别访问列表类型。两种主要的访问列表如下。

● 标准访问列表（standard access lists）：只对源 IP 地址来做过滤决定。

● 扩展访问列表（extended access lists）：它比较源 IP 地址和目标 IP 地址，层 3 的协议字段、层 4 端口号来做过滤决定。

另外，还可以分为号码式的 ACL 与命名的 ACL。命名的 ACL 是一种相对较新的 ACL 配置方式，可以自行设置一个名字来表示不同的 ACL。号码式的 ACL 是根据不同的编号来表示不同的 ACL。

基于 IP 标准访问控制列表的编号为 1～99，1300～1999。

基于 IP 扩展访问控制列表的编号为 100～199，2000～2699。

利用 ACL 来过滤，必须把 ACL 应用到需要过滤的那个 router 的接口上，否则 ACL 是不会起到过滤作用的。而且用户还要定义过滤的方向，比如是想过滤从 Internet 到用户企业网的数据包呢？还是想过滤从企业网传出到 Internet 的数据包呢？有下面两种方向。

● inbound ACL：先处理，再路由，在进站口处设置。

● outbound ACL：先路由，再处理，在出站口处设置。

一些设置 ACL 的要点：

● 每个接口，每个方向，每种协议，只能设置 1 个 ACL。

● 组织好用户的 ACL 的顺序，比如测试性的，最好放在 ACL 的最顶部。

● 不可能从 ACL 中除去 1 行，除去 1 行意味将除去整个 ACL，命名访问列表（named access lists）例外。

● 默认 ACL 结尾语句是 deny any，所以要记住的是，在 ACL 里至少要有一条 permit 语句。

● 记得创建了 ACL 后要把它应用在需要过滤的接口上。

● ACL 是用于过滤经过 router 的数据包，它并不会过滤 router 本身所产生的数据包。

● 尽可能地把 IP 标准 ACL 放置在离目标地址近的地方；尽可能地把 IP 扩展 ACL 放置在离源地址近的地方。

介绍 ACL 设置之前，先介绍通配符掩码（wildcard masking），通配符掩码是用来指明匹配的程度的。它是由 0 和 255 的 4 个 8 位位组组成的（X.X.X.X）。0 代表必须精确匹配，255 代表随意，比如：172.16.30.0 0.0.0.255，这是告诉 router 前 3 位的 8 位位组必须精确匹配，后 1 位 8 位位组的值可以为任意值。如果用户想指定 172.16.8.0 到 172.16.15.0，则通配符掩码为 0.0.7.255（15-8=7）。

配置 IP 标准 ACL，在特权模式下执行命令：

access-lists [ACL 号] [permit/deny] [any/host]

参数 ACL 号为 1～99 和 1300～1999；permit/deny 分别为允许和拒绝；any 为任何主机，host 为具体某个主机（需要跟上 IP 地址）或某一网段。

7.2　号码式 ACL

号码式 ACL 分为标准访问列表和扩展访问列表两种，二者的区别在于，前者是基于目标地址的数据包过滤，而后者是基于目标地址、源地址和网络协议及其端口的数据包过滤。

7.2.1　标准号码式 ACL

当管理员想要阻止来自某一网络的所有通信流量时，或允许来自某一特定网络的所有通信流量时，或想要拒绝某一协议簇的所有通信流量时，可以使用标准访问控制列表实现这一目标。标准 ACL 检查数据包的源地址，根据规则允许或拒绝源子网或主机 IP 地址的某一协议簇通过路由器出口。

可以使用标准版本的全局配置命令 access-list 来定义一个标准的访问控制列表（ACL），并给它分配一个数字表号。Access-list 在全局配置命令模式下运行，其详细语法如下：

CUIT(config)# **access-list** access-list-number{**deny** | **permit**}source [source-wildcard] [**log**]

另外，可以通过执行 access-list 命令前加 no 的形式，来移去一个已经建立的标准 ACL，使用该命令后，与该 ACL 关联的所有条目都将被删去。使用的语法格式如下：

CUIT(config)# **no access-list** access-list-number

Access-list 命令中参数的用法和含义如表 7-1 所示。

表 7-1　　　　　　　　　　　　**Access-list 命令中参数的用法和含义**

参　　数	参　数　说　明
access-list-number	访问控制列表表号，用来指出入口属于哪一个访问控制列表（对于标准 ACL 来说，是从 1 到 99 的一个数字）
deny	如果满足测试条件，则拒绝从该入口来的通信流量
permit	如果满足测试条件，则允许从该入口来的通信流量
source	数据包的源地址，可以是主机 IP 地址，也可以是网络地址
source-wildcard	（可选）用来跟源地址一起决定哪些位需要匹配操作
参数	参数说明
log	（可选）生成相应的日志信息，用来记录经过的 ACL 入口的数据包的有关情况

下面是一个设置 IP 标准号码式 ACL 的实例。

例：你是一个公司的网络管理员，公司的经理部、财务部门和销售部门分属 3 个不同的网段，三部门之间用路由器进行信息传递，为了安全起见，公司领导要求销售部门不能对财务部门进行访问，但经理部可以对财务部门进行访问。标准 ACL 示例网络图如图 7-1 所示。

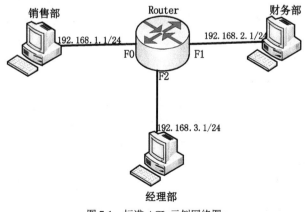

图 7-1　标准 ACL 示例网络图

1．配置标准号码式 IP 访问控制列表

Router (config)#access-list 1 deny 192.168.1.0 0.0.0.255　！ 拒绝来自 192.168.1.0 网段的流量通过。
Router (config)#access-list 1 permit 192.168.3.0 0.0.0.255　！ 允许来自 192.168.3.0 网段的流量通过。

验证测试：

show access-lists 1
Router #sh access-lists 1
Standard IP access list 1
deny 192.168.1.0, wildcard bits 0.0.0.255
permit 192.168.3.0, wildcard bits 0.0.0.

2．将访问控制列表在接口下应用

Router (config)# interface fastEthernet 1
Router (config-if)#ip access-group 1 out！ 在接口下访问控制列表出栈流量调用验证测试：
show ip access-lists 1

ping（192.168.1.0 网段的主机不能 ping 通 192.168.2.0 网段的主机；192.168.3.0 网段的主机能 ping 通 192.168.2.0 网段的主机）

【注意事项】

（1）注意在访问控制列表的网络掩码是反掩码；

（2）标准控制列表要应用在尽量靠近目的地址的接口；

（3）注意基于 IP 标准号码式访问控制列表的编号是从 1～99 或者 1300～1999。

7.2.2　控制 VTY（Telnet）访问

VTY 就是虚拟类型终端（Virtual typle terminal），用户远程登录到路由器用的就是 VTY，而阻止非授权用户远程登录到一个大型路由器是非常困难的，因为路由器上的活动端口是允许 VTY 访问的，这是为了满足其他授权合法用户的访问需求。可以尝试创建一个扩展的 IP 访问列表来限制不合法用户远程登录到路由器的 IP 地址上。但是如果你那样做了，就不得不将访问列表应用到每个接口的输入方向上，因为这种远程登录的数据可能从设备的每一个接口进来。更好的选择是使用标准的 IP 访问列表控制访问 VTY 线路，并在远程登录链路下启用该 ACL。

为什么要这样做？因为当你将访问列表应用到 VTY 线路上时，不需要指定 Telnet 协议，既然访问 VTY 就隐含了是 telnet 终端访问的意思。也不需要指定目的地址，只需控制用户从哪里来，也就是控制它们的源 IP 地址。这样设置的意思是，所允许的 telnet 到该设备的源地址是哪些，其他的都隐含默认拒绝。

要执行此功能，按照下列步骤实现。

（1）创建一个标准 IP 访问列表，只允许那些你希望的主机能够远程登录到路由器。

（2）使用 access-class 命令将此访问列表应用到 VTY 线路。

这是一个只允许主机 172.16.10.3 远程登录到该路由器的例子：

CUIT (config)#access-list 10 permit172.16.10.3
CUIT (config)#line vty 0 4
CUIT (config-line)#access-class 10 in

因为在列表的最后隐含 deny any 命令，所以访问列表阻止除了主机 172.16.10.3 以外的任

何主机远程登录到路由器，不管使用路由器上的哪一个 IP 地址作为目标地址。

7.2.3 扩展号码式 ACL

扩展 ACL 比标准 ACL 提供了更广阔的控制范围，能实现更加精确的流量控制，因而更受网络管理员的偏爱。例如，要是用户只想允许外来的 Web 通信流量通过，同时又要拒绝外来的 FTP 和 telnet 等通信流量时，就可以使用扩展 ACL 来达到目的。扩展 ACL 使用的数字表号在 100 到 199 之间。

扩展 ACL 既检查数据包的源地址，也检查数据包的目的地址。此外，还可以检查数据包的特定协议类型、端口号等。这种扩展后的特性给了网络管理员更大的灵活性，可以灵活多变地设计 ACL 的测试条件。数据包是否被允许通过出口，既可以基于它的源地址，也可以基于它的目的地址。

基于这些扩展 ACL 的测试条件，数据包要么被允许，要么被拒绝。对入站接口来说，意味着被允许的数据包将继续被处理；对出站接口来说，意味着被允许的数据包将直接发送到下一站。不管是入站接口还是出站接口，只要被检查的数据包匹配任一条 deny 规则，就简单地丢弃该数据包。路由器的这种 ACL，实际上提供了一种防火墙控制功能，用来决定什么样的数据包能够通过路由器的接口被转发。一旦数据包被丢弃，某些协议将返回一个数据包到发送端，以表明目的地址是不可达的。

扩展 ACL 的测试条件既可以检查数据包的源地址，也可以检查数据包的目的地址。此外，在每个扩展 ACL 条件判断语句的后面，还通过一个特定参数字段来指定一可选的 TCP 或 UDP 的端口号。

扩展 ACL 中，命令 access-list 的完全语法格式如下：

CUIT(config)# **access-list** access-list-number{**permit|deny**}protocol source source-wildcard destination destination-wildcard [operator operand] [established]

下面是该命令有关参数的详细说明，如表 7-2 所示。

表 7-2 扩展 ACL 参数说明

参　数	参　数　说　明
access-list-number	访问控制列表表号。使用一个 100 到 199 之间的数字，来标识一个访问控制列表
permit | deny	用来表示在满足测试条件的情况下，该入口是允许还是拒绝后面指定特定地址的通信流量
protocol	用来指定协议类型
Source And destination	源和目的，分别用来标识源地址和目的地址
source-wildcard and destination-wildcard	通配符掩码
operator operand	lt，gt，eq，neq（小于，大于，等于，不等于）一个端口号
established	如果数据包使用一个已建连接（例如，具有 ACK 位组），便可允许 TCP 信息量通过

下面是一个设置 IP 扩展号码式 ACL 的实例。

例：你是学校的网络管理员，学校规定每年新入学的学生所在的网段不能通过学校的 FTP 服务器上网，学校规定新生所在网段是 172.16.10.0/24，学校服务器所在网段是 172.16.20.0/24。扩展 ACL 示例网络图如图 7-2 所示。

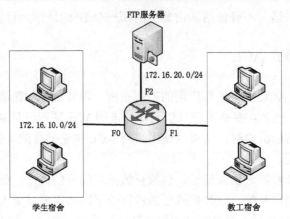

图7-2 扩展 ACL 示例网络图

1. 在路由器上配置扩展号码式 IP 访问控制列表

CUIT (config)# access-list 101 deny tcp 172.16.10.0 0.0.0.255 172.16.20.0 0.0.0.255 eq ftp

！禁止规定网段对服务器进行 www，ftp 访问。此处也可将配置字符 ftp 换成该协议对应的应用层端口号 21。

CUIT (config)# access-list 101 permit ip any any ！ 允许其他流量通过

验证测试：

CUIT #show access-lists 101

Extended IP access list 101

    deny tcp 172.16.10.0 0.0.0.255 172.16.20.0 0.0.0.255 eq ftp

    permit ip any any

2. 将访问控制列表在接口下应用

CUIT (config)#interface fastEthernet 0

CUIT (config-if)#ip access-group 101 in ！ 访问控制列表在接口下 in 方向应用

CUIT (config-if)#end

验证测试

show ip interface f 0

FastEthernet0 is up, line protocol is up

Internet address is 172.16.10.1/24

Broadcast address is 255.255.255.255

Address determined by setup command

MTU is 1500 bytes

Helper address is not set

Directed broadcast forwarding is disabled

Outgoing access list is not set

Inbound access list is 101

【注意事项】

（1）访问控制列表要在接口下应用。

（2）要注意 deny 某个网段后要 peimit 其他网段。因为默认隐含 deny any 语句，必须在后面有这样一条命令：access-list access-list-number permit ip any any。

7.3 命名式 ACL

命名 ACL 允许在标准 ACL 和扩展 ACL 中，使用一个字母数字组合的字符串（名字）代替前面所使用的数字（1 到 199）来表示 ACL 表号。命名 ACL 是一种较新的配置方式，可以被用来从某一特定的 ACL 中删除个别的控制条目，这样可以让网络管理员方便地修改 ACL。命名式 ACL 也分为标准命名式与扩展命名式两种。

7.3.1 标准命名式 ACL

标准命名 ACL 的命令，语法格式如下：
CUIT (config)# ip access-list   standard   *name*
在 ACL 配置模式下，通过指定一个或多个允许及拒绝条件，来决定一个数据包是允许通过还是遭到丢弃。
CUIT (config-std- nacl) # **permit** {source [source-wildcard] | any}
或
CUIT (config-std- nacl) # **deny** {source [source-wildcard] | any}
下面是一个设置 IP 标准命名 ACL 的实例，如图 7-3 所示。
你是学校的网络管理员，在路由器上连着学校的提供学习资料的服务器，另外还连接着学生宿舍楼和教工宿舍楼，学校规定学生只能访问学习资料存放的服务器，学生宿舍楼不能访问教工宿舍楼。

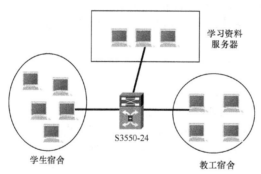

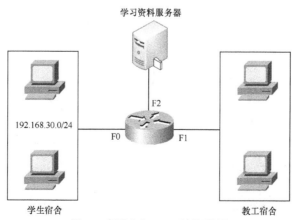

图 7-3　标准命名 ACL 示例网络图

1. 配置标准命名 IP 访问控制列表

CUIT (config)#ip access-list standard denystudent	! 定义命名访问控制列表
CUIT (config-std-nacl)#deny 192.168.30.0 0.0.0.255	! 定义列表匹配的条件
CUIT (config-std-nacl)#permit any	! 允许其他流量通过验证命令

```
CUIT #sh ip access-lists denystudent
Standard IP access list: denystudent
    deny 192.168.30.0 0.0.0.255
    permit any
```

2. 将把访问控制列表在接口下应用

CUIT (config)#int fastEthernet 1	
CUIT (config-if)#ip access-group denystudent out	! 在接口出方向应用

【注意事项】

（1）访问控制列表要在接口下应用；

（2）要注意拒绝（deny）某个网段的访问后，在访问控制列表后面的语句中一定要有允许（peimit）其他网段可以访问的指令，因为访问控制列表的最后默认隐含了一条拒绝所有的语句（deny all），如果没有添加 permit 语句的话，则表示所有的网络访问都被禁止，这样的访问控制列表就没有实际意义了。

7.3.2　扩展命名式 ACL

给 ACL 命名的命令，语法格式如下：

CUIT (config)# ip access-list {standard | extended } *name*

在 ACL 配置模式下，通过指定一个或多个允许及拒绝条件，来决定一个数据包是允许通过还是遭到丢弃。

CUIT (config- ext- nacl)# **permit** {source [source-wildcard] | any}

或

CUIT ((config- ext- nacl)# **deny** {source [source-wildcard] | any}

下面是一个设置扩展命名式 ACL 的实例。

例：你是学校的网络管理员，在路由器上连着学校的提供 WWW 和 FTP 的服务器，另外还连接着学生宿舍楼和教工宿舍楼，学校规定学生只能对服务器进行 FTP 访问，不能进行 WWW 访问，教工则没有此限制。扩展命名 ACL 示例网络图如图 7-4 所示。

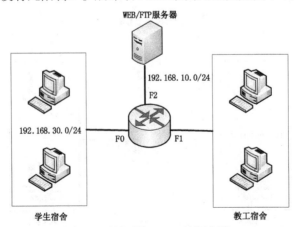

图 7-4　扩展命名 ACL 示例网络图

1. 配置扩展命名 IP 访问控制列表

CUIT (config)#ip access-list extended denystudentwww　! 定义命名扩展访问列表
CUIT (config-ext-nacl)# deny tcp 192.168.30.0 0.0.0.255　　　192.168.10.0 0.0.0.255 eq www
!　禁止 WWW 服务
CUIT (config-ext-nacl)# permit ip any　　any　! 允许其他服务

2. 验证命令

CUIT #sh ip access-lists denystudentwww
Extended IP access list: denystudentwww
deny tcp 192.168.30.0 0.0.0.255　　　192.168.10.0 0.0.0.255 eq www
permit ip any　　any

3. 把访问控制列表在接口下应用

CUIT (config)#int fastEthernet 0
CUIT (config-if)#ip access-group denystudentwww in

【注意事项】

（1）访问控制列表要在接口下应用；

（2）要注意 deny 某个网段后要 peimit 其他网段。

7.4　验证 ACL

这里介绍一些验证 ACL 的命令，如下所述。

● show access-list：显示 router 上配置了的所有的 ACL 信息，但是不显示哪个接口应用了哪个 ACL 的信息。

● show access-list [number]：显示具体第几号 ACL 信息，也不显示哪个接口应用了这个 ACL。

● show ip access-list：只显示 IP 访问列表信息。

● show ip interface：显示所有接口的信息和配置的 ACL 信息。

● show ip interface [接口号]：显示具体某个接口的信息和配置的 ACL 信息。

● show running-config：显示 DRAM 信息和 ACL 信息，以及接口对 ACL 的应用信息。

本 章 小 结

本章介绍了什么是访问列表以及如何将访问列表应用到路由器来增强网络的安全性，学习了如何配置扩展的访问列表过滤 IP 流量，以及将号码式的 ACL 与命名式 ACL 就用到路由器的方法。除了本章介绍的基于 IP 的 ACL，还有基于 MAC，基于时间等多种 ACL，它们的结合使用能使网络的控制变得更加方便和合理。第 8 章将开始讲述网络地址的转换。

习　题

选择题

1．哪个是标准的 IP 访问列表？（　　）

A．access-list 110 permit host 1.1.1.1

B．access-list 1 deny 172.16.10.1 0.0.0.0

C．access-list 1 permit 172.16.10.1255.255.0.0

D．access-list standard 1.1.1.1

2．扩展 IP 访问列表根据什么来过滤流量？（　　）

A．源 IP 地址

B．目标 IP 地址

C．网络层协议字段

D．传输层报头中的端口字段

E．以上所有选项

3．为了指定 B 类网段 172.16.0.0 中的所有主机，应该用什么反掩码？（　　）

A．255.255.0.0　　B．255.255.255.0　　C．0.0.255.255　　D．0.0.0.255

4．以下哪个访问列表只允许万维网流量进入网段 196.15.7.0？（　　）

A．access-list 101 permist tcp any 196.15.7.0 0.0.255 eq www

B．access-list 10 deny tcp any 196.15.7.0 eq www

C．access-list 101 permit 196.15.7.0 0.0.0.255

D．access-list 110 permit www 196.15.7.0 0.0.0.255

5．通过哪个命令可以查到应用了访问列表的接口？（　　）

A．show ip port

B．show access-list

C．show ip interface

D．show access-list interface

6．通过以下哪个命令可以查看到访问列表的内容？（　　）

A．Router#show interface

B．Router>show access-list

C．Router#show access-list

D．Router>show all access-list

7．要禁止远程登录到网络 192.168.10.0,可以使用以下哪个命令？（　　）

A．access-list 101 deny tcp 192.168.10.0 255.255.255.0 eq telnet

B．access-list 101 deny tcp 192.168.10.0 255.255.255.1 eq telnet

C．access-list 101 deny tcp any 192.168.10.0 0.0.0.255 eq 23

D．access-list 101 dyny 192.168.10.0 0.0.0.255 any eq 23

8．哪个命令可以显示 110 号访问列表？（　　）

A．show ip interface

　　B．show ip access-list

　　C．show access-list 110

　　D．show access-list 110 extended

9．在商品接口下应用访问列表的正确命令是什么？（　　　）

　　A．ip access-list 110 out

　　B．access-list ip 110 in

　　C．ip access-group 110 in

　　D．access-group ip 110 in

10．已经创建了一个名为 student 的命名访问列表，要在流量进入 S0 的端口上应用什么命令？（　　　）

　　A．(config)#ip access-group 110 in

　　B．(config-ip)#ip access-group 110 in

　　C．(config-ip)#ip access-group student in

　　D．(config-ip)#student ip access-list in

实　　验

实验一

1．实验环境说明

（1）将路由器 R1 的 Fa0/0 接口的 ip 设为：192.168.0.1/24；将 S1/2 接口的 ip 设为：192.168.1.1/24；

（2）将路由器 R2 的 Fa0/0 接口的 ip 设为：192.168.2.2/24；将 S1/2 接口的 ip 设为：192.168.1.2/24；

（3）将路由器 R3 的 Fa0/0 接口的 ip 设为：192.168.0.3/24；关闭其路由功能，模拟 PC 使用。

2．实验结果要求

（1）在 R2 上做访问控制列表，使 R3 不能 telnet 到 R2；

（2）在 R1 上做访问控制列表，使 R1 不能 ping 通 R2。

3．实验拓扑图

本实验拓扑图如图 7-5 所示。

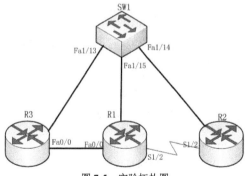

图 7-5　实验拓扑图

4．路由器 ACL 实验详细过程讲解

（1）R1 配置清单

① 为 R1 的 Fa0/0 接口配置 IP，并设为全双工模式：

```
R1(config)#int fa0/0
R1(config-if)#speed 100
R1(config-if)#duplex full
```

R1(config-if)#ip add 192.168.0.1 255.255.255.0
R1(config-if)#no shut
R1(config-if)#exit
② 为 R1 的 S1/2 接口配置 IP：
R1(config)#int s1/2
R1(config-if)#ip add 192.168.1.1 255.255.255.0
R1(config-if)#no shut
R1(config-if)#exit
（2）R2 的配置清单
① 为 R2 的 Fa0/0 接口配置 IP，并设为全双工模式：
R2(config)#int fa0/0
R2(config-if)#speed 100
R2(config-if)#duplex full
R2(config-if)#ip add 192.168.2.2 255.255.255.0
R2(config-if)#no shut
R2(config-if)#exit
② 为 R2 的 S1/2 接口配置 IP：
R2(config)#int s1/2
R2(config-if)#ip add 192.168.1.2 255.255.255.0
R2(config-if)#no shut
R2(config-if)#exit
③ 在 R2 上增加一条静态路由以实现和 R3 通信：
R2(config)#ip route 192.168.0.0 255.255.255.0 192.168.1.1
④ 在 R2 上设置用户密码和线路密码，为下一步的 telnet 服务：
R2(config)#enable password 123456
R2(config)#line vty 0 4
R2(config-line)#password 123456
（3）R3 的配置清单
R3(config)#no ip routing //关闭路由功能，模拟 PC
R3(config)#int fa0/0
R3(config-if)#speed 100
R3(config-if)#duplex full
R3(config-if)#ip add 192.168.0.3 255.255.255.0
R3(config-if)#no shut
R3(config-if)#exit
（4）SW1 的配置清单
分别将 fa1/13、fa1/14、fa1/15 接口设为全双工模式：
SW1(config)#int fa1/13
SW1(config-if)#speed 100
SW1(config-if)#duplex full
SW1(config-if)#exit
SW1(config)#int fa1/14
SW1(config-if)#speed 100
SW1(config-if)#duplex full
SW1(config-if)#exit
SW1(config)#int fa1/15
SW1(config-if)#speed 100
SW1(config-if)#duplex full
SW1(config-if)#exit

（5）测试结果

所有的基本配置完成后，测试从 R3tenlnet 到 R2，结果如下：

R3#telnet 192.168.1.2
Trying 192.168.1.2 ... Open
User Access Verification
Password:
R2>en
Password:
R2#exit
[Connection to 192.168.1.2 closed by foreign host]

上面的结果说明配置是正确的，现在就来在 R2 上配置访问控制列表，以实现"R3 不能 telnet 到 R2"的实验要求。因为拓扑中只用一台路由器模拟 PC，所以访问控制列表就设置为：拒绝 R3 这个源地址而允许其他主机可以访问 R2。

（6）实验结果要求 1 的实现内容

① 在 R2 上配置访问控制列表，拒绝 R3 这个源地址的访问：

R2(config)#access-list 50 deny host 192.168.0.3
R2(config)#access-list 50 permit any

② 将访问控制列表应用到 VTY 虚拟终端线路上：

R2(config)#line vty 0 4
R2(config-line)#access-class 50 in
R2(config-line)#exit

③ 配置完访问控制列表后，验证一下：

R3#telnet 192.168.1.2
Trying 192.168.1.2 ...
% Connection refused by remote host

从上面的结果中可以看到，R3 根本找不到 R2 这台主机，说明 R3 的访问被 R2 拒绝了，下面来看看在 R2 上的访问控制列表中是否有拒绝 R3 访问的匹配数据：

R2#show access-lists
Standard IP access list 50
10 deny 192.168.0.3 (1 match)
20 permit any

看到了吧，来自 R3（192.168.0.3）的访问被拒绝了！如果把 R3 的 IP 改为 192.168.0.4，它就可以 telnet 到 R2，这就印证了访问控制列表中的第二条语句：permit any。

（7）实验结果要求 2 的实现内容

我们都知道，访问控制列表只能过滤流经路由器的流量，而对路由器自身发出的数据包不起作用。而 ping 命令就是路由器自身所发出的数据包，所以我们就要改变思路，既然无法过滤发出的数据包，就来拒绝返回的数据包，这样也就实现了 R1 不能 ping 通 R2 的要求，因为涉及对协议的检查，所以要使用扩展访问控制列表。

① 在 R1 上配置访问控制列表：

R1(config)#access-list 105 deny icmp host 192.168.1.2 host 192.168.1.1 echo-reply
R1(config)#access-list 105 permit ip any any

② 将访问控制列表应用到 R1 的 S1/2 接口：

R1(config)#int s1/2
R1(config-if)#ip access-group 105 in

③ 下面验证一下，先从 R1 上 ping R2，结果如下：

R1#ping 192.168.1.2

Type escape sequence to abort.

Sending 5, 100-byte ICMP Echos to 192.168.1.2, timeout is 2 seconds:

.....

Success rate is 0 percent (0/5)

上面的结果显示，R1 是 ping 不通 R2 的，现在再来看看 R1 上的访问控制列表是否有拒绝的匹配数据：

R1#show access-list

Extended IP access list 105

10 deny icmp host 192.168.1.2 host 192.168.1.1 echo-reply (15 matches)

20 permit ip any any

好了，实验完成！

实验二

局域网内部容易因冲击波等网络病毒对网络造成冲击，假设你是一名公司网络管理员，请在相关网络设备上进行策略限制，对病毒进行过滤。

参考：冲击波常用端口为 135 138 139 4444 69。

防止冲击波配置 ACL：

```
(config)#ip access-list extended company
        deny tcp any any eq 135
        deny tcp any any eq 138
        deny tcp any any eq 139
        deny tcp any any eq 4444
        deny udp any any eq 69
(config)#interface s 0
(config-if)#ip access-group company in
```

第 8 章　网络地址转换（NAT）

知识点：
- 理解 NAT 和 PAT 的基本原理
- 学会配置静态和动态的 NAT 及 PAT

本章将讨论网络地址转换（Network Address Translation，NAT）和端口地址转换（Port Address Translation，PAT），了解怎样将一个地址转换为另一个地址，从而实现对 IP 地址空间的扩展，缓解地址短缺的问题。

8.1　NAT

NAT 又叫网络地址转换，它的请求注解文档编号为 RFC1631。它的主要作用是实现局部地址和全局地址的转换，起到节约 IP 地址的作用。作为一种减轻 IPv4 地址空间耗尽速度的方法，在有很多主机而 IP 地址不够用的环境中，它是一个很好的解决方案。

8.1.1　术语

NAT 的几个相关概念如下。

Inside Local IP address：指定于内部网络的主机地址，全局唯一，但为私有地址。

Inside Global IP address：代表一个或更多内部 IP 到外部世界的合法 IP。

Outside Global IP address：外部网络主机的合法 IP。

Outside Local IP address：外部网络的主机地址，看起来是内部网络的私有地址。

Simple Translation Entry：影射 IP 到另一个地址的 Entry。

Extended Translation Entry：影射 IP 地址和端口到另一个 pair 的 Entry。

8.1.2　NAT 工作原理

Internet 成长的速度非常快，IP 地址的稀缺限制了用户到 Internet 的连接。因为 IP 地址具有唯一性特点，任何连接到 Internet 的计算机都必须有唯一的 IP 地址，现在有效的 IP 地址资源几乎完全耗尽，必须借用其他一些技术，如地址翻译技术、DHCP 等帮助计算机连接到 Internet 上。

地址翻译功能作为 Internet 和本地网络的中间人，使本地网络访问 Internet 成为可能。另外，地址翻译还增强了网络的安全性和管理性，虽然这种安全上的增强不是它设计的初衷。

打个比方，NAT（地址翻译）就像一个大公司的电话接线员，公司在内部使用了不同于市话号码的分机号码。假如你给一个客户打了电话，并且商定客户一会儿给你回电话；这时，你会通知接线员你在等某个客户的电话，如果该客户打电话来，请接线员把该电话转给你。当客户打电话给你时，他拨的号码是公司对外的统一市话号码，并且他不知道你的分机号码，他的电话会先被接线员接到，接线员接到电话后，知道是你正在等这个客户的电话，于是将电话转给你。NAT 所做的工作正像这个接线员所做的。

NAT 的工作可以在很多设备上实现，像防火墙，路由器或者计算机等，不过在大部分的三层交换机上是不具有该功能的。这些设备应该是本地网络和 Internet 网络的边界。NAT 也有几种工作方式如下所述。

静态 NAT，将一个私网地址和一个公共 IP 地址做一对一映射，如果内网的机器需要被外网访问，这种方式非常有用，但是不能起到节省 IP 地址数量的作用。

动态 NAT，将一个私网地址和一个公共地址池中的某个 IP 地址做映射，在映射关系建立后，也是一对一的地址映射，但所使用的公网 IP 地址不确定，相比较静态 NAT，管理员不需要手动去绑定，但此方式同样不能起到节省 IP 地址数量的作用。

overloading，是一种特殊的动态 NAT，将多个私网 IP 地址映射到一个公网 IP 地址的不同端口号下，通常也称之为"PAT（Port Address Translation）"，可以起到节省 IP 地址数量的作用。这是目前使用最广泛的方式。

overlapping，这种情况比较复杂，指内网所使用的 IP 地址与公网(Internet)上的地址有重合。这时，路由器必须维护一个表：在数据包流向公网时，它能够将内网中的 IP 地址翻译成一个公网地址；在数据包流向内网时，把公网中的 IP 地址翻译成与内网不重复的地址。

通常所说的内网是局域网，或 LAN，一般是一个孤立的域。因为是孤立的，所以 IP 地址只需要在这个域里保持唯一性，或者说当这个孤立域的设备需要访问外网或 Internet 时，才需要使用 NAT 技术将孤立域的 IP 地址翻译成能在公网上使用的，具有唯一性的地址。

在 NAT 中，有下面几个概念需要知道。

对于本地的私用地址，称为"inside local address"。这个地址在访问公网时需要被翻译成公网上的 IP 地址，称为"inside global address"。这两种地址涵盖了大部分 NAT 中的应用；如果外网地址和内网地址有重和，需要对外网地址进行翻译，这就引出了另外两个概念："outside local address"，是公网上机器在内网上所显示的 IP 地址；"outside global address"，是公网上机器真正的 IP 地址。

图 8-1 是一个 NAT 转换示例图。

图 8-1　NAT 转换示例图

现在看看 NAT 是如何工作的。

当孤立的 LAN 中的机器需要相互访问时，通常它们只需要使用 inside local address，不需要地址翻译。

当 LAN 中的机器需要访问外部的网络时，数据包首先会被送到该机器所在的网关，这个网关除了要路由数据包，还有地址翻译的任务。当网关收到包并确定可以路由后，会检查该包是否符合 NAT 的标准，然后会给 inside local address 找一个 inside global address。

于是，数据包的源地址被翻译成 inside global address，并被送到目的地。

当公网上的机器要送一个包给内网机器时，数据包的目的地址是 inside global address，当数据包到达内网的网关时，网关同样要做地址翻译，将 inside global address 翻译成 inside local address，然后将数据包送给在内网的目的机器。

8.1.3 NAT 支持的传输类型

1. NAT 所支持的流量类型

- 没有在应用程序数据流内部包含源和目的 IP 地址的 TCP 流量；
- 没有在应用程序数据流内部包含源和目的 IP 地址的 UDP 流量；
- 超文本传输协议（Hypertext Transfer Protocol，HTTP）；
- 简单文件传输协议（Trivial File Transfer Protocol，TFTP）；
- 文件传输协议（File Transfer Protocol，FTP）；
- 搜索（Archie），用来提供匿名 FTP 搜索列表；
- Finger；
- 网络时间协议（Network Time Protocol，NTP）；
- 网络文件系统（Network File System，NFS）；
- 许多的 UNIX 实用工具（rlogin，rsh，rcp）；
- Internet 控制报文协议（Inernet Control Message Protocol，ICMP）；
- NetBIOS over TCP；
- Progressive Nerwork 的 RealAudio；
- White Pines 的 StreamWorks；
- DNS A 和 PTP 查询；
- H.323
- NetMeeting；
- VDOLive；
- Vxtreme；
- IP 组播（只转换源地址）；
- 带端口地址转化（PAT）的 PPTP 支持；
- 客户协议（Skinny Client Protocol），从 IPPhone 到 Cisco CallManager。

2. NAT 不支持的流量类型

- 路由协议；
- DNS 区域传送（zone transfers）；
- BOOTP/DHCP；
- Talk；
- Ntalk；
- 简单网络管理协议（SNMP）；
- Netshow。

8.1.4 NAT 的优点与缺点

使用 NAT 的优点如下所述。

● 网络中的主机被分配了私有地址后，无需再更改主机地址，当这个网络获得其申请的公用地址后，只需在路由器上配置 NAT，便可以使网络内的主机仍用私有地址经过 NAT 转换成后获得的公用地址后，访问公网资源。

● NAT 可以节省已注册的公用地址，提高利用率。

● NAT 可以"隐藏"主机地址，在很多情况下会带来很多好处。所有内部的 IP 地址对外面的人来说是隐蔽的。因为这个原因，网络之外没有人可以通过指定 IP 地址的方式直接对网络内的任何一台特定的计算机发起攻击。

使用 NAT 的缺点如下所述。

● NAT 增加了延迟（latency）。

● NAT 隐藏了端到端的 IP 地址，丢失了点到点 IP 的跟踪过程，不能够支持一些特定的应用程序。如在使用 FTP 下载或者上传文件时，由于 FTP 是通过 TCP 21 端口建立连接，使用 20 端口传输数据，所以，若不采取措施是无法实现 FTP 功能的。

● 需要更多的内存来储存一个 NAT 表，需要更多的 CPU 来进行处理 NAT 的过程。

● NAT 增大了网络的复杂程度，违背了网路设计的初衷——网络地址唯一性的理论。

8.2 NAT 的操作

本小节将讨论如何进行 NAT 的配置，包括静态 NAT（Static NAT），动态 NAT（Dynamic NAT），过载与 PAT 的具体配置，此外还介绍怎样验证 NAT。

每个设置了 NAT 进程的路由器接口都必须被指定为内部接口或外部接口,但不能同时被指定为这两种接口。在一个路由器上，必须有一个接口被配置为内部接口，也必须至少有一个接口配置为外部接口，路由器就根据设置知道怎样在接口上处理入站和出站的流量了。

8.2.1 静态 NAT

静态地址转换将内部本地地址与内部全局地址进行一对一的转换，如果有多个全局地址,且需要指定和哪个全局地址进行转换。如果内部网络有 E-mail 服务器或 FTP 服务器等可以为外部用户提供的服务，这些服务器的 IP 地址必须采用静态地址转换，以便外部用户可以使用这些服务。

8.2.2 配置静态的 NAT

静态 NAT 为简单和最容易实现的一种，其基本配置步骤如下所述。

（1）在内部本地地址与内部合法地址之间建立静态地址转换。在全局设置状态下输入：
CUIT（config）**#ip nat inside source static** 内部本地 ip + 内部全局 ip

（2）指定连接网络的内部接口，在端口设置状态下输入：

CUIT（config-if）**#ip nat inside**

（3）指定连接外部网络的外部端口，在端口设置状态下输入：

CUIT(config-if)**#ip nat outside**

（4）查看：

show run

show ip nat translation

（5）删除：

no ip nat inside source static 内部本地 ip + 内部全局 ip

注：可以根据实际需要定义多个内部接口及多个外部接口。

例：

CUIT(config)#int f0/0

CUIT (config-if)#ip address 10.65.1.1 255.255.0.0

CUIT (config-if)#ip nat inside

CUIT (config-if)#int s0/0

CUIT (config-if)#ip address 60.1.1.1 255.255.0.0

CUIT (config-if)ip nat outside

CUIT (config-if)clock rate 64000

CUIT (config-if)#exit

CUIT (config)#ip nat inside source static 10.65.1.2 60.1.1.1

CUIT (config)#ip route 0.0.0.0 0.0.0.0 s0/0

CUIT #show ip nat translation

8.2.3 动态 NAT

动态地址转换也是将本地地址与内部全局地址一对一地转换，但是动态地址转换是从内部全局地址池中动态地选择一个未被使用的地址对内部本地地址进行映射转换。

8.2.4 配置动态 NAT

动态地址转换基本配置步骤如下所述。

（1）创建 ACL：指定内部本地 IP 地址范围：

CUIT(config)**#access-list** *acl* 号 **permit** *内部 ip + 反掩码*

（2）创建内部全局 ip 地址池：

CUIT(config)**#ip nat pool** *池名 + 内全 ip 开头 + 内全 ip 结尾（范围）* **netmask** + *反掩码*

（3）映射 ACL 到地址池：

CUIT(config)**# ip nat inside source list** *acl* 号 + **pool** *池名*

（4）指定内/外接口：与静态 NAT 相同：

CUIT(config-if)**#ip nat inside**

CUIT(config-if)**#ip nat outside**

（5）清除动态表项：

clear ip nat translation *

例：你是公司的高级网络管理员，公司申请了 50 个公网 IP 地址为整个销售部门提供上网服务，销售部门的网段是 192.168.1.0/24。合法地址不够每人分配一个，但是销售部门平时有三分之一的人在外跑业务，在公司内部的也不会一直需要网络服务，根据此情况，请解决公司全局地址不够——映射的情况。动态 NAT 示例网络图如图 8-2 所示。

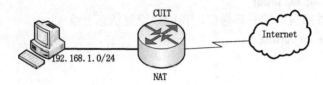

图 8-2　动态 NAT 示例网络图

配置动态内部源地址转换，输入如下指令：

CUIT(config)#ip nat pool net200200.168.12.2200.168.12.50 netmask 255.255.255.0
　　　　　　　　　! 定义转换地址池
CUIT (config)#access-list 1 permit 192.168.12.0 0.0.0.255
　　　　　　　　　! 定义可以转换地址的网段
CUIT (config)#ip nat inside source list 1 pool net200
　　　　　　　　　! 定义内部本地地址池调用转换地址池地址
CUIT (config)#interface s0
CUIT (config-if)#ip nat outside　　! 定义外部接口
CUIT (config-if)#exi
CUIT (config)#int f0
CUIT (config-if)#ip nat inside　　! 定义内部接口
CUIT (config-if)#end

验证测试：

CUIT #sh ip nat translations

显示结果：

Pro Inside global	Inside local	Outside local	Outside global
--- 200.168.12.2	192.168.12.2	---	---

【注意事项】

（1）不要把 inside 和 outside 应用的接口弄错；

（2）要加上能使数据包向外转发的路由，比如默认路由；

（3）尽量不要用广域网接口地址作为映射的全局地址。

【参考配置】

```
sh run
Current configuration:
!
version 6.14(2)
!
hostname " CUIT "
!
ip subnet-zero
!
interface FastEthernet0
ip address 192.168.12.1 255.255.255.0
ip nat inside
!
interface FastEthernet1
no ip address
  shutdown
!
interface FastEthernet2
```

```
no ip address
  shutdown
!
interface FastEthernet3
no ip address
  shutdown
!
interface Serial0
ip address 200.168.12.1 255.255.255.0
ip nat outside
clock rate 64000
!
interface Serial1
no ip address
  shutdown
!
ip nat pool net200 200.168.12.2 200.168.12.50 netmask 255.255.255.0
ip nat inside source list 1 pool net200
ip classless
ip route 0.0.0.0 0.0.0.0 Serial0
access-list 1 permit 192.168.12.0 0.0.0.255
!
line con 0 line aux 0 line vty 0 4
  login
!
end
```

8.3　重载内部全局地址（Overload）

通过配置重载，可以使路由器重用地址池中的每个 IP 地址。转换时不但改动了 IP 地址，还改动了端口号，这样路由器将为每个转换表项添加协议和端口信息与内部本地地址的对应，这种方法就是端口地址转换（Port Address Translation，PAT）。从而允许比地址池中的 IP 地址更多的内部 IP 地址能够接入外部网络中，起到了节约 IP 地址的作用。

8.3.1　PAT 技术

PAT：内部全局 IP 地址过载（overloading），将内部本地 IP 地址动态地转换到单一的内部全局 IP 地址和端口号。与 NAT 不同，PAT 仅仅使用一个全局地址，而不是一组全局地址。端口地址转换把许多个本地地址映射到一个全局地址的不同端口，其转换方式如图 8-3 所示。

PAT 设备为发出通信请求的内部计算机选择一个具有唯一性的端口号（一般大于 1 024），作为数据包中的源端口号，并用所映射成的全局 IP 地址和新端口号对数据包中原来的源 IP 地址和源端口号进行替换，并记录新的源端口号与本次通信的内部计算机的内部 IP 地址（以及原来的源端口号）之间的对应关系。

当外部网络的响应数据包到达时，PAT 设备根据数据包中的目的端口号查找对应的内部计算机的内部 IP 地址以及原来的源端口号，并用内部 IP 地址以及原来的源端口号替换数据包中的目的 IP 地址和目的端口号，然后把这个数据包发给对应的内部计算机。

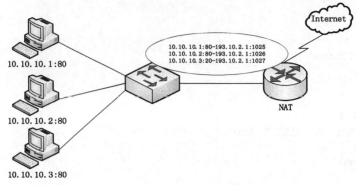

图 8-3　PAT 示例网络图

因为受可用端口数量的限制（总共 65 536 个，而其中 1 024 个已经作为知名端口使用），PAT 大约可以支持 64 000 个内部计算机通信。

8.3.2　动态与过载的配合使用

在目前的 NAT 技术中，经常会遇到动态与过载配合使用的情况。也就是说，在地址转换的过程中，首先采用动态技术进行转换，如果地址池中的地址不够用了，就会采用过载的方式进行转换。这种方法的具体配置步骤如下所述。

（1）创建 ACL 与动态相同：

CUIT(config)#**access-list** *acl* 号 **permit** *内部ip + 子网掩码*

（2）定义 PAT：

CUIT(config)#**ip nat inside source list** *ACL* 号 **interface** *外部接口* **overload**

（3）指定接口，与静态相同：

CUIT(config-if)#**ip nat inside**

CUIT(config -if)ip nat outside

（4）调试：

debug　ip　nat

本 章 小 结

随着互联网的不断发展，需要越来越多的 IP 地址，可有的 IP 地址数量正在日益减少，这正是采用 NAT 和 PAT 的主要原因。在本章，读者了解了 NAT 与 PAT 的运行原理，以及怎样配置 NAT 和 PAT。使用了 NAT 和 PAT 的内部网络可以用非注册的 IP 地址来接入外部网络（如互联网），也可以使两个不同的局域网进行地址转换。

习　　题

选择题

1．对于一个内部网络的描述是怎样的（　　　）

　　A．一个公司的网络

  B．需要进行地址转换的网络

  C．需要使用全局地址的网络

  D．互联网

2．以下哪项不是 NAT 的功能（ ）

  A．允许一个私有网络使用未分配的 IP 地址访问外部网络

  B．重复使用在因特网上已经存在的地址

  C．取代 DHCP 服务器的功能

  D．为两个合并的公司网络提供地址转换

3．以下 NAT 的配置类型可以通过将端口信息作为区分标志，将多个内部本地 IP 地址动态映射到单个内部全球 IP 地址（ ）

  A．静态 NAT B．TCP 负载分配 C．一对一的映射 D．NAT 超载

4．NAT 不支持以下哪种流量类型（ ）

  A．ICMP   B．BOOTP   C．Telnet   D．SNMP

5．在什么路由器配置模式下可以使用 "ip nat inside source static 10.2.2.6 200.4.4.7" 命令

（ ）

  A．全局模式   B．接口配置模式 C．用户模式   D．特权模式

6．命令 "ip nat inside source static 10.1.5.5 201.4.5.2" 属于哪种 NAT 配置类型（ ）

  A．静态 NAT B．动态 NAT   C．重叠地址转换 D．NAT 超载

7．NAT 支持哪种协议的转换（ ）

  A．IP   B．AppleTalk   C．IPX   D．IP and IPX

8．哪个命令在连接到外部网络的接口上启用 NAT（ ）

  A．ip nat inside

  B．ip nat inside source

  C．ip nat outside

  D．set ip nat outsede

9．使用什么命令可以查看 NAT 统计数据（ ）

  A．debug ip nat

  B．show ip nat statistics

  C．show ip nat translations

  D．show ip nat

10．定义了 NAT 协议的 RFC 文档是什么，选二项（ ）

  A．RFC1911 B．RFC1630   C．RFC1918   D．RFC3022

实　　验

实验一

1．实验拓扑

本实验拓扑图如图 8-4 所示。

图 8-4 实验拓扑结构图

2．实验要求

（1）通过动态 NAT 配置使任意 2 个内部本地地址通过 2 个公网地址访问 Internet。

（2）此外，任意内部地址无法访问 Internet。

3．实验说明

（1）用户使用一台 2600 系列路由器作为出口路由器。

（2）使用的公网地址为 202.119.249.251，202.119.249.252。

（3）参考配置

```
Router(config)#interface fastethernet 0/0
Router(config-if)#ip nat inside                      指定内网口
Router(config-if)#ip address 192.168.1.1 255.255.255.0
Router(config-if)#no shutdown
Router(config-if)#exit
Router(config)#interface fastethernet 0/1
Router(config-if)#ip nat outside                     指定外网口
Router(config-if)#ip address 202.119.249.251 255.255.255.0
Router(config-if)#no shutdown
Router(config-if)#exit
Router(config)#ip route 192.168.1.0 255.255.255.0 202.119.250.2   配置静态路由指向外网
Router(config) #access-list 1 permit 192.168.1.0 0.0.0.255   使用标准访问列表划定私网范围
Router(config)#ip nat pool CUIT 202.119.249.251 202.119.249.252 netmask 255.255.255.0
                                      使用地址池 CUIT 框定公网地址范围
Router(config)#ip nat inside source list 1 pool CUIT         将二者关联起来
```

实验二

1．环境配置说明

（1）将 R3 的 Fa0/0 接口的 IP 设为 192.168.0.3/24，关闭路由功能，模拟 PC 使_____？

（2)将 R2 的 Fa0/0 接口的 IP 设为 192.168.2.2/24，S1/2 接口的 IP 设为 202.96.134.2/24。

（3)将 R1 的 Fa0/0 接口的 IP 设为 192.168.0.1/24，S1/2 接口的 IP 设为 202.96.134.1/24。

2．实验结果要求

在 R1 上做 NAT 转换，使 R3 能够 ping 通 R2 的 S1/2 和 Fa0/0 接口。

3．实验拓扑图

本实验拓扑图如图 8-5 所示。

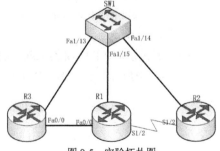

图 8-5 实验拓扑图

4．参考配置

（1）R1 的配置清单

① 分别为 R1 的 Fa0/0、S1/2 接口设置 IP，并指定内部、外部接口：

R1(config)#int fa0/0

R1(config-if)#speed 100

R1(config-if)#duplex full

R1(config-if)#ip add 192.168.0.1 255.255.255.0

R1(config-if)#ip nat inside　//指定该接口为内部接口

R1(config-if)#no shut

R1(config-if)#exit

R1(config)#int s1/2

R1(config-if)#ip add 202.96.134.1 255.255.255.0

R1(config-if)#ip nat outside　//指定该接口为外部接口

R1(config-if)#no shut

R1(config-if)#exit

② 在 R1 上做 NAT 转换：

R1(config)#access-list 1 permit 192.168.0.0 0.0.0.255　//配置访问控制列表，定义一组精确流量

R1(config)#ip nat inside source list 1 interface serial 1/2　//定义需要转换内部地址的接口

（2）R2 的配置清单

R2(config)#int fa0/0

R2(config-if)#speed 100

R2(config-if)#duplex full

R2(config-if)#ip add 192.168.2.2 255.255.255.0

R2(config-if)#no shut

R2(config-if)#exit

R2(config)#int s1/2

R2(config-if)#ip add 202.96.134.2 255.255.255.0

R2(config-if)#no shut

R2(config-if)#exit

（3）R3 的配置清单

R3(config)#no ip routing　//关闭路由功能，模拟 PC 使用

R3(config)#ip default-gateway 192.168.0.1　//设置默认网关

R3(config)#in fa0/0

R3(config-if)#speed 100

R3(config-if)#duplex full

R3(config-if)#ip add 192.168.0.3 255.255.255.0

R3(config-if)#no shut

（4）SW1 的配置清单

SW1(config)#int fa1/13

SW1(config-if)#speed 100

SW1(config-if)#duplex full

SW1(config-if)#no shut

SW1(config-if)#exit

SW1(config)#int fa1/14

SW1(config-if)#speed 100

SW1(config-if)#duplex full

SW1(config-if)#no shut

SW1(config-if)#exit

SW1(config)#int fa1/15

SW1(config-if)#speed 100

SW1(config-if)#duplex full

SW1(config-if)#no shut

SW1(config-if)#exit

（5）配置完成了，用 R3 ping R2 的 S1/2 接口（202.96.134.2）

R1#ping 202.96.134.2

Type escape sequence to abort.

Sending 5, 100-byte ICMP Echos to 202.96.134.2, timeout is 2 seconds:

!!!!!

Success rate is 100 percent (5/5), round-trip min/avg/max = 44/164/436 ms

R1#show ip nat translations

Pro Inside global   Inside local   Outside local   Outside global

icmp 202.96.134.1:5   192.168.0.3:5   202.96.134.2:5   202.96.134.2:5

结果显示 ping 通，说明 NAT 转换是成功的，这样就实现了实验结果要求 1，上面演示的是基于接口动态获取外部全局 IP 地址，适用于像 ADSL 这样的动态分配外网 IP 地址的情况。如果有多个外部全局 IP 地址，就要使用基于地址池的方法，那么 R1 的第二步配置过程就如下所述。

（6）创建访问控制列表

R1(config)#access-list 1 permit 192.168.0.0 0.0.0.255   //配置访问控制列表，定义一组精确流量

（7）创建地址池

R1(config)#ip nat pool psx 202.96.134.1 202.96.134.1 netmask 255.255.255.0

（8）应用地址池

R1(config)#ip nat inside source list 1 pool psx overload

（9）测试结果

R1#ping 202.96.134.2

Type escape sequence to abort.

Sending 5, 100-byte ICMP Echos to 202.96.134.2, timeout is 2 seconds: !!!!!

Success rate is 100 percent (5/5), round-trip min/avg/max = 44/61/68 ms

R1#show ip nat translations

Pro Inside global   Inside local   Outside local   Outside global

icmp 202.96.134.1:7   192.168.0.3:7   202.96.134.2:7   202.96.134.2:7

（10）再使用 telnet 命令来测试从 R3telnet 到 R2 的 S1/2 接口

R3#telnet 202.96.134.2

Trying 202.96.134.2 ... Open

User Access Verification

Password:

R2>en

Password:

R2#

R1#show ip nat tran

Pro Inside global   Inside local   Outside local   Outside global

tcp 202.96.134.1:18932 192.168.0.3:18932 202.96.134.2:23   202.96.134.2:23

（11）到这里只完成了 R3 可以 ping 通 R2 的 S1/2 接口的实验，但 R3 如何 ping 通 R2 的 Fa0/0 接口呢？分析发现，R1 的路由表中根本没有 192.168.2.0 这个网段，数据包就被丢弃了，所以只需要在 R1 上增加一条路由就 OK 了：

R1(config)#ip route 192.168.2.0 255.255.255.0 202.96.134.2

//增加 192.168.2.0 网段的路由，下一跳交给 R2 的 s1/2 接口

（12）再来用 R3 ping R2 的 Fa0/0 接口

R3#ping 192.168.2.2

Type escape sequence to abort.

Sending 5, 100-byte ICMP Echos to 192.168.2.2, timeout is 2 seconds:

!!!!!

Success rate is 100 percent (5/5), round-trip min/avg/max = 72/163/312 ms

R1#show ip nat translations

Pro Inside global　　Inside local　　Outside local　　Outside global

icmp 202.96.134.1:6　192.168.0.3:6　　192.168.2.2:6　　192.168.2.2:6

实验到此圆满完成！这个实验主要演示了基于接口动态获取外部全局 IP 实现 NAT 转换，基于地址池获取外部全局 IP 实现 NAT 转换。因为演示的只有一个外部全局 IP 地址，所以在创建地址池的时候，开始 IP 地址和结束 IP 地址都写的是 202.96.134.1，如果是现实中有多个外部全局 IP 地址，就要分别指定开始 IP 地址和结束 IP 地址了。

第 9 章 交换原理与交换机配置

知识点：
- 理解在二层及多层交换中使用的数据链路层和网络层技术
- 理解生成树协议的原理，并学习如何实施简单的生成树协议的配置
- 了解不同型号的二层交换机的常用配置方法
- 了解三层交换机的常用配置方法

交换技术对于现在的网络设计来说是至关重要的，并且二层交换机的价格已经在显著地下降，因此有必要清楚地了解交换原理与交换机配置，这将为后的工作带来很大的帮忙。

9.1 第二层交换（layer-2 switching）

第二层交换机可以被看作是具有多端口的桥，但第二层交换技术是基于硬件的，因此它的转发速度是相当快的。这一节将就第 2 层交换技术的 3 个不同功能展开研究，其中包括地址学习、转发或过滤以及回环避免。

9.1.1 概述

局域网交换技术是作为对共享式局域网提供有效的网段划分的解决方案而出现的，它可以使每个用户尽可能地分享到最大带宽。交换机工作在 OSI 七层网络模型中的数据链路层，因此交换机对数据包的转发是建立在 MAC（Media Access Control）地址基础之上的，对于 IP 网络协议来说，它是透明的，即交换机在转发数据包时，不知道也无须知道信源机和信宿机的 IP 地址，只需知其物理地址即 MAC 地址。

交换机在操作过程当中会不断地收集信息去建立 MAC 地址表，MAC 地址表说明了某个 MAC 地址是在哪个端口上被发现的，指明了端口与 MAC 的对应。所以当交换机收到一个 TCP/IP 数据帧时，它会查看该数据包的目的 MAC 地址，然后核对自己的 MAC 地址表，以确认应该从哪个端口把数据包发出去。这功能由 ASIC（Application Specific Integrated Circuit）进行，因此速度相当快，一般只需几十微秒，交换机便可决定一个数据包该往哪里送。

当交换机收到一个目标地址未知的数据包，就是说目的 MAC 地址不能在其 MAC 地址表中找到时，即收到一个未知单播帧，交换机会采用洪泛方式把数据包从它每一个端口中送出去。

9.1.2　第二层交换的局限性

虽然网桥、交换机可分开冲突域，但不能分隔广播域（使用 VLAN 技术是可以分割的），这是二层交换的局限性。

交换机有 3 种转发方式：直通转发、储存转发、碎片丢弃。交换机常用的是储存转发方式，尽管它的转发速度相对慢，但是由于交换机所采用的硬件转发机制，相对一般路由器来说，也是很快的。

交换机每个端口为 1 个冲突域，所有的端口仍然处于 1 个大的广播域里。

9.1.3　桥接与 LAN 交换的比较

不像网桥使用软件来创建和管理 MAC 地址过滤表，交换机使用 ASICs 来创建和管理 MAC 地址表，可以把交换机想象成多端口的网桥。

交换机和网桥的主要异同如下：

● 网桥基于软件，而交换机基于硬件（ASIC）来进行过滤操作；
● 一个交换机可以看作多个端口的网桥；
● 每个网桥只支持一个生成树，而交换机可以支持很多个；
● 交换机的端口比大多数的网桥要多；
● 交换机和网桥都转发二层的广播；
● 交换机和网桥都是通过检查收到的帧的源地址来学习 MAC 地址；
● 交换机和网桥都是基于二层的地址来做转发决定。

9.1.4　第二层交换机的 3 个功能

交换机的特性包括：地址学习、转发或过滤以及回环避免。

1. 地址学习

以太网交换机能够通过读取传送包的源——MAC 地址和记录帧进入交换机的端口来学习网络上每个设备的地址。然后，交换机把该信息加到它的转发数据库（MAC 地址表）。地址是动态学习的。这意味着，当读取新 MAC 地址时，它们被学习并存储在 CAM（Content-Addressable Memory，内容可寻址存储器）。工作过程中，对于读取到在 CAM 中没有登记学习的源地址时，此 MAC 地址被学习并存储到 CAM 中以备将来使用。

每次存储地址时，地址被打上一个时间标记，对于在一段时间内都没有使用过的 MAC 地址将从 MAC 列表中删除，通过这个时间标记，来保证删除过时的地址和保持最新的地址。CAM 维护了一个精确和有用的转发数据库，即 MAC 地址表。

2. 转发或过滤

当主机 A 发一个帧给主机 B 时，由于目的 MAC 地址（主机 B 的 MAC 地址）已在 MAC 地址表中存在对应项，故交换机将此帧直接发到 B 所在的交换机的端口。而且交换机不会再将帧发往其他端口，这样就节省了其他端口上的带宽。这就是所谓的转发与过滤。

但是对于广播和组播，交换机通常是把广播帧或组播帧向所有端口转发，不管 MAC 地址表是否完整。而一个交换机永远学习不到广播或组播地址，因为它们永远不会出现在一个帧的源地址中。

所以第二层的交换机无法控制广播域，用交换机分割的网段虽然处于不同的冲突域中，但仍然处于同一个广播域中。因此，需要第三层设备（如路由器）或者用 VLAN 技术来分割广播域。

3. 回环避免

在网络设计中，冗余链路通常是必不可少的。因为使用单一链路，万一发生断路可能会使整个网络陷入瘫痪的窘境。但问题是，事物总是一分为二的，冗余路径也带来了很多的问题，如下所述。

● 广播风暴。
● 重复帧拷贝。
● MAC 地址表表项不稳定。

（1）广播风暴

如图 9-1 所示，交换机会转发广播帧到所有的端口（除进入端口外），广播风暴就是由此引起的。

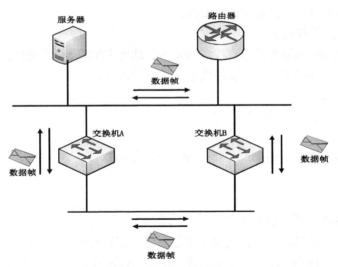

图 9-1 网络循环的拓扑

当服务器想知道默认网关（路由器 X）的 MAC 地址时，会起用 ARP。那么一个 ARP 帧就是一个广播帧（目的 MAC 地址为全 1）。当交换机 A 收到后，此帧就会转发到网段 2 上。当交换机 B 收到后，又转发到网段 1 上，形成循环，这就是广播风暴，并且是双向循环。这极大地浪费了网络资源。

回环避免机制可以通过阻塞（逻辑上）其中某一端口（不允许接收帧和发送帧）来消除广播风暴问题。

（2）重复帧拷贝

如图 9-1 所示。由于冗余路径的存在，主机可能会从不同的路径接收到相同的帧，造成资源的浪费。

（3）MAC 地址表表项不稳定

如果交换机 A 要传送 1 个帧服务器，就可能会产生困惑，因为从端口 E0 发送可以到达，从端口 E1 发送也可到达。由于冗余链路导致 MAC 地址表的表项不唯一，从而使交换机有可能不转发此帧，或者重复发送到不同端口，造成主机 A 收到多份拷贝。这也是对网络资源的浪费。

9.2　生成树协议（STP）

STP（生成树协议，Spanning Tree Protocol）的主要任务是防止 2 层的循环，STP 使用生成树算法（spanning-tree algorithm，STA）来创建个拓扑数据库，然后查找出冗余连接并破坏它。

关于 STP 的术语如下所述。

● STP：bridges 之间交换 BPDU 信息来检测循环，并通过关闭接口的方式来破坏循环。

● 根桥（root bridge）：拥有最小的 bridge ID 即为根桥。网络中的一些诸如哪些端口被堵塞（block）、哪些端口作为转发模式的决定都由根桥来决定。

● BPDU：　Bridge Protocol Data Unit，所有的 switches 通过交换这些信息可以选出根桥，分为 BPDU（只有根桥可以发）和 TCN（都可以发）。

● bridge ID：用于 STP 跟踪网络中的所有 switches，这个 ID 由 bridge 优先级（priority）和 MAC 地址符合而成，优先级默认为 32768，ID 最低的即为根桥。

● 非根桥（nonroot bridge）：不是根桥的全为非根桥，非根桥交换 BPDUs 来更新 STP 拓扑数据库。

● 根端口（root port）：与根桥直接相连的端口，或者是到根桥最短的接口。如果到根桥的连接不止 1 条，将比较每条连接的带宽，与带宽对应的耗费（cost）低的作为根端口；如果耗费相同，就比较 bridge ID，ID 低的将被选用。

● 指定端口（designated port）：根桥的端口。

● 端口耗费（port cost）：带宽来决定。

● 非指定端口（nondesignated port）：耗费较高，为堵塞模式（blocking mode），即不转发帧。

● 转发端口（forwarding port）：转发端口用来转发帧。

● 堵塞端口（blocked port）：不转发帧，用来防止循环的产生，虽然不转发，但是它可以监听（listen）帧。

9.2.1　如何工作

1. 生成树操作

STP 的任务就是查找出网络中的所有连接，关闭一些会造成循环的冗余连接。STP 首先选举一个根桥，用来对网络中的拓扑结构做决定。当所有的 switches 认同了选举出来的根桥后，所有的 bridge 开始查找根端口。假如在 switches 之间有许多连接，只能有 1 个端口作为指定端口。

2. 根网桥选举

在 STP 域里，bridge ID 被用来选择根桥，同样 bridge ID 也可以用来决定根桥外的其他设备的根端口。bridge ID 长度为 8 个字节，包含了设备的优先级和 MAC 地址。在运行 IEEE 的 STP 版本的所有设备默认优先级都是 32768。

如果两个交换机（或者说桥）的优先级一样，那么要用 MAC 地址来作出决定，MAC 地址低的将被选择。这里举个例子，如果有两台交换机 A，B，它们的优先级相同，默认都是 32768。但交换机 A 的 MAC 地址是 0000.0c00.1111，而交换机 B 的 MAC 地址是 0000.0c00.2222，那么交换机 A 将成为根桥。此处要记住数值越低就越好（二层设备一般选择小的，三层设备一般选择大的）。

默认情况下 BPDU 每两秒发送一次到桥/交换机的所有活动端口，并且 bridge ID 最低的交换机会被选为根桥。用户可以通过把交换机的优先级调低，使得它自动变成根桥。这对于一个大的交换网络来说很重要，因为这保证了可以选择最好的路径。

选择根桥的最好办法就是改变默认优先级。如果用户希望网络的核心交换机成为根桥，使得 STP 更快收敛的话，把核心交换机的优先级调低就可以了。

下面来查看一下交换机的生成树协议：

```
Switch#sh spanning-tree
VLAN0001
Spanning tree enabled protocol ieee
Root ID Priority 32768
Address 0009.7ccf.a880
Hello Time 2 sec Max Age 20 sec Forward Delay 15 sec
```

注意优先级是 32768，这是所有交换机的默认数值。用户能够改变这个数值来强制交换机变成根桥：

```
Switch(config)#spanning-tree VLAN 1 priority ?
<0-61440> bridge priority in increments of 4096
Switch(config)#spanning-tree VLAN 1 priority 4096
```

（bridge priority in increments of 4096 的意思是优先级必须以 4096 为一个间隔）

现在来验证一下：

```
Switch#sh spanning-tree
VLAN0001
Spanning tree enabled protocol ieee
Root ID Priority 4096
Address 0009.7ccf.a880
This bridge is the root
Hello Time 2 sec Max Age 20 sec Forward Delay
```

3. 选举根端口（路径花费）

如果有超过一条以上的线路通向根桥，那么根据线路上的端口的累计开销来决定哪个端口成为根端口，所以为了决定哪个端口被用来和根桥通信，需要先统计线路的开销。STP 的开销是路径上累积的总开销，开销基于每条线路的带宽来计算。这些信息被用来选择设备的根端口，并且在设备的每个接口用 BPDU 通告出去，邻居交换机收到 BPDU 后用自己的开销进行比较，以决定它们之间的线路上的指定端口。下面是一些比较常见的不同类型的以太网开销，如表 9-1 所示。

表 9-1　　　　　　　　　　　　　　　　生成树的路径花费

链路带宽	路径花费（新修订 IEEE 标准）	路径花费（以前的 IEEE 标准）
10Gbit/s	2	1
1Gbit/s	4	1
100Mbit/s	19	10
10Mbit/s	100	100

随着网络的飞速发展，以前的 IEEE 所定义的路径花费标准已不能适应区分高速带宽之间的差别。但 Cisco Catalyst 1900x 系列交换机仍使用以前的标准。

4．生成树的端口状态

● 运行 STP 的交换机端口的 5 种状态如下所述。

● 堵塞（blocking）：不转发帧，只监听 BPDUs，主要目的是防止循环的产生。默认情况下，当 switch 启动时所有端口均为 blocking 状态。

● 监听（listening）：端口监听 BPDUs，来确定在传送数据帧之前没有循环会发生。

● 学习（learning）：监听 BPDUs 和学习所有路径，学习 MAC 地址表，不转发帧。

● 转发（forwarding）：转发和接收数据帧。

● 禁用（disabled）：不参与帧的转发和 STP，一般在这个状态的都是不可操作的。

一般来说，正常情况下端口只处于转发和堵塞状态，如果网络拓扑发生了变化，并引起了端口的变化，那么端口会从转发和堵塞状态逐渐进入监听和学习状态，以确定网络新的拓扑结构，不过这些状态是临时的，一旦网络拓扑恢复原状，相应的端口也会回复到原状。

5．汇聚

汇聚，也叫收敛（convergence）：当所有端口变迁到非转发或堵塞状态时，网络开始收敛，在网络收敛完成前，所有的数据不能被传送。收敛保证了所有的设备拥有相同的数据库（即相同的网络拓扑结构），这样保证全网范围内的数据一致性。一般来说从堵塞状态进入到转发状态需要 50s 左右的时间（blocking 20s、listening 15s、learning 15s）。

9.2.2　建立一棵初始生成树

现在要对交换机做基本的设置，也就是对 stp 协议进行基本设置，包括：
● 启用或者关闭 stp 协议工作；
● 配置指定的 stp 参数。

1．启用 stp 协议工作

【命令格式】**spanning-tree enable**
【使用指南】该命令用于使能 stp，无参数。
【举例】
    switch(config)#**spanning-tree enable**
    successfully enable spanning tree protocol.
    switch(config)#

2. 关闭 stp 协议工作

【命令格式】**spanning-tree disable**

【使用指南】从系统全局禁止 stp 协议运行，无参数。

【举例】

switch(config)#spanning-tree disable

successfully disable spanning tree protocol.

switch(config)#

3. 设置 forward-time 命令

用户执行该命令用于设置 stp 的转发时间。

【命令格式】（1）**spanning-tree forward-time** [400-3000]

（2）**no spanning-tree forward-time**

【使用指南】该命令 1 能设置成 4~30s 中的一个值。在从阻塞状态转换到转发状态时，这是任何交换机端口在侦听情况下所花费的时间。命令 2 恢复 forward time 的默认值，默认值为 15s。

【参数说明】[400-3000]为转发延迟大小，单位为 1/100s。

【举例】

switch(config)#spanning-tree forward-time 2400

successfully set forward delay time.

switch(config)#

switch(config)# no spanning-tree forward-time

successfully set forward delay time to default.

switch(config)#

4. 设置 hello-time 命令

该命令设置当本交换机被选为根桥时发送 bpdu 的时间间隔。

【命令格式】（1）**spanning-tree hello-time** [100-1000]

（2）**no spanning-tree hello-time**

【使用指南】hello time 能被设置为从 1s 到 10s 中的一个值。这是根网桥发送两个通知其他交换机它是根网桥的 bpdu 包的发送时间间隔。命令 2 恢复 hello time 的默认值，默认值为 2s。

【参数说明】[100-1000]为呼叫时间大小，单位为 1/100s。

【举例】

switch(config)#spanning-tree hello-time 500

successfully set hello time.

switch(config)#

switch(config)#no spanning-tree hello-time

successfully set hello time to default.

switch(config)#

5. 设置报 max-age 命令

该命令设置 bpdu 报文老化的最长时间间隔，收到超过这个时间的 bpdu 报文，就直接丢弃。

【命令格式】（1）**spanning-tree max-age** [600-4000]

（2）**no spanning-tree max-age**

【使用指南】max.age 能被设置为从 6s 到 40s 中的一个值。在 max.age 结束时，如果仍没有从根网桥接收到一个 bpdu，交换机将开始发送它自己的 bpdu 给其他所有交换机来确定成为根网桥。命令 2 恢复 max age 的默认值，默认值为 20s。

设置 stp max age。

【举例】

switch(config)#spanning-tree max-age 3000
successfully set max age.
switch(config)#
switch(config)#no spanning-tree max-age
sucessfully set max age to default.
switch(config)#

6. 设置 priority 命令

用户执行该命令用于设置本交换机的优先级。

【命令格式】（1）**spanning-tree priority** [0-65535]

　　　　　　（2）**no spanning-tree priority**

【使用指南】命令 1 为交换机设定的 priority，能设置成 0 到 65535 中的一个数值。命令 2 恢复 stp priority 的默认值，默认值为 32768。

【参数说明】优先级数值。

【举例】

switch(config)#spanning-tree priority 4000
successfully set priority.
switch(config)#
switch(config)# no spanning-tree priority
successfully set priority to default.
switch(config)#

可以使用 show spanning-tree protocol 命令显示设置的结果。

switch#show spanning-tree protocol
spanning tree is executing the ieee compatible spanning tree protocol.
bridge identifier has priority 32768， address 00：0c：fe：00：00：e1.
configured hello time 100， max age 2000， forward delay 1500.
current root has priority 0， address 05：dc：80：3e：38：24.
root port is 0， cost of root path is 0.
hold time： 1(s)，topology change 9.
switch#

9.2.3　STP 的优先级

在根路径成本和发送网桥 ID 都相同的情况下，有最高优先级（优先级数字最小）的端口将为 VLAN 转发数据帧。对应基于 CLI 的命令的交换机，可能的端口优先级别范围为 0～63，默认为 32。基于 IOS 的交换机端口的优先级别范围是 0～255，默认为 128。

【命令格式】

spanning-tree　VLAN VLAN-id　port-priority priority 值

no spanning-tree VLAN VLAN－id port-priority

例：

```
config terminal    (进入配置模式)
    interface interface-id  (进入端口配置模式)
spanning-tree VLAN VLAN-id port-priority  值
end
show spanning-tree interface interface-id detail
copy running-config startup-config
```

9.3 LAN 交换机的转发帧方式

目前交换机在传送源和目的端口的数据包时，通常采用直通转发、存储转发式和碎片丢弃 3 种数据包交换方式。目前的存储转发式是交换机的主流交换方式。

1．直通转发方式（Cut-through）

采用直通转发方式的以太网交换机可以理解为在各端口间是纵横交叉的线路矩阵电话交换机。它在输入端口检测到一个数据包时，检查该包的包头，获取包的目的地址，启动内部的动态查找表转换成相应的输出端口，在输入与输出交叉处接通，把数据包直通到相应的端口，实现线性转发功能。由于它只检查数据包的包头（通常只检查 14Byte，8Byte 的帧插入，6 Byte 的目的 MAC），不需要存储，所以切入方式具有延迟小、交换速度快的优点。所谓延迟（Latency）是指数据包进入一个网络设备到离开该设备所花的时间。

它的缺点主要有 3 个方面：第一是因为数据包内容并没有被以太网交换机保存下来，所以无法检查所传送的数据包是否有误，不能提供错误检测能力；第二，由于没有缓存，不能将具有不同速率的输入/输出端口直接接通，而且容易丢包。如果要连到高速网络上，如提供快速以太网（100BASE-T）、FDDI 或 ATM 连接，就不能简单地将输入/输出端口"接通"，因为输入/输出端口间有速度上的差异，必须提供缓存；第三，当以太网交换机的端口增加时，交换矩阵变得越来越复杂，实现起来就越困难。

2．存储转发方式（Store-and-Forward）

存储转发（Store and Forward）是计算机网络领域使用得最为广泛的技术之一，以太网交换机的控制器先将输入端口到来的数据包缓存起来，先检查整个数据包是否正确，并过滤掉冲突包错误。确定包正确后，取出目的地址，通过查找表找到想要发送的输出端口地址，然后将该包发送出去。正因如此，存储转发方式在数据处理时延时大，这是它的不足，但是它可以对进入交换机的数据包进行错误检测，并且能支持不同速度的输入/输出端口间的交换，可有效地改善网络性能。它的另一优点就是这种交换方式支持不同速度端口间的转换，保持高速端口和低速端口间协同工作。实现的办法是将 10Mbit/s 低速包存储起来，再通过 100Mbit/s 速率转发到端口上。

3．碎片丢弃（Fragment Free）

这是介于直通式和存储转发式之间的一种解决方案。它在转发前先检查数据包的长度是否够 64byte（512bit），如果小于 64byte，说明是假包（或称残帧），则丢弃该包；如果大于 64byte，则发送该包。该方式的数据处理速度比存储转发方式快，但比直通式慢，但由于能够避免残帧的转发，所以被广泛应用于低档交换机中。

使用这类交换技术的交换机一般是使用了一种特殊的缓存。这种缓存是一种先进先出的 FIFO（First In First Out），比特从一端进入再以同样的顺序从另一端出来。当帧被接收时，它被保存在 FIFO 中。如果帧以小于 512bit 的长度结束，那么 FIFO 中的内容（残帧）就会被丢弃。因此，不存在普通直通转发交换机存在的残帧转发问题，是一个非常好的解决方案。数据包在转发之前将被缓存保存下来，从而确保碰撞碎片不通过网络传播，能够在很大程度上提高网络传输效率。

直通转发的延迟最小、碎片丢弃其次，存储转发的延迟最大。业内主流交换机的转发方式一般是存储转发，某些采用直通转发方式的交换机也能记录直通方式下出现的错误帧的频率，一旦该频率高于用户设定的错误阈值，交换机端口自动从直通转发变为存储转发，直到错误率降低到阈值以下时，端口再自动变回到直通转发方式。

9.4 配置交换机

1900 交换机是 CISCO 交换机系列的低端产品，而 2950 是现在常见的型号。2950 交换机有许多独特之处，可以运行在从 10Mbit/s 到 1Gbit/s 的交换机端口上，可以是双绞线或光纤。2950 比 1900 系列交换提供更多的智能管理，2950 能够提供基本的数据、视频及音频服务。在本节，将学习怎样在命令行界面下配置 CISCO1900 和 2950 及其他系列的交换机产品。

9.4.1 配置主机名 Hostname

给 1900 配置主机名，使用 hostname 命令
Switch (config)#hostname S1900
S1900 (config)#
给 2950 配置主机名，使用 hostname 命令
Switch(config)#hostname S2950
S2950 (config)#

9.4.2 配置 IP 信息

可以给交换机不配置 IP 地址，直接把线缆插进交换机端口，交换机一样可以工作。但是一般要给交换机配置一个 IP 地址，主要有两个原因：

（1）通过 telnet 或其他软件方式来管理 switch；

（2）配置 VLANs 和其他等网络功能。

默认时，没有 IP 地址和默认网关信息的配置，可以在 1900 下使用 show ip 命令查看默认 IP 配置：

```
1900#sh ip
IP Address:    0.0.0.0
Subnet Mask:    0.0.0.0
Default Gateway:    0.0.0.0
```

```
Management VLAN：  1
Domain name：
Name server 1：  0.0.0.0
Name server 2：  0.0.0.0
HTTP server：  Enable
HTTP port：  80
RIP：  Enable
```

在 1900 下使用 ip address 和 ip default-gateway 命令来配置 IP 地址信息和默认网关信息：

```
1900(config)#ip address 172.16.10.16 255.255.255.0
1900(config)#ip default-gateway 172.16.10.1
1900(config)#
```

2950 下的配置是在 VLAN1 接口下进行的，默认时 VLAN1 是管理 VLAN，而所有接口均是 VLAN1 的成员，配置如下：

```
2950(config)#int VLAN1
2950(config-if)#ip address 172.16.10.17 255.255.255.0
2950(config-if)#no shut
2950(config-if)#exit
2950(config)#ip default-gateway 172.16.10.1
2950(config)#
```

注意 2950 的 IP 地址配置是在 VLAN1 接口下，另外要注意打开接口。

9.4.3　端口（port）配置

以太网端口有 3 种工作模式：access，multi，trunk。

端口工作在 access 模式下只能属于一个 VLAN，一般用于接用户计算机的端口；端口工作在 trunk 模式下，可以属于多个 VLAN，可以接收和发送多个 VLAN 的报文，一般用于交换机之间连接的端口；端口工作在 multi 模式下可以属于多个 VLAN，可以接收和发送多个 VLAN 的报文，可以用于交换机之间的连接，也可以用于接用户的计算机。Multi 端口和 trunk 端口的不同之处在于 multi 端口可以允许多个 VLAN 的报文不打标签，而 trunk 端口只允许默认 VLAN 的报文不打标签。如果要更改端口工作模式，在以太网端口配置模式下进行下列设置。

- 设置端口为 access 端口：**switchport mode access**。
- 设置端口为 multi 端口：**switchport mode multi**。
- 设置端口为 trunk 端口：**switchport mode trunk**。
- 恢复端口为默认工作模式，即为 access 端口：no switchport mode。

在同一个交换机上 multi 端口和 trunk 端口不能并存。即配置了 multi 端口就不能配置 trunk 端口，反之亦然，默认情况下，端口为 access 端口。

9.5　交换机的其他配置

9.5.1　配置密码

为了增加交换机的安全性，一般要对交换机做口令（密码）设置，通常要设置以下两种口令密码：

（1）登录密码（用户模式）：防止未授权用户登录；

（2）启用密码（特权模式）：防止未授权用户修改配置。

在 1900 交换机下，输入 K 进入 CLI，输入 enable 进入特权模式，再输入 config t 进入全局配置模式：

```
>en
#config t
(config)#
```

当进入全局配置模式后，使用 enable password 命令配置登录密码或启用密码，如下：

```
(config)#enable password ?
level Set exec level password
(config)#enable password level ?
<1-15> Level Number
```

level1 为登录密码，level15 为启用密码，密码长度范围是 4～8 字符，如下所示：

```
(config)#enable password level 1 nocoluvsnoko
Error：Invalid password length.
Password must be between 4 and 8 characters
```

重配置并验证：

```
(config)#enable password level 1 noco
(config)#enable password level 15 noko
(config)#exit
#exit
```

在 2950 交换机下的配置和配置 router 有点类似，如下所示：

```
Switch>en
Switch#conf t
Switch(config)#line ?
  <0-16>        First Line number
  console       Primary terminal line
  vty           Virtual terminal
Switch(config)#line vty ?
  <0-15>        First Line number
Switch(config)#line vty 0 15
Switch(config-line)#login
Switch(config-line)#password noko
Switch(config-line)#line con 0
Switch(config-line)#login
Switch(config-line)#password noco
Switch(config-line)#exit
Switch(config)#exit
Switch#
Set the Enable Secret Password
```

enable secret 比 enable password 更安全，而且同时设置了两种口令密码的话，只有前者起作用。

注意：

在 1900 下，enable secret 和 enable password 可以设置成一样的密码，如下所示：

```
(config)#enable secret noko。
```

但在 2950 下的配置 enable secret 和 enable passwor 不可以设置成一样的密码，如下所示：

Switch(config)#enable password noko

Switch(config)#enable secret noko

The enable secret you have chosen is the same as your enable password. This is not recommended. Re-enter the enable secret. Switch(config)#enable secret noco

Switch(config)#

9.5.2 收集信息

为了更好地配置和使用交换机，需求经常收集和查看交换机的状态信息，此时可在特权模式下通过 show 命令来查看接口状态。在特权模式下可使用以下命令显示接口状态，如表 9-2 所示。

表 9-2　　　　　　　　　　　　　　**show 命令与说明**

命　　令	说　　明
show interfaces [interface-id]	显示指定接口的全部状态和配置信息
show interfaces interface-id status	显示接口的状态
show interfaces [interface-id] switchport 和 operational 状态信息	显示可交换接口（非路由接口）的 administrative
show interfaces [interface-id] description	显示指定接口的描述配置和接口状态
show interfaces [interface-id] counters	显示指定端口的统计值信息
show running-config interface [interface-id]	显示接口当前运行的各种配置信息

以下例子为显示接口 gigabitethernet 1/1 的接口状态：

Switch#show interfaces gigabitethernet 1/1

GigabitEthernet　　　　　　：　Gi 1/1

Description　　　　　　：　user A AdminStatus　　　：　up OperStatus　　：　down

Hardware　　　　　　：　1000BASE-TX Mtu　　　：　1500

PhysAddress　　　　　　：

LastChange　　　　　　：　0：0h：0m：0s AdminDuplex ：　Auto OperDuplex ：　Unknown Admin Speed：　1000M OperSpeed　　　　　　：　Unknown FlowControlAdminStatus ：　Enabled

FlowControlOperStatus　　　：　Disabled

Priority　　　　　　：　1

以下例子为显示接口 SVI 5 的接口状态和配置信息：

Switch#show interfaces VLAN 5

VLAN　　　　　　：　V5

Description　　　　　　：　SVI 5

AdminStatus　　　　　　：　up

OperStatus　　　　　　：　down

Primary Internet address　　：　192.168.65.230/24

Secondary Internet address　：　192.168.65.111/24

Tertiary Internet address　　：　192.168.65.10/24

Quartus Internet address　　：　192.168.65.11/24

Broadcast address　　　　：　192.168.65.255

PhysAddress　　　　　　：　00d0.f800.0001

LastChange　　　　　　：　0：0h：0m：5s

以下例子为显示接口 aggregateport 3 的接口状态：

Switch#show interfaces aggregateport 3：

Interface	:	AggreatePort 3
Description	:	AdminStatus : up OperStatus : down Hardware : -
Mtu	:	1500
LastChange	:	0d：0h：0m：0s AdminDuplex : Auto OperDuplex : Unknown
AdminSpeed	:	Auto OperSpeed : Unknown
FlowControlAdminStatus	:	Autonego FlowControlOperStatus : Disabled Priority : 0

以下例子显示接口 fastethernet 0/1 的接口配置信息：

Switch#show interfaces fastethernet 0/1　switchport

Interface	Switchport	Mode	Access	Native	Protected	VLAN lists
Fa0/1	Enabled	Access	1	1	Enabled	All

以下例子为显示接口 gigabitethernet 2/1 的接口描述：

Switch#show interfaces gigabitethernet 1/2 discription Interface Status Administrative Description

Interface	Status	Administrative	Description
Gi2/1	down	down	Gi 2/1

以下例子为显示端口：

Switch#show interfaces fastEthernet0/2 counters

Interface ：		Fa0/2
5 minute input rate	:	9144 bits/sec， 9 packets/sec
5 minute output rate	:	1280 bits/sec， 1 packets/sec
InOctets	:	17310045
InUcastPkts	:	37488
InMulticastPkts	:	28139
InBroadcastPkts	:	32472
OutOctets	:	1282535
OutUcastPkts	:	17284
OutMulticastPkts	:	249
OutBroadcastPkts	:	336
Undersize packets	:	0
Oversize packets	:	0
collisions	:	0
Fragments	:	0
Jabbers	:	0
CRC alignment errors	:	0
AlignmentErrors	:	0
FCSErrors	:	0

dropped packet events (due to lack of resources)： 0

packets received of length (in octets)：

64：46264， 65-127： 47427， 128-255： 3478，

256-511： 658， 512-1023： 18016， 1024-1518： 125

以下例子为显示所有接口的配置信息：

Switch#sh running-config interface

Building configuration... Current configuration ： 88 bytes

!

interface VLAN 1

　no shutdown

ip address 192.168.65.122 255.255.255.0

!

end

9.5.3　配置端口常见参数

1．配置一定范围的接口

用户可以使用全局配置模式下的 interface range 命令，同时配置多个接口。当进入 interface range 配置模式时，可以使一定范围内的接口具备相同的属性。

interface range {port-range　macro　macro_name}　！输入一定范围的接口。

interface range 命令可以指定若干范围段。

macro 参数可以使用范围段的宏定义，每个范围段可以使用逗号隔开。同一条命令中的所有范围段中的接口必须属于相同的类型。可以使用通常的接口配置命令来配置一定范围内的接口。

下面的例子是在全局配置模式下使用 interface range 命令：

```
Switch#configure terminal
Switch(config)#interface range fastethernet 0/1 - 10
Switch(config-if-range)#no shutdown
Switch(config-if-range)#
```

下面的例子是如何使用分隔符号（,）隔开多个 range：

```
Switch#configure terminal
Switch(config)#interface range fastethernet 0/1-5,　0/7-8
Switch(config-if-range)#no shutdown
Switch(config-if-range)#
```

2．配置和使用端口范围的宏定义

用户可以自行定义一些宏来取代端口范围的输入。但在用户使用 interface range 命令中的 macro 关键字之前，必须先在全局配置模式下使用 define interface-range 命令定义这些宏。

下面的例子是如何使用 define interface-range 命令来定义 fastethernet1/1-4 的宏定义：

```
Switch#configure terminal
Switch(config)#define interface-range resource fastethernet0/1-4
Switch(config)#end
Switch#
```

下面的例子显示如何定义多个接口范围段的宏定义：

```
Switch#configure terminal
Switch(config)#define interface-range ports1to2N5to7 fastethernet0/1-2,　0/5-7
Switch(config)#end
Switch#
```

下面的例子显示使用宏定义 ports1to2N5to7 来配置指定范围的接口：

```
Switch#configure terminal
Switch(config)#interface range macro ports1to2N5to7
Switch(config-if-range)# Switch#
```

下面的例子显示如何删除宏定义 ports1to2N5to7：

```
Switch#configure terminal
Switch(config)#no define interface-range ports1to2N5to7
Switch#end
Switch#
```

3. 配置接口的描述和管理状态

为了有助于记住一个接口的功能,可以为一个接口起一个专门的名字来标识这个接口,也就是接口的描述(Description)。可以根据要表达的含义来设置接口的具体名称,比如,如果想将 gigabitethernet 1/1 分配给用户 A 专门使用,就可以将这个接口的描述设置为"Port for User A"。在下面的例子显示了如何设置接口 gigabitethernet 1/1 的描述:

```
Switch#config terminal
Enter configuration commands,one per line. End with CNTL/Z. Switch(config)#interface gigabitethernet 1/1
Switch(config-if)#description PortForUser A Switch(config-if)#end
Switch#
```

在某些情况下,可能需要禁用某个接口。可以通过设置接口的管理状态来直接关闭一个接口。如果关闭一个接口,则这个接口上将不会接收和发送任何帧,这个接口将丧失对应的所有功能。也可以通过设置管理状态来重新打开一个已经关闭的接口。接口的管理状态有两种:up 和 down,当端口被关闭时,端口的管理状态为 down, 否则为 up。

下面的例子描述如何关闭接口 gigabitethernet 1/2:

```
Switch#configure terminal
Switch(config)#interface gigabitethernet 1/2
Switch(config-if)#shutdown
Switch(config-if)#end
Switch#
```

4. 配置接口的速度,双工,流控

下面描述如何配置接口的速率、双工和流控模式。在特权模式下,请遵照以下步骤来配置接口的速率、双工和流控模式:

命令		含义
步骤 1	configure terminal	进入全局配置模式。
步骤 2	interface interface-id	进入接口配置模式。
步骤 3	speed {10 | 100 | 1000 | auto }	设置接口的速率参数,或者设置为 auto。

注意:1000 只对吉比特口有效

步骤 4	duplex {auto | full | half}	设置接口的双工模式。
步骤 5	flowcontrol {auto | on | off}	设置接口的流控模式。

注意:当 speed,duplex,flowcontrol 都设为非 auto 模式时,该接口关闭自协商过程。

步骤 6	end	回到特权模式。

在接口配置模式下使用 no speed,no duplex 和 no flowcontrol 命令,将接口的速率、双工和流控配置恢复为默认值。使用 default interface interface-id 命令将接口的所有设置恢复为默认值。

下面的例子显示如何将 gigabitethernet 1/1 的速率设为 1 000M,双工模式设为全双工、流控关闭:

```
Switch#configure terminal
Switch(config)#interface gigabitethernet 1/1
Switch(config-if)#speed 1000
Switch(config-if)#duplex full Switch(config-if)# flowcontrol off Switch(config-if)#end
Switch#
```

5. 配置接口的采样时间间隔

下面描述如何配置接口采样时间间隔，在特权模式下，请遵照以下步骤来配置接口的速率、双工和流控模式：

命令	含义

步骤 1   configure terminal   进入全局配置模式。

步骤 2   interface interface-id   进入接口配置模式。

步骤 3   Load-interval interval   设置接口的采样时间间隔   单位：秒   范围：30～600。

注意：接口的采样时间间隔必须为 30 秒的倍数。

步骤 4   end   回到特权模式。

在接口配置模式下使用 no load-interval 命令，将接口的采样时间间隔恢复为默认值。

下面的例子显示如何将 fastethernet 0/1 的端口采样时间间隔设置为 450 秒：

```
Switch#configure terminal
Switch(config)#interface fastEthernet 0/1
Switch(config-if)#load-interval 450
Switch(config-if)#end
Switch#
```

9.5.4 验证连接性

数据交换机通常用来连接终端设备，交换机之间也可以互相连接起来。在某些情况下会遇到连接中断的情况，本文介绍了几种简单的连接性诊断方法：使用 ping 命令或使用 2 层的 traceroute 命令。

1. 使用 ping 命令

ping 是一个 IP 信息控制协议工具（ICMP）。ping 发送一个 ICMP，并把请求回送给目标 IP 地址。如果目标机器收到请求，它用 ICMP 回应做应答。交换机支持 ping 命令，该命令可以用来测试到远端 host 的连接性。ping 命令会送出 echo request 包到目的 IP 地址，并等待一个回应。通常 ping 的回应有下列几种。

● 正常的回应，通常会以"！"的方式显示出来。

● 目的地址不可达，即收不到目的地的响应包。

● 不存在的目的地，即目的主机不存在，则会收到一个"unknown host"信息。

● 目的地不可达，如果本机的网关发现目的地是不可到达的，会送给本机一个"destination-unreachable"信息。

● 网络或主机不可达，表示目的地所在的网络或主机是不可到达的。

了解了 ping 命令后，可以执行 ping 命令了。如果要 ping 的目的地属于另一个网段，则在交换机上必须为该目的 IP 配置相应的静态路由。

Ping 实例：

```
Switch# ping 172.20.52.3
Type escape sequence to abort.
Sending 5， 100-byte ICMP Echoes to 172.20.52.3，timeout is 2 seconds：
```

!!!!!

Success rate is 100 percent (5/5)， round-trip min/avg/max = 1/2/4 ms

Switch#

Ping 命令的执行结果常见的有下面几种：

- !，连接成功；
- .，没有收到对方回应；
- U，目的地不可达；
- C，连接测试过程中出现了拥塞；
- ?，不了解的数据包类型；
- &，数据包的生存期已完成；
- CTRL＋C，用户中断测试。

2. 使用 2 层的 traceroute 功能

2 层的 traceroute 功能容许交换机可以识别数据包从源设备到目的设备的物理路由。2 层的 traceroute 只支持单播的 MAC 地址，且它会借助于交换机的 MAC 地址表。

在使用 2 层 traceroute 时，需要注意：

必须激活 CDP（思科公司的设备间相互发现的协议）协议；交换机之间应该能互相 ping 通；在数据包的传输路由中最大的跳数是 10 等。

实现 2 层的 traceroute 功能，有两条命令：

traceroute mac，它显示 2 层的路由，源目的 MAC 地址应该属于相同的 VLAN。如果源、目的 MAC 地址属于不同的 VLAN，必须要在命令中标示出来，否则会报错。

traceroute mac ip，当源和目的属于相同的 IP 网段时，本命令显示出 2 层的路由。

实例：

Switch# traceroute mac 0000.0201.0601 0000.0201.0201

Source 0000.0201.0601 found on con6[CIGESM-18TT-EI] (2.2.6.6)

con6 (2.2.6.6) ： Gi0/1 => Gi0/17

con5 (2.2.5.5) ： Gi0/17 => Gi0/1

con1 (2.2.1.1) ： Gi0/1 => Gi0/2

con2 (2.2.2.2) ： Gi0/2 => Fa0/1

Destination 0000.0201.0201 found on con2[WS-C3550-24] (2.2.2.2)

Layer 2 trace completed

Switch# traceroute mac ip 2.2.66.66 2.2.22.22 detail

Translating IP to mac .....

2.2.66.66 => 0000.0201.0601

2.2.22.22 => 0000.0201.0201

Source 0000.0201.0601 found on con6[CIGESM-18TT-EI] (2.2.6.6)

con6 / CIGESM-18TT-EI / 2.2.6.6 ：

Gi0/1 [1000， full] => Gi0/17 [auto， auto]

con5 / WS-C3550-24 / 2.2.5.5 ：

Gi0/17 [auto， auto] => Gi0/1 [auto， auto]

con1 / WS-C3550-12G / 2.2.1.1 ：

Gi0/1 [auto， auto] => Gi0/2 [auto， auto]

con2 / WS-C3550-24 / 2.2.2.2 ：

Gi0/2 [auto， auto] => Fa0/1 [auto， auto]

Destination 0000.0201.0201 found on con2[WS-C3550-24] (2.2.2.2)

Layer 2 trace completed.

9.5.5 配置 MAC 地址表

MAC 地址表对于交换机而言如同路由表对于路由器一样。因此，对 MAC 地址表的配置也尤为重要。查看 MAC 表指令如下：

Switch # show mac-address-table

在 show mac-address-table 命令中可以看到 MAC 地址表有下列 3 种类型的 MAC 地址。

● 永久地址。

● 限制性静态地址。

● 动态地址。

而 MAC 地址表的组成有以下选项。

● 地址：目的 MAC 地址。

● 目的端口：从目的端口转发数据帧，即可以到达符合目的 MAC 地址的主机。

● 类型：动态意味着 MAC 地址表中的地址是通过学习流入该端口的数据帧的帧头中源端 MAC 地址得来的（即交换机的学习功能）。该表项必须被不断更新（即有流量通过），否则一段时间后，该表项被自动删除。1900 交换机最多可在该表中容纳 1 024 个 MAC 地址。一旦 MAC 地址表已填满，除非有表项超时被自动删除，否则新地址不能加入。

● 源端口表：可以向目的端口转发帧的源端口集合。

为了更好地配置 MAC 地址和使用交换机工作，可以针对交换机的 MAC 表做如下的配置：设置永久地址、设置限制性静态地址、删除表项。

1. 设置永久地址

设置永久 MAC 地址及其转发端口表示，该地址在 MAC 地址表里永久不会超时，也就不会被删除，这样其他所有的端口均可以转发帧给这个 MAC 地址所在的端口。命令如下：

Switch(config)#**mac-address-table permanent** [MAC Address] [type slot/port]

2. 设置限制性静态地址

限制性静态地址不但继承了永久地址的所有特性，进一步严格限制了源端口，安全性得到进一步增强。命令如下：

Switch(config)#**mac-address-table restricted static** [mac address] [type slot/port] [source interface list]

3. 删除表项

如果不需要某条 MAC 地址表项，就可以删除它。命令如下：

Switch#**clear mac-address-table** [dynamic|permanent|restricted]

9.5.6 配置端口安全性

1. 配置 Protected Port

有些应用环境下，要求一台交换机上的有些端口之间不能互相通信。在这种环境下，这些端口之间的通信，不管是单址帧，还是广播帧，以及多播帧，都只有通过三层设备进行。

用户可以通过将某些端口设置为保护口(Protected Port)来达到目的。当将某些端口设为保护口之后，保护口之间互相无法通信，保护口与非保护口之间可以正常通信。

进入配置模式，可以通过如下步骤将一个端口设置为保护口。

（1）	configure terminal	进入全局配置模式。
（2）	interface interface-id	指明一个接口，并进入接口配置模式。
（3）	switchport protected	将该接口设置为保护口。
（4）	end	回到特权模式。
（5）	show interfaces switchport	验证配置。
（6）	copy running-config startup-config	保存配置。

用户可以通过 no switchport protected 接口配置命令将一个端口重新设置为非保护口。

2. 端口安全

利用端口安全这个特性，可以通过限制允许访问交换机上某个端口的 MAC 地址以及 IP（可选），来严格控制对该端口的输入。

当为安全端口（打开了端口安全功能的端口）配置了一些安全地址后，则除了源地址为这些安全地址的包外，这个端口将不转发其他任何包。此外，还可以限制一个端口上能包含的安全地址最大个数，如果将最大个数设置为 1，并且为该端口配置一个安全地址，则连接到这个口的工作站（其地址为配置的安全 MAC 地址）将独享该端口的全部带宽。

为了增强安全性，可以将 MAC 地址和 IP 地址绑定起来作为安全地址。当然也可以只指定 MAC 地址而不绑定 IP 地址。

如果一个端口被配置为一个安全端口，当其安全地址的数目已经达到允许的最大个数后，如果该端口收到一个源地址不属于端口上的安全地址的包时，一个安全违例将产生。当安全违例将产生时，可以选择多种方式来处理违例，比如丢弃接收到的报、发送违例通知或关闭相应端口等。

当设置了安全端口上安全地址的最大个数后，可以使用下面几种方式增加端口上的安全地址：

可以使用接口配置模式下的命令 switchport port-security mac-address mac-address[ip-address]来手工配置端口的所有安全地址。也可以让该端口自动学习地址，这些自动学习到的地址将变成该端口上的安全地址，直到达到最大个数。需要注意的是，自动学习的安全地址均不会绑定 IP 地址，如果在一个端口上，已经配置了绑定 IP 地址的安全地址，则将不能再通过自动学习来增加安全地址。也可以手工配置一部分安全地址，剩下的部分让交换机自己学习。

在 Cisco 中有以下 3 种方案可供选择，在具体的交换机端口上绑定特定主机的 MAC 地址（网卡硬件地址）和在具体的交换机端口上同时绑定特定的主机的 MAC 地址（网卡硬件地址）和 IP 地址。

（1）基于端口的 MAC 地址绑定

以思科 2950 交换机为例，登录进入交换机，输入管理口令进入配置模式，输入以下命令。
Switch#config terminal　　　#进入配置模式。
Switch(config)# Interface fastethernet 0/1　　#进入端口配置模式。
Switch(config-if)switchport port-security mac-address MAC(主机的 MAC 地址)#配置该端口要绑定的主机 MAC 地址。
Switch(config-if)no switchport port-security mac-address MAC(主机的 MAC 地址)#删除绑定主机 MAC 地址。

注意：以上命令设置交换机上某个端口绑定一个具体的 MAC 地址，这样只有这个主机可以使用网络，如果对该主机的网卡进行了更换或者其他 PC 机想通过这个端口使用网络都不可用，除非删除或修改该端口上绑定的 MAC 地址，才能正常使用。（以上功能适用于思科 2950、3550、4500、6500 系列交换机。）

（2）基于 MAC 地址的扩展访问列表

Switch(config)Mac access-list extended MAC10＃定义一个命名扩展 MAC 地址访问控制列表并且命名该列表为 MAC10。

Switch(config)permit host 0009.6bc4.d4bf any＃定义 MAC 地址为 0009.6bc4.d4bf 的主机可以访问任意主机。

Switch(config)interface fa0/20#进入配置具体端口模式。

Switch(config)mac access-group MAC10 in＃在该端口上应用名为 MAC10 的访问列表（即前面我们定义的访问策略）。

Switch(config)no mac access-list extended MAC10＃清除名为 MAC10 的访问列表 [/td][/tr][/table]，　　　此功能与安全端口的设置大体相同，但它是基于端口做的 MAC 地址访问控制列表限制，可以限定特定源 MAC 地址与目的地址范围，更加灵活。

注意：以上功能在思科 2950、3550、4500、6500 系列交换机上可以实现，但是需要注意的是 2950、3550 需要交换机运行增强的软件镜像（Enhanced Image）。

（3）IP 地址的 MAC 地址绑定

基于 IP 的访问控制列表组合起来使用才能达到 IP-MAC 绑定功能。

Switch(config)mac access-list extended MAC10　#定义一个 MAC 地址访问控制列表并命名为 MAC10S。

witch(config)permit host 0009.6b4c.d4bf any　#定义 MAC 地址为 0009.6b4c.d4bf 的主机可以访问任何主机。

Switch(config)permit any host 0009.6b4c.d4bf　#定义任何主机可以访问 MAC 为 0009.6b4c.d4bf 的主机。

Switch(config)ip access-list extended IP10　#定义一个 IP 地址访问控制列表并且命名为 IP10 Switch(config)permit 192.168.0.1 0.0.0.0 any　#定义 IP 地址为 192.168.0.1 的主机可以访问任何主机。

Switch(config)permit any 192.168.0.1 0.0.0.0　#定义任何主机都可以访问 IP 地址为 192.168.0.1 的主机，完成了这一步，就可以进入端口配置模式去配置端口啦！

Switch(config)int fa0/20　#进入端口配置模式。

Switch(config-if)ip access-group IP10 in　#在该端口上应用名为 MAC10 的访问列表（IP 访问控制列表哟）。

下面清除端口上的访问控制列表。

Switch(config-if)no mac access-group MAC10 in

Switch(config-if)no ip access-group IP10 in　#取消端口的访问控制列表应用 [/td][/tr][/table]。

再清除访问控制列表。

Switch(config)no mac access-list extended MAC10Switch(config)no access-list extended IP10　#

最后清除所定义的 MAC10/IP10 访问控制列表。

上述所提到的应用 1 是基于主机 MAC 地址与交换机端口的绑定，方案 2 是基于 MAC 地址的访问控制列表，前两种方案所能实现的功能大体一样。如果要做到 IP 与 MAC 地址的绑定，只能按照方案 3 来实现，可根据需求将方案 1 或方案 2 与 IP 访问控制列表结合起来使用，以达到自己想要的效果。（以上功能在思科 2950、3550、4500、6500 系列交换机上可以实现，但是需要注意的是，2950、3550 需要交换机运行增强的软件镜像（Enhanced Image））。

在企业实际应用中，还可以更灵活地使用，我们都知道访问控制（ACL）功能强大，如果能够很好地结合交换加以运用，会有更好的效果。

当有端口连接违例产生时，可以设置下面几种针对违例的处理模式。

● protect：当安全地址个数满后，安全端口将丢弃未知名地址（不是该端口的安全地址中的任何一个地址）的包。

● restrict：当违例产生时，将发送一个 Trap 通知，将违例行为记录到日志。

● shutdown：当违例产生时，将关闭端口并发送一个 Trap 通知，将违例行为记录到日志。

（a）配置端口安全的限制

● 一个安全端口不能是一个 aggregate port；

● 一个安全端口不能是 SPAN 的目的端口；

● 一个安全端口只能是一个 access port。

一个静态模块上的百兆端口（FastEthernet，固定在交换机上）上，最多支持 20 个绑定 IP 地址的安全地址（包括 IP 地址 + MAC、单 IP 地址），一个动态模块（可插拔模块）上的端口则最多支持到 110 个。另外，由于这种同时绑定 IP 的安全地址占用的硬件资源与 ACLs、802.1x 认证功能所占用的系统硬件资源共享，因此当在某一个端口上应用了 ACLs 或者使用了 802.1x 认证功能，则相应地该端口上所能设置的申明 IP 地址的安全地址个数将会减少。使用了 802.1x 认证功能的端口不能配置端口安全，配置了端口安全的端口不能使用 802.1x。

安全地址有 3 种：单 MAC、单 IP、IP + MAC。建议一个安全端口上的安全地址的格式保持一致，如果同时设置，只有一种生效。3 种地址的优先级顺序由低到高为：

● 单 MAC；

● 单 IP/MAC + IP (谁后设置谁有效)。

单 MAC 的安全地址优先级比绑定 IP 的安全地址优先级低，当有绑定 IP 的安全地址时，单 MAC 的都不生效。单 IP 和 MAC + IP 的优先级则是谁在后设置谁级别高，级别高的规则才生效。所以建议不要同时设置两种 IP 安全地址方案，因为两种 IP 安全地址不能同时生效，而且浪费硬件的表项资源。

如果其他应用，如 ACL 共享硬件过滤域表项和模板，将硬件表项资源耗尽，则绑定 IP 的安全地址无法设置成功。

（b）配置安全端口实例

从特权模式开始，可以通过以下步骤来配置一个安全端口和违例处理方式：

（1） Configure terminal 进入全局配置模式。

（2） Interface interface-id 进入接口配置模式。

（3） switchport mode access 设置接口为 access 模式(如果确定接口已经处于 access 模式，则此步骤可以省略)。

（4） switchport port-security 打开该接口的端口安全功能。

（5）　　switchport port-security maximum value　　设置接口上安全地址的最大个数，范围 1～128，默认值为 128。

（6）　　switchport port-security violation{protect |restrict | shutdown}

● protect：保护端口，当安全地址个数满后，安全端口将丢弃未知名地址（不是该端口的安全地址中任何一个地址）的包。

● restrict：当违例产生时，将发送一个 Trap 通知，并记录违例行为到日志中。

● shutdown：当违例产生时，将关闭端口并发送一个 Trap 通知，并记录违例行为到日志中。当端口因为违例而被关闭后，recovery 来将接口从错误状态中恢复过来。

（7）　　End　　　　　　　　　　　　　　　　回到特权模式。

（8）　　show port-security interface[interface-id]　　验证你的配置。

（9）　　copy running-config startup-config　　　　保存配置（可选）。

在接口配置模式下，可以使用命令 no switchport port-security 来关闭一个接口的端口安全功能。使用命令 no switchport port-security maximum 来恢复为默认个数。使用命令 no switchport port-security violation 来将违例处理设置为默认模式。

（c）设置处理违例实例

下面的例子说明了如何启用接口 fastethernet0/3 上的端口安全功能，设置最大地址个数为 8，设置违例方式为 protect：

Switch# configure terminal

Enter configuration commands， one per line. End with CNTL/Z. Switch(config)# interface fastethernet 0/3

Switch(config-if)# switchport mode access Switch(config-if)# switchport port-security Switch(config-if)# switchport port-security maximum 8

Switch(config-if)# switchport port-security violation protect

Switch(config-if)# end

（d）配置安全端口上的安全地址

从特权模式开始，可以通过以下步骤来手工配置一个安全端口上的安全地址：

（1）　　configure terminal　　　　　　　　进入全局配置模式。

（2）　　interface interface-id　　　　　　　　进入接口配置模式。

（3）　　switchport port-security [mac-address mac-address] [ip-address ip-address]
手工配置接口上的安全地址。mac-address（可选）为这个安全地址绑定的 Mac 地址。ip-address（可选）为这个安全地址绑定的 IP 地址。

（4）　　end　　　　　　　　　　　　　　回到特权模式。

（5）　　show port-security address　　　　　验证你的配置。

（6）　　copy running-config startup-config　　　保存配置（可选）。

下面的例子说明了如何为接口 fastethernet 0/3 配置一个安全地址：00d0.f800.073c，并为其绑定一个 IP192.168.12.202 地址

Switch# configure terminal

Enter configuration commands， one per line. End with CNTL/Z. Switch(config)# interface fastethernet 0/3

Switch(config-if)# switchport mode access

Switch(config-if)# switchport port-security

Switch(config-if)# switchport port-security mac-address 00d0.f800.073c   ip-address

192.168.12.202

Switch(config-if)# end

9.5.7　备份、还原与删除配置文件

在升级或恢复 Cisco IOS 之前，应当将已有文件复制到 TFTP 主机作为备份，以防止新的映像文件不能正常运行。

在将 IOS 映像文件备份到网络服务器之前，完成下列操作。

（1）确定可以访问网络服务器。

（2）确保网络服务器对于映像文件具有足够的空间。

（3）验证所需的文件名以及路径。

验证闪存：在交换机或者路由器上用新的 IOS 文件升级 Cisco IOS 之前，应当验证闪存具有充足的空间来保存新的映像文件。可以使用 sh flash 命令验证闪存的容量和存储到闪存中文件的大小：

```
Router#sh flash
System flash directory：
File Length Name/status
1 16082856 c2500-js56i-l.121-5.T12.bin
[16082920 bytes used， 694296 available， 16777216 total]
16384K bytes of processor board System flash (Read ONLY)
```

这里文件名是 c2500-js56i-l.121-5.T12.bin。这个文件名称具有平台特性，名称来源如下所述。

（1）C2500 是指平台类型。

（2）J 指示此文件是一个企业级映像文件。

（3）S 指示文件包含扩展性能。

（4）L 指示在需要时可以从闪存中删除此文件，并且此文件是不可压缩文件。

（5）T12 是版本号。

（6）.bin 指示 Cisco IOS 是二进制可执行文件。

备份和恢复 Cisco IOS：

若要将 Cisco IOS 备份到 TFTP 服务器，使用 copy flash tftp 命令；恢复或升级 Cisco 交换机或者路由器 IOS，可以使用 copy tftp flash 命令将文件从 TFTP 服务器下载到闪存中。此命令需要 TFTP 服务器的 IP 地址以及要下载到闪存中的文件名。在开始操作之前，要确保欲放置到闪存中的文件在服务器默认的 TFTP 目录下。

备份和恢复 Cisco 配置文档：

对于交换机和路由器配置进行的任何修改，存储在 running-config 文件中。在修改了 running-config 后，没有执行 copy run start 命令，那么在交换机路由器重载或掉电后，修改的内容会丢失。特别说明，对于 1900 交换机来说，配置文档是自动保存的，无需使用 Copy 指令。

要把交换机或者路由器的配置文件复制到 TFTP 服务器，可以使用指令 copy running-config tftp 或 copy startup-config tftp。其中前面一个指令备份当前正在 DRAM 中运行的交换机或者路由器配置，后面一个指令备份存储在 NVRAM 中的交换机或者路由器配置。

验证当前配置可以使用 sh running-config 命令，如下：

```
Router>en
Router#sh run
```

```
Building configuration...
Current configuration ：   547 bytes
!
version 12.1
```

当前信息表明路由器运行的是 IOS 12.1 版本。

下面，应当检查 NVRAM 中存储的配置。要查看此配置，使用 sh start 命令：

```
Router#sh start
Using 547 out of 32762 bytes
!
version 12.1
```

将当前配置复制到 NVRAM，即将 running-config 复制到 NVRAM 作为备份，可以在交换机或者路由器断电后，重启动重载保存时的 Running-config 文件。

```
Router#copy run start
Destination filename [startup-config]? [Enter]
Building configuration...
[OK]
Router#
```

将配置复制到 TFTP 服务器，在特权模式下使用 copy run tftp 命令；恢复 Cisco 路由器配置，在特权模式下使用 copy tftp run 命令；删除配置，使用 erase startup-config 命令。

```
Router#copy run tftp
Router#copy tftp run
Router#erase startup-config
Erasing the nvram filesystem will remove all files! Continue? [confirm][Enter]
[OK]
Erase of nvram：   complete
Router#
```

9.5.8 交换机口令破解

要破解密码，这里有个基本要求：必须使用超级终端，通过 console 线连接到交换机的 console 口上。另外超级终端的设置为：

```
9600 baud rate
No parity
8 data bits
1 stop bit
No flow control
```

对于 CISCO 1900 系列交换机的口令破解，操作步骤如下所述。

（1）重启交换机。如果没有密码是无法进入交换机或者进入特权模式的，这样就无法使用 reload 命令，因此只能按电源开关重启。

（2）先按住交换机面板上的 LED mode 键，然后打开电源。

（3）超级终端出现以下提示：

```
-----------------------------------------------
Cisco Systems Diagnostic Console
Copyright(c) Cisco Systems, Inc. 1999
All rights reserved.
Ethernet Address: 12-E0-2E-7E-B4-40
```

Press **Enter** to continue.

（4）按照提示，回车之后进入系统菜单，如下：

Diagnostic Console - Systems Engineering

Operation firmware version: 8.00.00 Status: valid

Boot firmware version: 3.02

[C] Continue with standard system start up

[U] Upgrade operation firmware (XMODEM)

[S] System Debug Interface

Enter Selection:

选择 c 并按回车键

（5）交换机继续启动，当看到交换机端口的灯闪动的时候，不要按回车键，等交换机自检结束后出现提示：

Do you wish to clear the passwords? [Y]es or [N]

选择 Y 则清除了密码（注意：这个提示界面只会出现 10 秒左右，没有选择的话自动跳过）。

（6）进入系统之后就是已忽略 enable 密码了。

（7）修改口令。

#configure terminal

#enable secret

（8）保存配置。

#copy run star

对于 CISCO 2950/3550 系列交换机口令的破解，具体步骤如下所述。

（1）如果原来交换机是加电的，先断电，然后按住 mode（开关）加电，重启交换机，进入 monitor mode（监控模式）。

（2）在监控模式下执行指令 switch:flash-init，对交换机进行初始化设置。

（3）在监控模式下执行指令 switch: load-helper，可以得到帮助信息，在监控模式下执行指令 switch: Dir flash，可以查看闪存里面的信息。

（4）①修改配置文件的名称。

Rename flash: config.text　　　flash:old.text

②重新启动交换机。

switch:boot

（5）重新启动交换机以后，进行如下操作。

① 进入特权模式，修改配置文件名:rename　　　flash:old.text　　　flash: config.text

② 加载配置：copy flash: config.text　　system:running-config

（6）重设密码并存盘。

#configure terminal

#enable secret

#copy run star

9.5.9　交换机的工作类型

这里所说的交换机的工作类型，主要是针对在 VTP 的工作方式下说的，关于什么是 VTP，将会在下一章进行详细的介绍。在这里，只需要了解交换机的 3 种工作方式，如下所述。

（1）服务器（Server）：在 VTP 域中，至少需要一台服务器，以便在整个域中传播 VLAN

信息。

（2）客户机（Client）：在客户机模式下，交换机从 VTP 服务器接收信息，它们也发送和接收更新，但不做任何改动。

（3）透明（Transparent）：在透明模式下，交换机不参与 VTP 域，但它们仍然将通过任何已经配置好的中继链路转发 VTP 通告。

VTP 修剪：VTP 提供了一种方式来保留带宽，就是通过配置它来减小广播、组播和其他单播包的数量，这种方式就称为修剪。

下面是配置交换机 3 种工作模式的指令，有关 VTP 的详细配置参见下一章。

- vtp client 设置该交换机上的 VTP 模式为客户。
- vtp domain name 设置交换机上的 VTP 域为指定的名称。
- vtp password password 设置 VTP 口令。
- vtp server 将该交换机上的 VTP 模式设置为服务器。
- vtp transparent 将该交换机上的 VTP 模式设置为透明。

9.6   三层交换机的配置与路由

三层交换机就是具有部分路由器功能的交换机，三层交换机的最重要目的是加快大型局域网内部的数据交换，所具有的路由功能也是为这目的服务的，能够做到一次路由，多次转发。

9.6.1   三层交换机与路由器的比较

为了适应网络应用深化带来的挑战，网络在规模和速度方向都在急剧发展，局域网的速度已从最初的 10Mbit/s 提高到 100Mbit/s，目前吉比特以太网技术已得到普遍应用。

在网络结构方面，也从早期的共享介质的局域网发展到目前的交换式局域网。交换式局域网技术使专用的带宽为用户所独享，极大地提高了局域网传输的效率。可以说，在网络系统集成的技术中，直接面向用户的第一层接口和第二层交换技术方面，已得到令人满意的结果。但是，作为网络核心、起到网间互连作用的路由器技术却没有质的突破。在这种情况下，一种新的路由技术应运而生，这就是第三层交换技术：说它是路由器，因为它可操作在网络协议的第三层，是一种路由理解设备，并可起到路由决定的作用；说它是交换器，是因为它的速度极快，几乎达到第二层交换的速度。二层交换机、三层交换机和路由器这 3 种技术究竟谁优谁劣，它们各自适用在什么环境？为了解答这问题，下面先从这三种技术的工作原理入手。

1. 二层交换技术

二层交换机是数据链路层的设备，它能够读取数据包中的 MAC 地址信息，并根据 MAC 地址来进行交换。

交换机内部有一个地址表，这个地址表标明了 MAC 地址和交换机端口的对应关系。当交换机从某个端口收到一个数据包，它首先读取包头中的源 MAC 地址，这样它就知道源

MAC 地址的机器是连在哪个端口上的，再去读取包头中的目的 MAC 地址，并在地址表中查找相应的端口。如果表中有与这目的 MAC 地址对应的端口，则把数据包直接复制到这端口上，如果在表中找不到相应的端口，则把数据包洪泛到所有端口上。当目的机器对源机器回应时，交换机又可以学习一目的 MAC 地址与哪个端口对应，在下次传送数据时，就不再需要对所有端口进行洪泛广播了。

二层交换机就是这样建立和维护自己的地址表。由于二层交换机一般具有很宽的交换总线带宽，所以可以同时为很多端口进行数据交换。如果二层交换机有 N 个端口，每个端口的带宽是 M，而它的交换机总线带宽超过 $N \times M$，那么交换机此时就可以实现线速交换。二层交换机对广播包是不做限制的，把广播包复制到所有端口上。

二层交换机一般都含有专门用于处理数据包转发的 ASIC (Application specific Integrated Circuit)芯片，因此转发速度可以做到非常快。

（1）背板带宽

交换机有一个重要的性能参数叫背板带宽，有时也可以理解为交换机内部的总线带宽，各交换机端口在转发数据的时候，都会占用部分总线（背板）带宽，背板带宽资源的利用率与交换机的内部结构息息相关。目前交换机的内部结构主要有以下几种。

● 共享内存结构，依赖中心交换引擎来提供全端口的高性能连接，由核心引擎检查每个输入包以决定路由。这种方法需要很大的内存带宽、很高的管理费用，尤其是随着交换机端口的增加，内存的价格很高，因而交换机内核成为性能实现的瓶颈。

● 交叉总线结构，它可在端口间建立直接的点对点连接，这对于单点传输性能很好，但不适合多点传输。

● 混合交叉总线结构，采用混合交叉总线实现方式，它的设计思路是，将一体的交叉总线矩阵划分成小的交叉矩阵，中间通过一条高性能的总线连接。减少交叉总线数，降低成本，减少总线争用；但连接交叉矩阵的总线成为新的性能瓶颈。

（2）背板带宽的计算

背板带宽 = 端口带宽 × 端口数量 × 2，如果交换机所有端口总的吞吐量小于背板带宽，这样就能实现全双工无阻塞交换，这也证明交换机具有发挥最大数据交换的性能。

满配置吞吐量 (Mpps) = 满配置 GE 端口数 × 1.488Mpps，其中 1 个吉比特端口在包长为 64Byte 时的理论吞吐量为 1.488Mpps。例如，一台最多可以提供 64 个吉比特端口的交换机，其满配置吞吐量应达到 64 × 1.488Mpps = 95.2Mpps，才能够确保在所有端口均线速工作时，提供无阻塞的包交换。

如果一台交换机最多能够提供 176 个吉比特端口，而宣称的吞吐量为不到 261.8Mpps（176 × 1.488Mpps），那么用户有理由认为该交换机采用的是有阻塞的结构设计。

一般两者都满足的交换机才是合格的交换机。

背板相对大，吞吐量相对小的交换机，除了保留了升级扩展的能力外，就是软件效率/专用芯片电路设计有问题，或者背板相对小。吞吐量相对大的交换机，整体性能比较高。不过背板带宽是可以相信厂家的宣传的，可吞吐量是无法相信厂家的宣传的，因为后者是个设计值，测试很困难，并且意义不是很大。

2. 路由技术

路由器是在 OSI 七层网络模型中的第三层——网络层操作的。

路由器内部有一个路由表，这标明了如果要去某个地方，下一步应该往哪走。路由器从某个端口收到一个数据包，它首先把链路层的包头去掉（拆包），读取目的 IP 地址，然后查找路由表，若能确定下一步往哪送，则再加上链路层的包头（打包），把该数据包转发出去；如果不能确定下一步的地址，则向源地址返回一个信息，并把这个数据包丢掉。

路由技术和二层交换看起来有点相似，其实路由和交换之间的主要区别，就是交换发生在 OSI 参考模型的第二层（数据链路层），而路由发生在第三层。这一区别决定了路由和交换在传送数据的过程中需要使用不同的控制信息，所以两者实现各自功能的方式是不同的。

路由技术其实是由两项最基本的活动组成，即决定最优路径和传输数据包。其中，数据包的传输相对简单和直接，而路由的确定则更加复杂一些。路由技术重点就是解决最优路径的选择，而二层交换则负责数据的转发。路由算法在路由表中写入各种不同的信息，路由器会根据数据包所要到达的目的，地选择最佳路径，把数据包发送到可以到达该目的地的下一台路由器处。当下一台路由器接收到该数据包时，也会查看其目标地址，并使用合适的路径继续传送给后面的路由器。依次类推，直到数据包到达最终目的地。

路由器之间可以相互通信，而且可以通过传送不同类型的信息维护各自的路由表。路由更新信息一般是由部分或全部路由表组成。通过分析其他路由器发出的路由更新信息，路由器可以掌握整个网络的拓扑结构。链路状态广播是另外一种在路由器之间传递的信息，它可以把信息发送方的链路状态及时地通知给其他路由器。

3. 三层交换技术

一个具有第三层交换功能的设备是一个带有第三层路由功能的第二层交换机，但它是二者的有机结合，并不是简单地把路由器设备的硬件及软件叠加在局域网交换机上。不过这种叠加在早期的三层设备上确实是这样做的。

从硬件上看，第二层交换机的接口模块都是通过高速背板/总线（速率可高达几十 Gbit/s）交换数据的，在第三层交换机中，与路由器有关的第三层路由硬件模块也插接在高速背板/总线上，这种方式使得路由模块可以与需要路由的其他模块间高速地交换数据，从而突破了传统的外接路由器接口速率的限制。在软件方面，第三层交换机也有重大的举措，它将传统的基于软件的路由器软件进行了界定。其做法如下所述。

对于数据包的转发：如 IP/IPX 包的转发，这些规律的过程通过硬件得以高速实现。

对于第三层路由软件：如路由信息的更新、路由表维护、路由计算、路由的确定等功能，用优化、高效的软件实现。

假设两个使用 IP 的机器通过第三层交换机进行通信，机器 A 在开始发送时，已知目的 IP 地址，但尚不知道在局域网上发送所需要的 MAC 地址。要采用地址解析(ARP)来确定目的 MAC 地址，机器 A 把自己的 IP 地址与目的 IP 地址比较，从其软件中配置的子网掩码提取出网络地址，来确定目的机器是否与自己在同一子网内。若目的机器 B 与机器 A 在同一子网内，A 广播一个 ARP 请求，B 返回其 MAC 地址，A 得到目的机器 B 的 MAC 地址后，将这一地址缓存起来，并用此 MAC 地址封包转发数据，第二层交换模块查找 MAC 地址表，确定将数据包发向目的端口。若两个机器不在同一子网内，如发送机器 A 要与目的机器 C 通信，发送机器 A 要向"默认网关"发出 ARP 包，而"默认网关"的 IP 地址已经在系统软件中设置。这个 IP 地址实际上对应第三层交换机的第三层交换模块。所以当发送机器 A 对"默认网关"的 IP 地址广播出一个 ARP 请求时，若第三层交换模块在以往的通信过程中已得到目的机器 C 的 MAC 地址，则向发送机器 A 回复 C 的 MAC 地址；否则第三层交换模块根据路由信息向目的机器广播一个 ARP 请求，目的机器 C 得到此 ARP 请示后，向第三层交换模块回复其 MAC 地址，第三层交换模块保存此地址，并回复给发送机器 A。以后，当再进行 A 与 C 之间的数据包转发时，将用最终的目的机器的 MAC 地址封装，数据转发过程全部交给第二层交换处理，信息得以高速交换。既所谓的一次选路，多次交换。

第三层交换具有以下突出特点。

（1）有机的硬件结合使得数据交换加速。

（2）优化的路由软件使得路由过程效率提高。

（3）除了必要的路由决定过程外，大部分数据转发过程由第二层交换处理。

（4）多个子网互连时，只是与第三层交换模块的逻辑连接，不像传统的外接路由器那样需增加端口，保护了用户的投资。

4. 3 种技术的对比

可以看出，二层交换机主要用在小型局域网中，机器数量在二、三十台以下，这样的网络环境下，广播包影响不大，二层交换机的快速交换功能、多个接入端口和低廉价格为小型网络用户提供了很完善的解决方案。在这种小型网络中，根本没必要引入路由功能，从而增加管理的难度和费用，所以没有必要使用路由器，当然也没有必要使用三层交换机。

三层交换机是为 IP 设计的，接口类型简单，拥有很强的二层包处理能力，所以适用于大型局域网。为了减小广播风暴的危害，必须把大型局域网按功能或地域等因素划分成一个一个的小局域网，也就是一个一个的小网段，这样必然导致不同网段之间存在大量的互访，单纯使用二层交换机没办法实现网间的互访，而单纯使用路由器，则由于端口数量有限，路由速度较慢，而限制了网络的规模和访问速度，所以在这种环境下，由二层交换技术和路由技术有机结合而成的三层交换机就最为适合。

路由器端口类型多，支持的三层协议多，路由能力强，所以适合于在大型网络之间的互连。虽然不少三层交换机甚至二层交换机都有异质网络的互连端口，但一般大型网络的互连端口不多，互连设备的主要功能不在于在端口之间进行快速交换，而是要选择最佳路径，进行负载分担、链路备份和最重要的与其他网络进行路由信息交换，所有这些都是路由完成的功能。

在这种情况下，自然不可能使用二层交换机，但是否使用三层交换机，则视具体情况而定。影响的因素主要有网络流量、响应速度要求和投资预算等。三层交换机的重要目的是加快大型局域网内部的数据交换，揉合进去的路由功能也是为这目的服务的，所以它的路由功能没有同一档次的专业路由器强。在网络流量很大的情况下，如果三层交换机既做网内的交换，又做网间的路由，必然会大大加重了它的负担，影响响应速度。在网络流量很大，但又要求响应速度很高的情况下，由三层交换机做网内的交换，由路由器专门负责网间的路由工作，这样可以充分发挥不同设备的优势，是一个很好的配合。当然，如果受到投资预算的限制，由三层交换机兼做网间互连，也是个不错的选择。

9.6.2 三层交换机配置

要对三层交换机进行配置，首先必须理解各种端口和接口的类型，本小节描述不同的端口、接口类型，包括以下内容。

- 基于端口的 VLAN（Port-Based VLANs）。
- 交换端口（Switch Ports）。
- 以太网通道端口组（EtherChannel Port Groups）。
- 交换虚拟接口（Switch Virtual Interfaces）。
- 被路由端口（Routed Ports）。
- 连接接口（Connecting Interfaces）。

1. 基于端口的 VLAN（Port-based VLANs）

一个 VLAN 是一个按功能、组、或者应用被逻辑分段的交换网络，并不考虑使用者的物理位置，一个 VLAN 是一个广播域。更多关于 VLAN 的信息请看 "Configuring VLANs" 小节。一个端口上接收到的包被转发到属于同一个 VLAN 的接收端口。如果没有一个第三层的设备（路由器或三层交换机）来转发不同 VLAN 间的流量，则不同 VLAN 的网络是无法通信的（通过对 Native VLAN 技术的运用，也可以实现不同 VLAN 间的通信，不过此时只能做到两个不同 VLAN 间的通信）。

为了配置普通范围（Normal-range）VLAN（VLAN IDs 1-1005），使用命令：

config-VLAN 模式
(global) VLAN *VLAN-id*
或 VLAN-configuration 模式
(exec) VLAN database

针对 VLAN ID 1-1005 的 VLAN-configration 模式被保存在 VLAN 数据库中。

为配置扩展范围（extended-range）VLANs（VLAN ID 1006-4094），必须使用 config-VLAN 模式，并把 VTP 的模式设为 transparent 透明模式。Extended-range VLANs 不被添加到 VLAN 数据库。当 VTP 模式为透明模式，VTP 和 VLAN 的配置被保存在交换机的 running-configration 中，并且可以把它保存在 startup-configration 文件中，命令为：

(exec) copy running-config startup-config

添加端口到 VLAN 使用 switchport 接口配置命令，指令格式同二层交换机指令。另外，为一个干道（trunk）设置干道特性，并且如有需要，可定义该干道属于哪个 VLANs，为一个访问端口（access port）设置和定义它属于哪个 VLAN；为一个隧道端口（tunnel port）根据客户所指定的 VLAN 标签（customer-specific VLAN tag）设置和定义 VLAN ID。详细文档请参看"配置 802.1Q 和第二层隧道协议"。

2. 交换端口（Switch Ports）

交换端口只是和一个物理端口相关的第二层接口。一个交换端口可以是一个访问端口、一个干道端口、或者一个隧道端口。可以配置一个端口为一个访问端口、干道端口，或者一个预端口（per-port）。该预端口允许 DTP 运行，靠与另一端的链路端口协商（negotiate），来决定一个交换端口是一个访问端口还是干道端口。用户必须手工配置隧道端口，该隧道端口连接着一个 802.1Q 干道端口，并作为一条不对称链路的一部分。交换端口被用于管理物理接口和与之相关的第二层协议，并且不处理路由和桥接。

配置交换端口使用命令：(interface)switchport。

需要详细的配置交换端口和干道端口的信息，请看"配置 VLANs"。需要更多关于隧道端口的信息，请看"配置 802.1Q 和第二层隧道协议"。

3. 访问端口（Access Ports）

一个访问端口乘载只属于一个 VLAN 的流量。流量以不带 VLAN 标签的本地格式被接收和发送。到达一个访问端口的流量被认为属于指定给某个端口的某个 VLAN。如果一个访问端口收到了一个被标注的包（ISL 或 802.Q），这个包被丢弃，它的原地址不被获知，并且这个帧在 No destinaion 统计项中被计数。

对三层交换机来说，两种类型的访问端口被支持：①静态访问端口被手工指派给一个 VLAN；②动态访问端口的 VLAN 成员资格通过进入的包被获知。默认一个动态访问端口不是任何一个 VLAN 的成员，只有当该端口的 VLAN 成员资格被发现时，该端口才能开始转发。在 Catalyst 3550 交换机中，动态访问端口被 VMPS 指派给一个 VLAN。这个 VMPS 可以是一台 Catalyst 6000 线性交换机；而 Catalyst 3550 交换机不支持 VMPS 功能。

4. 干道端口（Trunk Ports）

一个干道端口乘载多 VLAN 的流量，并且默认是 VLAN 数据库中所有 VLANs 的一个成员。这里有两个类型的干道端口被支持：①在一个 ISL（CISCO 私有）干道端口中，所有接收到的数据包被期望使用 ISL 头部封装，并且所有被传输和发送的包都带有一个 ISL 头，从一个 ISL 端口收到的本地帧（non-tagged）被丢弃。②一个 IEEE802.1Q 干道端口同时支持加标签和未加标签的流量。一个 802.1Q 干道端口被指派了一个默认的端口 VLAN ID（PVID），并且所有的未加标签的流量在该端口的默认 PVID 上传输。一个带有和外出端口的默认 PVID 相等的 VLAN ID 的包发送时，不被加标签。所有其他的流量发送是被加上 VLAN 标签的。

尽管默认情况下，一个干道端口是每个 VTP 域的 VLAN 的一个成员，用户可以通过为每个干道端口配置一个允许列表来限制 VLAN 成员资格。这个允许 VLAN 列表不影响除相关干道端口以外的任何其他端口。默认所有可能的 VLAN（1-4094）都在这个允许列表里，在限制 VLAN 的时候，VLAN 1，VLAN 1002-1005 是被保留的必须得到允许的 VLAN，否则会报错。如果 VTP 了解到了某个 VLAN，并且该 VLAN 为启用运行状态，那么一个干道端口只能够成为一个 VLAN 的一个成员。如果 VTP 学到了一个新的，启用了的 VLAN，并且对于一个干道端口来说，该 VLAN 在允许列表内，那么该干道端口自动成为该 VLAN 的一个成员，并且该 VLAN 的流量通过该干道被转发。如果 VTP 学习到了一个新的，起用的，但对于该干道端口来说不在访问列表中的 VLAN，这个端口不会成为该 VLAN 的成员，并且没有关于该 VLAN 的流量会从该端口被转发出去。

5. 隧道端口（Tunnel Ports）

隧道端口被用于 802.1Q 隧道，来把服务提供商网络中的客户与表现与同一个 VLAN 的其他客户流量隔离开。

用户从服务提供商的边缘交换机到客户交换机上的一个 802.1Q 隧道端口配置一条异步链路。包进入边缘交换机的隧道端口时，为每一个用户把已标注 VLAN 的 802.1Q 帧与 802.1Q 标签的另一层（metro tag）一起封装。该 metro 标签层包含一个在服务提供商网络中唯一的 VLAN ID。这个双标签包穿过服务提供商网络，并确保该源发客户区别于其他客户的 VLAN。在外出接口，也是一个隧道接口，该 metro 标签被移除，并且来自于客户网络的源发 VLAN 号被检索。

隧道端口不能是干道端口或者访问端口，并且对于每个客户来说，必须有一个唯一的VLAN号。需要更多的关于隧道端口的信息，请看"配置802.1Q和第二层隧道协议"。

6. 以太通道端口组（Ethernet Port Groups）

以太通道端口组提供把多个交换机端口像一个交换端口对待。这些端口组为交换机之间或交换机和服务器之间提供一条单独的高带宽连接的逻辑端口。以太通道在一个通道中提供穿越链路的负载平衡。如果以太通道中的一个链路失效，流量会自动从失效链路转移到备用链路。用户可以把多干道端口加到一个逻辑的干道端；把多访问端口加到一个逻辑访问端口；或者多隧道端口加到一个逻辑的隧道接口。绝大多数的协议能够在单独或是集合的接口上运行，并且不会意识到在端口组中的物理端口。除了DTP、CDP和PAgP，这些协议只能在物理接口上运行。

当配置一个以太通道，创建一个端口通道逻辑接口，并且指派一个接口给以太通道。对于三层接口，人工创建该逻辑接口：

(global) interface port-channel

对于二层接口，该逻辑接口是动态被创建的。

对于二层和三层接口，人工指派一个接口给以太通道：

(interface) channel-group

这条命令把物理和逻辑端口绑定到一起。

7. 交换虚拟接口（Switch Virtual Interfaces）

一个SVI代表一个交换端口的VLAN，该端口作为一个系统中的路由或者交换接口，属于三层接口。只有SVI可以和一个VLAN相关联，但是只有当用户期望在VLAN间路由，在VLAN间Fallback桥接不可路由协议时，或提供IP主机与交换机相互联通时，需要为一个VLAN配置一个SVI。默认情况下，为实现远程交换的管理，一个SVI为默认VLAN(VLAN1)而创建。额外的SVIs必须被明确的配置。在二层模式中，SVIs只提供IP主机到系统的可连通行；在三层模式中，能够配置穿过SVIs的路由。

注意：为了在三层模式中使用SVIs，必须在交换机上安装增强多层软件映像(EMI)。所有的Catalyst 3550GBT交换机交货时已装有EMI。Catalyst 3550FESwitch交货时既可能是标准多层软件映像（SMI），也可能是预装EMI。可以定购EMI升级包，升级Catalyst3550从SMI到EMI。

当第一次为一个VLAN接口输入VLAN接口配置命令时，SVIs就被创建。一个VLAN与一个VLAN标签相符合。该VLAN标签与在干道端口上封装的ISL或者802.1Q数据帧有关，或与访问端口配置的VLAN ID有关。如果想让VLAN流量可以被路由转发到其他VLAN去，需要为VLAN配置一个IP地址，同样，也需要给其他VLAN指定IP，然后依靠第三层设备的路由转发，实现不同VLAN间的路由。SVIs既支持路由协议，也支持桥接配置。

8. 被路由端口（Routed Ports）

一个被路由端口是一个物理端口，就像路由器上的端口，它不必连接一个路由器。一个被路由端口与一个特定的VLAN没有关系，而是作为一个访问端口。一个被路由端口的表现像是一个普通的路由接口，除了它不支持VLAN的子接口。被路由端口能用一个三层路由协议配置。注意：为了配置被路由端口，必须有EMI装在交换机上。

把接口放入三层模式来配置被路由端口，命令如下：

(interface) no switchport

接着指派一个 IP 地址给端口，启用路由，并且指派路由协议：

(interface) ip address *ip_address*

(global) ip routing

(global) router *protocol*

注意：输入一个 no switchport 接口配置命令，将关闭该接口并重启它，该设备可能会产生消息给直连的接口。另外，当使用这条命令把接口放入三层模式，则正在删除该端口的所有二层特性。

可配置的被路由端口和 SVIs 的号码在软件上是没有限制的；然而，因为硬件的限制，这个数目和被配置的其他接口特征数目之间的相互关系会影响 CPU 的利用。需要更多的关于特征集的信息，请看"为用户选择特性优化系统资源"部分。

9. 连接端口（Connecting Interfaces）

一个单独 VLAN 里的设备能够直接通过任何交换机直接通信。没有通过一个路由设备或路由接口，在不同 VLAN 中的端口不能交换数据。作为一个标准二层的交换机，在不同 VLAN 中的端口不得不通过路由器交换信息。

该带有 EMI 的 Catalyst3550 在接口间转发流量，支持两种方法：路由和 fallback 桥接。要保持高性能转发时尽量使用交换机的硬件。然而，只有以太网二型封装的 IPv4 数据包能够被用硬件路由。所有其他类型的流量可以使用依靠硬件的 Fallback 桥接。

路由功能能够在所有的 SVIs 和被路由接口上启用。带有 EMI 的 Catalyst3550 交换机只路由 IP 流量。当 IP 路由协议参数和地址配置被添加到一个 SVI 或者被路由接口，任何从这些端口收到的 IP 流量都会被路由。

Fallback 桥接转发带有 EMI 交换机的不路由的流量或者属于一个不可路由协议的流量，如 DECnet。Fallback 桥接连接多个 VLAN 进入一个桥接域，该桥接域桥接了两个或多个 SVIs 或被路由端口。当配置 Fallback 桥接时，指派 SVIs 或被路由端口到桥接组，同时每个 SVI 或被路由端口被指派给一个唯一的桥接组。所有在同一个组内的接口属于同一个桥接域。需要更多的信息，请看"配置 Fallback 桥接"。

10. 使用的接口命令

Catalyst3550 支持以下这些接口类型。

- 物理接口——包含交换端口和被路由接口。
- VLANs——交换虚拟端口。
- 端口通道——接口的以太通道。

为了配置一个物理接口（端口），进入接口配置模式，并且指定接口 Type，slot 和 number。

Type——10/100 的 Fast Ethernet (fastethernet or fa) 或者 Gigabit Ethernet (gigabitethernet or gi)。

Slot——交换机上的插槽号码。在 Catalyst3550 上，插槽号码是 0。

Port number——交换机上的端口号。端口号码总是以 1 开头，面对交换机正面从左开始，例如，gigabitethernet 0/1，gigabitethernet 0/2。如果这儿有超过一种媒介类型（例如，10/100 端口和 Gigabit Eehernet 端口），该对口号码从第二中媒介再次开始：

fastethernet0/1，fastethernet0/2。

可用物理的方式检查交换机上的本地接口以确认物理接口。也可以用 IOS 的 show 特权命令来显示交换机上指定接口或者所有接口的信息。该章以下的内容主要提供物理接口的配置过程。

11. 配置接口的步骤

这里介绍的接口配置步骤适用于所有的接口配置过程。

（1）在特权模式输入命令进入配置终端：

Switch# **configure terminal**
Enter configuration commands， one per line. End with CNTL/Z.
Switch(config)#

（2）在全局配置模式输入命令进入接口，确认接口的类型和接口的号码。在这个例子中，Gigabit Eehernet 接口 0/1 被选择：

Switch(config)# **interface gigabitethernet0/1**
Switch(config-if)#

注意：不必在接口类型和接口号码之间加上一个空格。例如，在前面的行上，可以既可以是 gigabitethernet0/1，gigabitethernet0/1，gi 0/1，也可以是 gi0/1。

（3）在带有接口配置命令的每个 interface 命令之后，可根据该接口的要求个别配置。那些输入定义的协议和应用的命令将会在接口上运行。当进入另一个接口或者输入 end 返回特权 EXEC 模式时，这些命令被收集并且被应用。也可以配置一个接口范围，用命令：

(global) interface range 或 (global) interface range macro

在一个范围中被配置的接口必须是同一类型以及必须被配置相同的特征选项。

（4）配置一个接口以后，用命令确认它的状态，这些命令被列在"监控和维护第二层接口"部分。输入 show interface 的特权命令以查看所有接口或为该交换机具体配置一张列表。设备所支持的每个接口或特定接口的一个报告被提供出来：

Switch# **show interfaces**
 VLAN1 is up， line protocol is up
  Hardware is EtherSVI， address is 0000.0000.0000 (bia 0000.0000.00
  Internet address is 10.1.1.64/24
  MTU 1500 bytes， BW 1000000 Kbit， DLY 10 usec,
   reliability 255/255， txload 1/255， rxload 1/255
  Encapsulation ARPA， loopback not set
  ARP type： ARPA， ARP Timeout 04：00：00
  Last input 00：00：35， output 2d14h， output hang never
  Last clearing of "show interface" counters never
  Queueing strategy： fifo
  Output queue 0/40， 1 drops; input queue 0/75， 0 drops
  5 minute input rate 0 bits/sec， 0 packets/sec
  5 minute output rate 0 bits/sec， 0 packets/sec
   264251 packets input， 163850228 bytes， 0 no buffer
   Received 0 broadcasts， 0 runts， 0 giants， 0 throttles
   0 input errors， 0 CRC， 0 frame， 0 overrun， 0 ignored
   380 packets output， 26796 bytes， 0 underruns
   0 output errors， 0 interface resets
   0 output buffer failures， 0 output buffers swapped out
 FastEthernet0/1 is up， line protocol is down
  Hardware is Fast Ethernet， address is 0000.0000.0001 (bia 0000.00
  MTU 1500 bytes， BW 100000 Kbit， DLY 100 usec,
   reliability 255/255， txload 1/255， rxload 1/255

```
Encapsulation ARPA，    loopback not set
Keepalive set (10 sec)
Auto-duplex，    Auto-speed
input flow-control is off，    output flow-control is off
ARP type：    ARPA，    ARP Timeout 04：00：00
Last input never，    output never，    output hang never
Last clearing of "show interface" counters never
Queueing strategy：    fifo
Output queue 0/40，    0 drops; input queue 0/75，    0 drops
5 minute input rate 0 bits/sec，    0 packets/sec
5 minute output rate 0 bits/sec，    0 packets/sec
  0 packets input，    0 bytes，    0 no buffer
  Received 0 broadcasts，    0 runts，    0 giants，    0 throttles
  0 input errors，    0 CRC，    0 frame，    0 overrun，    0 ignored
  0 input packets with dribble condition detected
  0 packets output，    0 bytes，    0 underruns
  0 output errors，    0 collisions，    2 interface resets
  0 babbles，    0 late collision，    0 deferred
  0 lost carrier，    0 no carrier
  0 output buffer failures，    0 output buffers swapped out
```

本 章 小 结

在这一章介绍了第 2 层交换的基础知识，讨论了交换机与网桥、三层交换机与路由器的差别。本章讨论了在交换机之间有多条链路时会出现的问题，以及怎样通过使用生成树协议（STP）来解决这些问题。本章详细讲解了二层、三层交换机的工作方式，以及 1900、2950 与 3550 系列交换机的基本配置命令。

习　　题

选择题

1．10 台主机通过一个交换机连接到服务器，每台主机都支持 10Mbit/s 半双工的方式运行，都连接到服务器的时候每台主机能得到多少带宽？（　　）

  A．1Mbit/s   B．2Mbit/s   C．10Mbit/s   D．100Mbit/s

2．在各种 LAN 交换机的工作方式中，哪种延迟最大？（　　）

  A．直通转发 B．存储转发 C．碎片丢弃 D．碎片检查

3．哪种 LAN 交换机的工作方式被称为修正版本的直通转发？（　　）

  A．直通转发 B．存储转发 C．碎片丢弃 D．碎片检查

4．二层交换提供以下哪二种功能？（　　）

  A．基于 MAC 的帧过滤   B．线速率传送

  C．高延迟   D．高花销

5．两台以太网交换机之间使用了两根 5 类双绞线相连，要解决其通信问题，避免产生环路问题，需要启用（　　）技术。

    A．源路由网桥　B．生成树网桥　　　C．MAC 子层网桥　D．介质转换网桥

6．交换机如何知道将帧转发到哪个端口？（　　）

    A．用 MAC 地址表　　　　　　　B．用 ARP 地址表

    C．读取源 ARP 地址　　　　　　D．读取源 MAC 地址

7．在 STP 协议中，当网桥的优先级一致时，以下（　　）将被选为根桥？

    A．拥有最小 MAC 地址的网桥　　B．拥有最大 MAC 地址的网桥

    C．端口优先级数值最高的网桥　　D．端口优先级数值最低的网桥

8．哪些是生成树端口状态？（　　）

    A．学习　　　　B．生成　　　　C．监听　　　　D．转发

    E．初始化　　　F．过滤　　　　G．允许

9．来自网络中 4 个交换机的生成树信息显示如下：

Tampa#show spanning-tree
Spanning tree 1 is executing the IEEE compatible Spanning Tree protocol
Bridge Identifier has priority 32768, address 0002.fd29.c505
Configured hello time 2, max age 20. forward delay 15

Miami#show spanning-tree
Spanning tree 1 is executing the IEEE compatible Spanning Tree protocol
Bridge Identifier has priority 16384, address 0002.fd29.c504
Configured hello time 2, max age 20, forward delay 15

London#show spanning-tree
Spanning tree 1 is executing the IEEE compatible Spanning Tree protocol
Bridge Identifier has priority 8192, address 0002.fd29.c503
Configured hello time 2, maxage 20, forward delay 15

Cairo#show spanning-tree
Spanning tree 1 is executing the IEEE compatible Spanning Tree protocol
Bridge Identifier has priority 8192, address 0002.fd29.c502
Configured hello time 2, maxage 20, forward delay 15

根据以上信息，哪个交换机会被选为根网桥？（　　）

    A．Miami　　　　B．London　　　　C．Tampa　　　　D．Cairo

10．在一个 LAN 交换机网络中划分了 VLAN，为了使不同 VLAN 间通信，需要增加（　　）设备？

    A．网桥　　　　B．路由器　　　　C．三层交换机　　　D．集线器

实　　验

实验一　2950 交换机的启动及基本设置

1．实验要求

通过本实验，读者可以掌握以下技能：

- 熟悉 2950 交换机的开机界面；
- 对 2950 交换机进行基本的设置；
- 理解 2950 交换机的端口安全的相关配置。

（1）在 f0/12 上最大 mac 地址数目为 5 的端口安全，违规动作为默认。

（2）配置 f0/12 安全 mac 地址。

（3）配置端口安全超时时间两小时。

（4）端口安全超时时间 2 分钟，给配置了安全地址的接口，类型为 inactivity aging。

2．设备需求

本实验需要以下设备：

- Cisco Catalyst 2950 系列交换机 1 台，型号不限；
- PC 机 1 台，操作系统为 Windows 系列，装有超级终端程序；
- Console 电缆 1 条及相应的接口转换器。

3．线缆连接及配置说明

如图 9-2 所示，PC 机通过串口与交换机的 Console 端口相连。在超级终端正常开启的情况下，接通 2950 交换机的电源，开始实验。

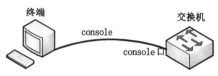

图 9-2　PC 与交换机 console 口连接

4．参考配置

（1）在 f0/12 上最大 mac 地址数目为 5 的端口安全，违规动作为默认。

switch#config t
Enter configuration commands, one per line.　End with CNTL/Z.
switch(config)#int f0/12
switch(config-if)#swi mode acc
switch(config-if)#swi port-sec
switch(config-if)#swi port-sec max 5
switch(config-if)#end
switch#show port-sec int f0/12
Security Enabled:Yes, Port Status:SecureUp
Violation Mode:Shutdown
Max. Addrs:5, Current Addrs:0, Configure Addrs:0

（2）配置 f0/12 安全 mac 地址：

switch(config)#int f0/12
switch(config-if)#swi mode acc
switch(config-if)#swi port-sec
switch(config-if)#swi port-sec mac-add 1111.1111.1111
switch(config-if)#end
switch#show port-sec add
 Secure Mac Address Table

VLAN	Mac Address	Type	Ports
1	1000.2000.3000	SecureConfigured	Fa0/12

（3）配置端口安全超时时间两小时：

switch(config)#int f0/12
switch(config)#swi port-sec aging time 120

（4）端口安全超时时间 2 分钟，给配置了安全地址的接口，类型为 inactivity aging：

switch(config-if)#swi port-sec aging time 2
switch(config-if)#swi port-sec aging type inactivity
switch(config-if)#swi port-sec aging static
show port-security interface f0/12 可以看状态。

其他 show

show port-security 看哪些接口启用了端口安全。

show port-security address 看安全端口 mac 地址绑定关系。

实验二　STP 配置

1．实验目的

掌握 STP 的基本配置。

2．实验要求

4 台交换机之间的 PC 机能够正常通信。

3．实验环境

4 台 2950 交换机，如图 9-3 相连。

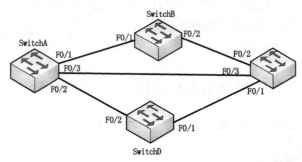

图 9-3　交换机 STP 配置拓扑

4．参考配置

[Switch-A]stp enable　　　　　　　　　　//使能 stp

[Switch-B]stp enable

[Switch-B]stp root primary

[Switch-C]stp enable

[Switch-C]stp root secondary

[Switch-D]stp enable

第 10 章　虚拟局域网（VLAN)

知识点：
- 了解 VLAN 工作原理
- 在交换机上配置 VLAN 和交换机间的通信
- 学习讨论 VTP 的模式和作用

在前面我们讲过，交换机分隔冲突域，路由器分隔广播域。但是在一个完全交换式的网络中，怎样分隔广播域呢？就是通过创建虚拟局域网（VLAN）来实现，就如同一个单独的子网和广播域一样，网络中的广播帧只在同一个 VLAN 内部逻辑组内的端口之间进行转发。

本章还会讲到根据 VLAN 中继协议（VLAN Trunk Protocol，VTP）来更新 VLAN 数据库，以及实现 VLAN 间的通信。

10.1　VLAN 概述

虚拟局域网（Virtual local Area Network，简称 VLAN），就是由一台或多台交换机组成的广播域。随着交换技术的发展，也加快了新的交换技术（VLAN）的应用速度。通过将企业网络划分为虚拟网络 VLAN 网段，可以强化网络管理和网络安全，控制不必要的数据广播。在共享网络中，一个物理的网段就是一个广播域。而在交换网络中，广播域可以是由一组任意选定的第二层网络地址（MAC 地址）组成的虚拟网段。这样，网络中工作组的划分可以突破共享网络中的地理位置限制，而完全根据管理功能来划分。这种基于工作流的分组模式，大大提高了网络规划和重组的管理功能。

在同一个 VLAN 中的工作站，不论它们实际与哪个交换机连接，它们之间的通信就好像在独立的集线器上一样。同一个 VLAN 中的广播只有 VLAN 中的成员才能听到，而不会传输到其他的 VLAN 中去，这样可以很好地控制不必要的广播风暴的产生。同时，若没有三层设备来进行 VLAN 间路由的话，不同 VLAN 之间正常情况下是不能相互通信，这样增加了企业网络中不同部门之间的安全性。网络管理员可以通过配置 VLAN 之间的三层路由，来全面管理企业内部不同管理单元之间的信息互访。交换机可以根据用户工作站的 MAC 地址来划分 VLAN 的。所以，用户可以自由地在企业网络中移动办公，不论其在何处接入交换网络，都可以与 VLAN 内其他用户自如地通信。

VLAN 可以由混合的网络类型设备组成，比如：十兆以太网、百兆以太网、令牌网、FDDI、CDDI，等等，可以是工作站、服务器、集线器、网络上行主干等。

用户在选择交换机的同时，应当仔细考察选购的交换机的 VLAN 功能，根据自己企业的实际需要，选择满足要求而且管理方便的交换机。同时，应当特别注意，现在不同厂商的交换机的 VLAN 之间大多数是不兼容的。

VLAN 有如下几种类型。

● 基于端口的 VLAN

基于端口的 VLAN 的划分是最简单、最有效的 VLAN 划分方法。该方法只需网络管理员针对网络设备的交换端口重新分配组合在不同的逻辑网段中即可，而不用考虑该端口所连接的设备是什么。

● 基于 MAC 地址的 VLAN

MAC 地址是指网卡的标识符，每一块网卡的 MAC 地址都是唯一的。基于 MAC 地址的 VLAN 划分其实就是基于工作站、服务器的 VLAN 的组合。因此，相同用户的接入点可以时常变动，它仍然属于所配置的 VLAN。在网络规模较小时，该方案亦不失为一个好的方法。但随着网络规模的扩大，网络设备、用户的增加，则会在很大程度上加大管理的难度。

● 基于路由的 VLAN

基于路由的 VLAN 工作在网络层，该方式允许一个 VLAN 跨越多个交换机。这种方式可以是按照接入设备的网络地址（如 IP 地址）或者上层运行的协议（TCP/UDP 等）来划分。一般来说，采用该方法的交换机比使用第二层信息的交换机速度要慢，因为查询第三层地址所需的时间比查询 MAC 地址所用的时间要多。

● 基于 IP 组播的 VLAN

IP 组播实际上也是一种 VLAN 的定义，即认为一个组播组就是个 VLAN，这种划分的方法将 VLAN 扩大到了广域网，因此这种方法具有更大的灵活性，而且也非常容易通过路由器进行扩展，当然这种方法不适合局域网，主要是效率不高。

10.2　VLAN 的特点与优越性

1．VLAN 的特点

VLAN 支持任意多个站点间的组合，一个站点或工作组可以属于多个虚拟工作组，一般交换机可以建立多达 16 个虚拟工作组。

一个虚拟工作组可以跨越不同的交换机，从逻辑上看，VLAN 完全独立于网络物理结构，只有同一虚拟工作组的成员才能接收到同一虚拟工作组站点发出的信息帧，因此不会增加其他虚拟网段的通信量。

VLAN 可大大简化网络的管理。VLAN 的建立、修改和删除都十分简便，虚拟工作组也可以方便地重新配置，而无需对实体进行再配置。

VLAN 可简化实际的网络结构，它允许管理员在交换机节点上配置和管理网络。有域网络分组比较容易，而且网络用户能够方便、有效地访问中心服务器，故可以把部门级服务器放置在网管中心，有利于网络的安全性。

VLAN 为网络设备的变更和扩充提供了一种有效的手段。

在交换式网络上实现的 VLAN 功能与 ATM 网络基本相同，不仅可以获得 ATM 网络的功能，还可以为今后升级为 ATM 网络培训网络管理人员。

VLAN 的发展方向是扩展到广域网，可是用户在世界各地都能随时联入自己的网络，并与其他工作组成员交流信息。

2. VLAN 的优越性

任何新技术要得到广泛支持和应用，肯定存在一些关键优势，VLAN 技术也一样，它的优势主要体现在以下几个方面。

（1）增加了网络连接的灵活性

借助 VLAN 技术，能将不同地点、不同网络、不同用户组合在一起，形成一个虚拟的网络环境，就像使用本地 LAN 一样方便、灵活、有效。VLAN 可以降低移动或变更工作站地理位置的管理费用，特别是一些业务情况有经常性变动的公司使用了 VLAN 后，这部分管理费用大大降低。

（2）控制网络上的广播

VLAN 可以提供建立防火墙的机制，防止交换网络的过量广播。使用 VLAN，可以将某个交换端口用户赋于某一个特定的 VLAN 组，该 VLAN 组可以在一个交换网中跨接多个交换机，在一个 VLAN 中的广播不会送到 VLAN 之外。同样，相邻的端口不会收到其他 VLAN 产生的广播。这样可以减少广播流量，释放带宽给用户应用，减少广播的产生。

（3）增加网络的安全性

因为一个 VLAN 就是一个单独的广播域，VLAN 之间相互隔离，这大大提高了网络的利用率，确保了网络的安全保密性。人们在 LAN 上经常传送一些保密的、关键性的数据。保密的数据应提供访问控制等安全手段。一个有效和容易实现的方法是将网络分段成几个不同的广播组，网络管理员限制了 VLAN 中用户的数量，禁止未经允许而访问 VLAN 中的应用。交换端口可以基于应用类型和访问特权来进行分组，被限制的应用程序和资源一般置于安全性 VLAN 中。

10.3　VLAN 中继协议的介绍

目前常用的 VLAN 中继协议有 CISCO 的 ISL 和 IEEE 标准 802.1Q 协议两种，这两种协议由于帧格式的差异等原因，互相不兼容，下面先来看看这两种 VLAN 的帧格式有什么不同。

10.3.1　802.1Q 帧格式介绍

以太网中的 IEEE 802.1Q 标签帧格式是在以太网（802.3）帧基础上修订而成，如表 10-1 所示。

表 10-1　　802.1Q 帧格式

7	1	6	6	2	2	2	42-1496 byte	4 byte
Preamble	SFD	DA	SA	TPID	TCI	Type Length	Data	CRC

● Preamble（Pre）——7Byte。Pre 字段中 1 和 0 交互使用，接收站通过该字段知道导入帧，并且该字段提供了同步化接收物理层帧接收部分和导入比特流的方法。

● Start-of-Frame Delimiter（SFD）——1 Byte。字段中 1 和 0 交互使用，结尾是两个连

续的 1，表示下一位是利用目的地址的重复使用字节的重复使用位。

- Destination Address（DA）——6Byte。DA 字段用于识别需要接收帧的站。
- Source Addresses（SA）——6 Byte。SA 字段用于识别发送帧的站。
- TPID——值为 8100（hex）。当帧中的 EtherType 也为 8100 时，该帧传送标签 IEEE 802.1Q/802.1P。
- TCI——标签控制信息字段，包括用户优先级（User Priority）、规范格式指示器（Canonical Format Indicator）和 VLAN ID。TCI 段格式如表 10-2 所示。

表 10-2		TCI 段格式
3	1	12bit
User Priority	CFI	Bits of VLAN ID (VIDI) to identify possible VLANs

- User Priority：定义用户优先级，包括 8 个（2^3）优先级别。IEEE 802.1P 为 3 比特的用户优先级位定义了操作。
- CFI：以太网交换机中，规范格式指示器总被设置为 0。由于兼容特性，CFI 常用于以太网类网络和令牌环类网络之间，如果在以太网端口接收的帧具有 CFI，那么设置为 1，表示该帧不进行转发，这是因为以太网端口是一个无标签端口。
- VID：VLAN ID 是对 VLAN 的识别字段，在标准 802.1Q 中常被使用。该字段为 12 位，支持 4096（2^{12}）VLAN 的识别。在 4096 可能的 VID 中，VID = 0 用于识别帧优先级。4095（FFF）作为预留值，所以 VLAN 配置的最大可能值为 4 094。
- Length/Type——2 Byte。如果是采用可选格式组成帧结构时，该字段既表示包含在帧数据字段中的 MAC 客户机数据大小，也表示帧类型 ID。
- Data——是一组 n（$46 \leqslant n \leqslant 1500$）Byte 的任意值序列。帧总值最小为 64 Byte。

Frame Check Sequence（FCS）——4 Byte。该序列包括 32 位的循环冗余校验（CRC）值，由发送 MAC 方生成，通过接收 MAC 方进行计算得出以校验被破坏的帧。

10.3.2　ISL 帧格式介绍

交换链路内协议（ISL），是思科私有的协议，主要用于维护交换机之间的通信流量的 VLAN 信息。

Inter-SwithLink（ISL）格式是思科私有 VLAN 标签格式。在使用的时候，ISL 对数据帧再封装，在每个帧的头部增加 26 Byte 信息，在帧尾部附加 4 Byte CRC。标签的格式如图 10-1 所示。

上述字段有几点需特别说明。

DA 指 ISL 封装特有的帧地址，是一个多播地址，告诉接收交换机这是一个 ISL 数据帧。

SA 指交换机接口地址，这个地址并不是交换机设置 MAC，而是思科交换机端口标识地址。

HSA 因为 ISL 是在思科交换机上才支持，这里思科 OUI 地址是 0X00-00-0C。

ISL 封装只支持 1024 个 VLAN。

ISL 帧最大为 1548Byte， ISL 包头 26 + 1518 + 4 = 1548（字节），其中 ISL 首部字节 26 个，1518 为以太网数据链路层最大的帧长度。

No.of bits	40	4	4	48	16	24	24	15	1	16	16	8to 196600bit (1to24575byte)	32
Frame field	DA	TYPE	USER	SA	LEN	AAAA03	HSA	VLAN	BPDU	INDEX	RES	ENCAP FRAME	FCS

DA	目的地址：包括一个广播地址 0x01-00-0c-00-00 或者是 0x03-00-0c-00-00
TYPE	类型：指明承载封装帧所用的技术
USER	用户：4 比特域，指明用户帧被分配的优先级
SA	源地址：正在传送这个 ISL 帧的交换机端口的 MAC 地址
LEN	封装帧的长度。该长度不包括 ISL 头和 ISL FCS 的长度
AAA03	恒定值域
HSA	源地址的高位比特——必须是 0x00-00-0c
VLAN	15 比特域，用来指示 VLAN 成员
BPDU	1 比特域。如果封装的帧是 802.1D Spanning Tree 桥接协议数据单元的话，就置 1
INDEX	包含传送数据包的交换机的端口索引
RES	为令牌环和 FDDI 封装帧保留的域
ENCAP Frame	交换机接入口接收到的完全未更改的原始数据帧
FCS	ISL 帧的帧校验

图 10-1　ISL 帧格式

ISL 标签（Tagging）能与 802.1Q 干线执行相同的任务，只是所采用的帧格式不同。ISL 干线（Trunks）是 Cisco 私有，即指两设备间（如交换机）的一条点对点连接线路。在"交换链路内协议"名称中即包含了这层含义。ISL 帧标签采用一种低延迟（Low-Latency）机制，为单个物理路径上的多 VLANs 流量提供复用技术。ISL 主要用于实现交换机、路由器以及各节点（如服务器所使用的网络接口卡）之间的连接操作。为支持 ISL 功能特征，每台连接设备都必须采用 ISL 配置。ISL 所配置的路由器支持 VLAN 内通信服务。非 ISL 配置的设备，则用于接收由 ISL 封装的以太帧（Ethernet Frames），通常情况下，非 ISL 配置的设备将这些接收的帧及其大小归因于协议差错。

和 802.1Q 一样，ISL 作用于 OSI 模型第 2 层。所不同的是，ISL 协议头和协议尾封装了整个第 2 层的以太帧。正因如此，ISL 被认为是一种能在交换机间传送第 2 层任何类型的帧或上层协议的独立协议。ISL 所封装的帧可以是令牌环（Token Ring）或快速以太网（Fast Ethernet），它们在发送端和接收端之间维持不变的现传送。ISL 具有以下特征：

由专用集成电路执行（ASIC：application-specific integrated circuits），不干涉客户机站；客户机不会看到 ISL 协议头，ISL NICs 为交换机与交换机、路由器与交换机、交换机与服务器等之间的运行提供高效性能。

10.3.3　VLAN 中继协议兼容性分析

ISL 是思科专有的 VLAN 协议，目前只能应用在思科的网络设备中，而 IEEE 802.1Q 已建立起了基于标准的 VLANs，该标准以帧标签机制为基础，适合于以太网、快速以太网、令牌环和 FDDI，也为交换机和路由器提供一种使 V LAM 标签化的方法。保证了多厂商的 VLAN 兼容性，GVRP 已由 IEEE 802.1 Q 支持，它提供了 VLAN 成员的注册服务。所以，如果在不同厂商之间的网络设备上运行 VLAN 环境，需要使用 IEEE 802.1 Q 协议来工作。本章将在章末详细介绍这两种中继协议的具体配置。

10.4　一台交换机上 VLAN 的实现

下面，将对包括 CISCO1900、2900、2950 型号的交换机做 VLAN 配置的介绍。

10.4.1　静态 VLAN（Static VLAN）的实现

静态 VLAN 提供基于端口的成员资格，在这里，交换机端口被分配给某些特定的 VLAN。终端用户设备根据它们所连入的物理交换机端口，而成为 VLAN 中的一成员。对于这些终端设备，不需要使用其他协议就可以实现 VLAN 内的互联；当它们连入一个端口时，会自动进行 VLAN 互连。正常情况下，终端设备甚至不会注意到该 VLAN 的存在。交换机端口和它的 VLAN 完全可以看做线性连接其他任何网段，好像和其他"本地连接"的成员连在一根网线上。

由于交换机端口是通过网络管理员的人工操作而分配给 VLAN 的，因而将这种 VLAN 称为静态 VLAN。单一一台交换机上的端口也可以分配和组并到许多 VLAN 中。即使是连在同一台交换机上的两台设备，如果它们分属于不同的 VLAN 端口，通信量也不会在它们之间传送。如果想要在两个 VLAN 之间通信，就要利用一台第 3 层设备来路由分组，或使用一台第 2 层设备来桥接（bridge）分组。

一般而言，端口和 VLAN 之间的成员资格是在交换机的硬件中处理的，这种硬件有一个专用的应用集成电路（ASIC）。由于所有的端口映像都是在硬件级上完成，无需复杂的表项查找，因而这种成员关系能提供性能优良的通信功能。

10.4.2　动态 VLAN（Dynamic VLAN）的实现

动态 VLAN 是根据终端用户设备的 MAC 地址来定义成员资格的。当设备连入一个交换机端口时，该交换机必须查询它的一个数据库，以建立 VLAN 的成员资格。因此，网络管理员必须先把用户的 MAC 地址分配到 VLAN 成员资格策略服务器（VMPS，VLAN Membership Policy Server）的数据库中的一个 VLAN 上。

对 Cisco 交换机而言，动态 VLAN 是用如 Ciscoworks 2000 或 Ciscoworks for Switched Internetworks（CWSI）的网络管理工具来建立和进行管理的。动态 VLAN 对终端用户来说具有更大的灵活性和可移动性，但要求有更多的管理方面的开销。

10.5　多台交换机上 VLAN 的实现（包括 1900、2900、2950 型号）

前面都是在一台交换机上面来配置 VLAN 的，但是在实际应用中，VLAN 的配置经常是在多台交换机上来配置的，所以下面要对跨交换机的 VLAN 做介绍。

10.5.1 VTP（VLAN Trunk Protocol）

VTP，即思科 VLAN 中继协议（VTP：Cisco VLAN Trunking Protocol），VLAN 中继协议（VTP）是思科第 2 层信息传送协议，主要控制一个 VTP 域内 VLANs 的添加、删除和重命名，即 VLAN 的同步操作。VTP 减少了交换网络中的管理事务。当用户要为 VTP 服务器配置新 VLAN 时，可以通过域内所有交换机分配 VLAN，这样可以避免到处配置相同的 VLAN，降低工作量。VTP 是思科私有协议，它支持大多数的 Cisco Catalyst 系列产品。

通过 VTP，其域内的所有交换机都清楚所有的 VLANs 情况，但当 VTP 可以建立多余流量时情况例外。这时，所有未知的单播（Unicasts）和广播在整个 VLAN 内进行扩散，使得网络中的所有交换机接收到所有广播，即使 VLAN 中没有连接用户，情况也不例外。而 VTP Pruning 技术正可以消除该多余流量。

默认方式下，所有 Cisco Catalyst 交换机都被配置为 VTP 服务器。这种情形适用于 VLAN 信息量小且易存储于任意交换机（NVRAM）上的小型网络。对于大型网络，由于每台交换机都会进行 NVRAM 存储操作，但该操作对于某些点是多余的，所以在这些点必须设置一个"判决呼叫"（Judgment Call）。基于此，网络管理员所使用的 VTP 服务器应该采用配置较好的交换机，其他交换机则作为客户机使用。此外需要有某些 VTP 服务器能提供网络所需的一定量的冗余。

到目前为止，VTP 具有 3 种版本。其中 VTP v2 与 VTP v1 区别不大，主要不同在于：VTP v2 支持令牌环 VLANs，而 VTP v1 不支持。通常只有在使用 Token Ring VLANs 时，才会使用到 VTP v2，否则一般情况下并不使用 VTP v2。

VTP v3 不能直接处理 VLANs 事务，它只负责管理域（Administrative Domain）内不透明数据库的分配任务。与前两版相比，VTP v3 具有以下改进。
- 支持扩展 VLANs。
- 支持专用 VLANs 的创建和广告。
- 提供服务器认证性能。
- 避免"错误"数据库进入 VTP 域。
- 与 VTP v1 和 VTP v2 交互作用。
- 支持每端口（On a Per-Port Basis）配置。
- 支持传播 VLAN 数据库和其他数据库类型。

VTP 的一些优点如下所述。
- 保持 VLAN 信息的连续性。
- 精确跟踪和监视 VLAN。
- 动态报告增加了的 VLAN 信息给 VTP 域中所有 switch。
- 可以使用即插即用（plug-and-play）的方法增加 VLAN。
- 可以在混合型网络中进行 trunk link，比如以太网到 ATM LANE，FDDI 等。

在使用 VTP 管理 VLAN 之前，首先需要创建一个 VTP 服务器（VTP server），而且所有要共享 VLAN 信息的服务器必须使用相同的域名。假如把某个 switch 和其他的 switch 配置在一个 VTP 域里，这个 switch 就只能和这个 VTP 域里的其他 switch 共享 VLAN 信息。其实，如果只有一个 VLAN，就不需要使用 VTP 了，因为这个时候所有的 switch 共享了这一个

VLAN 信息，而不会收到其他的 VLAN 信息。VTP（VLAN）信息通过 trunk 端口进行发送和接收，可以给 VTP 配置密码来保证只有合法的 switch 才能接收到 VTP（VLAN）信息，但是要记住的是，所有的 switch 必须配置相同的密码。

在服务器模式下，switch 通告 VTP 管理域信息时，会加上版本号和已知 VLAN 配置参数信息。另外有一种透明 VTP 模式（transparent VTP mode），在这种模式里，switch 可以通过 trunk 端口转发 VTP 信息，但是不接受 VTP 更新信息来更新它自己的 VTP 数据库。

在客户机模式下，当 switch 通过 VTP 通告检测到有增加的 VLAN 时，会把新增加的 VLAN 和已有的 VLAN 合并在一个共享信息内，并且会让更新 VLAN 后信息的版本号比之前的版本号增加 1。

在 VTP 域里操作的 3 种模式如下所述。

● 服务器模式（server mode）：是所有 Catalyst switches 的默认设置，一个 VTP 域里必须至少要有一个服务器用来传播 VLAN 信息，对 VTP 信息的改变必须在服务器模式下操作，配置保存在 NVRAM 里。一般来说，服务器的版本号要高于客户机模式。

● 客户机模式（client mode）：在这种模式下，switches 从 VTP 服务器接受信息，而且它们也发送和接收更新，但是它们不能做任何改变。在 VTP 服务器通知客户 switches 说增加了新的 VLAN 之前，不能在客户 switch 的端口上增加新的 VLAN，配置不保存在 NVRAM 里。

● 透明模式（transparent mode）：它的版本号等于 0。该模式下的 switch 不能增加和删除 VLAN，因为它们保持有自己的数据库，配置保存在 NVRAM 里。

在实际的工作环境下，在同一 VTP 域内，总是版本号高的去同步版本号低的，而不考虑是处于什么模式下。也就是说，客户机模式只要其版本号高于服务器模式，就可以同步服务器模式下的 VLAN 信息。由于一般情况下一个域内只有一个服务器模式的交换机，所有 VLAN 同步最先也是在该服务器模式的交换机上配置，所以，它的版本号一般都高于其他交换机，这就是为什么上面反复提到服务器同步客户机的原因。

10.5.2 配置 VLAN

跨交换机的 VLAN 类型如同单交换机上面的 VLAN 信息一样，也分为静态 VLAN 和动态 VLAN 两种，在创建 VLAN 时，通常都是创建静态 VLAN（Static VLAN），静态 VLAN 也是最安全的；而动态 VLAN（Dynamic VLAN)能够自动决定一个节点的 VLAN 分配。通过使用智能化的管理软件，就可以启用 MAC 地址、协议甚至应用程序来创建动态 VLAN。

下面将以 1900 交换机作为服务器模式，2900 作为客户模式进行 VTP 模式下的 VLAN 配置。

10.5.3 创建并命名 VLAN

1．在 1900 上 VLAN 的设置
在 1900 上 VLAN 的设置分以下两步。
（1）创建并设置 VLAN 名称。
（2）应用到端口。

先创建并设置 VLAN 的名称。

VLAN VLAN 号 name VLAN 名称，如：

1900Switch(config)#VLAN 2 name SwitchA

1900Switch(config)#VLAN 3 name SwitchB

新配置了 2 个 VLAN，为什么 VLAN 号从 2 开始呢？这是因为默认情况下，所有的端口放在 VLAN1 上，VLAN1 是系统保留的 VLAN 号，同样系统保留的 VLAN 号还有 1002～1005，所以要从 2 开始配置。1900 系列的交换机最多可以配置 1 024 个 VLAN，但是，只能有 64 个同时工作，当然了，这是理论上的，应该根据自己网络的实际需要来规划 VLAN 的号码。

2. 在 2900 上 VLAN 的设置

2900# VLAN database	进入 VLAN 数据库
2900 (VLAN)# VLAN VLAN-num name name	创建 VLAN 并修改其名称
2900 (VLAN)#apply	确认应用。在模拟器上不需要此步。
2900 (VLAN)# exit	

10.5.4 分配端口到 VLAN

配置好了 VLAN 名称后，要进入每一个端口来设置 VLAN。在 1900 交换机中，要进入某个端口比如说第 4 个端口，要用 interfaceEthernet0/4。下面，让端口 2、3、4 和 5 属于 VLAN2，让端口 17～22 属于 VLAN3。命令是 VLAN-membershipstatic/dynamicVLAN 号。静态的或者动态的两者必须选择一个，后面是刚才配置的 VLAN 号。下面看结果：

```
1900Switch(config)#interfaceethernet0/2
1900Switch(config-if)#VLAN-membershipstatic2
1900Switch(config-if)#inte0/3
1900Switch(config-if)#VLAN-membershipstatic2
1900Switch(config-if)#inte0/4
1900Switch(config-if)#VLAN-membershipstatic2
1900Switch(config-if)#inte0/5
1900Switch(config-if)#VLAN-membershipstatic2
1900Switch(config-if)#inte0/17
1900Switch(config-if)#VLAN-membershipstatic3
…………
1900Switch(config-if)#inte0/22
1900Switch(config-if)#VLAN-membershipstatic3
1900Switch(config-if)#
```

在 2950 上 VLAN 的设置

2900# configure teriminal	
2900 (config)# interface type module/number	进入端口
2900 (config-if)# switchport mode access	设置端口为接入模式
2900 (config-if)# switchport access VLAN VLAN-num	把端口分配给指定 VLAN
2900 (config-if)# end	

10.5.5 配置 Trunk 端口

1. Trunk 工作过程

要传输多个 VLAN 的通信，需要用专门的协议封装或者加上标记（tag），以便接收设备能区分数据所属的 VLAN。VLAN 标识从逻辑上定义了哪个数据包使它多种协议，前面我们已经大致介绍了这两种干道封装的 IEEE802.1Q 和 CISCO 专用的协议，ISL（Cisco Inter-Switch Link Protocol）。下面介绍一下这两种协议的配置实施。802.1Q 帧标记法被 IEEE 选定为标准化的中继机制。它至少有如下 3 种处理方法。

（1）静态干线配置

静态干线配置最容易理解。干线上每一个交换机都可由程序设定发送及接收使用特定干线连接协议的帧。在这种设置下，端口通常专用于干线连接，而不能用于连接端节点，至少不能连接那些不使用干线连接协议（trunking protocol）的端节点。当自动协商机制不能正常工作或不可用时，静态配置是非常有用的，其缺点是必须手工维护。

（2）干线功能通告

交换机可以周期性地发送通告帧，表明它们能够实现某种干线连接功能。例如，交换机可以通告自己能够支持某种类型的帧标记 VLAN，因此按这个交换机通告的帧格式向其发送帧是不会有错的。交换机的功能还不止这些，它还可以通告现在想为哪个 VLAN 提供干线连接服务。这类干线设置对于一个由端节点和干线混合组成的网段可能会很有用。

（3）干线自动协商

干线也能通过 cisco 私有协议 DTP(Dynamic Trunking Protocol)协商过程自动设置。在这种情况下，交换机周期性地发送指示帧，表明它们希望转到干线连接模式。如果另一端的交换机收到并识别这些帧，并自动进行配置，那么这两部交换机就会将这些端口设成干线连接模式。这种自动协商通常依赖于两部交换机(在同一网段上)之间已有的链路，并且与这条链路相连的端口要用专干线连接，这与静态干线设置非常相似。

协商成 Acess 或者 Trunk 的关键在于协商双方的接口是处于什么样的模式下。在真机情况下，两台交换机相连中间的链路自动协商成 trunk，因为交换机的接口默认为 desirable 模式，两个 desirable 会协商成 trunk。

2．Trunk 的优点

（1）可以在不同的交换机之间连接多个 VLAN，可以将 VLAN 扩展到整个网络中。

（2）Trunk 可以捆绑任何相关的端口，也可以随时取消设置，这样提供了很高的灵活性。

（3）Trunk 可以提供负载均衡能力以及系统容错。由于 Trunk 实时平衡各个交换机端口和服务器接口的流量，一旦某个端口出现故障，它会自动把故障端口从 Trunk 组中撤销，进而重新分配各个 Trunk 端口的流量，从而实现系统容错。

3．实例应用

VLAN 交换机的主要特点是能够在单个交换机内部或多个交换机之间支持多个独立的VLAN。对于多个 VLAN 交换机来说，一条干线就是两个交换机之间的连接，它在两个或两个以上的 VLAN 之间传输数据流。这与两个普通网桥之间的一条链路不同，因为每个交换机必须确定它所收到的帧属于哪个 VLAN。虽然这增加了部分复杂性，但同时也带来了很大的灵活性。

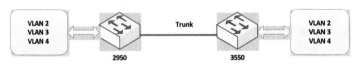

图 10-2　跨交换机 VLAN 帧的转发

如图 10-2 所示，此例解释了如何在 3550 交换机和 2950 交换机之间的一条链路上创建承载不同交换机之间 VLAN 通信的 ISL Trunk（VLAN 链路）。在 Catalyst 3550 交换机和 Catalyst 2950 交换机之间配置一条 Trunk 线路相连，在这个应用中划分了 4 个 VLAN，其中有 3 个动手配置的 VLAN，并对它们分别命名为：A2、A3、A4。其中 VLAN1 采用默认的配置。并将 2950 和 3550 交换机的各端口分配到适当的 VLAN 中。

下面以 3550 交换机为例，简要介绍以下的重要配置。

创建 VLAN 如下：

```
3550switch#VLAN database
3550switch(VLAN)#VLAN 2 name A2
3550switch(VLAN)#VLAN 3 name A3
3550switch(VLAN)#VLAN 4 name A4
```

把各个端口分配到适当的 VLAN 中：

```
3550switch（config）#interface range fastEthernet 0/5 - 8
3550swutcg(config-if)#switchport access VLAN 2     （5 至 8 端口放入 VLAN2 中）
3550switch（config）#interface range fastEthernet 0/9 - 11
3550swutcg(config-if)#switchport access VLAN 3     （9 至 11 端口放入 VLAN3 中）
3550switch（config）#interface range fastEthernet 0/12 - 15
3550swutcg(config-if)#switchport access VLAN 4     （11 至 15 端口放入 VLAN4 中）
```

应该注意，interface range fastEthernet *X/X － X* 是应用在 Cisco IOS 软件 12.1 以上的版本，如果使用的是 CiscoIOS 软件 12.1 以前发布的版本，应该用命令：switchport access VLAN *VLANID*，逐个把端口加入 VLAN。

在特权模式下使用 show VLAN 命令，来检查是否将端口分配给正确的 VLAN。可以看出其他的端口全默认在 VLAN1 中。

在这个应用中，把 3550 的 fastE 0/2 和 2950 的 fastE 0/1 端口分别设置为 Trunk 口，并在每一个端口都采用 802.1Q 干道封装：

```
3550switch(config)#interfasce fa0/2
3550switch(config-if)#switchport mode trunk
3550switch(config-if)#switchport trunk encapsulation dot1q
```

需要注意的是，这里的 dot1q 即代表 802.1Q，Trunk 端口默认情况下会传送所有的 VLAN 通信。

要查看 Trunk 端口的信息和允许的 VLAN，可以使用命令：show interfas *interface-id* switchport。

```
Name: Fa0/1
Switchport: Enabled
Administrative Mode: trunk
Operational Mode: trunk
Administrative Trunking Encapsulation: dot1q
Operational Trunking Encapsulation: dot1q
Negotiation of Trunking: On
Access Mode VLAN: 1 (default)
Trunking Native Mode VLAN: 1 (default)
Trunking VLANs Enabled: ALL
Pruning VLANs Enabled: 2-1001
Protected: false
Unknown unicast blocked: disabled
Unknown multicast blocked: disabled
Voice VLAN: none (Inactive)
```

Appliance trust: none

要限制 Trunk 传送的 VLAN，只允许限定的 VLAN 流量通过，可以使用接口配置命令：

3550switch(config-if)#switchport trunk allowed VLAN remove *VLAN-list*

对于 2950 的设置，和上面的 3500 交换机的配置一样，在这就不再赘述。只要把端口 3 至 6 分配到 VLAN2 中，7 至 10 分配到 VLAN3 中，11 至 13 分配到 VLAN4 中，其他端口默认在 VLAN1 中，重要的是封装 TRUNK 的两边交换机端口的协议要相同，这里采用的是 802.1Q。

如果在这个例子中，在 Catalyst3550 交换机的 VLAN2 中有一主机 hostA，其 IP 地址设置为：192.168.0.2/24,在 Catalyst2950 交换机的 VLAN2 中，也有一主机 hostB，其 IP 地址设置为：192.168.0.6/24。如果在 2950 的交换机的 hostA PING 对方 hostB 的话，可以看到，交换机 2950 用标识为 VLAN2 的 802.1Q 头封装数据帧，并通过 Trunk 链路发送到 3550 的交换机中。而 3550 接收到其数据帧的话，首先除去 802.1Q 头，在根据 VLAN 标记查看数据包属于哪个 VLAN，在得知是给 VLAN2 的数据后，将原始的 2 层链路帧转发给 VLAN2。主机 B 在接受到主机 A 的数据后返回一个 ICMP 数据给 A，数据帧通过 VLAN2 交给了 3550 后，交换机封装自己的中继信息，重复 2950 的封装过程并转发给 2950。但是如果这两个工作站分别在不同的 VLAN 之中，则相互 PING 对方的话，是不通的。这就说明，不同交换机之间的工作站通过 TRUNK 相连接，只有这些工作站在同一个 VLAN 之中，才可以相互通信，而不同 VLAN 中的工作站是不能通过 Trunk 来通信的。

10.5.6　配置 ISL 和 802.1Q 路由

因为二层交换机是不能直接交换不同 VLAN 间的数据的，所以各 VLAN 间的数据要交换，或者说各 VLAN 之间要连通，必须使用三层路由功能。通常使用路由器的子接口技术来实现 VLAN 间的路由，由于交换机连接路由器子接口的接口以及该路由器的子接口都要封装成中继协议才能实现 VLAN 通信，而 VLAN 的路由协议有 ISL 和 802.1Q，所以配置 VLAN 间的路由就有以下两种方式。

1．配置 ISL 路由

当划分多 VLAN 的二层交换机连接路由器（例如 Router2600）时，除了在交换机上配置 Trunk 端口连接到路由器,在路由器上要使用子接口来接收交换机各 VLAN 的数据，配置命令如下：

2600Router(config)#int f0/0.1（在 F0/0 接口上配置子接口 1。）

2600Router(config-subif)#encapsulation isl [VLAN#]（在子接口中使用 ISL 来传输 VLAN 信息，VLAN# 代表是哪个 VLAN。）

2600Router(config-subif)#ip add ip add submask（给子接口配置相应 VLAN 中的 IP 地址，通常这个地址也是该 VLAN 的网关地址。）

2．配置 802.1Q 路由

当划分多 VLAN 的二层交换机连接路由器（例如 Router2600）时，除了在交换机上配置 Trunk 端口连接到路由器外，在路由器上要使用子接口来接收交换机各 VLAN 的数据，配置命令如下：

2600Router (config) #int f0/0.1（在 F0/0 接口上配置子接口 1。）

2600Router (config-subif)#encapsulation dot1q [VLAN#] （在子接口中使用 802.1Q 协议来传输 VLAN 信息，VLAN#代表是哪个 VLAN。）

2600Router(config-subif)#ip add ip add submask （给子接口配置相应 VLAN 中的 IP 地址，通常这个地址也是该 VLAN 的网关地址。）

10.5.7 配置 VTP

1．配置 VTP 管理域

在交换机加入网络中之前，应当确定 VTP 的管理域。如果这台交换机是该网络中的第一台交换机，那么必须创建管理域。否则，交换机就得加入到已有的管理域（含有其他交换机）中。

使用下列通用的配置命令将交换机分配给某个管理域。其中 domain-name 是一个 32 字符厂的文本串：

Switch (config)# **vtp domain** domain-name

2．配置 VTP 模式

使用下面的通用配置命令序列配置 VTP 模式：

Switch (config)# vtp mode {server | client | transparent }
Switch (config)# **vtp password** password

3．配置 VTP 版本

可以使用下列通用配置命令配置 VTP 版本号：

Switch (config)# vtp version {1 | 2 }

4．启用 VTP 修剪

可以限制不必要的流量，提高可用的带宽：

Switch (config)# vtp pruning

5．配置 VTP 实例

默认情况下，1900 和 2900 都处于 VTP 服务器模式。

要配置 VTP，首先需要配置 VTP 域名，然后配置密码、是否 pruning 等。

下面将 1900 配置为客户端模式，2900 配置为服务器模式。

1900 的配置如下：

1900(config)#vtp client
1900(config)#vtp domain oa
1900(config)#vtp pruning
1900(config)#vtp password echo

2900 的配置如下：

2900(config)#vtp mode server
2900(config)#vtp domain oa
2900(config)#vtp pruning
2900 (config)#vtp password echo

本 章 小 结

本章介绍了 VLAN，并讨论了如何配置 VLAN，包括使用 VTP 来同步简化 VLAN 的配置。中继（Trunk）是一种很重要的技术，当处理多台交换机，运行了多个 VLAN 的网络时，就需要详细地理解这种技术。

习　题

选择题

1. 一个 VLAN 可以看做是一个（　　）
   A．冲突域　　　　B．广播域　　　　　C．管理域　　　　D．阻塞域
2. VLAN 的划分方法有哪些（　　）
   A．基于设备的端口
   B．基于协议
   C．基于 MAC 地址
   D．基于物理位置
3. IEEE 组织制定了（　　）标准，规范了跨交换机实现 VLAN 的方法。
   A．ISL　　　　　B．VTP　　　　　　C．802.1q　　　　D．802.1x
4. 一个包含有多厂商设备的交换网络，其 VLAN 中 Trunk 的标记一般应选（　　）
   A．IEEE 802.1q　B．ISL　　　　　C．VLT　　　　　D．802.1x
5. VLANs 之间的通信需要（　　）设备？
   A．网桥　　　　　B．二层交换机　　C．路由器　　　　D．三层交换机
6. 引入 VLAN 划分的原因：（　　）
   A．降低网络设备移动和改变的代价
   B．增强网络安全性
   C．限制广播包，节约带宽
   D．实现网络的动态组织管理
7. 在 VTP 域中的（　　）操作模式下，可以在交换机上改动 VTP 信息。
   A．服务器模式　B．客户机模式　　C．透明模式　　　D．中继模式
8. 通过网络在交换机之间分发和同步 VLAN 信息的协议是（　　）
   A．802.1X　　　　　　　　　　　B．VLAN 中继协议（VTP）
   C．ISL　　　　　　　　　　　　D．802.1Q
9. 在网络中需要增加一个名为 CUIT 的 VLAN，以下相关配置方法正确的（　　）
   A．命名 VLAN
   B．将 VLAN 分配到所需要的端口上
   C．将 VLAN 分配到 VTP 域中
   D．创建 VLAN

10. 网络中含有一个路由器、一个交换机和一个集线器，如图 10-3 所示。

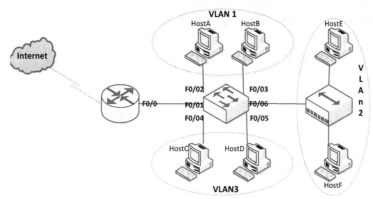

图 10-3　某公司网络拓扑

哪些选项正确描述了交换机端口配置和路由器端口配置？（　　　）（选择三个正确的选项）

A. The Router WAN port is configured as a trunking port.（路由器的广域网接口配置为 trunking 端口）

B. The Router port connected to Switch is configured using subinterfaces.（路由器上连接到交换机的端口使用子接口工作）

C. The Router port connected to Switch is configured as 100Mbit/s.（路由器上连接到交换机的端口配置为 100 Mbit/s 的带宽）

D. The Switch port connected to Router is configured as a trunking port.（交换机上连接到路由器的端口配置为 trunking 端口）

实　　验

实验一　VLAN 间路由实验（单臂路由实现法）

1．实验拓扑图

本实验拓扑图如图 10-4 所示。

2．实验环境说明

（1）利用路由器 R1、R2 模拟 PC，关闭其路由功能；

（2）将路由器 R1 的 Fa0/0 端口的 IP 设为：192.168.1.2/24，默认网关设为：192.168.1.1；

（3）将路由器 R2 的 Fa0/0 端口的 IP 设为：192.168.0.2/24，默认网关设为：192.168.0.1；

（4）将交换机 SW1 关闭路由功能，作为二层交换机使用，并划分 VLAN14、VLAN15 两个 VLAN；

（5）将交换机 SW1 的 Fa1/14 端口加入到 VLAN14 中，将 Fa1/15 端口加入到 VLAN15 中；

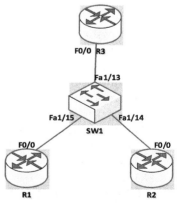

图 10-4　实验拓扑图

（6）在路由器 R3 的 Fa0/0 接口启用子接口 Fa0/0.14（IP 设为：192.168.0.1/24）、Fa0/0.15（IP 设为：192.168.1.1/24），并封装相应的 VLAN 号。

实验结果要求 R1、R2 能够互相 ping 通对方。

3．参考配置

（1）交换机 SW1 的配置清单：

① 划分 VLAN：

SW1#VLAN data
SW1(VLAN)#VLAN 14
SW1(VLAN)#VLAN 15
SW1(VLAN)#exit

② 将端口加入到相应的 VLAN：

SW1(config)#int fa1/14
SW1(config-if)#speed 100
SW1(config-if)#duplex full
SW1(config-if)#switchport mod acc
SW1(config-if)#switchport acc VLAN 14
SW1(config-if)#exit
SW1(config)#int fa1/15
SW1(config-if)#speed 100
SW1(config-if)#duplex full
SW1(config-if)#switchport mod acc
SW1(config-if)#switchport acc VLAN 15
SW1(config-if)#exit

③ 为 Fa1/13 端口配置干道：

SW1(config)#int fa1/13
SW1(config-if)#switchport mod trunk
SW1(config-if)#switchport trunk encapsulation dot1q
SW1(config-if)#no shut
SW1(config-if)#exit

④ 关闭交换机的路由功能：

SW1(config)#no ip routing

（2）路由器 R3 的配置清单

① 开启路由器 R3 的路由功能：

R3(config)#ip routing

② 启用子接口、封装 VLAN 并设置 IP：

R3(config)#int fa0/0.14
R3(config-subif)#encapsulation dot1q 14
R3(config-subif)#ip add 192.168.0.1 255.255.255.0
R3(config-subif)#no shut
R3(config-subif)#exit
R3(config)#int fa0/0.15
R3(config-subif)#encapsulation dot1q 15
R3(config-subif)#ip add 192.168.1.1 255.255.255.0
R3(config-subif)#no shut
R3(config-subif)#exit

③ 配置 Fa0/0 端口并启动该端口：

R3(config)#int fa0/0
R3(config-if)#speed 100

R3(config-if)#duplex full

R3(config-if)#no shut

（3）路由器 R2 的配置清单

R2(config)#no ip routing

R2(config)#ip default-gateway 192.168.0.1

R2(config)#int fa0/0

R2(config-if)#speed 100

R2(config-if)#duplex full

R2(config-if)#ip add 192.168.0.2 255.255.255.0

R2(config-if)#no shut

（4）路由器 R1 的配置清单

R1(config)#no ip routing

R1(config)#ip default-gateway 192.168.1.1

R1(config)#int fa0/0

R1(config-if)#speed 100

R1(config-if)#duplex full

R1(config-if)#ip add 192.168.1.2 255.255.255.0

R1(config-if)#no shut

R1(config-if)#exit

实验二　VLAN 间路由实验（三层交换机实现法）

1．实验拓扑图

本实验拓扑图如图 10-5 所示。

2．实验环境说明

（1）分别启用路由器 R1、R2 和交换机 SW1；

（2）将路由器 R1 的 Fa0/0 端口的 IP 设为 192.168.1.2/24，关闭路由功能，用来模拟 PC1，同时默认网关设为 192.168.1.1；

（3）将路由器 R2 的 Fa0/0 端口的 IP 设为 192.168.0.2/24，关闭路由功能，用来模拟 PC2，同时将默认网关设为 192.168.0.1；

（4）在交换机 SW1 上分别划分 VLAN14、VLAN15 两个 VLAN，启用路由功能，用来充当三层交换机；

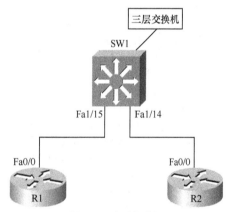

图 10-5　实验拓扑图

（5）将交换机 SW1 的 Fa1/14 端口的 IP 设为 192.168.0.1/24，并将该端口加入到 VLAN14 中；

（6）将交换机 SW1 的 Fa1/15 端口的 IP 设为 192.168.1.1/24，并将该端口加入到 VLAN15 中。

3．实验结果要求

要求两台路由器可以相互 ping 通对方。

4．参考配置

（1）交换机 SW1 的配置清单

① 开启交换机的路由功能，充当三层交换机使用

SW1(config)#ip routing

SW1(config)#exit

② 在交换机 SW1 上划分 VLAN：

```
SW1#VLAN data
SW1(VLAN)#VLAN 14
SW1(VLAN)#VLAN 15
SW1(VLAN)#exit
```

③ 将交换机 SW1 的两个端口分别划入相应的 VLAN：

```
SW1(config)#int fa1/14
SW1(config-if)#speed 100
SW1(config-if)#duplex full
SW1(config-if)#switchport mod acc
SW1(config-if)#switchport acc VLAN 14
SW1(config-if)#exit
SW1(config)#int fa1/15
SW1(config-if)#speed 100
SW1(config-if)#duplex full
SW1(config-if)#switchport mod acc
SW1(config-if)#switchport acc VLAN 15
SW1(config-if)#exit
```

④ 分别为每个 VLAN 设置 IP：

```
SW1(config)#int VLAN 14
SW1(config-if)#ip add 192.168.0.1 255.255.255.0
SW1(config-if)#no shut
SW1(config-if)#exit
SW1(config)#int VLAN 15
SW1(config-if)#ip add 192.168.1.1 255.255.255.0
SW1(config-if)#no shut
SW1(config-if)#exit
```

（2）路由器 R1 的配置清单

```
R1(config)#no ip routing    //关闭路由功能。
R1(config)#ip default-gateway 192.168.1.1    //配置默认网关。
R1(config)#int fa0/0    //进入端口模式。
R1(config-if)#speed 100    //设置速率。
R1(config-if)#duplex full    //设为全双工模式。
R1(config-if)#ip add 192.168.1.2 255.255.255.0    //配置 IP 地址和子网掩码。
R1(config-if)#no shut    //启动端口。
R1(config-if)#exit
```

（3）路由器 R2 的配置清单

```
R2(config)#no ip routing
R2(config)#ip default-gateway 192.168.0.1
R2(config)#int fa0/0
R2(config-if)#speed 100
R2(config-if)#duplex full
R2(config-if)#ip add 192.168.0.2 255.255.255.0
R2(config-if)#no shut
R2(config-if)#exit
```

（4）验证实验结果

```
R1pingR2:
R1r#ping 192.168.0.2
Type escape sequence to abort.
```

Sending 5, 100-byte ICMP Echos to 192.168.0.2, timeout is 2 seconds:

!!!!!

Success rate is 100 percent (5/5), round-trip min/avg/max = 120/162/216 ms

R2pingR1:

R2#ping 192.168.1.2

Type escape sequence to abort.

Sending 5, 100-byte ICMP Echos to 192.168.1.2, timeout is 2 seconds:

!!!!!

Success rate is 100 percent (5/5), round-trip min/avg/max = 120/137/188 ms

好了，实验完成！

第 11 章　广域网（WAN）

知识点：
- 了解常见的 WAN 协议
- 进行基本的 WAN 配置
- 进行简单的 WAN 故障排除

广域网是指在一个广泛范围内建立的计算机通信网。广泛的范围是指地理范围而言，可以超越一个城市、一个国家甚至及于全球。因此对通信的要求高，复杂性也高。广域网简称 WAN。

在实际应用中，广域网可与局域网互连，即局域网可以是广域网的一个终端系统。

组织广域网，必须按照一定的网络体系结构和相应的协议进行，以实现不同系统的互连和相互协同工作。本章讲解的重点将放在 HDLC、PPP、帧中继和 ISDN 协议上。

11.1　WAN

WAN（Wide Area Network）指的是广域网，学习广域网技术的关键是熟悉各种 WAN 的术语，以及了解 ISP 常用的实现网络连接的各种 WAN 的连接类型。

11.1.1　WAN 的术语

- Customer premises equipment（CPE，用户驻地设备）：用户方拥有的设备，位于用户驻地一侧。
- Demarcation point（分界点）：是服务提供商最后负责点，也是 CPE 的开始。一般是靠近电信的设备，并由电信公司拥有和安装。
- Local loop（本地回路）：连接分解到中心局的最近交换局。
- Central office（中心局）：连接用户到提供商的交换网络。
- Toll network（长途网络）：WAN 提供商网络中的中继线路，属于 ISP 的交换机和设备的集合。

11.1.2　WAN 的连接类型

1. 租用线路

租用线路典型地指导电连接或专线连接，是从本地 CPE 经过 DCE 交换机到远程 CPE 的一条预先建立的 WAN 通信路径。租用线路通常使用 HDLC 和 PPP 封装类型。这种方式成本很高，但这是通信最稳定、最快捷的选择类型。

2．电路交换

电路交换的最大优势就是成本低。电路交换使用拨号调制解调或 ISDN。在端到端连接之前不能传输数据。

3．包交换

允许和其他公司共享带宽以节省资金。可以将包交换想象为一种看起来像租用线路，但费用像电路交换的网络。如果需要经常传输大量数据，则最好不要考虑这种类型，应当使用租用线路。

WAN 支持如下几种协议：帧中继、ISDN、LAPB、LAPD、HDLC、PPP、ATM、X.25。但目前通常在串口上配置的 WAN 协议只有 HDLC、PPP 和帧中继。

11.2　HDLC（High-Lever Data-Link Control）

HDLC（High Level Data Link Control protocol），高级数据链路控制协议，它是基于的一种数据链路层的协议，是由国际标准化组织（ISO）根据 IBM 公司的 SDLC (Synchronous Data Link Control) 协议扩展开发而成的。促进传送到下一层的数据在传输过程中能够准确地被接收（也就是差错释放中没有任何损失，并且序列正确）。HDLC 的另一个重要功能是流量控制，换句话说，一旦接收端收到数据，便能立即进行传输。

HDLC 是 CISCO 路由器使用的默认协议，一台新路由器在未指定封装协议时默认使用 HDLC 封装。CISCO 的 HDLC 是专用的（不能和其他厂商的 HDLC 通信），每个厂商都有一种专用的 HDLC 封装方式，原因是每个厂商解决 HDLC 和网络层协议通信时采用了不同的方法。

cHDLC (cisco HDLC) 是 CISCO 公司在 HDLC 这个国际标准的基础上经过自己的具体实现而产生的私有协议。这也是 CISCO 路由器使用的缺省协议，一台新路由器的串口在未指定封装协议时默认使用 HDLC 封装。每个厂商对 HDLC 都有自己的具体实现，因此这导致了各个厂商的 HDLC 封装接口不能相互兼容。

端口设置命令如表 11-1 所示。

表 11-1　　　　　　　　　　　　**端口设置命令**

任　　务	命　　令
设置 HDLC 封装	encapsulation hdlc
设置 DCE 端线路速度	clockrate *speed*
复位一个硬件接口	clear interface *serial unit*
显示接口状态	show interfaces serial *[unit]* [1]

以下给出一个显示 Cisco 同步串口状态的例子。如图 11-1 所示，先查看同步串口的状态细节信息，按照以下指令操作：

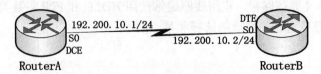

图 11-1　Cisco 同步串口连接图

Router#show interface serial 0
Serial 0 is up, line protocol is up
Hardware is MCI Serial
Internet address is 150.136.190.203, subnet mask is 255.255.255.0
MTU 1500 bytes, BW 1544 Kbit, DLY 20000 usec, rely 255/255, load 1/255
Encapsulation HDLC, loopback not set, keepalive set (10 sec)
Last input 0:00:07, output 0:00:00, output hang never
Output queue 0/40, 0 drops; input queue 0/75, 0 drops
Five minute input rate 0 bits/sec, 0 packets/sec
Five minute output rate 0 bits/sec, 0 packets/sec
16263 packets input, 1347238 bytes, 0 no buffer
Received 13983 broadcasts, 0 runts, 0 giants
2 input errors, 0 CRC, 0 frame, 0 overrun, 0 ignored, 2 abort
22146 packets output, 2383680 bytes, 0 underruns
0 output errors, 0 collisions, 2 interface resets, 0 restarts
1 carrier transitions
再对同步串口设置如下，配置指令前省略了配置模式提示：
RouterA:
interface Serial0
 ip address 192.200.10.1 255.255.255.0
 clockrate 1000000
RouterB:
interface Serial0
 ip address 192.200.10.2 255.255.255.0
再举例使用 E1 线路实现多个 64K 专线连接
本例使用的相关命令如表 11-2 所示。

表 11-2　　　　　　　　　　专线连接配置命令

任　　务	命　　令
进入 controller 配置模式	controller {t1 | e1} *number*
选择帧类型	framing {crc4 | no-crc4}
选择 line-code 类型	linecode {ami | b8zs | hdb3}
建立逻辑通道组与时隙的映射	channel-group *number* timeslots *range*[1]
显示 controllers 接口状态	show controllers e1 [*slot/port*][2]

注：① 当链路为 T1 时，channel-group 编号为 0～23，Timeslot 范围为 1～24；当链路为 E1 时，channel-group 编号为 0～30，Timeslot 范围为 1～31。

② 使用 show controllers e1 观察 controller 状态，以下为帧类型为 crc4 时 controllers 为正常的状态。

Router# show controllers e1
e1 0/0 is up.
Applique type is Channelized E1 - unbalanced

Framing is CRC4, Line Code is HDB3　No alarms detected.
Data in current interval (725 seconds elapsed):
0 Line Code Violations, 0 Path Code Violations
0 Slip Secs, 0 Fr Loss Secs, 0 Line Err Secs, 0 Degraded Mins
0 Errored Secs, 0 Bursty Err Secs, 0 Severely Err Secs, 0 Unavail Secs
Total Data (last 24 hours)　　0 Line Code Violations, 0 Path Code Violations,
0 Slip Secs, 0 Fr Loss Secs, 0 Line Err Secs, 0 Degraded Mins,
0 Errored Secs, 0 Bursty Err Secs, 0 Severely Err Secs, 0 Unavail Secs

以下例子为 E1 连接 3 条 64K 专线，帧类型为 NO-CRC4，非平衡链路，路由器具体设置如下：

```
shanxi#wri t
Building configuration...
Current configuration:
!
version 11.2
no service udp-small-servers
no service tcp-small-servers
!
hostname shanxi
!
enable secret 5 $1$XN08$Ttr8nfLoP9.2RgZhcBzkk/
enable password shanxi
!
!
ip subnet-zero
!
controller E1 0
framing NO-CRC4
channel-group 0 timeslots 1
channel-group 1 timeslots 2
channel-group 2 timeslots 3
!
interface Ethernet0
ip address 133.118.40.1 255.255.0.0
media-type 10BaseT
!
interface Ethernet1
no ip address
shutdown
!
interface Serial0:0
ip address 202.119.96.1 255.255.255.252
no ip mroute-cache
!
interface Serial0:1
ip address 202.119.96.5 255.255.255.252
no ip mroute-cache
!
interface Serial0:2
ip address 202.119.96.9 255.255.255.252
no ip mroute-cache
!
no ip classless
```

```
ip route 133.210.40.0 255.255.255.0 Serial0:0
ip route 133.210.41.0 255.255.255.0 Serial0:1
ip route 133.210.42.0 255.255.255.0 Serial0:2
!
line con 0
line aux 0
line vty 0 4
password shanxi
login
!
end
```

11.3　PPP（Point To Point Protocol）

PPP 是 OSI 参考模型层 2 协议，可以使用在异步串行连接比如拨号（dial-up），或者同步串行连接比如 ISDN 上。它使用链路控制协议（Link Control Protocol，LCP）来建立和保持连接，使用 NCP（Network Control Protocol，网络控制协议）建立和配置多种网络层协议。PPP 的主要目的是通过数据链路层实现点对点的传输 OSI 参考模型层 3 数据包。它是一种具体的行业标准协议，如果一个 CISCO 路由器和一个非 CISCO 路由器通过串行连接在一起时，必须配置 PPP 或另一种封装方法，如帧中继、ATM 等，但就是不能使用 HDLC，一般默认的 HDLC 不能工作。注意 PPP 的协议栈只定义在 OSI 参考模型的层 1 和层 2。NCP 用于建立和配置多种网络层协议。PPP 允许采用多种网络层协议。PPP 可以工作在任何 DCE/DTE 接口，比如 EIA/TIA-323-C（以前为 RS-232-C），ITU-T（原 CCITT）V.35 等，唯一的要求是必须提供全双工线路。

11.3.1　LCP 配置选项

LCP 用于就封装格式等选项自动达成一致，处理数据包大小限制的变化，探测环路链路和其他普通的配置错误，以及终止链路。包括内容如下所述。

Authentication (认证)：告诉链路的呼叫方发送可以确定其用户身份的信息。有 PAP 和 CHAP 两种方法。

Compression (压缩)：用于通过传输之前压缩数据或负载来增加 PPP 连接的吞吐量。

Error detection (错误检测)：PPP 使用 Quality (质量) 和 Magic Number (魔术号码) 选项确保可靠的、无环路的数据链路。

Multilink (多链路)：允许几个不同的物理路径在第三层表现为一条逻辑路径。

PPP 回叫：PPP 认证成功后进行回叫。PPP 回叫对于账户记录是个很好的功能，因为可以根据访问费用跟踪使用情况。启动回叫后，呼叫路由器将和远程路由器取得联系，并进行认证。两个路由器必须都配置回叫。一旦完成认证，远程路由器将中断连接，并从远程路由器重新初始化到呼叫路由器的连接。

11.3.2　PPP 会话（连接）建立

下面是 PPP 链路建立的过程。

- Link Dead 阶段。
- 连接建立阶段。
- 验证阶段。
- 网络协议阶段。
- 连接结束阶段。

11.3.3　PPP 的认证方法

有两种 PPP 的验证方式，具体如下所述。

- 密码验证协议（Password Authentication Protocol，PAP）：PAP 是两种验证方法中相对不安全的一种。密码使用明文（clear text）的方式发送。PAP 只在初始化连接的时候执行。当 PPP 连接完成后，远端节点发回源 router 的用户名和密码直到验证被确认。
- 挑战握手验证协议（Challenge Handshake Authentication Protocol，CHAP）：用于初始化连接的时候，周期性地对连接进行检查，保证通信双方没有改变或者被替换。当初始化连接的阶段完成后，本地 router 发送个挑战请求给远端设备。然后远端设备发送回一个用 MD5 方式加密的值给发送方。如果值不匹配，连接将立即被终止。

11.3.4　配置 PPP

下面是关于如何在路由器上配置 PPP 的命令：

```
Router#config t
Enter configuration commands, one per line. End with CNTL/Z.
Router(config)#int s0
Router(config-if)#encapsulation ppp
Router(config-if)#^Z
Router#
```

注意：PPP 封装必须在串行线连接的两端接口上都配置才能工作。

11.3.5　配置认证

配置 PPP 认证的方法如下所述。

将串行接口配置为支持 PPP 封装后，可以使用 PPP 在路由器之间配置认证：

```
Router#config t
Enter configuration commands, one per line. End with CNTL/Z.
Router(config)#hostname RouterA
RouterA(config)#username RouterB password CUIT
```

当使用 hostname 命令时，要记住用户名，由于 PPP 启用的是本地认证，被认证方要求给出用户名和密码，用户名是 PPP 封装对端的路由器的主机名，要注意大小写。

当设置了主机名、用户名和口令后，选择认证类型、CHAP 和 PAP：

```
RouterA#config t
Enter configuration commands, one per line. End with CNTL/Z.
RouterA(config)#int s0
```

```
RouterA(config-if)#ppp authentication chap pap
RouterA(config-if)#^Z
RouterA#
```

上面的例子配置了两种方法，那么在链路协商阶段只使用第一种方法。如果第一种方法失败，将使用第二种方法。

在路由器 A 上配置了后，还要在路由器 B 上进行相应的配置。

11.4 帧中继（Frame Relay)

帧中继是从 X.25 技术发展来的，由于帧中继技术比其他技术更节省费用，因此它已成为近十多年来 WAN 服务很流行的技术之一。

11.4.1 工作过程

（1）用户网络主机在本地网络发送一个帧。路由器的硬件地址在帧的报头中。

（2）路由器获得此帧，提取出数据包，丢弃剩下的帧。然后查看数据包中的目的 IP 地址，并通过查看路由表来检查是否知道如何到达目的网络。

（3）然后路由器从它认为可以找到远程网络的接口转发此数据（路由表中如果找不到网络，此包将丢弃）。这个接口是封装为帧中继的串行接口，路由器将此数据包封装为帧中继帧放到帧中继网络上。

（4）信道服务单元/数据服务单元（CSU/DSU）接收数字信号，并将信号编码为包交换机（PSE）可以理解的数字信号类型。

（5）CSU/DSU 连接分界，分界由服务提供商安装并且位于服务提供商的第一个负责点。

（6）典型的分界是连接到本地回路的双绞线电缆。本地回路连接到最近的中心局（CO），有时称为呈现点（POP）。本地回路可以使用各种物理介质连接，最常用的是双绞线和光纤。

（7）CO 接收帧并通过帧中继"网云"发送到它的目的地。这个云可能是很多个交换局。

（8）一旦帧到达最靠近目的交换局，就发送到本地回路上。分界接收到此帧并发送给 CSU/DSU。

11.4.2 帧中继封装

当在 Cisco 路由器上配置帧中继时，需要在串行接口上将帧中继指定为一种封装。但不能使用 HDLC 和 PPP 封装帧中继。当配置帧中继时，要指定一种帧中继封装类型（如下例所示）。帧中继有两种封装类型——Cisco 和 IETF。

```
RouterA(config)#int s0
RouterA(config-if)#encapsulation frame-relay ?
ietf Use RFC1490/RFC2427 encapsulation
<cr>
```

除非手动输入 ietf，否则默认的封装是 Cisco，而且连接两个 Cisco 设备时使用 Cisco 类型。

11.4.3　虚电路

帧中继使用虚电路工作方式。这些虚电路是连接到提供商"网云"上的几千个设备构成的链路。帧中继为两个 DTE 设备之间提供建立虚电路，使它们就像通过一个电路连接起来一样，实际上是将帧放入一个很大的共享设施里。因为有了虚电路，用户永远都不会看到网云内部所发生的复杂操作。

虚电路分为永久虚电路和交换虚电路。永久虚电路（Permanent Virtual Circuits，PVC）是目前通用的类型。"永久"的意思是电信公司在内部创建映射，并且只要你付费，虚电路就是有效的。

交换虚电路（Switched Virtual Circuits，SVC）就像电话呼叫。当数据需要传输时，建立虚电路，数据传输完成后拆除虚电路。目前基本上使用的都是 PVC，SVC 只用在少数特定的场合。

11.4.4　DLCI（Data Link Connection Id）

数据链路连接标识符，它是帧中继帧格式中的字段的一个重要部分。DLCI 字段的长度一般为 10bit，但也可扩展为 16bit，前者用二字节地址字段，后者是三字节地址字段。23bit 用四字节地址字段。DLCI 值用于标识永久虚电路（PVC），呼叫控制或管理信息。DLCI 只具有本地意义。

为了说明 DLCI 的本地意义，请看图 11-2。

图 11-2　DLCI 的本地意义

在图中，DLCI102 对 RouterA 具有本地意义，并定义了 RouterA 和入口帧中继交换机之间的电路。DLCI 201 定义了 RouterB 和入口帧中继交换机之间的电路。

11.4.5　LMI（Local Mnanagement Interface）

帧中继本地管理接口（LMI）是对基本的帧中继标准的扩展。它是路由器和帧中继交换机之间的信令标准，提供帧中继管理机制。它提供了许多管理复杂互联网络的特性，其中包括全局寻址、虚电路状态消息和多目发送等功能。CISCO 支持的有 3 种：ansi t1.617（工业标准），ITU-T 的 q.933a 和 cisco（思科私有标准）的这 3 种。思科设备默认是 cisco。

有关端口设置命令如表 11-3 所示。

表 11-3 端口设置命令

任　　务	命　　令
设置 Frame Relay 封装	encapsulation frame-relay[ietf] [1]
设置 Frame Relay LMI 类型	frame-relay lmi-type {ansi | cisco | q933a} [2]
设置子接口	interface interface-type interface-number.subinterface-number [multipoint|point-to-point]
映射协议地址与 DLCI	frame-relay map protocol protocol-address dlci [broadcast] [3]
设置 FR DLCI 编号	frame-relay interface-dlci *dlci* [broadcast]

注：① 若使 Cisco 路由器与其他厂家路由设备相连，则使用 Internet 工程任务组（IETF）规定的帧中继封装格式。

② 从 Cisco IOS 版本 11.2 开始，软件支持本地管理接口（LMI）"自动感觉"，"自动感觉"使接口能确定交换机支持的 LMI 类型，用户可以不明确配置 LMI 接口类型。

③ broadcast 选项允许在二层帧中继网络上传输路由广播信息。

11.4.6 子接口

可能在一个串行接口上有多条虚电路，并且将每个虚电路视为一个单独的接口，所以它被认为是子接口。可以用 int s0.subinterface number 命令定义子接口。首先必须在物理串行接口上设置封装类型，然后定义子接口，一般一个子接口定义一条 PVC。例子如下。

```
RouterA(config)#int s1/0
RouterA(config-if)#encapsulation frame-relay
RouterA(config)#int s1/0.?
  <0-4294967295>   Serial interface number
RouterA(config)#int s1/0.12 ?
  multipoint         Treat as a multipoint link
  point-to-point  Treat as a point-to-point link
RouterA(config)#int s1/0.12 point-to-point
```

注意：如果要设置子接口，此物理接口不能有 IP 地址。

11.4.7 帧中继映射（MAP）

帧中继网络跟我们平常所接触到的以太网络还有一个重要的不同之处，那就是以太网使用的是 IP 地址来通信，而帧中继使用的是虚电路号进行通信，为了让 IP 数据包能在正确的虚电路上面进行传输，需要在帧中继设备上配置 IP 地址到帧中继虚电路号的映射，这样帧中继在转发 IP 数据包的时候，就能找到正确的虚电路号来转发。

为了完成这个映射，首先在端口上要封装 frame-relay 的类型和配置 IP 地址（跟对方帧中继接口在同一网段）。frame-relay 的类型基本有两种 cisco 和 IETF，思科设备中，默认情况下使用的是 cisco 类型。在配置 IP 地址与虚电路号的映射时，我们可以使用帧中继的自动映射功能，这样我们就不用人工设置 DLCI 号和 IP 的映射关系。当人工配置静态映射的时候需要关掉自动映射功能。帧中继映射具体配置指令如下：

```
Frame-relay map ip 10.0.0.1 110 broadcast (ietf)
```

如果对方为非 CISCO 设备的时候使用 ietf。

动态学习到的地址映射时，它是自己自动的加上参数 broadcast。加上这个参数后可以在 PVC 上传输多播和广播数据。

强调几个参数特性：

（1）DLCI 号只具有本地意义，在不同帧中继设备上可以使用相同的 DLCI 号。

（2）有几个 VC（虚电路）一般就有几个本地意义上的 DLCI 号，但是他们走的是同一个物理链路。

11.4.8 监视帧中继

为了监视帧中继网络是否工作正常，我们可以使用以下指令来检查 frame-relay 的配置是否正确。相关指令包括：

```
Router)#show inter s0
```

该指令可以查看到，不同的 LMI 会有不同的 DLCI 号；

```
Router)#show frame-relay pvc   --该指令可以查看帧中继配置的虚电路号
Router)#show frame-relay map   --该指令可以查看帧中继中 IP 地址与虚电路号的映射
```

本 章 小 结

在这一章里我们学习了 WAN 的各种主要技术，HDLC、PPP、帧中继和 VPN 技术。HDLC 是 CISCO 的专用协议，所以 HDLC 不能在不同厂商的路由器之间使用。在介绍 PPP 时，我们了解了 LCP 的配置选项以及可以使用的两种认证类型：PAP 和 CHAP。

本章还详细介绍了帧中继所使用的两种不同封闭方法，介绍了 LMI 选项、子接口配置与帧中继映射。最后，介绍了 VPN 的相关知识及其应用。

习 题

选择题

1．链路控制协议（Link Control Protocol，LCP）提供的 PPP 封闭选项包括（　　　）（选择三项）。

    A．回叫　　　　　　　B．多链路　　　　　　C．带宽

    D．PAP 或 CHAP 认证　　　　　E．TCP

2．一个公司现在有 6 个外地办事处，推荐应用什么 WAN 技术可以使办事处连接到公司总部（　　　）？

    A．PPP　　　　　　　B．HDLC　　　　　　C．Frame Relay　　　D．ISDN

3．在帧中继网络中，可使用（　　　）命令查看路由器上配置的 DLCI 号码（选择二项）。

    A．show frame-relay　　　　　　　B．show frame-relay map

    C．show interface s0　　　　　　　D．show frame-relay dlci

    E．show frame-relay pvc

4．在路由器上配置帧中继静态 MAP 必须指定（　　　）参数？

    A．本地的 DLCI　　　　　　　　　B．对端的 DLCI

    C．本地的协议地址　　　　　　　　D．对端的协议地址

5．以下为广域网协议的有（　　　）？

    A．PPP　　　　　　　B．X.25　　　　　　C．SLIP

    D．EthernetII　　　　E．FrameRelay　　　F．IEEE802.2/802.3G、IPX

6．Cisco 路由器默认的帧中继封装类型是（　　　）。

    A．HDLC　　　　　　B．Cisco　　　　　　C．PPP　　　　　　D．Ansi

7．拨号映射必须遵循的 5 个基本步骤是（　　　）。

    A．dial string, dialer, map, protocol, next hop

    B．dialer, dial string, map, protocol, next hop

    C．dialer, map, protocol,next hop, dial string

    D．dialer, map, next hop, protocol, dial string

8．在数据链路层，（　　　）为 ISDN 电路提供信令传输。

    A．NCP　　　　　　B．LAPB　　　　　　C．LAPD　　　　　D．TE2

9. 在帧中继中，用（　　）标识永久虚电路。

　　A. NCP　　　　　B. LMI　　　　　　C. IARP　　　　　　D. DLCI

10. PPP 认证的两种可用方式（　　）？

　　A. LCP　　　　　B. PAP　　　　　　C. CHAP　　　　　D. MD5

<h1 style="text-align:center">实　　验</h1>

帧中继配置

1．实验目的

通过本实验，读者可以掌握以下技能。

（1）配置帧中继实现网络互连。

（2）查看帧中继 pvc 信息。

（3）监测帧中继相关信息。

2．设备需求

本实验需要以下设备。

① 实验中配置好的帧中继交换机。

② 2 台路由器，要求最少具有 1 个串行接口和 1 个以太网接口。

③ 2 条 DCE 电缆，2 条 DTE 电缆。

④ 1 台终端服务器，如 Cisco 2509 路由器，及用于反向 Telnet 的相应电缆。

⑤ 台带有超级终端程序的 PC 机，以及 Console 电缆及转接器。

3．拓扑结构及配置说明

本实验的拓扑如图 11-3 所示。

图 11-3　本实验拓扑图

（1）拓扑结构说明

● 在"帧中继云"的位置，实际放置的是配置好的帧中继交换机，使用全网状的拓扑。采用 DCE\DTE 电缆将帧中继交换机的 S1 和 S2 接口分别与 R1 和 R2 路由器实现连接。

● 实验中，以太网接口不需要连接任何设备。

● 网段划分和 IP 地址分配如图中的标注。

● 本实验通过对帧中继的配置实现 R1 的 E0 网段到 R2 的 E0 网段的连通性。

（2）参考配置

第 1 步：配置基本的帧中继连接

连接好所有设备并给各设备加电后，开始进行实验。

这一步完成对于两台路由器 S0 接口的帧中继参数的配置，同时也配置 E0 接口 IP 等参数。

第 1 段：配置 R1 路由器

```
R1#conft
Enter configuration commands, one per line. End with CNTL/Z.
R1(config)#int eO
R1(config-if)#ip addr 192.168.1.1 255.255.255.0
R1(config-if)#no keepa
R1(config-if)#no shut
R1(config-if)#int sO
R1(config-if)#ip addr 172,16.1.1255.255.255.0
R1(config-if)#encap frame-relay
R1(config-if)#no shut
R1(config-if)#no frame-relay inverse-arp
R1(config-if)#frame map ip 172.16.1.2 102 cisco
R1(config-if)#
```

第 2 段：配置 R2 路由器

```
Term_Server#2
[Resuming connection 2 to R2 ...]
Router>en
Router#conf t
Enter configuration commands, one per line. End with CNTL/Z.
Router(config)#hostn R2
R2(config)#int eO
R2(config-if)#ip addr 192.168.2.1255.255.255.0
R2(config-if)#no sh
R2(config-if)#no keepa
R2(config-if)#int sO
R2(config-if)#ip addr 172.16.1.2 255.255.255.0
R2(config-if)#encap frame-relay
R2(config-if)#no shut
R2(config-if)#no frame-relay inverse-arp
R2(config-if)#frame map ip 172.16.1.1 201 Cisco
R2(config-if)#
```

注：

① 对于 E0 接口的配置，应注意使用 no keepalive 命令，因为它没有连接任何设备。

② 下面主要讲解 S0 接口的配置。对于 S0 接口，除了 IP 地址的配置和激活命令外的几条配置，都是与帧中继有关的：encap frame-relay 命令设定此接口使用帧中继的封装格式；no frame-relay inverse-arp 命令关闭帧中继的逆向 ARP，这是因为使用了全网状拓扑，关闭帧中继的逆向 ARP 解析可以避免多个 DLCI 与接口 IP 之间映射的混乱，如果 S0 接口上只有 1 个 DLCI（如实验的第 1 步所设），可以不关闭此项，路由器将自动获取 DLCI 到 IP 地址的映射。

③ Frame map ip 172.16.1.2 102cisco 命令定义了 1 个帧中继到 IP 地址的映射。和 ISDN 中的映射语句一样，表示通过 DLCI 102 可以到达 172.16.1.2 的 IP 地址，应特别注意此处的 DLCE 是本地的 DLCI，而不是对方的 DLCI。使用的帧中继 LMI 类型为 Cisco。如果要使接口能 ping 通自己，那么也要做自己接口的映射。

④ 对于 R2 路由器的设置，应注意正确使用 Frame map ip 语句，其 DLCI 为 201。

第 2 步：查看帧中继相关信息

监测清单列出了查看帧中继信息的命令及结果。

```
[Resuming connection 1 to R1 ... ]
        R1#show frame pvc
```

PVC Statistics for interface Serial0(Frame Relay DTE)

	Active	Inactive	Deleted	Static
Local	1	0	0	0
Switched	0	0	0	0
Unused	0	1	0	0

DLCI=102.DLCI USAGE=LOCAL,PVC STATUS=ACTIVE,INTERFACE=Serial0

input pkts 12	output pkts 15	in bytes 1248
out bytes 1560	dropped pkts 0	in FECN pkts 0
in BECN pkts 0	out FECN pkts 0	out BECN pkts 0
in DE pkts 0	out DE pkts 0	
out beast pkts 0	out beast bytes 0	

pvc create time 00:17:58, last time pvc status changed 00:11:59

DLCI=103,DLCI USAGE=UNUSED,PVC STATUS=INACTIVE,INTERFACE=Serial0

input pkts 0	output pkts 0	in bytes 0
out bytes 0	dropped pkts 0	in FECN pkts 0
in BECN pkts 0	out FECN pkts 0	out BECN pkts 0
in DE pkts 0	out DE pkts 0	
out beast pkts 0	out beast bytes 0	Num Pkts Switched 0

pvc create time 00:18:00, last time pvc status changed 00:18:00
R1#show frame map
Serial0(up):ip 172.16.1.2 dlci 102(0x66,0x1860),static,
                CISCO,status defined,active
R1#sh frame traffic
Frame Relay statistics:
ARP requests sent 0,ARP replies sent 0
ARP request recvd 0,ARP replies recvd 0
R1#sh frame lmi
LMI Statistics for interface Serial0(Frame Relay DTE)LIM TYPE=CISCO

Invalid Unnumbered info 0	Invalid Prot Disc 0
Invalid dummy Call Ref 0	Invalid Msg Type 0
Invalid Status Message 0	Invalid Lock Shift 0
Invalid Information ID 0	Invalid Report IE Len 0
Invalid Report Request 0	Invalid Keep IE Len 0
Num Status Enq. Sent 112	Num Status msgs Rcvd 113
Num Update Status Rcvd 0	Num Status Timeouts 0

R1#
Term_Server#2
[Resuming connection 2 to R2 ...]
R2(config)#^Z
R2#show frame pvc
PVC Statistics for interface Serial0(Frame Relay DTE)

	Active	Inactive	Deleted	Static
Local	1	1	0	0
Switched	0	0 0 0		
Unused	0	0	0	0

DLCI=201,DLCI USAGE=LOCAL,PVC STATUS=ACTIVE,INTERFACE=Serial0

inputpkts 15	outputpkts l2	in bytes 15 60
out bytes 1248	dropped pkts 3	in FECN pkts 0
in BECN pkts 0	out FECN pkts 0	out BECN pkts 0
in DE pkts 0	out DE pkts 0	
out beast pkts 0	out beast bytes 0	

pvc create time 00:23:18, last time pvc status changed 00:12:42

DLCI=203,DLCI USAGE=LOCAL,PVC STATUS=INACTIVE,INTERFACE=Serial0
input pkts 0   output pkts 0   in bytes 0

out bytes 0   dropped pkts 0   in FECN pkts 0
in BECN pkts 0   out FECN pkts 0   out BECN pkts 0
in DE pkts 0   out DE pkts 0
out beast pkts 0   out beast bytes 0
pvc create time 00:23:20, last time pvc status changed 00:12:53
R2#show frame map
Serial0(up)ip 172.16.1.1 dlci 201(0xC9,0X3090),static,
            CISCO, status defined, active
R2#ping 172.16.1.1
Type escape sequence to abort.
Sending 5, 10z0-byte ICMP Echos to 172.16.1.1, timeout is 2 seconds:
!!!!!
success rate is 100 percent(5/5),round-trip min/avg/max = 60/61/64 ms
注：

① show frame pvc 命令列出了工作在 R1 路由器上的帧中继 PVC，可以看到 DLCI 102 所对应的 PVC 是处于活动状态的，而 DLCI 103 所对应的 PVC 处于非活动状态，这是因为我们没有配置和使用 DLCI 103。这个命令同时列出了各项统计信息，包括进出 S0 接口的数据包的情况等。

② show frame map 命令列出了第 1 步中由手工设置的帧中继 IP 地址的映射，基中 static 表示静态。

③ sh frame traffic 命令显示帧中继的查询和应答帧均为 0，这是因为我们关闭了逆向 ARP。

④ sh frame lmi 命令的结果列出了 LMI 类型的信息和相应的统计信息。

⑤ 在 R2 上的 show 命令给出了类似的结果，证明了配置的正确性。

⑥ 最后使用 ping 指令测试了 R1 和 R2 的 S0 接口之间的连通性。

第 12 章　无线局域网 WLAN 与 VoIP

知识点:

- WLAN 的基本概念
- WLAN 的协议标准以及技术演进
- WLAN 的基本网络组件
- WLAN 的基本组网方式
- WLAN 的优势和劣势
- WLAN 的安全问题
- WLAN 的实际应用场合
- 部分设备的常用配置命令
- VoIP 的原理
- VoIP 的有关标准与协议
- VoIP 的应用

本章主要介绍无线局域网（Wireless Local Area Network）和 VoIP 的基础知识，包括无线局域网和 VoIP 的基本概念、相关协议简述及技术演进、基本网络拓扑结构和网络组件、网络安全以及 WLAN 和 VoIP 在实际生活中的应用。

12.1　WLAN 的基本概念

无线局域网（WLAN）是一种无线数据网络，它是以无线方式构建的局域网，或者说，是不需要使用线缆设备相连的局域网络。WLAN 利用电磁波在空气中发送和接收数据，而无需线缆介质。WLAN 的数据传输速率现在已经能够达到 54Mbit/s（802.11g），传输距离可远至 20km 以上，正在草案中的 802.11n 速度更快，将能实现 500Mbit/s 的高速接入。WLan 是对有线互联网的一种补充和扩展，使网上的计算机具有可移动性，能快速方便地解决使用有线方式不易实现的网络互联问题。

无线局域网常用的实现技术有：家用射频工作组提出的 HomeRF、Bluetooth（蓝牙）以及美国的 802.11 协议和欧洲的 HiperLAN2 协议等。这里所描述的无线局域网是以 IEEE 802.11 协议为基础的，这是目前无线局域网领域中占主导地位的无线局域网标准。

WLAN 使用与有线 LAN 不同的传输介质。WLAN 不是使用双绞线或光纤，而是使用红外线（IR）或射频（RF）。在这两者之中，射频介质因其作用距离长、带宽高及覆盖范围更广而更加受到欢迎。今天的大多数 WLAN 都在使用 2.4GHz（802.11b/g）和 5GHz（802.11a）

的频段，这是世界范围内 RF 频谱中为非特许设备而保留的频段。

12.2　协议标准以及技术演进

最早的 WLAN 技术是各厂商的专有技术，只能提供 1～2Mbit/s 的低速数据服务，而且建立在互相竞争的专有标准基础之上。尽管存在这些缺点，无线技术的自由和灵活性还是帮助这些早期产品在局部市场中找到应用价值。随着应用的推动和 WLAN 标准的统一，技术的成熟使设备成本大大降低，WLAN 产品呈现爆发式增长势头。

1990 年，一个名为 802.11 的 IEEE（美国电气与电子工程师学会）新委员会成立，该委员会致力于建立无线局域网标准。直到 1997 年，该新标准才发布（尽管准标子设备已经使用）。

802.11 规范定义了无线客户机与基站（或接入点）之间或者两个或多个无线客户机之间的无线空中接口。它定义了物理层（PHY）及媒体接入控制层（MAC）的结构。在物理层中，定义了两个 RF 传输方法和一个红外线（IR）传输方法，RF 传输方法采用扩频调制技术来满足绝大多数国家的工作规范。在该标准中，RF 传输标准是跳频扩频（FHSS）和直接序列扩频（DSSS），工作在 2.400 0～2.483 5GHz。在 MAC 层则使用载波侦听多路访问/冲突避免（CSMA/CA）协议。这个标准定义的物理层连接速率是 1～2Mbit/s，目前这类设备在市场上已经非常少见。

12.2.1　802.11b

802.11b 在无线局域网协议中最大的贡献，就在于它在 802.11 协议的物理层增加了两个新的速度：5.5Mbit/s 和 11Mbit/s。为了实现这个目标，DSSS（展频技术）被选作该标准唯一的物理层传输技术，这个决定使得 802.11b 可以和 1Mbit/s 和 2Mbit/s 的 802.11 DSSS 系统互操作。这是最早实现大规模部署和应用的 WLAN 标准，目前市场仍保有大量 802.11b 设备，新的网络建设和对旧网络的扩容与 802.11b 的兼容是一个重要的考虑因素。

另外，大家经常在杂志、网上看到的术语"Wi-Fi"是目前称为 Wi-Fi 联盟（WFA，正式名称为无线以太网兼容联盟）的发明。WFA 认为术语"IEEE802.11b-compliant"太长，而且寻找认证产品的消费者不容易记住，因此采用了"Wi-Fi"这个术语，当时"Wi-Fi"不表示任何意义，但听起来像消费者另一个熟悉的术语"Hi-Fi"，因此后来"Wi-Fi"具有了"无线保真"的意思。

12.2.2　802.11a

802.11a 在 802.11 协议族中是第一个出台的标准，所以被称作 802.11a。802.11a 扩充了 802.11 标准的物理层，规定该层使用 5GHz 的频带。该标准采用 OFDM（正交频分复用）调制技术，传输速率范围为 6～54Mbit/s，共有 12 个不重叠的传输信道。这样的速率既能满足室内的应用，也能满足室外的应用。采用 OFDM 的主要优势是它可以达到非常高的数据速率，802.11a 理论上最大传输速率是 54Mbit/s，和 802.11g 的速率相同，几乎是 802.11b 速率的 5 倍。和其他无线通信标准一样，54Mbit/s 也是物理层最大速率，真正的数据吞吐量最大约为

25Mbit/s。由于与 802.11b 采用了不同的调制技术，使用频段也不同，因此，无法与 802.11b 设备互通，这是制约其发展的一个重要因素。

12.2.3　802.11g

802.11g 是 IEEE 为了解决 802.11a 与 802.11b 的互通而出台的一个标准，它是 802.11b 的延续，两者同样使用 2.4GHz 通用频段，但由于该标准中使用了与 802.11a 标准相同的调制方式 OFDM，使网络达到了 54Mbit/s 的高传输速率，随着技术的成熟和大规模的部署，基于该标准的产品价格逐步接近 802.11b 标准产品，802.11b 标准的产品将很快被 802.11g 标准产品替代而淘汰。

3 个当前使用的基本 WLAN 标准的比较，如表 12-1 所示。

表 12-1 **3 个当前使用的 WLAN 标准比较**

	IEEE 802.11b	IEEE 802.11a	IEEE 802.11g
标准批准时间	1999 年 7 月	1999 年 7 月	2003 年 6 月
最大的数据速率	11Mbit/s	54Mbit/s	54Mbit/s
调制方式	CCK	OFDM	OFDM 和 CCK
支持数据速率	1,2,5.5,11Mbit/s	6,9,12,18,24,36,48,54Mbit/s	CCK: 1,2,5.5,11Mbit/s; OFDM: 6,9,12,18,24,36,48, 54Mbit/s
工作频段	2.4～2.483 5GHz	5.15～5.35GHz; 5.725～5.875 GHz	2.4～2.483 5GHz
可用频宽	83.5MHz	300MHz	83.5MHz
不重叠信道数	3	12	3

除了以上 3 个比较完善的版本（802.11a，802.11b，802.11g），IEEE 还出台了修正现存协议缺陷的一些加强版本，作为以上协议的扩展，以下是几种常用的标准。

● 802.11c：它是关于 802.11 网络和普通以太网之间的互通协议，现已包含在大多数产品中。

● 802.11d：该协议最初致力于开发工作在其他频率的 802.11b 版本，使其在许多没有 2.4GHz 波段的国家和地区也可以使用。由于 ITU-T 的推荐和许多厂商的压力，大多数国家都已经开通了这个波段。然而，802.11d 仍然可以用在其他授权波段上。

● 802.11e：该协议将 QoS 功能加入到 802.11 网络上，它用 TDMA 方式取代类似 Ethernet 的 MAC 层，为重要的数据增加额外的纠错功能。

● 802.11f：该协议是为了改善 802.11 中的切换机制而制定的，以使用户能够在两个不同的交换分区（无线信道）之间，或在加到 2 个不同的网络上的接入点之间漫游的同时，保持连接功能。

● 802.11h：是对 802.11a 的补充，增加了动态频率选择（DFS）和发射功率控制（TPC），降低对采用同样频段的雷达或其他宽频通信系统的干扰，使之符合 5GHz 频段无线局域网的欧洲规范。2003 年 9 月实施，为欧盟强制标准。

● 802.11i：加强了安全性。它采用了 802.1x 的认证协议、改进的密钥分布架构以及 AES（Advanced Encryption Standard）加密。802.11i 已在 2004 年 6 月 24 日的 IEEE 标准会议上正

式获得批准。

● 802.11j：实际上是日本的 802.11a 标准，由于 802.11a 所定义的 5GHz 频段在日本无法使用，802.11j 定义了新的 4.9～5GHz 的工作频段。

● 802.11n：下一个无线新标准，该标准希望将 WLAN 的传输速率增加至 100Mbit/s 以上，使通过 WLAN 的多媒体和家庭娱乐应用成为可能，势必成为 802.11b、802.11a、802.11g 之后 WLAN 领域的另一场重头戏。

另外，我国在 2003 年 5 月 12 日正式发布了中国境内唯一合法的无线网络技术标准 WAPI（WLAN Authentication and Privacy Infrastructure，无线局域网鉴别和保密基础结构，GB15629.11），并在 7 月有关部门举行的 WLAN 国家标准宣传贯彻会上做出了明确的批示，同年 11 月 26 日，中华人民共和国国家质量监督检验检疫总局、中华人民共和国国家认证认可监督管理委员会同时发出公告推广该标准。WAPI 标准把国家对密码算法和无线电频率的要求纳入进来，是基于国际标准之上的符合中国安全规范的 WLAN 标准。WAPI 具备广泛的适用性，并充分满足大规模商用化要求，一举解决了包括 WLAN 在内的无线 IP 产业在我国发展的安全瓶颈和信息基础设施安全隐患，为政府、行业、企业在信息化建设中应用该技术扫除了障碍。它标志着我国信息产业在代表下一代宽带无线 IP 网络发展方向的前沿技术领域，在影响产业最为关键和基础的安全技术方面达到领先水平。

WAPI 与 IEEE802.11 协议族的主要不同，在于安全加密技术的不同：WAPI 使用的是一种名为"无线局域网鉴别与保密基础架构（WAPI）"的安全协议，802.11 则采用"有线加强等效保密（WEP）"安全协议。因此，我国的 WAPI 与 IEEE802.11 标准存在一定的冲突，可以查阅相关资料进行进一步的了解。

目前，802.11a/b/g 为 WLAN 现今网络应用提供了足够的性能，其中无线连接的便利是主要价值。下一代无线应用将需要更高的 WLAN 数据吞吐量，而且人们也将开始要求更大的距离。为满足这些需要，IEEE802.11n 任务小组正和英特尔、Wi-Fi 联盟合作，致力于更高接入接速率的 802.11n 标准研究。

802.11n 的目标是定义在 MACSAP（服务接入点）处传送的最低速度为 100Mbit/s 吞吐量的物理层和媒体接入控制层（PHY/MAC），与现今的 802.11a/g 网络相比，该最低吞吐量要求大约是 WLAN 吞吐量性能的 4 倍，无线下载吞吐量的目标是超过 200Mbit/s，以满足每秒 100Mbit/s 的 MACSAP 吞吐量要求。其他所需的改进包括给定吞吐量的距离、在接入点覆盖范围内改进的更均匀服务。更宽的带宽信道和多个天线配置可以产生 500Mbit/s 的数据速率（物理层速率），由于需要向后兼容现有 IEEEWLAN 传统解决方案（802.11a/b/g），任务小组还需要确保平滑过渡。

伴随着 IEEE 802.11 系列标准的逐步实施，不同厂家产品之间的互操作性已经成为现实，使 WLAN 产品的应用更加广泛。WLAN 的日益流行，同时也促进了产品成本的进一步降低，这将使得 WLAN 的应用前景更加广阔。

12.3　WLAN 的基市网络组件

无线局域网组件包括无线客户端适配器（WLAN 网卡）、无线接入点（AP）、无线网桥（Bridge）、无线交换机和天线。

12.3.1 客户端适配器

客户端适配器也称为无线网卡，为用户提供了无线网络的自由性、灵活性和移动性。按接口类型通常可分为 PCI 卡和 PCMCIA 卡（PC 卡）卡两种。

PCI 卡主要用于台式计算机，如图 12-1 所示。

PCMCIA 卡（PC 卡）是应用最广泛的无线客户端适配卡，无线 PC 卡的使用帮助便携式电脑的用户在无线局域网覆盖的园区自由移动，享受随时上网的便利，如图 12-2 所示。

图 12-1 无线客户端 PCI 卡

图 12-2 无线客户端 PCMCIA 卡

12.3.2 接入点 AP

无线接入点（AP，Access Point）是传统的有线局域网与无线局域网，或无线局域网与无线局域网之间的桥梁，用来接收和传送数据；任何一台装有无线网卡的 PC 均可通过 AP 去分享有线局域网甚至广域网的资源。AP 本身又可对接有无线网卡的 PC 作必要的控制和管理。

按照组网拓扑，AP 可以分为瘦 AP（Thin AP 或 Fit AP）和胖 AP（Fat AP）两种形式。胖 AP 可以独立配置管理，独立组网，不依赖于其他网络部件，典型的就是家庭和小办公室所用的独立式 AP；瘦 AP 不能独立组网，必须受无线交换机/无线控制器的管理，配置信息可以通过无线交换机集中下发，通常可以支持三层漫游，使组网更加灵活，适合组建大规模网络或者于有线混合组网，典型的是校园网。无线接入点（AP）如图 12-3 所示。

图 12-3 无线接入点（AP）

12.3.3 网桥

无线网桥的设计目标是连接两个或两个以上的网络（通常位于不同的建筑物之中）。无线网桥能够提供高速、长距离、视距的无线连接，能适应各种苛刻的使用和安装环境。在视距可达的前提下，不需要使用价格昂贵的租用线路或光纤电缆，无线网桥之间就能提供比 E1/T1 线路更快的数据速率。

12.3.4　无线交换机

无线局域网一般是由连接到接入点的客户机构成，而接入点要提供安全功能、管理功能和其他控制网络无线部分所需的智能性。但是管理多个接入点，对于可能涉及几百或几千个接入点的网络来说是一种无法应付的局面。

无线交换机通过集中管理，简化 AP 来解决这个问题。在这种构架中，无线交换机替代了原来二层交换机的位置，轻量级 AP（Light-Weight AP，也称智能天线 Intelligent Antenna）取代了原有的企业级 AP。无线交换机的应用使网络管理员在混合和匹配用户安全性能时变得更加灵活，无需再升级或重新配置 AP。安全性能包括 802.1x、WEP、TKI 和 AES 等，囊括了从第 2 层验证和加密到第 3 层 VPN 安全机制。

无线 LAN 交换技术也可防止非法接入点的入侵。传统的交换机+企业级 AP 的做法是无法控制非法 AP 接入的，而且检查非法 AP 的接入也非常麻烦。而采用无线交换机时，当非法接入点连接到网络，无线 LAN 交换机会验证它是否是允许设备或用户。如果交换机确定该设备是非法的，它将关闭非法接入点并自动告警。

传统的交换机+企业级 AP 方案，由于对于无线信号的调制、数据的转发、安全性控制和远程管理处理都是分布式的，每台 AP 都需要相当强的处理能力；而对于无线交换机+轻量级 AP 的方案，由于所有的处理能力都集中在一台无线交换机上，分布的轻量级 AP 只是非常简单的受控设备，只负责发送接收无线信号，因此无需很强的处理能力，也就大幅降低了成本，这样，整个无线局域网的成本就大大降低了。

另一方面，无线交换机可以在轻量级 AP 开启时，自动给轻量级 AP 升级固件或更新配置，而不像普通的 AP 那样，需要由管理员来一台一台地进行固件升级或更新配置，大大减小了管理的重复劳动强度，减小了管理开支。

无线交换机通过实时监控空间、网络增长和用户密度等，动态地调整带宽、接入控制、QoS 和移动用户等参数，实现了更加有效的管理。

无线交换机如图 12-4 所示。

图 12-4　无线交换机

12.3.5　天线

天线是收发无线信号的必要介质，WLAN 天线按频率可分为 2.4GHz 天线和 5.8GHz 天线，经过特殊设计，也可以做成 2.4GHz/5.8GHz 双频天线。天线的分类一般按传输距离的远近和方向性划分，而传输的距离又由天线本身的增益（dBi）决定，在同等条件下，增益愈高，相对所能传达的距离也就更远。另外，天线有定向性（Uni-direction）和全向性（Omni-direction）之分，前者适合于远距离使用，而后者则适合于区域性的应用。

天线如图 12-5 所示。

如需要将第一栋楼内无线网络的范围扩展到一公里甚至数公里以外的第二栋楼，其中的一个方法是在每栋楼上安装一个定向天线，天线的方向互相对准，第一栋楼的天线经过网桥连到有线网络上，第二栋楼的天线是接在第二栋楼的网桥上，如此无线网络就可接通相距较远的两个或多个建筑物，如图 12-6 所示。

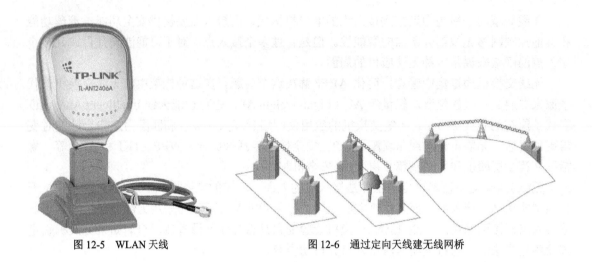

图 12-5　WLAN 天线　　　　　　　　图 12-6　通过定向天线建无线网桥

12.4　WLAN 的基本组网方式

无线局域网可以简单，也可以复杂，最简单的网络可以只要两个装有无线适配卡（wireless adapter card）的 PC，放在有效距离内，这就是所谓的对等（peer-to-peer）网络，这类简单网络无需经过特殊组合或专人管理，任何两个移动式 PC 之间不需中央服务器（central server）就可以相互对通。

另一种是使用 AP，根据无线接入点 AP 的功用不同，WLAN 实现不同的组网方式。独立式的胖 AP（Fat AP）组网和集中式的瘦 AP（Thin AP）+无线交换机（AC）组网是两种典型的组网形式。其中，胖 AP 的组网又可以分为基础架构模式、点对点模式、多 AP 模式、无线网桥模式和无线中继器模式。

12.4.1　点对点模式（Peer-to-Peer）

由无线工作站（STA）组成，用于一台无线工作站和另一台或多台其他无线工作站的直接通信，该网络无法接入到有线网络中，只能独立使用。无需 AP，安全由各个客户端自行维护。

点对点模式中的一个节点必需能同时"看"到网络中的其他节点，否则就认为网络中断，因此对等网络只能用于少数用户的组网环境，比如 3 至 5 个用户。点对点模式的组网如图 12-7 所示。

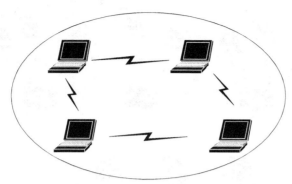

图 12-7　WLAN 点对点模式组网图

12.4.2　基础架构模式 Infrastructure

由无线访问点（AP）、无线工作站（STA）以及分布式系统（DS）构成，覆盖的区域称为基本服务区（BSS）。无线访问点也称无线 Hub，用于在无线 STA 和有线网络之间接收、缓存和转发数据，所有的无线通信都经过 AP 完成。单个无线访问点通常能够覆盖几个至几十个用户，覆盖半径达上百米。AP 可以连接到有线网络，实现无线网络和有线网络的互联。基础架构模式的组网结构如图 12-8 所示。

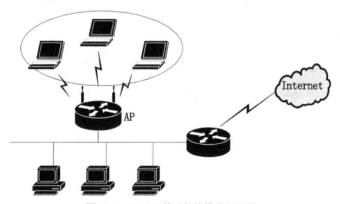

图 12-8　WLAN 基础架构模式组网图

12.4.3　多 AP 模式

多 AP 模式是指由多个 AP 以及连接它们的分布式系统（DS）组成的基础架构模式网络，也称为扩展服务区（ESS）。扩展服务区内的每个 AP 都是一个独立的无线网络基本服务区（BSS），所有 AP 共享同一个扩展服务区标示符（ESSID）。分布式系统（DS）在 802.11 标准中并没有定义，但是目前大都是指以太网。相同 ESSID 的无线网络间可以进行漫游，不同 ESSID 的无线网络形成逻辑子网。该种模式的组网拓扑如图 12-9 所示。

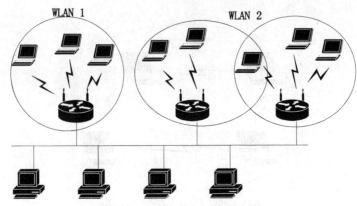

图 12-9　WLAN 多 AP 模式组网图

12.4.4　无线网桥模式

利用一对 AP 连接两个有线或者无线局域网网段，无线网桥模式的组网拓扑如图 12-10 所示。

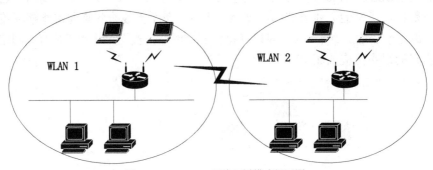

图 12-10　WLAN 无线网桥模式组网图

12.4.5　无线中继器模式

无线中继器用来在通信路径的中间转发数据，从而延伸系统的覆盖范围。无线中继器模式的组网结构如图 12-11 所示。

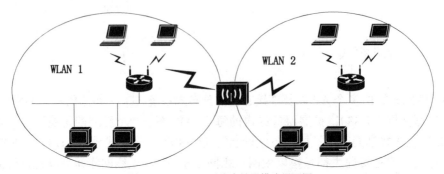

图 12-11　WLAN 无线中继器模式组网图

12.4.6 瘦 AP+无线交换机的集中式组网

这种方式下单个 AP 无法组网，所有 AP 的数据流和控制流都通过无线交换机（或称为无线控制器），并通过集中的网管服务器和 AAA 服务器实现管理和业务控制，这种组网形式能较好地实现漫游切换和运营级的管理、认证和计费，适合组建大规模的有线和无线一体化的网络。此种集中式的 WLAN 组网结构如图 12-12 所示。

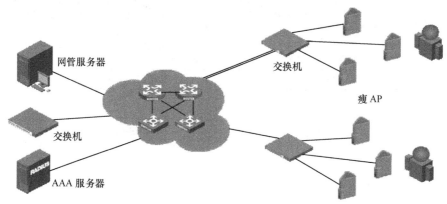

图 12-12 瘦 AP+无线交换机的集中式组网图

12.5 WLAN 的优势与劣势

无线局域网的优势在于：

● 速率较高，可满足高速无线上网需求；

● 设备价格较低廉，节省投资；

● 技术较成熟，在国外已有丰富的应用。

无线局域网的劣势主要有：

● 功率受限、覆盖范围较小、移动性较差；

● 一般工作在自由频段、容易受到干扰（如蓝牙设备的干扰）；

● 属于第二层技术规范、上层业务体系不够完善。

如果同目前广泛使用的有线以太网比较，二者具有下述特点，如表 12-2 所示。

表 12-2 无线网络与有线网络的比较

	有 线 网 络	IEEE802.11 无线网络
布线	布线繁琐，办公室电缆线泛滥。在高度信息化的社会，办公室成为信息网络系统的末梢。在办公室内，各种网络系统共存，已经出现电缆线的"洪水"	完全不需要布线，再也不会出现到处是线缆的状况，如果是临时租用办公室或者不允许线缆布设的环境，是非常理想的解决方案
吞吐率	10Mbit/s、100Mbit/s、1 000Mbit/s	2Mbit/s、11Mbit/s、54Mbit/s、70Mbit/s
成本	安装成本高，设备成本低，维护成本高	由于不需要布设线缆和无线网络本身的许多特征，安装成本非常低廉

续表

	有 线 网 络	IEEE802.11 无线网络
移动性	非常低效，将工作人员限制在办公桌椅边，无法在移动的同时访问局域网和互联网的资源	移动性强。在一些特殊的情况下，人员需要在某一范围内工作，如施工现场、实地勘测、库房管理、公安值勤等，这种情况下只有使用无线才能实现移动办公。有线网需要在每个工作地点布信息点，资源浪费巨大
二层漫游	支持	支持
三层漫游	支持（通过 Mobile IP 技术）	支持（类 Mobile IP 技术或者 DHCP）
扩充性	较弱。由于一些原因，原有布线所预留的端口不够用，增加新用户就会遇到重新布置线缆繁琐、施工周期长等麻烦	较强，只需要增加适配卡就可以了，如果网络出现瓶颈，则也只需增加一个接入点就可以实现扩充
线路费用	对于楼宇等之间的远距离连接，如果采用租用线路的方式，费用既高，传输速度也低	不需要增加任何租用费用，只需要架设天线等一次性投资即可
安全性	高，主要在三层及以上实现	较高，二层和三层共同实现

12.6　WLAN 的安全问题

WLAN 的另一个问题就是安全性。

由于不受电缆和墙的物理约束限制，无线局域网已经受到安全性欺骗的考验。黑客可以轻松破坏这些最初的成果，例如早期的安全协议有线对等保密（WEP）。这使得一些公司对采用无线技术产生犹豫，因为它们害怕无线设备和接入点之间发送的数据被截取或解析。

12.6.1　WLAN 的安全问题表现

1. 传输介质的脆弱性

传统的有线局域网采用单一传输媒体——铜线与无源集线器（hub）或集中器，这些集线器端口和线缆接头差不多都连接到具备一定程度物理安全性的设备中，因而攻击者很难进入这类传输介质。许多有线局域网为每个用户配备专门的交换端口，即使是经过认证的内部用户，也无法越权访问，更不用说外部攻击者了。与此对照，无线局域网的传输媒体——大气空间则要脆弱得多，很多空间都在无线局域网的物理控制范围之外，如公司停车场、无线网络设备的安装位置以及邻近高大建筑物等。网络基础架构的这些差别，导致无线局域网与有线网的安全性不在一个水准。

2. WEP（有线对等保密）存在不足

802.11 委员会由于意识到无线局域网固有的安全缺陷而引入了 WEP。但 WEP 也不能完全保证加密传输的有效性，它不具备认证、访问控制和完整性校验功能。而无线局域网的安全机制是建立在 WEP 基础之上的，一旦 WEP 遭到破坏，这类机制的安全也就不复存在。

WEP 协议本身存在漏洞，它采用 RC4 序列密码算法，即运用共享密钥将来自伪随机数据产生器的数据生成任意字节长序列，然后将数据序列与明文进行异或处理，生成加密文本。

早期的 802.11b 网络都采用 40bit 密钥，现行方案大多采用 128bit 密钥。使用穷举法，一个黑客在数小时内即可将 40bit 密钥攻破；而若采用 128bit 密钥则不太可能攻破（计算时间太长）。但若采用单一密钥方案（密钥串重复使用），即使是 104bit 密钥，也容易受到攻击。为此，在 WEP 中嵌入了 24bit 初始向量（IV），IV 值随每次传输的信息包变更，并附加在原始共享密钥后面，以最大程度减小密钥相同的概率，进而降低密钥被攻破的危险。

认证失败也会导致非法用户进入网络。802.11 分两个步骤对用户进行认证。首先，接入点必须正确应答潜在通信基站的密码质询（认证步骤），随后通过提交接入点的服务集标识符（SSID）与基站建立联系（称为客户端关联）。与实现 WEP 加密一样，认证步骤依赖于 RC4 加密算法。这里的问题不在于 WEP 不安全，或 RC4 本身的缺陷，而是执行过程中的问题：接入点采用 RC4 算法，运用共享密钥对随机序列进行加密，生成质询密码；请求用户必须对质询密码进行解密，并以明文形式发回接入点；接入点将解密明文与原始随机序列进行对照，如果匹配，则用户获得认证。这样只需获取两类数据帧——质询帧和成功响应帧，攻击者便可轻易推导出用于解密质询密码的密钥串。WEP 系统有完整性校验功能，能部分防止这类采用重放法进行的攻击，但完整性校验是基于循环冗余校验（CRC）机制进行的，很多数据链接协议都使用 CRC，它不依赖于加密密钥，因而很容易绕过加密验证过程。

另外，攻击者还可能运用一些常见的方法对信息进行更改，这不仅意味着攻击者能够修改任何内容（如金融文档数据中的十进制小数点的位置），而且攻击者能够借助校验过程推断解密方式的正确性。一旦经过适当认证和客户端关联，用户便能完全进入无线网。即使不攻击 WEP 加密，攻击者也能进入连接到无线网的有线网络，执行非法操作或扰乱网络主管的正常管理，甚至向网络扩散病毒，植入“木马”程序进行攻击等。

802.11 以及 WEP 机制很少提及增强访问控制问题。一些开发商在接入点中建有 MAC 地址表用作访问控制列表，接入点只接受 MAC 地址表中的客户端的通信。但 MAC 地址必须以明文形式传输，因而无线协议分析器很容易拾取这类数据。

12.6.2　802.11i 安全

为支持阻碍无线技术在企业中采用并使用户紧张的、破碎的安全模型，Wi-Fi 联盟推出了自己的 802.11i 安全规范临时版本：Wi-Fi 保护访问（WPA）。WPA 结合了多种技术，以解决所有已知的 802.11 安全漏洞。通过使用 802.1X 标准（专门提供无线客户机设备、接入点和服务器之间的控制端口访问的相互验证）和可扩展身份验证协议（EAP），它提供了强大的基于用户的身份验证。WPA 还包含了强大的加密（即 128 位加密密钥），并使用了暂时密钥集成协议（TKIP）。信息完整性检查（MIC）用于阻止黑客捕获、更改或伪造数据包。这些技术的集成保护了 WLAN 发送的机密性和完整性，同时还有助于确保只有获得授权的用户才有权访问网络。通过提供自动的密钥分配以及每个用户和每次会话的唯一主密钥以及唯一的每包加密密钥，WPA 进一步增强了安全性和管理功能。

IEEE 标准 802.11i 在 2004 年 6 月获得批准，其中结合了许多已在 WPA 中实践的功能。WPA 上的一些 802.11i 重要更改包括更好的转接和更好的加密。802.11i 标准还提供了密钥缓存技术，以允许个人返回时再次快速连接服务器。此外，它还提供了在网络中的接入点之间快速漫游的预验证。通过 802.11i，整个安全链（登录、交换凭据、身份验证和加密）在防止非目标和目标攻击方面都变得更加强大而有效。现在，网络和会话的完整性只需要管理，而不需保护。

12.6.3 构建安全的无线局域网

为了提高无线局域网的安全性，必须引入更加安全的认证机制、加密机制以及控制机制。

1. 虚拟专用网络（VPN）

虚拟专用网是指在一个公共 IP 网络平台上通过隧道以及加密技术保证专用数据的网络安全性，只要具有 IP 的连通性，就可以建立 VPN。VPN 技术不属于 802.11 标准定义，它是一种以更强大更可靠的加密方法来保证传输安全的新技术。

对于无线商用网络，基于 VPN 的解决方案是当今 WEP 机制和 MAC 地址过滤机制的最佳替代者。在远程用户接入的应用中，VPN 在不可信的网络（如 Internet）上提供一条安全、专用的通道或隧道。各种隧道协议，包括点到点的隧道协议（PPTP）和第二层隧道协议（L2TP）都可以与标准的、集中的认证协议一起使用，例如远程用户接入认证服务协议（RADIUS）。VPN 技术也可以应用在无线的安全接入上，在这个应用中，不可信的网络是无线网络。AP 可以被定义成无 WEP 机制的开放式接入（各 AP 仍应定义成采用 SSID 机制把无线网络分割成多个无线服务子网），但是无线接入网络已经被 VPN 服务器和 VLAN（AP 和 VPN 服务器之间的线路）从企业内部网络中隔离开来，VPN 服务器提供无线网络的认证和加密，并充当企业内部网络的网关。与 WEP 机制和 MAC 地址过滤接入不同，VPN 方案具有较强的扩充、升级性能，可应用于大规模的无线网络。

2. RADIUS 远程认证拨入用户协议

RADIUS 认证机制是在认证过程中提供认证信息的安全方法，无线终端和 RADIUS 服务器在有线局域网上通过接入点进行双向认证。企业不需要管理每个无线接入点内部的 MAC 地址表或用户，通过在 RADIUS 系统内设置单一数据库，就可以简化管理，又能提供一种更有效的可扩展集中认证机制，接入点的作用如同一个 RADIUS 用户，它可收集用户认证信息，并把这些信息传送到指定的 RADIUS 服务器上。RADIUS 服务器接收用户的各种连接请求，进行用户鉴别，对接入点做出响应，向用户提供服务所必须的信息。接入点对 RADIUS 服务器的回复响应起作用，许可或拒绝网络接入。

3. 802.1x 端口访问控制机制

802.1 x 标准,这是一种基于端口访问控制技术的安全机制，是针对以太网而提出的基于端口进行网络访问控制的安全性标准。尽管 802.1x 标准最初是为有线以太网设计制定的，但它也适用于符合 802.11 标准的无线局域网，被视为是 WLAN 的一种增强性网络安全解决方案。这个 MAC 地址层安全协议存在于安全过程中的认证阶段。应用 802.1 x，当一个设备请求接入 AP 时，AP 需要一个信任集。用户必须提供一定形式的证明，让 AP 通过一个标准的 RADIUS（远程拨号用户认证服务）服务器进行鉴别和授权。

当无线终端与 AP 关联后，是否可以使用 AP 的服务要取决于 802.1x 的认证结果。如果认证通过，则 AP 为用户打开这个逻辑端口，否则不允许用户接入网络。

12.7　WLAN 的应用

无线技术给人们带来的影响是巨大的，如今每一天大约有 15 万人成为新的无线用户，全球范围内的无线用户数量目前已经超过 2 亿。

无线局域网的应用范围非常广泛，如果按照使用范围将其应用划分为室内和室外的话，室内应用则包括大型办公室、车间、酒店宾馆、智能仓库、临时办公室、会议室、证券市场；室外应用包括城市建筑群间通信、学校校园网络、工矿企业厂区自动化控制与管理网络、银行金融证券城区网、矿山、水利、油田、港口、码头、江河湖坝区、野外勘测实验、军事流动网、公安流动网等。

12.7.1　WLAN 技术适用范围

WLAN 主要的适用范围如下所述。
- 不能使用传统走线方式的地方，传统布线方式困难、布线破坏性很大，或因历时等原因有水域或不易跨过的区域阻隔的地方。
- 重复地临时建立设置和安排通信的地方。
- 无权铺设线路或线路铺设环境可能导致线路损坏。
- 时间紧急，需要迅速建立通信，而使用有线不便、成本高或耗时长。
- 局域网的用户需要更大范围进行移动计算的地方。

12.7.2　WLAN 行业应用示例

1．企业应用

网络布线问题一直是网络在企业中生长的棘手问题。企业网络化的改造受到网络布线的重大限制，甚至在一些生产场合，网络布线的代价甚高，甚至可能性很小。企业的网络必须从烦琐的网络布线中解脱，而 WLAN 技术和产品正可以解决这一类问题。无线网络产品在企业环境中的典型应用包括生产环境及安全的远程监控、远程数据采集及传送、生产数据查询、自动化生产过程远程控制、数控设备远程控制、机器人/机械手控制、库存管理，仓库盘点、大中型企业内部建筑物网络连接以及企业工地应用、故障处理以及各种临时性连接等。

2．交通运输

交通运输行业的重要特征之一就是流动性，包括行业中的承运管理方、承运的工具、流动的货物、流动的旅客等。而迅速流动的特征及对象正是无线网络产品的主要针对市场，因为无线网络解决方案具有构建迅速、使用自由的重要特征，这些特征是任何基于线缆的网络产品无法比拟的，例如在空旷的码头、机场、货物集散中心这些场合，利用无线网络产品可以在不依赖环境的情况下构建局域网络。无线网络不仅可以用于交通运输行业的生产和管理，还可以为网络时代的交通运输环境提供信息增殖服务。在交通运输行业，无线网络产品至少可以在以下的应用中体现出其吸引力：实时远程交通报告系统、车队指挥及控制、城市公交、航空行李及货物控制、实时旅客信息发布、移动售票服务、机场旅客 Internet 访问无线接入服务等。

3. 零售行业

零售行业大型化、集团化的趋势产生了对计算机管理系统的依赖性，大型的经营场地中计算机网络担任了重要的业务数据处理角色。随着场地的扩充和信息点的迅速增长，网络系统的建设费用已经相当可观，况且还存在着无法预见的应用需求。无线网络产品空间自由的特征正是解决零售行业这一问题的轻松方案。如果大型商场的仓储管理、POS 结算受到网络线缆的约束，不仅会给经营者带来不便，对消费者同样也会有很大的影响。利用无线网络产品，商场的经营自由度将会得到前所未有的发展。事实上，零售业巨头沃尔玛已经在全球范围内实现商品信息的共享（接入层采用 WLAN 技术，国际通信则租用卫星通信链路实现）。

4. 医疗行业

无线网络产品的自由和便捷是对医疗行业最具有吸引力的特点。任何密集的网络线缆都无法满足医疗行业环境及业务特征的需求，突发、移动、清洁、便利等特性是用于医疗行业的计算机网络必须具有的性能。但是直到无线网络产品的出现前，并没有一种性能价格比优秀的网络组网方案能够满足医疗卫生行业的需求。摆脱了网络线缆束缚的无线网络产品为医疗卫生行业的应用提供了无可挑剔的行业解决方案。其主要应用在：病房看护监控、生理支持系统及监控、支持系统供给及资源管理、急救系统监控、灾情救援支持等方面。

5. 教育行业

在教育行业中，校园网络已经成为大多数校园的必要设施。无论对于一个已经拥有宽带校园网络的，或是一个还未建设校园网络的教育单位，无线网络技术仍然是一个可以发挥巨大优势的新事物。利用无线网络技术和产品，可以迅速建立一个校园网络，以满足学生和教师的任意联网需要。对于较为完善的校园信息系统，通过无线网络可以使得访问网上教育资源变得自由和轻松，无论在教室、宿舍、学术交流中心，甚至是充满绿意的校园草坪，无线网络将铺盖校园的任何地方。

在教育行业，以下这些典型的应用都将充满巨大的诱惑力。

● 迅速建立小型或中型的校区网络，投资较少。
● 为已建成的校园网络增加网络覆盖面，使网络覆盖整个校区。
● 学生宿舍网络接入系统。
● 校园活动需要的临时性网络，如招生活动、学术交流活动。
● 任意地点访问教育网络资源，包括教室、会议中心，甚至户外。

12.8 WLAN 前景展望

很明显，无线宽带取代有线因特网连接的前景将在世界许多地方成为现实。802.11

协议簇产品目前已经广泛用于无线通信之中。随着 3G 技术在世界范围内的普及，未来的移动通信技术和宽带无线接入技术以及 3G 演进型技术的研究都在积极地开展中，WLAN 使得宽带无线接入技术成了移动通信技术的竞争对手，或者说 WLAN 将成为移动通信系统在数据业务接入方面的有力补充和支撑，这也将加速新一代移动通信技术的研究。

随着无线网络普及于我们生活的每个方面（从汽车、家庭、到办公建筑和工厂），已产生的 WLAN 将继续地创新和发展。未来的网络在接入层面上都将实现无线化。

12.9　无线网络的配置

12.9.1　无线路由器的配置

1. 登录无线路由器，进入设置向导——无线设置界面进行配置

在此配置界面中，有无线功能、SSID 号和频段 3 个设置项。如图 12-13 所示。

● 无线功能：可决定其无线 AP 的功能是否启用。需要将无线功能选择为开启。

● SSID 号：服务集标识符或服务区标示符，AP 的标识字符。SSID 是作为接入此无线网络的验证标识。无线客户端要加入此无线网络时，必须拥有相同的 SSID 号。

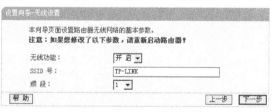

图 12-13　设置向导界面

● 频段：它以无线信号作为传输媒体的数据信号传送通道。IEEE 802.11b/g 工作在 2.4～2.483 5GHz 频段（中国标准），这些频段被分为 11 或 13 个信道。当无线网络中有两个以上的 AP 时，需要为每个 AP 设定不同的频段。

2. 进入无线基本设置界面进行配置

"无线网络基本设置"界面如图 12-14 所示。

● 允许 SSID 广播：勾选此复选项，路由器将向无线网络中所有的无线用户广播自己的 SSID 号，也就是说未指定 SSID 的无线网卡都能获得 AP 广播的 SSID 并连入。如果想提高网络安全性，使得其他未经允许的用户加入此网络，不勾选此选项。无线网络中的用户只能在客户端网卡无线设置中手动指定相同的 SSID 来连入。

● 安全认证类型：在此列表框中可以选择允许任何访问的"开放系统"模式，基于 WEP 加密机制的"共享密钥"模式，以及"自动选择"方式。

● 密钥格式选择：在此列表框中可以选择下面密钥中使用的是 ASCII 码还是 16 进制数。一般选择使用 16 进制数（HEX）来作为密钥格式，然后按说明自由填写密钥信息的内容。最后在"密钥类型"中选择加密位数，可以选择 64 位或 128 位，选择"禁用"选项将不使用该密钥。

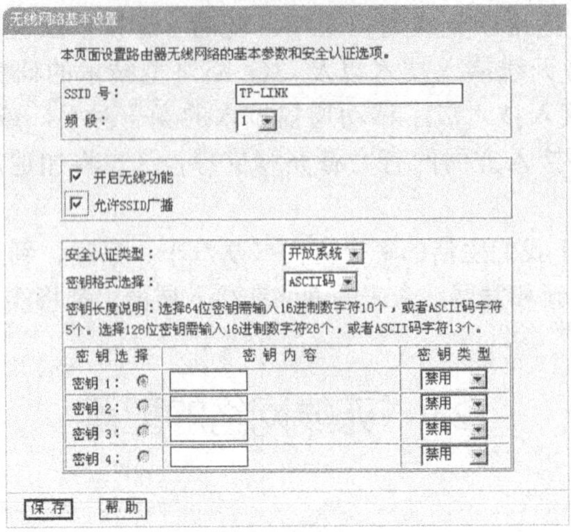

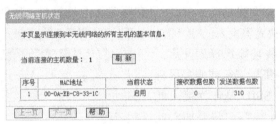

图 12-14　无线网络基本设置界面

3. 进入"无线网络主机状态"界面，查看无线网络中的主机信息

"无线网络主机状态"界面如图 12-15 所示。

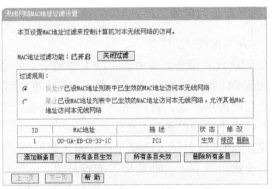

图 12-15　"无线网络主机状态"界面

4. 进入"无线网络 MAC 地址过滤设置"界面，设置 MAC 地址过滤

"无线网络 MAC 地址过滤设置"界面如图 12-16 所示。

图 12-16　"无线网络 MAC 地址过滤设置"界面

在无线网络 MAC 地址过滤设置中，MAC 地址过滤功能默认为关闭。如要启用 MAC 地址过滤功能，单击"启用过滤"按钮。

单击"添加新条目"按钮，添加需要允许或者拒绝访问的 MAC 地址。在此界面中填写刚才记录的 MAC 地址，并加上自定义的描述，选择"生效"选项，如图 12-17 所示。保存后即弹回如图所示的界面，设置完成。

图 12-17　"无线网络 MAC 地址过滤设置"界面

12.9.2　无线网卡客户端的设置

在设置完无线路由器，尤其是对其无线安全机制做了修改之后，要对无线网卡的参数做相应的修改，才能使客户端加入到此 WLAN 中去。这里以 Win2000 为例，在 Windows 系统的设备管理器中，选择安装的无线网卡设备，并打开其"属性"窗口，单击"高级"标签，可以看到刚才在无线路由器中设置的无线参数的对应项，如图 12-18 所示。

- ESSID：它需要与无线路由器中设置的"SSID"相同才能接入此无线网络。如果无线网卡中的该参数未手动设置，它将自动搜索信号最强的启用了 SSID 广播功能的 AP，并进行连接。

- Encryption Level：它需要与无线路由器中设置的"密钥类型"相同。

其中"WEP Key #1～#4"是 4 条 WEP 共享密钥，根据无线路由器中的设置对应填写，并在"WEP Key to use"中选择使用哪条密钥。如图 12-19 所示。

图 12-18　无线网卡设置界面

如果密钥不符，该无线网卡客户端将会出现已连接上此网络，但不能收发数据的情况。

- Operating Mode：工作模式。对于无线网卡来说，允许两种类型的网络工作模式，即 Infrastructure 模式和 Ad Hoc 模式。如果选择了 Infrastructure 模式，无线网卡将会连接到一个 AP。如果选择 Ad Hoc 模式，无线网卡将会直接连接到另一个无线工作站。如图 12-20 所示。

不需要设置"Channel"，此时的"频段"或叫"信道"是自动检测的。只有在 Ad Hoc 模式中才需要设置"Channel"值，此时的工作组中所有的无线工作站都必须有相同的信道号和 SSID 值。

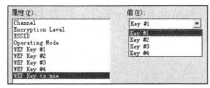

图 12-19　无线网卡设置界面

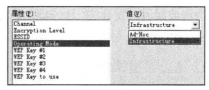

图 12-20　无线网卡设置界面

12.10　VoIP 技术

目前，大多数企业的各分支机构之间的电话通信都是通过 PSTN 网络实现的，随着企业规模变得越来越大、分支机构越来越多，在这些独立网络上的花费将是相当巨大的。巨额话费已经成为许多企业的沉重负担。因此经济实惠的电话网络解决方案已经成为许多企业的迫切需求。

VoIP（Voice over Internet Protocol）则是这一问题的最佳解决方案。与普通电话相比，IP 电话的优势是非常明显的，因为 IP 电话将电话网络整合到数据网络中，省去了庞大的 PSTN 长途话费开支，可以显著降低企业网络的运营成本。目前，IP（Internet Protocol）分组交换变成了全球通用的传输协议，企业将话音、视频等传统业务向 IP 迁移是大势所趋。而且随着网络技术的发展，WWW、E-Mail、电子商务、语音邮箱等的应用，以及基于 IP 多播的可视会议技术的成熟，数据传输业务的增长率远远超过传统话音业务的增长。对于企业来说，早日优化自己的网络，将语音和视频集成到数据业务上来，缩减企业运营成本，适应新技术发展，及时更新企业的经营模式，必然有利于企业的长足发展。

语音数据集成与语音/分组技术进展结合的经济优势迎来了一个新的网络环境，这个新环境提供了低成本、高灵活性、高生产率及效率的增强应用等特点。

12.10.1　VoIP 原理概述

IP 电话通常被称作 Internet 电话或网络电话，顾名思义，就是通过 Internet 打电话。从广义上说，它应被称为 Internet 电信，因为它包括语音、传真、视频传输等多种电信业务。

IP 电话的话音利用基于路由器/分组交换的 IP（Internet/Intranet）数据网进行传输。由于 Internet 中采用"存储—转发"的方式传递数据包，并不独占电路，并且对语音信号进行了很大的压缩处理，因此 IP 电话占用带宽仅为 8～10kbit/s，再加上分组交换的计费方式与距离的远近无关，自然大大节省了长途通信费用。VoIP 技术就是以 Internet 作为主要传输介质进行语音传送的。首先，语音信号通过公用电话网络被传输到语音网关；网关再将话音信号转换压缩成数字信号传递进入 Internet；而这些数字信号通过遍及全球而成本低廉的网络将信号传递到对方所在地的网关，再由这个网关将数字信号还原成为模拟信号，输入到当地的公共电话网络，最终将语音信号传给收话人。

从如图 12-21 所示的简单网络，可以发现 VoIP 设备是如何把语音信号转换成 IP 数据流，并把这些数据流转发到 IP 目的地，IP 目的地又把它们转换回到语音信号。两者之间的网络必须支持 IP 传输，且可以是 IP 路由器和网络链路的任意组合。

1. 语音-数据转换

语音信号肯定是模拟波形，为了在数字数据网络上传送这些模拟波形，首先必须把它们转换成某种类型的数字格式，这可以使用各种语音编码方案来实现。源和目的地的语音编码器和语音解码器必须实现相同的方案，这样目的地设备可以成功地再生由源设备以数字格式编码的模拟信号。

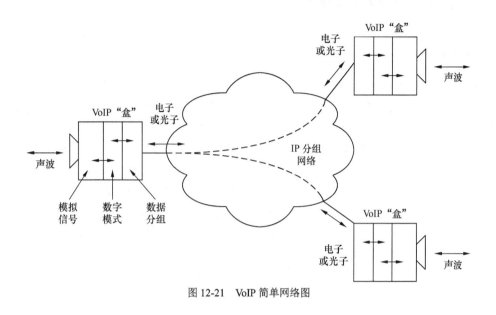

图 12-21　VoIP 简单网络图

2. 原数据到 IP 的转换

一旦语音信号进行了数字编码，它就变成另一种形式的数据由网络传送。语音网络简单地建立通信端点之间的物理连接（一条线路），并在端点之间传输编码的信号。IP 网络不像电路交换网络，它不形成连接，它要求把数据放在可变长的数据报或分组中，然后给每个数据报附带寻址和控制信息，并通过网络发送，一站一站地转发到目的地。为了支持这种网络上的数字语音数据的传送，VoIP 设备必须接收语音数据，把它们分组成 IP 数据报（分组），附带寻址信息，并把它们发送到网络中。

3. 传送

网络中的中间节点检查每个 IP 数据报附带的寻址信息，并使用这个信息把该数据报转发到目的地路径上的下一站。网络链路可以是支持 IP 数据流的任何拓扑结构或访问方法。

4. IP-数据的转换

目的地 VoIP 设备接收这个 IP 数据报并开始处理。在数据报的处理过程中，去掉寻址和控制信息，保留原始的原数据，然后把这个原数据提供给设备解码过程。

5. 从数据转换回到语音

语音解码过程解释源站点产生的原数据，并通过解码功能处理。解码功能的输出就是一个与源站点输入线收到的原始语音信号近似的模拟信号。简而言之，语音信号在 IP 网络上的传送要求语音信号从模拟信号到数字信号的转换、数字语音数据的分组、分组信息通过网络的传送、语音数据的解包和数字语音数据到模拟信号的转换。

12.10.2　实现 VoIP 的基础技术

1. H.323 标准

随着语音、视频压缩技术的提高和高性能的 DSP（数字信号处理器）出现，多媒体网络获得了长足的发展，目前几乎所有的厂家都采用国际电信联盟（ITU）的标准协议族 H.323。

H.323 是一个国际电信联盟（ITU）标准，它产生于 1996 年，并于 1998 年进行了更新。它为基于分组的网络基础设施上的音频、视频和数据通信提供一个基础。H.323 提供语音编码、简单的带宽管理、许可控制、地址转换、呼叫控制和管理以及外部网络链接等标准。该协议族又包括一系列的协议：H.225、H.245、G.729、G.723、G.711、H.261、H.263 等，其中 G.723、G.729、G.711 是音频编解码协议，H.263、H.261 是视频编解码协议，H.225、H.245 是系统控制协议。

为了对 VoIP 有一个总体了解，先看一下 H.323 框架结构，如图 12-22 所示。

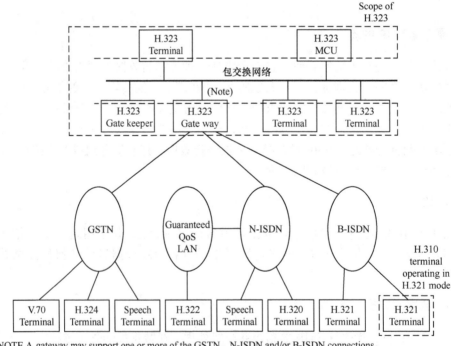

NOTE A gateway may support one or more of the GSTN，N-ISDN and/or B-ISDN connections。

图 12-22　H.323 体系结构

H.323 标准覆盖了在包交换网络上提供音频通信服务的技术需求，引入了针对数据会议的 T.120 建议，使得包括数据功能的会议成为可能。H.323 为基于网络的会议系统定义了 4 个主要的组成部分：终端、网关（GATEWAY）、GATEKEEPER 以及多点控制器（MCU），如图 12-22 结构所示。所有的 H.323 终端必须支持 H.245，该标准用来协商通道的使用及容量，3 个另外的组成部分是：Q931 的缩略版，用于呼叫信令和呼叫建立；注册/许可/状态（RAS），用于 GATEKEEPER 进行通信；RTP/RTCP 协议则用于音频和视频包排队。

语音的基本呼叫建立过程如下：假设呼叫双方都知道对方的 IP 地址（如果不知道对方的 IP 地址，或者为了管理的需要，通常通过网守（Gatekeeper）进行呼叫），建立呼叫过程使用的是 TCP 承载 H.225 和 H.245，以保证呼叫的可靠建立；呼叫成功链路建立后，语音接口模块将话音的模拟信号采样形成数字信号，再通过编码（G.711、G.729、G.723）算法将采样来的数字信号编码。由于话音是数据流，因此采用的是 RTP（实时传送协议）/UDP 封装，然后发送出去；在通话过程中，通话双方通过 RTCP（实时传送控制协议）交换信息，测试链路质量的好坏。不同的编码方式占用的带宽不同（参见表 12-3），话音质量和时延也有差别：G.711 话音质量最好，但需要 64K 的带宽，G.723 占用的带宽小，话音质量就有损耗。接收方收到话音数据后送到 DSP 进行解码处理，再通过数模转换，成为语音。

2. 语音压缩

语音压缩减少了网络上传送语音信号需要的语音信息的净荷。我们已经看到，标准 PCM 语音数字化以每秒 8 000 次的频率采样模拟波形，每个采样间隔产生一个 8 位值，结果得到一个 64kbit/s 的位流。因为数字化的语音是简单的 1 和 0 的数据流，对它可以使用各种压缩算法，产生更少的数据量，从而节省带宽。

（1）压缩算法

适应差分脉冲代码调制（Adaptive Differential Pulse Code Modulation, ADPCM）是基于波形编码的一种变化，它计算从采样点到采样点的波形变化，以及振幅变化的效率。ADPCM 常常在 32kbit/s 水平使用，这提供足够的语音质量，且比 PCM 节省 1/2 的带宽。较低的位比率语音质量明显较差。ITU-T 在 G.726 建议中描述了 ADPCM。

LD-CELP 代表低延时代码激励线性预测器（Code Excited Linear Predictor，CELP），它监听 16 位的线性 PCM 数据流，并从每 5 个 PCM 采样产生一个 10 位的代码簿指针。LD-CELP 每 625μs 产生 10 位数据（5 个 PCM 采样），它以 16kbit/s 的速率发送。LD-CELP 由 ITU-T 的 G.728 建议描述。

CS-ACELP（共轭结构代数代码激励线性预测器）是 LD-CELP 的后继，常常用于 VoIP 网络中。与 LD-CELP 一样，CS-ACELP 解释 16 位的 PCM 数据，并产生该波形的一个数学近似进行传输。CS-ACELP 监听 80 个 PCM 帧（10ms），并把它们映射到代码簿中的 10 个 8 位代码字。ITU-T 的 G.729 描述了 CS-ACELP，G.729a 描述了 8kbit/s CS-ACELP 一个较少计算负担的版本。

编码方式比较如表 12-3 所示。

表 12-3　　　　　　　　　　　　编码方式比较表

编 码 方 式	速率（kbit/s）	报文（byte）	延时（ms）
G.711 PCM	64	240	0
G.729a CS-ACELP	8	30	10

续表

编 码 方 式	速率（kbit/s）	报文（byte）	延时（ms）
G.723.1 MP-MLQ	6.3	10	30
G.723.1 ACELP	5.3	10	30

注：另外需要说明的是，表中的报文大小指的是语音数据的净荷，它不包含 RTP、UDP、IP、以及链路层的报文头封装，时延也只是编码产生的时延。

（2）语音编码技术的比较

语音质量是一个主观测量，不同的人对每个压缩技术有不同的反应。为了帮助量化一个技术的质量，研究出了平均意见得分（MOS）等级。为了得到 MOS 数字，对受话方进行测试，了解通过每个压缩技术发送的各种讲话模式的语音质量，设置了 1 到 5 的等级，其中 5 为最佳。然后取结果的平均值，得到平均意见得分。

如表 12-4 所示，包括各种压缩技术，以及每个技术的位速率、MOS、编码延时和压缩要求的处理功能。

表 12-4 压缩效果比较

编码	ITU-T 标准	位速率（kbit/s）	MOS	处理功能（MIPS）	帧大小（ms）	编码延时（ms）
PCM	G.711	64	4.1	0.34	0.125	0.75
ADPCM	G.726	32	3.85	14	0.125	1
LD-CELP	G.728	16	3.61	33	0.625	3～5
CS-ACELP	G.729	8	3.92	20	10	20
CS–ACELP	G.729a	8	3.7	10.5	10	10
MP-MLQ	G.723.1	6.3	3.9	16	30	30
ACELP	G.723.1	5.3	3.65	16	30	30

从上表可以看出，编码方案之间的权衡是很明显的。PCM 使用最多带宽，所以得到最好的 MOS 等级，使用最少的处理功能，且引入最少的延时。这使 PCM 部署起来成本低，而且在长距离传输语音时更有效。相反，CS-ACELP 以增加处理要求、增加延时和较低的 MOS 等级的代价提供更大的带宽节省。

3. 实时传输协议/实时控制协议

实时传输协议（RTP）和实时控制协议（Real-Time Control Protocol，RTCP）是为在 Internet 或基于 IP 的网络上传送实时数据流，如视频和音频数据而创建的。RTP 是一个会话层协议，通常运行于 UDP/IP 之上，它在 RFC1889 和 1890 中定义。UDP 是常用的传送层协议，它的无连接性质使它能够在广播和多播环境中使用。RTP 解决 UDP 中缺少的传输实时数据流所要求的一些元素，包括顺序编号和时间标记。顺序编号使接收端能够验证数据报已经按顺序收到，且没有中间数据报丢失。时间标记帮助保证合适的回放速率，而不管数据报的到达时间。另外，一个 payload-type 域帮助接收站鉴别把数据送给哪个应用程序或进程。由于这个功能，大多数的 VoIP 厂商选择了使用 RTP 在 IP 网络上传送分组语音数据。

RTCP 执行 RTP 流的控制功能，包括以下 4 个不同的功能。

（1）把关于 RTP 流的信息和统计数据传送给应用程序。

（2）鉴别 RTP 源。

（3）限制控制数据流。

（4）少量信息的辅助传送。

由于它的鉴别 RTP 源的能力和为应用程序提供的统计信息，这个协议在语音环境中很重要。

12.11　VoIP 服务质量保证

1. 加权公平排队法

加权公平排队法（Weighted Fair Queuing，WFQ）WFQ 分类数据流，把它们个别排队，并通过使用加权算法的智能调度排队机制，保证对输出接口的平均访问。数据流按网络、传送层信息以及数据流速率和帧大小分类。低带宽会话会得到更高的优先级，防止它们被高带宽会话抢占。对于文件传输这样的高带宽会话和 Telnet 或对话这样的低带宽交互会话，这个行为产生了更加一致和更加可预测的传输延时。WFQ 的最大特性是它自动操作，不需要用户配置复杂的队列结构，且无缝支持所有的协议。WFQ 在语音环境中很重要，因为它自动设置语音数据流的优先级，特别是在设置 QoS 参数时，而且它提供通过网络一致的排队延时。

2. 加权随机早期检测

加权随机早期检测（Weighted Random Early Detection, WRED）是轻量级的阻塞避免技术，允许更高的总体链路利用率和吞吐率，随机早期检测监视链路阻塞状况和数据流，并随机丢掉个别数据流中的分组，允许高层协议适应于该阻塞条件。这个技术优化了各个数据流的传输速率，并防止阻塞挤压和同步问题。WRED 提供了支持多优先级的一种手段，每个优先级有不同的丢弃阈值。WRED 为语音数据流提供优先的服务，同时智能控制非语音数据流和优化链路效率，来帮助 VoIP 网络。

3. IP 优先

IP 优先级位是在 IP 数据报报头保留的特殊位。IP 的开发者认识到总有一天这些位会被用于确定数据流的优先级，但以前它们都被大多数系统忽略了。通过把优先级位集成到排队和分类算法中，使用 IP 优先级位提供网络范围的服务类别。CAR，WRED 和 WFQ 都使用 IP 优先级位帮助确定数据流的优先级。在语音环境中，IP 优先级位很重要，因为它们经常用于保证语音数据流网络传输时能够得到高的优先级。

4. 资源保留协议

资源保留协议（Resource Reservation Protocol，RSVP）是一个为了允许应用程序动态请求网络的特定服务级而开发的协议。RSVP 基于应用程序的方法使它能够根据特定的应用程序要求来定制。具有 RSVP 功能的应用程序把它们的带宽要求和网络延时要求传递给接收应用程序，然后接收端给到源站点的返环路径上的网络组件发出对这些资源的 RSVP 请求。一旦一个网络组件同意支持一个请求，就希望它在保留的时间内属于该请求。在 VoIP 环境中，带有语音功能的路由器可以为每个语音呼叫发出 RSVP 保留请求，并依赖于中间网络组件为该呼叫动态分配合适的资源。

12.12　影响语音质量的因素

1.　压缩

每个压缩算法都对语音质量有所影响。消除所有其他的衰减原因，语音质量只能达到压缩算法在接收站准确重构语音信号的能力的水平。MOS 等级为检测每个算法执行这些任务所达到的水平提供了一个手段。选择正确的算法，以满足用户团体的要求很重要。

2.　语音活动检测

语音活动检测（Voice Activity Detection，VAD）是数字信号处理器应用的一个技术，它通过自动检测会话中的静音时间段，并在这些时间段暂停数据流的产生，来减少发送的语音数据量。大多数对话的大约 50%～60%的时间是安静的，这是由于在一方说话时，另一方通常在安静地听着。使用 VAD 技术，可将由安静的语音数据使用的带宽节省下来，分配给其他数据流类型，如数据。

VAD 通过监视语音信号的功率、功率的变化、到达语音信号的频率和该频率的变化来工作。VAD 的挑战是正确标识讲话何时停止，又何时重新开始。在检测到讲话已经停止后，在离开分组处理之前，VAD 大约等待 200ms。这个暂停帮助防止 VAD 切去讲话的尾部，或者讲话模式中的小停顿。类似地，CODEC 引入 5ms 的延时，在检测到讲话的情况下"保持"语音信息，这意味着在 VAD 确定语音信号再次出现时，前面的 5ms 语音随当前语音信号一起发送。这个延时减少了前端剪切（切除了讲话的开始部分），但不能消除它。

3.　回声抵消

回声是由语音网络中的电气反射引起的，这些反射通常是 4 线交换机连接和 2 线本地环路之间的阻抗差异引起的。少量的回声总是存在，且对于讲话的人来说，通过话筒听到他的声音传回来，实际上是很舒服的。但是，延时超过 25ms 的回声对说话的人就有影响了，说话的人会因为听到自己的声音而产生不舒服的感觉，甚至造成语言障碍。因为回声通常是在线路的远端引起的，网络延时超过了 25ms，就要求必须采取一些解决回声的手段。

回声抵消器通过把回声信号与它的反信号合并来操作。因为回声抵消器在信号源和它的反射点之间，它的工作就是记住流经它的语音模式，等待它们作为回声返回，然后对返回的回声应用原始语音模式的反信号。

4.　时延

影响时延的因素有多个方面：如编解码、网络、防抖动缓冲、报文队列等，其中有些是固定时延，如编解码网络速率等；有些是变化的，如防抖动缓冲和队列调度等。固定的时延可以通过改变编解码方式和提高网络速率来改变，而变化的时延通常采用提高转发效率来提高。

过长的延时导致讲话人重叠和回声。更长延时的电话对于参加者非常困难，因为它延长了对话应答之间的时间，难以保持对话同步。这就产生了与数据网络中阻塞条件类似的情况，发送方等待应答的忍耐可能超出了限度，迫使他再次发问相同的问题（重新发送），尽管应答可能已经在回来的路上了。当网络中的端到端延时在 25～35ms 以上时，就造成了讨厌的回声。这时，回声开始影响讲话者，并开始降低对话的质量。上面描述的回声抵消是限制这个问题的一个有效手段。

时延可以分成两个分量，即传播时延和处理时延。

（1）传播时延（propagation delay）是指电流通过铜线网络传送发送的报文的速度，这非常低，传播时延基于传输介质（铜线/光纤）和距离，而串行化延时基于线路的信号速率。

（2）处理时延（handling delay）是由语音传输过程中处理语音数据流的所有组件引起的。在 VOIP 网络中，主要有模拟语音信号数字化时延、数字信号压缩时延、分组语音排队时延、数字化信号模拟转化时延，等等。

5. 抖动

抖动是指由于各种时延的变化导致网络中数据分组到达速率的变化。IP 网络不提供一致的性能，常常引起分组到达速率很大的变化。

影响抖动的因素通常同网络的拥塞程度相关。由于语音同数据在同一条物理线路上传输，语音数据通常会由于数据报文占用了物理线路而导致阻塞。通常采用缓冲队列来解决，另外提供 QoS 和资源预留使语音数据获得优先发送以及获得固定的带宽也是解决抖动问题的主要手段。

通常，语音设备在接收设备上加入了缓冲区，该缓冲区保存数据分组足够长的时间，使最慢的分组能即时到达，顺序处理。对分组处理之前缓冲的做法与使延时最小的目标相悖，然而，这是必需的。因为抖动不能被消除，所以必须小心调整抖动缓冲区，以提供最优的分组到达速率，同时使延时最小。维护缓冲区的过程以一个最小和最大的缓冲区大小开始（以毫秒计量）。在操作过程中，它不断地监视分组的到达速率，并动态调整缓冲区的大小，支持变化的网络条件。在低延时的环境中，缓冲区被减到最小值。在延时变化很大的环境中，缓冲区慢慢适应减小延时的情况，迅速适应增加延时的情况。这通过维持一个足够大的缓冲区保证分组的丢失最少，通过维持最大排队延时保证绝对延时得到控制。

12.13　语音模块的类型

1. FXO

FXO（Foreign exchange Office，外部交换局）就是一般直接连接 PSTN 的电话机。FXO 接受振铃、线路电压和拨号音，它用来将 IP 网络连到诸如 PSTN（公共交换电话网）和ＣＯ（办事处）之类的备用设备上，或者连接到 PBX（Private Branch Exchange，商业电话系统）专用线路接口。

FXO 提供给 PBX 拨号串，由 PBX 完成后续呼叫，定位目的电话机。

2. FXS

FXS（Foreign exchange station，外部交换站）端口提供振铃电压，拨号音和其他到终局的基本信号，用来将路由器连接到标准电话设备和终端局，如：基本电话设备、键盘装置、传真机。

FXS 完成普通语音通信的呼叫阶段，接受拨号串，拨号串到路由器后，利用 VOIP 拨号对等体，寻找路由。

3. E&M

E&M（ear and mouth，耳和嘴）是 RJ-48C 型的连接器，允许到 PBX 干线（又称专用线路）的连接。E&M 接口可以使用特定的用来指示不同 PBX 系统特殊属性的衰减、增益、阻抗设置来编程。E&M 是有关 2 线、4 线电话线和干线的信令技术器件。

12.14   VoIP 基本配置命令

12.14.1   配置 POTS 对等体

（1）首先进入 POTS 对等体的拨号对等体配置模式，定义一个连接 POTS 网络段本地拨号对等体：

Router(config)#**dial-peer voice** *number* **pots**

number 是一个或者多个阿拉伯数字，用来标识拨号对等体。它的有效范围是 1～2147489647。

pots 关键字指出每一个对等体的应用是基于传统电话服务的。

（2）然后定义 POTS 对等体的电话：

Router(config-dial-peer)#**destination-pattern** *srting*

12.14.2   配置 VoIP 对等体

（1）进入 VoIP 对等体的拨号对等体配置模式：

Router(config)#**dial-peer voice** *number* **voip**

number 用来标识拨号对等体，它必须在这台路由器上是唯一的。

（2）定义 POTS 对等体的电话：

Router(config-dial-peer)#**destination-pattern** *srting*

（3）为处理定义的目标模式的呼叫而指定的远程 IP 主机，可以是 IP 地址，或者是可以由 DNS 解析的主机名：

Router(config-dial-peer)#**session target [ipv4：** *ip-address* | *hostname*]

12.15　VoIP 配置实例

要在 Cisco2600/3600 系列路由器上实现这个功能，必须首先安装语音模块 VNM（Voice Network Module），VNM 可以装两个或四个语音接口卡（VIC），每个接口卡都对应于与语音接口相关的特定信号类型。

12.15.1　单机实现 IP 语音电话

（1）在装有两个语音模块的 3600 路由器上实现 IP 语音电话，如图 12-23 所示。

图 12-23　单机实现 IP 语音电话

（2）基本配置如下：

配置源和目标之间的所有连接，在 voice port 3/0/0 上输入命令：

Router#configure terminal
Router(config)# dial-peer voice 1 pots
Router(config-dial-peer)# destination-pattern 1111
Router(config-dial-peer)#port 3/0/0

Router#configure terminal
Router(config)# dial-peer voice 2 voip
Router(config-dial-peer)#destination-pattern 2222
Router(config-dial-peer)#session target ipv4:192.168.10.1
要完成在拨号点 1 和拨号点 4 之间的端对端呼叫，在 voice port3/1/0 上输入命令：
Router(config)# dial-peer voice 4 pots
Router(config-dial-peer)#destination-pattern 222
Router(config-dial-peer)#port 3/1/0

Router(config)#dial-peer voice 3 voip
Router(config-dial-peer)#destination-pattern 111
Router(config-dial-peer)#session target ipv4:192.168.10.2

（3）配置概述

本实验是在 Cisco3600 Router 内部实现的，没有经过链路传输，所以不需要优化拨号点和网络接口的配置，只需配置拨号点。

12.15.2 路由器间实现 IP 语音电话

（1）接续方案

站点 A 有一个 Cisco3600 路由器，站点 B 有一个 Cisco2600 路由器，它们通过 DCE/DTE V.35 电缆背对背地连接起来。在每个路由器中安装了一个含有 VIC-2FXS 的 NM-2V，提供两个模拟电话的连接，如图 12-24 所示。

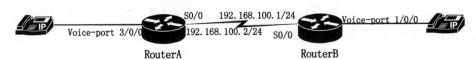

图 12-24 路由器间实现 IP 语音电话

它们的拨号对等体如表 12-5 所示。

表 12-5　　　　　　　　　　　　　**呼叫段表**

含有会话目标的拨号对等体表				
呼 叫 段	描 述	类 型	目的地模式	语音端口
呼叫段 1	电话到 VoIP RouterA	POTS	2222	3/0/0
呼叫段 2	从 RouterA－RouterB 的 VoIP 呼叫	VoIP	1111	192.168.100.1
呼叫段 3	由 RouterB 的 VoIP 会话中止	VoIP	2222	192.168.100.2
呼叫段 4	RouterB 目的地电话	POTS	1111	1/0/0

（2）创建并实现拨号方案

路由器 A 的拨号方案，如表 12-6 所示。

表 12-6　　　　　　　　　**路由器 A 的拨号方案**

拨号对等体	目的地模式	类型	语言端口	会话目标	CODEC	Qos
1	2222	POTS	3/0/0			
2	1111	VoIP		192.168.100.1	g711ulaw	controlled－load

路由器 B 的拨号方案，如表 12-7 所示。

表 12-7　　　　　　　　　**路由器 A 的拨号方案**

拨号对等体	目的地模式	类型	语言端口	会话目标	CODEC	Qos
3	2222	VoIP		192.168.100.2	g711ulaw	controlled－load
4	1111	POTS	1/0/0			

（3）基本配置

站点 A 的基本配置如下（站点 B 的基本配置略）。

站点 A　Router A 的配置：

Current configuration:

!

version 12.0

service timestamps debug uptime //设定 Debug 跟踪日志显示其时间。

service timestamps log uptime //设定看 Log 时显示其时间。

no service password-encryption //口令不加密。

```
!
hostname router_A
!
enable password cisco
!
username router_A password 0 cisco
!
ip subnet-zero

no ip domain-lookup
voice-port 3/0/0
echo-cancel coverage 16 //启动回声消除功能。
!
voice-port 3/0/1

dial-peer voice 1 pots //定义拨号对等体到语音物理端口。
destination-pattern 2222 //定义电话号码。
port 3/0/0 //定义电话号码。
!
dial-peer voice 2 voip //定义拨号对等体到语音。

destination-pattern 1111 //为拨号对等体分配电话号码。
```

req-qos controlled-load //在分配带宽时，RSVP 确保即使带宽发生拥塞与过载时，数据流也能得到优先处理。

codec g711ulaw //拨号点的语音编码速率—64 000bit/s。

ip precedence 5 //IP 优先级，5 为关键。

no vad //禁用语音活动检测。

session target ipv4:192.168.100.1 //定义 VoIP 路由，为对端的 IP 地址。

```
!
!
interface Ethernet0/0

no ip address

no ip directed-broadcast
shutdown

!

interface Serial0/0
```

ip address 192.168.100.2 255.255.255.0 // S0/0 的 IP 地址。

no ip directed-broadcast

no ip mroute-cache

no fair-queue

clockrate 2000000

ip rtp header-compression //配置 RTP 头压缩器。

ip rtp compression-connections 25

ip rsvp bandwidth 1000 320

!

interface Ethernet0/1

no ip address

no ip directed-broadcast

shutdown

!

ip classless

ip route 192.168.100.0 255.255.255.0 192.168.100.1

no ip http server

!

line con 0

transport input none

line aux 0

line vty 0 4

login

!
end

（4）配置概述

根据公共的功能，站点 A 的配置又分为 4 个不同的部分。以下配置是它为日志和调试命令启用时间标记，为路由器指定一个主机名称。

站点 A 的配置的第 1 部分：

```
version 12.0
service timestamps debug uptime //设定 Debug 跟踪日志显示其时间。
service timestamps log uptime //设定看 Log 时显示其时间。
no service password-encryption //口令不加密。
!
hostname router_A
!
enable password cisco
!
username router_A password 0 cisco
!
```

第 2 部分提供语音连接的实质内容，语音端口简单地标识它们连接到的设备。拨号对等体 1 把电话号码分配给物理语音端口，拨号对等体 2 定义 VoIP 呼叫到站点 B。在语音端口 3/0/0 上启动回声消除功能，将 IP 优先级设置为 5，设置资源预留协议 RSVP 为 controlled-load，确保即使带宽发生拥塞与过载时，数据流也能得到优先处理。而且因为多余的带宽，语音活动检测被禁止了，并为拨号点配置了语音编码速率—64 000bit/s。站点 A 的配置的第 2 部分如下：

```
voice-port 3/0/0
echo-cancel coverage 16
!
voice-port 3/0/1

!
!
dial-peer voice 1 pots
destination-pattern 2222
port 3/0/0
!
dial-peer voice 2 voip
destination-pattern 1111
req-qos controlled-load
codec g711ulaw
ip precedence 5
no vad
session target ipv4:192.168.100.1
!
```

第 3 部分配置路由器上的网络端口。串口 0/0 连接到 DCE V.35 电缆，为串行接口增加 clockrate 接口配置命令。为语音配置 RSVP 保证在网络中获取特定的 QoS。配置 RTP 头压缩连接的数量为 25。站点 A 的配置的第 3 部分如下：

```
interface Ethernet0/0
no ip address
no ip directed-broadcast
shutdown
!
interface Serial0/0
ip address 192.168.100.2 255.255.255.0
```

```
no ip directed-broadcast
no ip mroute-cache
no fair-queue
clockrate 2000000
ip rtp header-compression
ip rtp compression-connections 25
ip rsvp bandwidth 1000 320
!
```

第 4 部分如下所示，它分配一条静态路由到站点 B 的网络（192.168.100.0），在这个简单的环境中，不要求 IP 路由协议。

```
ip classless
ip route 192.168.100.0 255.255.255.0 192.168.100.1
no ip http server
```

12.15.3　网守方式实现（GATEKEEPER）

如上可以想象得出，采用点到点拨号方式，当电话终端数量很大时，各个网关上的配置将会变得非常麻烦。如果要在这个基础上增加一个电话终端或修改网关上的参数，其工作量都是指数倍地增长，这对网络的维护来说是不现实的。

采用 GATEKEEPER 的方式，就是让所有参数的增删修改都集中到一个或几个服务器，让服务器来管理整个网络。

（1）首先，需要架设一个各地连通的网络。

（2）网关采用 2600 系列路由器+VNM+VIC，电话接口为 FXS。

（3）网守采用 3640。

（4）VoIP 网关上的配置如下：

● 在全局配置模式下

```
dial-peer voice 1 pots
destination-pattern 2000
port 1/0/0
```

注：destination-pattern 2000 用来设置 IP 电话号码；port 1/0/0 用来指定该号码对应的语音端口。

● 在全局配置模式下

```
dial-peer voice 3 VoIP
destination-pattern  …
session target ras
```

注：

destination-pattern....//表示对端号码为任意的 4 位号码。

session target ras //表示采用关守方式对所拨号码进行解析。

（5）配置路由器为 VoIP gateway。

（6）在全局配置模式下：

```
gateway
```

在以太网口下配置关守位置

```
interface Ethernet0/0
h323-gateway voip interface
h323-gateway voip id   xxx@x.y.cn ipaddr   x.x.x.x 1719
h323-gateway voip h323-id   yyy@ x.y.cn
```

注：

① h323-gateway voip interface 表示该端口配置为 VOIP 中和关守进行通信的接口。

② h323-gateway voip id   xxx@x.y.cn ipaddr   ipaddr x.x.x.x 1719 把关守指向 x.x.x.x。

③ 端口为 1719，ID 号为 xxx@x.y.cn ipaddr。

④ h323-gateway voip h323-id   yyy@ x.y.cn 指定本地 H323-ID。

（7）网守上的配置如下：

进入特权模式

#gatekeeper

config-gk)#zone local router-name xxx@x.y.cn x.x.x.x

router-name 为路由器名

config-gk)# gw-type-prefix 2# gw ipaddr y.y.y.y 1720

注：y.y.y.y 是指定 x.x.x.x 为关守的网关。

本 章 小 结

本章对 WLAN 和 VoIP 的一些基础部分进行了详细的介绍。首先介绍了 WLAN 的概念以及网络中 WLAN 的设备；然后介绍了 WLAN 的组网和配置方法；最后介绍了 VoIP 的基本概念和配置。

本章的目的是使读者了解 WLAN 和 VoIP 的基本概念，并掌握 WLAN 和 VoIP 的基本配置技能。

习　　题

选择题

1．下面哪一个选项正确地描述了 802.11b？（　　　）

　　A．使用 5GHz 频段,它的最高速率为 54Mbit/s

　　B．使用 2.4GHz 频段，最高速率 11Mbit/s

　　C．使用 5GHz 频段,最高速率 11Mbit/s

　　D．使用 2.4GHz 频段，支持达到 54Mbit/s 的最高速率

2．WLAN 相比传统有线网络，其优势在于？（　　　）

　　A．覆盖范围较大

　　B．属于第二层技术规范，上层业务体系十分完善

　　C．一般工作在自由频段，不容易受到干扰

　　D．设备价格较低廉，节省投资

3．我国在 2003 年 5 月 12 日正式发布了中国境内唯一合法的无线网络技术标准，这项标准是？（　　　）

　　A．WAPI　　　　　B．WEP　　　　　C．IPSEC　　　　　D．SSL

4．下面哪一个选项没有正确地描述 802.1x？（　　　）

　　A．它的安装设置步骤较多　　　　　B．它的加密方式使用动态 WEP 加密

C．它的安全性相对 WEB 认证低　　　　D．它的认证方式基于客户端 IP 地址

5．当配置无线网络时，如果无线客户端和 AP 的 SSID 不相同，将会出现什么情况？（　　　）

　　A．无线客户端连接速度变慢

　　B．无线客户端不能连接该无线网络

　　C．无线客户端能够连接当前网络，但不能发送数据

　　D．没有任何影响

6．在语音的基本呼叫建立过程中，使用了 H.323 协议族中的哪两种协议来保证呼叫的可靠建立？（　　　）

　　A．H.225、H.245　　　　　　　　B．G.729、G.711

　　C．H.225、H.261　　　　　　　　D．H.261、H.263

7．何种压缩技术发送的语音质量是最佳的？（　　　）

　　A．G.729　　　　B．G.726　　　　C．G.723　　　　D．G.711

8．当网络延时超过了多少毫秒的情况下，需要采取一些解决回声的手段？（　　　）

　　A．5　　　　　　B．10　　　　　　C．15　　　　　　D．25

9．造成处理时延的原因是什么？（　　　）

　　A．传输的介质类型　　　　　　　B．传输的距离

　　C．线路的信号速率　　　　　　　D．处理语音数据流的组件

10．解决抖动通常采用的方法是什么？（　　　）

　　A．使用 QoS　　　B．使用 RSVP　　　C．使用缓冲队列　　　D．固定的带宽

第 13 章　IPv6

知识点：
- 掌握 IPv6 协议工作原理及 IPv6 地址格式
- 掌握 IPv6 在常见路由协议中的应用

13.1　IPv6 概述

现有的互联网是在 TCP/IP IPv4 协议的基础上运行。IPv6 是下一版本的互联网协议，它提出的最初目的是解决 IPv4 地址较少的问题，使用 IPv6 来重新定义地址空间。IPv4 采用 32 位地址长度，只有大约 43 亿个地址，估计在 2005～2010 年间将被分配完毕，而 IPv6 采用 128 位地址长度，几乎可以不受限制地提供地址。按保守方法估算 IPv6 实际可分配的地址，整个地球每平方米面积上可分配 1 000 多个地址。在 IPv6 的设计过程中除解决地址短缺问题以外，还考虑了在 IPv4 中解决不好的其他问题。IPv6 的主要优势体现在以下几方面：扩大地址空间、提高网络的整体吞吐量、改善服务质量（QoS）、安全性有更好的保证、支持即插即用和移动性、更好地实现多播功能。

为了解决 IPv4 地址不够这一情况，许多技术被研究出来，如私有地址、VLSM、CIDR、DHCP、NAT 等技术。但是这些技术对网络应用程序或者路由器来说带来了不必要的处理开销，甚至还限制了某些网络应用程序功能的使用，鉴于此，IPv6 地址的出现就显得尤为重要，但是 IPv4 和 IPv6 是不兼容的，由于现实的互联网情况，全面推广和应用 IPv6 技术，还不太可能，需要进一步的发展和规划才能解决日益增加的网络问题。

对于一些新技术而言，IPv4 显得无法胜任某些应用或者说操作效率较低，常见的如远程的点对点通信。随着 VoIP、Mobile IP 等应用的提出，IPv6 不仅在设计过程中保留了 IPv4 大部分优秀特性，还试图从原来的数据专用协议转变为一种能承载各种服务的多媒体协议，IETF 的 IPv6 工作组坚信 IPv6 足以和 ATM 媲美，能够成为 IP 的完美传承。

显然，IPv6 的优势能够对上述挑战直接或间接地作出贡献。其中最突出的是 IPv6 大大地扩大了地址空间，恢复了原来因地址受限而失去的端到端连接功能，为互联网的普及与深化发展提供了基本条件。当然，IPv6 并非十全十美，一劳永逸，不可能解决所有问题。IPv6 只能在发展中不断完善，也不可能在一夜之间发生，过渡需要时间和成本，但从长远看，IPv6 有利于互联网的持续和长久发展。

全球网络的飞速发展以及最终用户对网络的热衷为各种服务供应商增加收入和盈利提供了最佳机会。为满足可以接入互联网的设备和新应用的需求，并为客户提供新服务，服务供应商正在寻求改进当前网络体系结构的各种途径。互联网协议第 6 版本（IPv6）的目的就是帮助服务供应商满足这些要求。IPv6 能够为每个用户提供多种全球地址，供各种设备使用，包括蜂窝电话、个人数字助理（PDA）和 IP 型设备。

当前 IPv4 协议的生命周期通过网络地址转换（NAT）和 DHCP 等技术得到了延长，但中间设备的数据负载操作对对等通信、端到端安全和服务质量（QoS）提出了挑战。IPv4 地址正面临耗尽的局面，如图 13-1 所示。

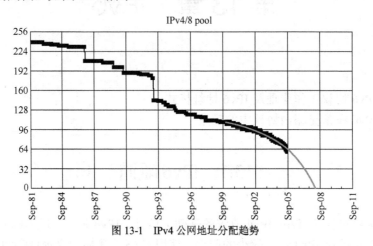

图 13-1　IPv4 公网地址分配趋势

IPv6 的地址长度 IPv4 的 4 倍，从 IPv4 的 32 位增加到了 128 位。IPv6 不仅解决了 IPv4 地址固有的容量问题，而且更高效地实现了安全性和 QoS。

目前提供 IPv4 组播和 VoIP 服务的某些 ISP 也在评估 IPv6 的优势。其组播服务通常包括视频流（例如电影）和音频（例如音乐）流。用户首先与播放多个视频和音频通道的内容供应商签订协议，经过认证后，用户将加入感兴趣的组播组，开始接收各种流。这种服务类似于有线电视产品。在有线电视服务中，也是有线客户先签订协议，然后按照一个或一组节目付费。对于 IPv4，一般都用一台设备与接收组流的客户端设备（CPE）直接相连。转移到 IPv6 之后，ISP 将能够为一台 CPE 背后的多台设备服务。

当服务供应商修改网络时，必须对所有节点的 IP 地址重新编号。IPv6 能够简化重编码过程。另外，重新编码还需要修改 DNS 项，并引入新的 IPv6 DNS 记录。如果想对整个物理站点重新编码，则所有路由器都必须重新编码。无状态自动配置不能解决为 DNS 解析寻找 DNS 服务器的问题（无状态 DHCP 能够解决），也不能在 DNS 空间注册计算机。IPv6 为 DNS 名称到地址和地址到名称查阅过程中支持的 IPv6 地址引入了新的 DNS 记录类型，包括将主机名称映射为 IPv6 地址的 AAAA(或四 A)记录，IP 地址到主机名称查阅中使用的指针（PTR）记录，以及为反向映射简化重编码的二进制标记记录（IP 地址到主机名称）。

IPv4 通过若干机制保护网络设备的安全，IPv6 则通过内部功能利用 IP Security（IPSec）提供数据保护，并且这种利用是必须的。IPv6 提供了安全扩展报头，使加密和认证变得更加容易。IPv6 使用 IPSec 提供端到端安全服务，例如访问控制、保密性和数据完整性。但是，与 IPv4 类似，安全性是一个比较复杂的问题，除配置 IPSec 外，还需要部署一整套集成式安全特性才能保护网络。为保护 IPv6 网络，可以配置以下安全特性：

访问控制列表（ACL），按照源地址和目标地址过滤流量，并按照 IPv6 报头和任选的上层协议信息的组合过滤流量，实施更加精确的控制。

用于控制 IPv6 流量的状态化过滤或防火墙设置。在 Cisco IOS Software 12.3（7）T 及更高版本中，为 IPv6 开发的 Cisco IOS Firewall 能够执行第 4 层检查，包括对 IPv6 分组的 IP 片段检查。

单播反向路径转发（uRPF），用于解决路由器假冒或伪造 IP 源地址带来的问题。

认证、授权和计费（AAA），在 DSL 和 FTTH 网络中，一般与 RADIUS 或 TACACS/TACACS+一起使用，为与服务供应商网络连接的用户提供保护。目前，Cisco IOS Software 在 RADIUS 上实施的 IPv6 使用了具有规定的 AAA 用户属性的思科厂商专有属性（VSA）。在 Cisco IOS Software 12.3T 及更高版本中，对 AAA 用户属性的支持按照 RFC 3162 中的规定提供。目前，RADIUS 传输协议为 IPv4，而不是 IPv6。

13.2　IPv6 的优点

（1）更大的地址空间。IPv4 中规定 IP 地址长度为 32，即有 $2^{32}-1$ 个地址；而 IPv6 中 IP 地址的长度为 128，即有 $2^{128}-1$ 个地址。

（2）更小的路由表。IPv6 的地址分配一开始就遵循聚类（Aggregation）的原则，这使得路由器能在路由表中用一条记录（Entry）表示一片子网，大大减小了路由器中路由表的长度，提高了路由器转发数据包的速度。

（3）增强的组播（Multicast）支持以及对流的支持（Flow-control）。这使得网络上的多媒体应用有了长足发展的机会，为服务质量（QoS）控制提供了良好的网络平台。

（4）加入了对自动配置（Auto-configuration）的支持，这是对 DHCP 的改进和扩展，使得网络（尤其是局域网）的管理更加方便和快捷。

（5）更高的安全性。使用 IPv6 的网络中，用户可以对网络层的数据进行，加密并对 IP 报文进行校验，这极大地增强了网络安全。

13.3　IPv6 数据报格式

随着 IP 协议版本、IP 地址格式的更新，IP 数据报格式肯定也得随之更新，这次更新也与 IP 地址格式一样，是在 IPv4 数据报格式上前进了一大步，变化相当大。当然主要变化当然还是反映 IP 协议和目标地址信息的 IP 头部，所以下面就对 IPv6 的数据报头部与 IPv4 进行一下对比，以便于理解。

IPv6 相对与 IPv4 来说在数据报容量来说是扩大了整整一倍，在 IP 协议中规定，IPv4 数据报头长度为 20 个字节，而 IPv6 数据报头长度为 40 个字节。IPv6 数据报格式由 3 部分组成：IPv6 数据报头、扩展（下一个头）和高层数据。IPv4 和 IPv6 数据报报头格式可以分别用图 13-2 和图 13-3 所示来表示，具体各项的含义可以用表 13-1 所示进行说明。

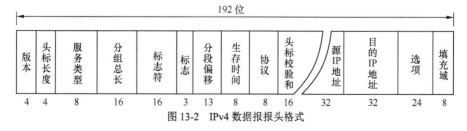

图 13-2　IPv4 数据报报头格式

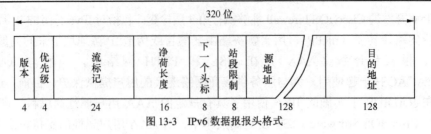

图 13-3 IPv6 数据报报头格式

表 13-1   **IPv4 与 IPv6 数据报头格式的区别**

IPv4 数据报头项	作 用	IPv6 数据报头项	作 用
版本（Version）	协议版本号，IPv4 协议规定该字段值设置为 4	版本（Version）	IPv6 协议中规定该字段值为 6
头标长度（Header length）	32 位/字的数据报头长度	优先级（Priority）	当该字段为 0～7 时，表示在阻塞发生时允许进行延时处理，值越大优先级越高。当该字段为 8～15 时表示处理以固定速率传输的实时业务，值越大优先级越高
服务类型（Type of service）	指定优先级、可靠性及延迟参数		
分组总长（Total length）	标识 IPv4 总的数据报长度	流标记/流标识（Flow label）	路由器根据流标识的值在连接前采取不同的策略
标识符（Fragment identification）	表示协议、源和目的地址特征	净荷长度/负载长度（Payload length）	指扣除报头后的净负载长度
标志（Flags）	包括附加标志	下一个（扩展）头标（The next header）	如果该数据有附加的扩展头，则该字段标识紧跟的下一个扩展头；若无，则标识传输层协议种类，如 UDP（17），TCP（6）
分段偏移（Flagment offset）	分段偏移量（以 64 位为单位）		
生存时间（Time to live）	允许跨越的网络节点或 gateway 的数目	站段限制/跳的限制（Hop limit）	即转发上限，该字段是防止数据报传输过程中无休止的循环下去而设定的。该项首先被初始化，然后每经过一个路由器该值就减一，当减为零时仍未到达目的端时就丢弃该数据报
协议（Protocolid）	请求 IP 的协议层		
头标校验和（Header checksum）	只适应于报头		
源 IP 地址（Source address）	8 位网络地址，24 位网络内主机地址，共 32 位	源地址（Source address）	发送方 IP 地址，128 位
目的 IP 地址（Destination address）	8 位网络地址，24 位网络内主机地址，共 32 位	目的地址（Destination address）	接收方 IP 地址，128 位
选择项（Options）	鉴定额外的业务		
填充区（Padding）	确保报头的长度为 32 位的整数倍		

下面对 IPv6 数据报头的各项进行简单介绍。

1. 版本

用以标示 IP 数据报类型。在 IPV6 分组中，该字段包含数字 4。

2. 优先级

在 IPv6 优先级域中首先要区分二大业务量（traffic）：

受拥塞控制（congestion-controlled）业务量；

不受拥塞控制的（noncongestion-controlled）业务量。

在 IPv6 规范中 0～7 级的优先级为受拥塞控制的业务量保留，这种业务量的最低优先级为 1，Internet 控制用的业务量的优先级为 7。不受拥塞控制的业务量是指当网络拥塞时不能进行速率调整的业务量。对时延要求很严的实时话音即是这类业务量的一个示例。在 IPv6 中将其值为 8～15 的优先级分配给这种类型的业务量，如表 13-2 所示。

表 13-2   IPv6 优先级域分配情况表

优 先 级 别	业 务 类 型
0	无特殊优先级
1	背景（Background）业务量（如网络新闻）
2	零散数据传送（如电子邮件）
3	保留
4	连续批量传送（如 FTP、NFS）
5	保留
6	会话型业务量（如 Telnet 及窗口系统）
7	Internet 控制业务量（如寻路协议及 SNMP 协议）
8～15	不受拥塞控制业务量（如实时语音业务等）

注意：在受拥塞控制的业务量和实时业务量（即不受拥塞控制的业务量）之间不存在相对的优先级顺序。例如高质量的图像分组的优先级取 8，SNMP 分组的优先级取 7，决不会使图像分组优先。

3. 流标识

一个流由其源地址，目的地址和流序号来命名。在 IPv6 规范中规定"流"是指从某个源点向（单目或组播的）信宿发送的分组群中，源点要求中间路由器作特殊处理的那些分组。也就是说，流是指源点、信宿和流标记三者分别相同的分组的集合。任何的流标记都不得在此路由器中保持 6 秒以上。此路由器在 6 秒之后必须删除高速缓存（cache）中登录项，当该流的下一个分组出现时，此登录项被重新学习。并非所有的分组都属于流。实际上从 IPv4 向 IPv6 的过渡期间大部分的分组不属于特定的流。例如，SMTP、FTP 以及 WWW 浏览器等传统的应用均可生成分组。这些程序原本是为了 IPv4 而设计的，在过渡期为使 IPv4 地址和 IPv6 地址都能处理而进行了改进，但不能处理在 IPv4 中不存在的流。在这分组中应置入由 24 位 0 组成的空流标记。

4. 有效载荷长度

有效载荷长度域指示 IP 基本头标以后的 IP 数据报剩余部分的长度，单位是字节。此域占 16 位，因而 IP 数据报通常应在 65 535 字节以内。但如果使用 Hop By Hop 选项扩展头标的特大净荷选项，就能传送更大的数据报。利用此选项时净荷长度置 0。

5. 下一个头标

下一个头标用来标识数据报中的基本 IP 头标的下一个头标。在此头标中，指示选项的 IP 头标和上层协议。表 13-3 列出了主要的下一个头标值。其中一些值是用来标识扩展头标的。

表 13-3 **IPv6 数据报头下一个头标域分配情况表**

下一个头标号	代 表 含 义
0	中继点选项头标
4	IP
6	TCP
17	UDP
43	寻路头标
44	报片头标
45	IDRP
46	RSVP
50	封装化安全净荷
51	认证头标
58	ICMP
59	无下一个头标
60	信宿选项头标

6. 站段限制

站段限制决定了能够将分组传送到多远。主机在生成数据报时，在站段限制域中设置某一初值，然后将数据报送到网上的路由器。IPv6 报头中不包含校验和，因此不会像 IPv4 路由器那样当该字段减 1 后重新花费资源去计算校验和。各路由器从该值起逐次减 1。如数据报到达信宿之前其站段限制变为 0，该数据报就被抛弃掉，并向信源发回一条目标不可达的信息。使用站段限制有二个目的。第一是防止寻路发生闭环（loop）。因 IP 不能订正路由器的错误信息，故无法使此数据报到达信宿。在 IP 中可以利用站段限制来防止数据报陷入寻路的死循环中。站段限制的第二个目的是，主机利用它在网内进行检索最近的服务器。当 PC 要向其中一个服务器发送数据报时，假设无论发向哪个服务器都行，此时为了减轻网络负荷，PC 希望搜索到离它最近的服务器，可利用站段来选择。

7. 源地址和目的地址

基本 IP 头标中最后 2 个域是信源地址和目的地址。它们各占 128 位。在此域中置入数据报最初的源地址和最后的目的地址。

8. IP 扩展头标

IPv4 头标中存在可变长度的选项（见图 13-2），利用它可以处理具有指定路径控制、路径记录、时间标记（time stamp）和安全等选项的特殊分组。但因这种分组会影响网络的性能，故选项逐渐被废弃。IPv6 中规定了使用扩展头标（extension header）的特殊处理。扩展头标加在 IP 分组的基本头标之后。IPv6（extension header）规范中定义了若干种不同的扩展头标。它们由下一个头标域的值来标识。每种头部都是可选的，但一旦有多于一种头部出现时，它们必须紧跟在固有头部之后，并且最好按下列次序排序。

目前，IPv6 协议建议定了如下可选的扩展项：

逐项选项头（Hop-by-Hop Option Header）：该字段定义了途经路由器所需检验的信息。

目的选项头：含目的站点处理的可选信息。

路由选项头（Routing）：提供了到达目的地所必须经过的中间路由器。

分段（Fragmentation）头：IPv6 对分段的处理类似于 IPv4，该字段包括数据报标识符、段号以及是否终止标识符。

认证（Authentication）头：该字段保证了目的端对源端的身份验证。

加载安全负载（Security encrypted payload）头：该字段对负载进行加密，以防止数据在传输过程中发生信息泄露。

上层报头：用于传输数据。

13.4　IPv6 单播地址

IPv6 单播地址根据功能被分成多种类型。IPv6 明确地指定了在什么范围内查找终端系统，这样最大限度地减少了需要占用的资源，提高了通过网络传输分组的速率。

IPv6 单播地址分为以下几类：

链路本地单播地址（见表 13-4）：用于单一的网络链接。前缀中的前 10 比特数值可标识该地址是否为链路本地地址。这种地址是自动配置的，前缀为 FE80::/10，链路本地单播地址用于在单个链路上对节点进行寻址。来自或发往链路本地地址的数据包不会被路由器转发；

站点本地单播地址（见表 13-5）：用于一个站点或企业内部网络中。网站中包含了许多网络链接，而站点本地地址可标识企业内部网络中的节点。不能保证该地址是全局唯一的，路由器不会转发用站点本地地址作为源地址的数据包或目标地址是站点外部地址的数据包；

汇总全局单播地址（见表 13-6）：汇总全局单播地址是在全局范围内唯一的 IPv6 地址。在 RFC 2374 中，对该地址格式进行了全面的定义（一种 IPv6 汇总全局单播地址格式）。

未指定单播地址：用于下载软件和请求地址，该地址形式表示为 "::"。

环回单播地址：用于诊断基本故障时检测接口，该地址表示为::1。

表 13-4　　　　　　　　　　　　链路本地单播地址格式

10 位	54 位	64 位
1111111010	0	接口 ID

表 13-5　　　　　　　　　　　　站点本地单播地址格式

10 位	38 位	16 位	64 位
1111111011	0	子网 ID	接口 ID

表 13-6 汇总全局单播地址

3 位	13 位	8 位	24 位	16 位	64 位
FP	TLA ID	RES	NLA ID	SLA ID	Interface ID

其中：

FP：Format prefix（格式前缀），对于可聚集全局单播地址，其值为 "001"。

TLA ID：Top-level Aggregation Identifier（顶级聚集标识符）。

RES：Reserved for future use（保留以备将来使用）。

NLA ID：Next-Level Aggregation Identifier（下一级聚集标识符）。

SLA ID：Site-Level Aggregation Identifier（站点级聚集标识符）。

Interface ID：Interface Identifier（接口标识符）。

13.5 IPv6 多播地址

多播地址是标识一组接口的地址，这些接口通常位于不同的终端系统上。使用多播的效率比使用广播高得多，因此，在 IPV6 中不包含广播地址，任何全 "0" 和全 "1" 的字段都是合法值，除非特殊地排除在外，特别是前缀可以包含 "0" 值字段或以 "0" 为终结。所有 IPv6 地址的前 8 位都为 1，以 FF（1111 1111）打头，如表 13-7 所示。多播地址范围如下：

FF00::/8-FFFF::/8

表 13-7 多播地址格式

8 位	4 位	4 位	112 位
1111 1111	标志	范围	组 ID

其中：

FF（1111 1111）：标识该地址是一个多播地址。

标志：该字段是一组四个标志 "000T"。高位顺序的三位是保留位，必须为零。最后一位 "T" 说明它是否被永久分配。如果该值为零，说明它被永久分配，否则为暂时分配。

范围：字段是一个四位字段，用于限制多播组的范围。例如，值 "1" 说明该多播组是一个节点本地多播组。值 "2" 说明其范围是链路本地。

组 ID：字段标识多播组。

以下是一些常用的多播组：

所有节点地址：FF02:0:0:0:0:0:0:1（链路本地）。

所有路由器地址：FF02:0:0:0:0:0:0:2（链路本地）。

所有路由器地址：FF05:0:0:0:0:0:0:2（站点本地）。

IPv6 的地址除了单播地址和组播地址外，还有一种任意播地址。该地址的地址格式和单播地址一样。一个相同的单播地址被分配到多个设备的不同接口。任意播地址不能用作源地址，而只能作为目的地址；任意播地址不能指定给 IPv6 主机，只能指定给 IPv6 路由器。当一个信源将数据发往该目的地址时，会将数据发往通过主动路由协议选择出的度量值最小的节点。因此，任意播是一种将分组发送到任意播组中的最近接口的方式，提供了一种发现最近点的机制。

13.6　IPv6 地址的表示

一个 IPv6 的地址由 8 个地址节组成，每节包含 16 个地址位，以 4 个十六进制数书写，节与节之间用冒号分隔，例如：

FEDC:BA98:7654:3210:FEDC:BA98:7654:3210

1080:0:0:0:8:800:200C:417A

在分配某种形式的 IPv6 地址时，会发生包含长串 0 位的地址。为了简化包含 0 位地址的书写，指定了一个特殊的语法来压缩 0。使用"∷"符号指示有多个 0 值的 16 位组。"∷"符号在一个地址中只能出现一次，该符号也能用来压缩地址中前部和尾部的 0。例如：

1080:0:0:0:8:800:200C:417A

0:0:0:0:0:0:0:1（相当于 IPv4 中的 127.0.0.1）

0:0:0:0:0:0:0:0

分别可用下面的压缩格式表示：

1080::8:800:200C:417A

::1

::

而形如 1080:0:0:0:8:0:0:1 的地址采用压缩格式表示只能是：

1080∷8:0:0:1

或者表示为：

1080:0:0:0:8∷1

注意不能压缩表示为：

1080∷8∷1

因为出现了两个∷无法区分没一个∷省略了几个 0。

在 IPv4 和 IPv6 混合环境中，有时更适合采用另一种表示形式：x:x:x:x:x:x:d.d.d.d，其中 x 是地址中 6 个高阶 16 位段的十六进制值，d 是地址中 4 个低阶 8 位段的十进制值（标准 IPv4 表示）。例如：

0:0:0:0:0:0:13.1.68.3

0:0:0:0:0:FFFF:129.144.52.38

写成压缩形式为：

::13.1.68.3

::FFFF：129.144.52.38

为了在一个 URL 中使用一文本 IPv6 地址，文本地址应该用符号"["和"]"来封闭。例如下列文本 IPv6 地址：

FEDC:BA98:7654:3210:FEDC:BA98:7654:3210

1080:0:0:0:8:800:200C:4171

3ffe:2a00:100:7031::1

1080::8:800:200C:417A

::192.9.5.5

::FFFF:129.144.52.38

2010:836B:4179::836B:4179

就应该写作下列 URL 示例：

http://[FEDC:BA98:7654:3210:FEDC:BA98:7654:3210]:80/index.html

http://[1080:0:0:0:8:800:200C:4171]/index.html

http://[3ffe:2a00:100:7031::1]

http://[1080::8:800:200C:417A]/foo

http://[::192.9.5.5]/ipng

http://[::FFFF.129.144.52.38]:80/index.htm1

http://[2010:836B:4179::836B:4179]

13.7   IPv4 向 IPv6 的过渡方案

如何将现有的 IPv4 网络转换成 IPv6 网络是一段复杂的长期的历程。

由于 IPv4 网络与 IPv6 网络之间存在着很大的差异，并且现有网络极其应用都是基于 IPv4 网络，因此，要用新的 IPv6 代替旧的 IPv4 必然存在一个过渡时期。

目前由于基于 IPv4 的应用程序和设备已经相当成熟和具有相当的规模，不可能在短时间内完成升级变更到 IPv6 的应用程序和设备。而且 IPv6 的应用程序和设备还不成熟完备。因此 IPv6 节点之间的通信还要通过原有的 IPv4 网络的设施，同时 IPv6 节点也必不可少的要与 IPv4 节点交互通信。

目前实现 IPv4 到 IPv6 的过渡方案有：IPv4/IPv6 双协议栈代理服务器和配置隧道以及转换机制。前两种方案用于互联 IPv6 域，后一种方案用于连接 IPv4 和 IPv6 两种区域。

1. IPv4/IPv6 双协议栈代理服务器

在 IPv4/IPv6 双栈代理服务器上同时运行 IPv4 网络协议和 IPv6 网络协议。IPv4/IPv6 双栈代理服务器实现 IPv4 网络协议和 IPv6 网络协议之间的协议转换。

2. 配置隧道

IPv6 转换机制使用隧道方式在现有的 IPv4 结构上传输 IPv6 数据包。支持这种机制的 IPv6 节点使用一种特殊的 IPv6 地址，这种地址通过其低位顺序的 32 位携带 IPv4 地址。该地址结构如表 13-8 所示。

表 13-8	支持隧道机制的 IPv6 地址	
80 位	16 位	32 位
0	0000	IPv4 地址

例如：IPv6 表示 IPv4 地址为::192.168.0.1。

3．转换机制

转换机制是一种 NAT 的扩展。在 IPv4 和 IPv6 区域中间，实行 NAT-PT 转换，这种转换可以是静态的 IPv4（6）到 IPv6（4）的转换，也可以时候动态 DNS 的 IPv4（6）到 IPv6（4）的转换。对两边的 IPv4 或者 IPv6 域来说，它们认为和自己相连的是和自己一样的 IPv4 或 IPv6域，所以它们能正常的进行交互。

13.8　一些协议的 IPv6 实现

13.8.1　DHCPv6

动态主机配置协议（DHCP）曾设计用来处理向计算机分配 IP 地址和其他网络信息，以便计算机可以在网络上自动通信。DHCP 也可以为 IPv6 的网络提供类似的服务，不过此时运用的是 DHCP 的升级版本。DHCP for IPv6（DHCPv6）可以向 IPv6 主机提供有状态的地址配置或无状态的配置设置。因此，IPv6 主机可以使用多种方法来配置地址，如下所述。

无状态地址自动配置：用于对链接本地地址和其他非链接本地地址两者进行配置，方法是与相邻路由器交换路由器请求和路由器公告消息。

有状态地址自动配置：通过使用如 DHCP 的配置协议，来配置非链接本地地址。IPv6 主机自动执行无状态地址自动配置，并在相邻路由器发送的路由器公告消息中使用基于以下标记的配置协议（如 DHCPv6）。

类似于 DHCP for IPv4，DHCPv6 基础结构的组件由下列各项构成：请求配置的 DHCPv6客户端、提供配置的 DHCPv6 服务器，以及 DHCPv6 中继代理（当客户端与 DHCPv6 不在同一个网段时，它在客户端和服务器之间传递信息）。

如同 DHCP for IPv4 一样，DHCPv6 也使用用户数据报协议（UDP）传递消息。DHCPv6客户端在 UDP 端口 546 上侦听 DHCP 消息。DHCPv6 服务器和中继代理在 UDP 端口 547 上侦听 DHCPv6 消息。DHCPv6 消息的结构比 DHCP for IPv4 的结构简单得多，DHCP for IPv4在 BOOTP 协议中包含原始数据以支持无盘工作站，在 DHCPv6 中却没有该项。

13.8.2　IPv6 下的路由协议

1．RIPng

RIPv1、RIPv2、RIPng 比较如下。

（1）地址版本。RIPv1、RIPv2 是基于 IPv4 的，地址域只有 32bit，而 RIPng 基于 IPv6，使用的所有地址均为 128bit。

（2）子网掩码和前缀长度。RIPv1 被设计成用于无子网的网络，因此没有子网掩码的概念，这就决定了 RIPv1 不能用于传播变长的子网地址（VLSM）或用于 CIDR 的无类型地址。RIPv2 增加了对子网选路的支持，因此使用子网掩码区分网络路由和子网路由。IPv6 的地址前缀有明确的含义，因此 RIPng 中不再有子网掩码的概念，取而代之的是前缀长度。同样也是由于使用了 IPv6 地址，RIPng 中也没有必要再区分网络路由、子网路由和主机路由。

（3）协议的使用范围。RIPv1、RIPv2 的使用范围被设计成不只局限于 TCP/IP 协议簇，还能适应其他网络协议簇的规定，因此报文的路由表项中包含有网络协议簇字段，但实际的实现程序很少被用于其他非 IP 的网络，因此 RIPng 中去掉了对这一功能的支持。

（4）对下一跳的表示。RIPv1 中没有下一跳的信息，接收端路由器把报文的源 IP 地址作为到目的网络路由的下一跳。RIPv2 中明确包含了下一跳信息，便于选择最优路由和防止出现选路环路及慢收敛。与 RIPv2 不同，为防止 RTE 过长，同时也是为了提高路由信息的传输效率，RIPng 中的下一跳字段是作为一个单独的 RTE 存在的。

（5）报文长度。RIPv1、RIPv2 中对报文的长度均有限制，规定每个报文最多只能携带 25 个 RTE。而 RIPng 对报文长度、RTE 的数目都不作规定，报文的长度是由介质的 MTU 决定的。RIPng 对报文长度的处理，提高了网络对路由信息的传输效率。

（6）安全性考虑。RIPv1 报文中并不包含验证信息，因此也是不安全的，任何通过 UDP 的 520 端口发送分组的主机，都会被邻机当作一个路由器，从而很容易造成路由器欺骗。RIPv2 设计了验证报文来增强安全性，进行路由交换的路由器之间必须通过验证，才能接收彼此的路由信息，但是 RIPv2 的安全性还是很不充分的。IPv6 包含有很好的安全性策略，因此 RIPng 中不再单独设计安全性验证报文，而是使用 IPv6 的安全性策略。

（7）报文的发送方式。RIPv1 使用广播来发送路由信息，不仅路由器会接收到分组，同一局域网内的所有主机也会接收到分组，这样做是不必要的，也是不安全的。因此 RIPv2 和 RIPng 使用多播发送报文，这样在支持多播的网络中就可以使用多播来发送报文，大大降低了网络中传播路由信息的数量。

2．OSPFv3

OSPFv3 采用了类似 IPv4 下 OSPFv2 同样的机制，但是重写了内部的议定。为了更好地适应 IPv6 而更新了一些功能：如将每一个 IPv4 的具体报头拆除，载入 IPv6 地址，将链路本地地址作为源。

IPv6 下 OSPFv3 的传输：依据 IETF 的标准，不以子网而是以连接来划分 IPv6 的连接。多个 IPv6 子网可以被分配到一个单一的连接上。两个节点可以直接对话，在一条单一的链路，即使它们不处于一个共同的子网（IPv6 "任意播" 特性）。术语 "网络" 和 "子网" 正在被 "链接" 所取代。OSPF 的一个接口现在是连接到一条链路而不是一个子网。多个 OSPFv3 协议的实例可以运行在一条链路上，每个运行 OSPF 的路由器，使用一个共同的链路，一个单一的链路可以同时属于多个区域。为了使两个实例能够互相通信，它们需要有相同的进程 ID。默认情况下，它是 0。

组播地址：ff02::5-代表所有的 SPF 路由器连接本地的适用范围，相当于 224.0.0.5 在 ospfv2 中的作用；ff02::6 -代表全体 DR 对本地连接的路由器的适用范围，相当于 224.0.0.6 在 ospfv2 中的作用。

搬迁地址的语义：IPv6 地址不再在目前的 OSPF 的包头中携带。Router LSA 和 network LSA 不携带 IPv6 的地址。Router ID，area ID，以及链路状态 ID 仍然是 32 位。DR 和 BDR 现在的路由器 ID 也不再是由他们的 IP 地址来确定了。

安全：OSPFv3 利用 IPv6 的 AH 和 ESP 扩展头代替由各种机制界定的 OSPFv2。

3．tunneling

隧道是一种集成方法，是将一个 IPv6 数据包封装在另一协议，如 IPv4 里面的一种方法。这种方法的封装是 IPv4 协议号 41。隧道外的 IPv6 流量经过一个 IPv4 的网络，需要一个边界路由器，以将概括了 IPv6 数据的 IPv4 包发送给另一个边界路由器，再由接受到数据包的路由器将其反向封装为 IPv6 数据报在 IPv6 网络上传送，从而达到 IPv6 穿越 IPv4 网络的目的。从 IPv4 到 IPv6 的过渡方法包括双堆栈运行、协议翻译、6to4 隧道等。

以下将介绍几个 IPv6 的几个路由实验，供读者参考进行配置。

13.8.3　IPv6 路由配置实验

实验一　IPv6 静态路由实验

1．实验目的

掌握 Ipv6 静态路由和默认路由的配置。

2．实验拓扑

本实验拓扑图如图 13-4 所示。

图 13-4　实验拓扑图

3．实验配置

R1:

R1(config)#interface loopback 0

R1(config-if)#ipv6 address 2000::1/64

R1(config-if)no shutdown

R1(config)#interface fastEthernet 0/0

R1(config-if)#ipv6 address 2001::1/64

R1(config-if)no shutdown

R1(config)#ipv6 route 2002::/64 2001::2

!这里配置了静态路由

R2:

R2(config)#interface loopback 0

R2(config-if)#ipv6 address 2002::1/64

R2(config-if)no shutdown

R2(config)#interface fastEthernet 0/0

R2(config-if)#ipv6 address 2001::2/64

R2(config-if)no shutdown

R2(config)#ipv6 route ::/0 2001::1

!这里配置了一条默认路由

4. 检测配置

R1#show ipv6 route
IPv6 Routing Table - 7 entries
Codes: C - Connected, L - Local, S - Static, R - RIP, B - BGP
      U - Per-user Static route
      I1 - ISIS L1, I2 - ISIS L2, IA - ISIS interarea, IS - ISIS summary
      O - OSPF intra, OI - OSPF inter, OE1 - OSPF ext 1, OE2 - OSPF ext 2
      ON1 - OSPF NSSA ext 1, ON2 - OSPF NSSA ext 2
C   2000::/64 [0/0]
     via ::, Loopback0
L   2000::1/128 [0/0]
     via ::, Loopback0
C   2001::/64 [0/0]
     via ::, FastEthernet0/0
L   2001::1/128 [0/0]
     via ::, FastEthernet0/0
S   2002::/64 [1/0]
     via 2001::2
L   FE80::/10 [0/0]
     via ::, Null0
L   FF00::/8 [0/0]
     via ::, Null0

R2：

R2#show ipv6 route
IPv6 Routing Table - 7 entries
Codes: C - Connected, L - Local, S - Static, R - RIP, B - BGP
      U - Per-user Static route
      I1 - ISIS L1, I2 - ISIS L2, IA - ISIS interarea, IS - ISIS summary
      O - OSPF intra, OI - OSPF inter, OE1 - OSPF ext 1, OE2 - OSPF ext 2
      ON1 - OSPF NSSA ext 1, ON2 - OSPF NSSA ext 2
S   ::/0 [1/0]
     via 2001::1
C   2001::/64 [0/0]
     via ::, FastEthernet0/0
L   2001::2/128 [0/0]
     via ::, FastEthernet0/0
C   2002::/64 [0/0]
     via ::, Loopback0

L　2002::1/128 [0/0]
　　　via ::, Loopback0
L　FE80::/10 [0/0]
　　　via ::, Null0
L　FF00::/8 [0/0]
　　　via ::, Null0

实验二　IPv6 rip 实验

1. 实验目的

掌握 rip 的 IPv6 基本配置。

2. 实验拓扑

本实验拓扑图如图 13-5 所示。

图 13-5　实验拓扑图

3. 实验配置

R1：

R1(config)#interface loopback 0

R1(config-if)#ipv6 address 2000::1/64

R1(config-if)no shutdown

R1(config)#interface fastEthernet 0/0

R1(config-if)#ipv6 address 2001::1/64

R1(config-if)no shutdown

R1(config)#ipv6 unicast-routing

!必须全局启用 ipv6 路由

R1(config)#ipv6 router rip hlsz

!配置 ipv6 rip 进程

R1(config)#interface loopback 0

R1(config-if)#ipv6 rip hlsz enable

!在接口下激活 rip

R1(config)#interface fastEthernet 0/0

R1(config-if)#ipv6 rip hlsz enable

!在接口下激活 rip

R2 基本配置：

R2(config)#interface loopback 0

R2(config-if)#ipv6 address 2002::1/64

R2(config-if)no shutdown

R2(config)#interface fastEthernet 0/0

R2(config-if)#ipv6 address 2001::2/64

R2(config-if)no shutdown

R2 路由配置：

R2(config)#ipv6 unicast-routing

R2(config)#interface loopback 0

R2(config-if)#ipv6 rip hlsz enable

R2(config)#interface fastEthernet 0/0

R2(config-if)#ipv6 rip hlsz enable

注意：在这个配置里面，我们并没有在全局启用 ipv6 rip 进程，但是只要在接口下激活 rip，自然会在全局配置下出现 ipv6 router rip hlsz。

4．实验检测

（1）show 命令查看

R1#show ipv6 route rip
IPv6 Routing Table - 7 entries
Codes: C - Connected, L - Local, S - Static, R - RIP, B - BGP
U - Per-user Static route
I1 - ISIS L1, I2 - ISIS L2, IA - ISIS interarea, IS - ISIS summary
O - OSPF intra, OI - OSPF inter, OE1 - OSPF ext 1, OE2 - OSPF ext 2
ON1 - OSPF NSSA ext 1, ON2 - OSPF NSSA ext 2
R   2002::/64 [120/2]
via FE80::CE01:15FF:FE30:0, FastEthernet0/0

（2）debug 调试信息

R1#debug ipv6 rip
RIP Routing Protocol debugging is on
*Mar   1 00:55:39.751: RIPng: Sending multicast update on FastEthernet0/0 for hlsz
*Mar   1 00:55:39.755:   src=FE80::CE00:15FF:FE30:0
!发送源地址，是本接口的 link-local 地址

*Mar   1 00:55:39.755:   dst=FF02::9 (FastEthernet0/0)
!发送目的地址，可以修改

*Mar   1 00:55:39.759:   sport=521, dport=521, length=52
!源端口 521，目的端口 521，这个默认端口，可以修改

*Mar   1 00:55:39.759:   command=2, version=1, mbz=0, #rte=2
*Mar   1 00:55:39.763:   tag=0, metric=1, prefix=2000::/64
*Mar   1 00:55:39.763:   tag=0, metric=1, prefix=2001::/64
!注意，本地接口的地址前缀也要包含

*Mar   1 00:55:39.767: RIPng: Sending multicast update on Loopback0 for hlsz
!向环回口也要发送

*Mar   1 00:55:39.771:   src=FE80::CE00:15FF:FE30:0
*Mar   1 00:55:39.771:   dst=FF02::9 (Loopback0)
*Mar   1 00:55:39.775:   sport=521, dport=521, length=72

| *Mar 1 00:55:39.775: | command=2, version=1, mbz=0, #rte=3 |

*Mar　1 00:55:39.775:　　　　　command=2, version=1, mbz=0, #rte=3
*Mar　1 00:55:39.779:　　　　　tag=0, metric=1, prefix=2000::/64
*Mar　1 00:55:39.779:　　　　　tag=0, metric=1, prefix=2001::/64
*Mar　1 00:55:39.779:　　　　　tag=0, metric=2, prefix=2002::/64
*Mar　1 00:55:39.791: RIPng: Process hlsz received own response on Loopback0
R1#
*Mar　1 00:55:46.011: RIPng: response received from FE80::CE01:15FF:FE30:0 on FastEthernet0/0 for hlsz
*Mar　1 00:55:46.015:　　　　　src=FE80::CE01:15FF:FE30:0 (FastEthernet0/0)
!接收源地址
*Mar　1 00:55:46.019:　　　　　dst=FF02::9
!目的地址
*Mar　1 00:55:46.019:　　　　　sport=521, dport=521, length=52
*Mar　1 00:55:46.019:　　　　　command=2, version=1, mbz=0, #rte=2
*Mar　1 00:55:46.023:　　　　　tag=0, metric=1, prefix=2002::/64
*Mar　1 00:55:46.023:　　　　　tag=0, metric=1, prefix=2001::/64

（3）wireshark 抓包查看

wireshark 抓包查看结果如图 13-6 所示。

```
⊞ Frame 4 (106 bytes on wire, 106 bytes captured)
⊞ Ethernet II, Src: cc:01:15:30:00:00 (cc:01:15:30:00:00), Dst: IPv6mcast_00:00:00:09 (33:33:00:00:00:09)
⊟ Internet Protocol Version 6
   ⊞ 0110 .... = Version: 6
     .... 1110 0000 .... .... .... .... .... = Traffic class: 0x000000e0
     .... .... .... 0000 0000 0000 0000 0000 = Flowlabel: 0x00000000
     Payload length: 52
     Next header: UDP (0x11)
     Hop limit: 255
     Source: fe80::ce01:15ff:fe30:0 (fe80::ce01:15ff:fe30:0)
     Destination: ff02::9 (ff02::9)
⊟ User Datagram Protocol, Src Port: ripng (521), Dst Port: ripng (521)
     Source port: ripng (521)
     Destination port: ripng (521)
     Length: 52
   ⊞ Checksum: 0x59af [validation disabled]
⊟ RIPng
     Command: Response (2)
     version: 1
   ⊞ IP Address: 2002::/64, Metric: 1
   ⊞ IP Address: 2001::/64, Metric: 1
```

图 13-6　抓包查看结果

实验三　IPv6 eigrp 配置

1. 实验目的

掌握 IPv6 eigrp 的基本配置。

2. 实验拓扑

本实验拓扑图如图 13-7 所示。

Loopback0
2000::1/64

F0/0
2001::1/64

R1

Loopback0
2002::1/64

F0/0
2001::2/64

R2

图 13-7　实验拓扑图

3. 实验配置

R1：

R1(config)#interface loopback 0

R1(config-if)#ipv6 eigrp 100

R1(config)#int fastEthernet 0/0

R1(config-if)#ipv6 eigrp 100

R1(config)#ipv6 router   eigrp 100

R1(config-rtr)#eigrp router-id 1.1.1.1

！这里必须配置 router-id，如果只配置 IPv6 地址，并且没有配置 IPv4 的地址，这里必须手动配置一个
router-id。

R2：

R2(config)#interface loopback 10

R2(config-if)#ip address 20.2.2.2 255.255.255.0

!这里这个地址是让 eigrp 获得 router-id

R2(config)#interface loopback 0

R2(config-if)#ipv6 eigrp 100

R2(config)#int fastEthernet 0/0

R2(config-if)#ipv6 eigrp 100

R2(config)#ipv6 router eigrp 100

!这里就可以不配置 router-id 了，因为可以自动获取到。

4. 检查调试

R1#show ipv6 eigrp neighbors
EIGRP-IPv6 Neighbors for AS(100)

H	Address	Interface	Hold Uptime (sec)	SRTT (ms)	RTO	Q Cnt	Seq Num
0	Link-local address:	Fa0/0	14 00:06:51	68	408	0	3

FE80::C801:19FF:FE84:8

！这个地址是 R2 接口的 F0/0 地址

R2#show ipv6 interface fastEthernet 0/0

FastEthernet0/0 is up, line protocol is up

IPv6 is enabled, link-local address is FE80::C801:19FF:FE84:8

R1#show ipv6 eigrp topology

EIGRP-IPv6 Topology Table for AS(100)/ID(1.1.1.1)

Codes: P - Passive, A - Active, U - Update, Q - Query, R - Reply,

　　　r - reply Status, s - sia Status

P 2001::/64, 1 successors, FD is 28160

　　　　via Connected, FastEthernet0/0

P 2002::/64, 1 successors, FD is 156160

　　　　via FE80::C801:19FF:FE84:8 (156160/128256), FastEthernet0/0

P 2000::/64, 1 successors, FD is 128256
　　　　via Connected, Loopback0

R1#debug eigrp packets hello
　　(HELLO)
EIGRP Packet debugging is on
R1#
*Oct 25 16:06:41.227: EIGRP: Received HELLO on FastEthernet0/0 nbr FE80::C801:19FF:FE84:8
*Oct 25 16:06:41.231:　　AS 100, Flags 0x0:(NULL), Seq 0/0 interfaceQ 0/0 iidbQ un/rely 0/0 peerQ un/rely 0/0
*Oct 25 16:06:41.383: EIGRP: Sending HELLO on FastEthernet0/0
*Oct 25 16:06:41.387:　　AS 100, Flags 0x0:(NULL), Seq 0/0 interfaceQ 0/0 iidbQ un/rely 0/0
Wireshark eigrp hello 包抓包信息

```
⊞ Frame 2 (94 bytes on wire, 94 bytes captured)
⊞ Ethernet II, Src: ca:01:19:84:00:08 (ca:01:19:84:00:08), Dst: IPv6mcast_00:00:00:0a (33:33:00:00:00:0a)
⊟ Internet Protocol Version 6
  ⊞ 0110 .... = Version: 6
    .... 1110 0000 .... .... .... .... .... = Traffic class: 0x000000e0
    .... .... .... 0000 0000 0000 0000 0000 = Flowlabel: 0x00000000
    Payload length: 40
    Next header: EIGRP (0x58)
    Hop limit: 255
    Source: fe80::c801:19ff:fe84:8 (fe80::c801:19ff:fe84:8)
    Destination: ff02::a (ff02::a)
⊟ Cisco EIGRP
    Version    = 2
    Opcode = 5 (Hello)
    Checksum   = 0xf36e
    Flags      = 0x00000000
    Sequence   = 0
    Acknowledge  = 0
    Autonomous System  : 100
  ⊞ EIGRP Parameters
  ⊞ Software Version: IOS=5.0, EIGRP=3.0
```

实验四　IPv6 ospf 配置

1. 实验目的

掌握 IPv6 ospf 的基本配置。

2. 实验拓扑

本实验拓扑图如图 13-8 所示。

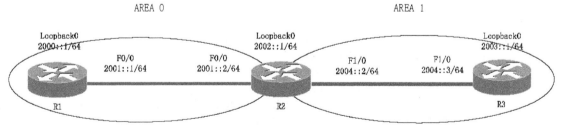

图 13-8　实验拓扑图

3. 实验配置

R1：
R1(config)#interface loopback 0

R1(config-if)#ipv6 ospf 1 area 0

R1(config)#int fastEthernet 0/0

R1(config-if)#ipv6 ospf 1 area 0

R1(config)#ipv6 router ospf 1

R1(config-rtr)#router-id 1.1.1.1

!ospf 也必须配置 router-id，如果没有配置，ospf 会做如下提示：

*Oct 25 17:01:26.407: %OSPFv3-4-NORTRID: OSPFv3 process 1 could not pick a router-id

R2：

R2(config)#interface loopback 0

R2(config-if)#ipv6 ospf 1 area 0

R2(config)#interface fastEthernet 0/0

R2(config-if)# ipv6 ospf 1 area 0

R2(config)#interface fastEthernet 1/0

R2(config-if)# ipv6 ospf 1 area 1

R2(config)#ipv6 router ospf 1

R2(config)#router-id 2.2.2.2

R3：

R3(config)#interface loopback 0

R3(config-if)#ipv6 ospf 1 area 1

R3(config)#interface fastEthernet 2/0

R3(config-if)# ipv6 ospf 1 area 1

R3(config)#ipv6 router ospf 1

R3(config)# router-id 3.3.3.3

4. 检查调试

R1#show ipv6 ospf neighbor

```
Neighbor ID     Pri   State          Dead Time    Interface ID    Interface
2.2.2.2          1    FULL/BDR       00:00:31     3               FastEthernet0/0
```
R1#show ipv6 route ospf
IPv6 Routing Table - default - 8 entries
Codes: C - Connected, L - Local, S - Static, U - Per-user Static route
       B - BGP, M - MIPv6, R - RIP, I1 - ISIS L1
       I2 - ISIS L2, IA - ISIS interarea, IS - ISIS summary, D - EIGRP
       EX - EIGRP external, ND - Neighbor Discovery
       O - OSPF Intra, OI - OSPF Inter, OE1 - OSPF ext 1, OE2 - OSPF ext 2
       ON1 - OSPF NSSA ext 1, ON2 - OSPF NSSA ext 2
O   2002::1/128 [110/1]
       via FE80::C801:16FF:FE2C:8, FastEthernet0/0
OI   2003::1/128 [110/2]
       via FE80::C801:16FF:FE2C:8, FastEthernet0/0
OI   2004::/64 [110/2]
       via FE80::C801:16FF:FE2C:8, FastEthernet0/0

本 章 小 结

这一章对 IPv6 进行了讲解。首先介绍了 IPv6 产生的背景，根本目的是为了缓解 IPv4 地址不够用。然后介绍了 IPv6 的报头格式以及它的特点。接着介绍了 IPv6 的几种地址格式、所使用的场合。最后介绍了几种协议在 IPv6 下的配置实施。

本章的重点在于是读者能对下一代的 IPv6 有初步的了解，为以后的 IPv6 的学习做好铺垫。

习　题

选择题

1．IPv6 报头长度和地址长度分别为（　　）

　　A．40 字节，32 位　　　　　　　　　　B．20 字节，128 位

　　C．40 字节，128 位　　　　　　　　　　D．20 字节，32 位

　　答案：C

2．IPv6 链路本地单播地址和本地唯一单播地址范围是（　　）

　　A．FE80：：/10，FC00：：/7　　　　　B．FE80：：/10，FF00：：/8

　　C．FC00：：/7，2000：：/3　　　　　　D．3FFF：FFFF：：/32，FF00：：/8

　　答案：A

3．下面哪项是 IPv6 地址 2035:0001:2BC5:0000:0000:087C:0000:0000 的合法表示方法

　　A．2035:0001:2BC5:0000:0000:087C:

　　B．2035:0001:2BC5::087C:0000:0000

　　C．2035:0001:2BC5: 087C::

　　D．http://{ 0001:2BC5: 087C::}

　　答案：C

4．OSPFv3 的路由器 ID 是多少位？

　　A．128　　　　　B．64　　　　　　C．32　　　　　　D．8

　　答案：C

5．EIGRPv6 使用的组播地址是多少？

　　A．FF00::6　　　B．FF02::5　　　C．FF02::9　　　D．FF02::A

　　答案：D

6．RIPng 使用的是组播还是广播？它是一种什么协议？

　　A．组播，有类协议

　　B．广播，无类洗衣

　　C．可以使用广播或者组播，有类协议

　　D．广播，有类协议

　　答案：A

7．下面哪种说法是正确的？

A．发送到 IPv6 任意播地址的分组将传输到该地址标示的最近接口

B．发送到 IPv6 任意播地址的分组将传输到该地址标示的所有接口

C．发送到 IPv6 组播地址的分组将传输到该地址标示的最近接口

D．发送到 IPv6 组播地址的分组将传输到该地址标示的所有接口

答案：A 和 D

8．目前从 IPv4 过渡到 IPv6 的方法有（　　　　）

    A．双栈　　　　　B．隧道化　　　　　C．转换机制　　　　　D．6-to-4 隧道化

答案：ABCD

9．DHCPv6 的基础构件组成包括（　　　）

A．DHCPv6 客户端、DHCPv6 服务器、aaa 认证端

B．DHCPv6 客户端、DHCPv6 服务器、DHCPv6 中继代理

C．aaa 认证端、DHCPv6 服务器、DHCPv6 中继代理

D．DHCPv6 客户端、aaa 认证端、DHCPv6 服务器

答案：B

10．如果一个网卡的 MAC 地址为：00-AA-00-3F-2A-1C，那么该接口的 eui-64 格式的 IPv6 接口标示符是：

    A．00-AA-00-FF-FE-3F-2A-1C　　　　　B．02-AA-00-FF-FE-3F-2A-1C

    C．00-AA-00-FF-FF-3F-2A-1C　　　　　D．02-AA-00-FF-FF-3F-2A-1C

答案：B

第 14 章　IOS 安全

知识点：
- 掌握路由器常见口令和安全级别的配置
- 掌握 AAA 服务器在路由器上的应用配置
- 掌握 VPN（Web VPN、SSL VPN 等）在路由器上的配置

随着思科 IOS 的广泛部署，思科 IOS 本身的安全性也逐渐被重视，可以想象，如果 IOS 的安全做得不到位，可能导致核心路由器或者交换机遭受攻击，那么损失的惨重性可想而知。因此对思科 IOS 本身的防护必须提上日程。另外，随着 IOS 的不断发展，思科 IOS 从单一的路由或者交换功能逐渐向更多的功能发展，比如防火墙功能、VPN 功能、IPS 功能，等等。这也就是现在流行的所谓集成业务（路由器可以充当防火墙、IPS、VPN 设备，以及语音网关）的概念。本章主要专注于 IOS 的一些安全特征。

14.1　密码与访问

密码是阻止黑客非法访问 IOS 的基本措施，密码分为明文密码和加密密码，其中明文密码的安全性较低，需要慎重使用。根据访问的目的和级别不同，思科的 IOS 又可以分为多种不同的访问权限。合理地分配这些访问权限，大大防止了误操作和恶意操作，增强了 IOS 访问的安全性。

14.1.1　几种密码设置

思科的密码类型主要有如下几种。
- Console 控制台密码。
- 特权密码。
- 远程登录密码。

1. Console 控制台密码

Console 控制台是访问路由器的第一个关口，也是防御攻击的第一道防线。可以防止别人非法地通过 console 直接接线的方式访问路由器，也可以防止由于管理员突发事件离开路由器控制台，别人可以趁机偷窥，当然这个功能要和 Console 控制台超时时间配置结合在一块儿才行。

正常的 console 控制台的截图如图 14-1 所示。

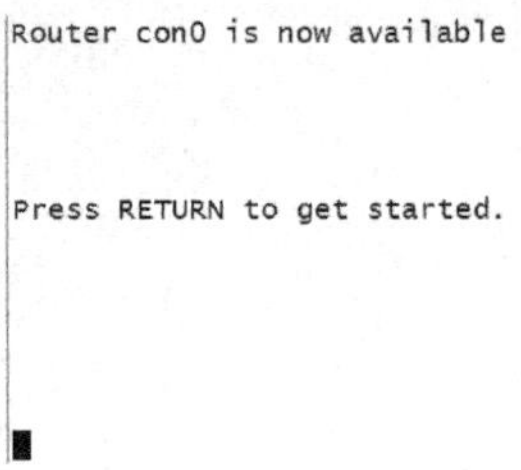

Console 控制台密码的配置：

Router(config)#line console 0
Router(config-line)#login
% Login disabled on line 0, until 'password' is set
Router(config-line)#password ?

    0   Specifies an UNENCRYPTED password will follow
    7   Specifies a HIDDEN password will follow
  LINE   The UNENCRYPTED (cleartext) line password

```
Router con0 is now available



Press RETURN to get started.



■
```

图 14-1　正常的 Console 控制台截图

其中的 login 是开启 Console 登录密码验证。看密码后面的提示，有 0 和 7，还有一个 LINE，如果直接敲密码，那么与后面跟 0 的效果是一样的，都是指后面输入的是明文密码，什么意思呢？比如，输入 cisco，密码就是 cisco，这个大家觉得应该理所当然。那么如果后面跟着一个 7，又是如何呢？7 后面跟着的解释是，指定后面跟着隐藏的密码。也就是说，后面跟着的是加密过后的密码。这么做有什么好处呢？就是防止别人偷窥。或者说，即使你拿到了这个配置文件，也无法得知这个密码是多少。因为它是加密的。但是这个加密强度是非常差的，可以用工具轻易地破解，所以防止被偷窥才是主要的目的。

好的，让我们来逐步试一下。

首先输入一个明文密码：

Router(config-line)#password cisco

然后输入 end 和 exit 测试：

Router(config-line)#end
Router#exit

再按回车键：

User Access Verification

Password:

输入 cisco：

Password:
Router>

成功地登入了路由器。

那么如果后面跟着 7，输入的密文是什么呢？

Router(config)#line console 0
Router(config-line)#password 7 060E033256

有读者会问，后面的这串数字是从哪里来的呢？是如何得到的呢，先不着急，一会儿自然知道。

仍按回车键，然后输入 end，exit 退出。

出现登录提示：

User Access Verification

Password:

假如输入 060E033256，会怎么样呢？

Password:
Password:

结果不对，让重新输，那么什么才是真正的密码呢？它是 hlsz。

再用 hlsz 试一下。

Password:

Router>

结果是顺利进入。到这里，大家是否对这个是 7 的密码有一些感觉了呢？

下面来回答大家关心的一个问题，这个密码是从哪里来的呢？

我们用了另外一台路由器，配置了一个 enable password hlsz，然后用了 Router(config)# service password-encryption 命令就搞定了。也就是说，如果在配置密码的时候没有直接用加密的命令，也可以用 service password-encryption 命令来搞定。它自然会将配置的明文密码变成密文密码。但是这种加密方式比用 enable secret 的安全性低，这是由于它们采用的不同的加密算法存在不同的安全级别的差距。

2．特权密码

我们知道，即使你通过了 console 台，你进入的也只是路由器的用户模式，也就是说这个时候，除了能查看一些路由器 IOS 的相关信息外，不能对路由器的配置做任何修改。思科对 ios 的默认权限分配是 16 个级别。就是 privilege level 0 到 privilege level15，级别 0 几乎没有任何用途，而级别 15 拥有对该设备进行管理的最高权限级别，所以如果要对路由器真正实现管理，必须等拥有更高级别的权限。但是这个也必须得用密码进行限制。

那么如何设置特权密码呢？前面在 ios 基本操作部分已经讲过，这里着重讲它的安全性。大家对配置密码已经很熟悉了，下面是两种配置方法。

```
Router(config)#enable password cisco
Router(config)#enable secret hlsz
```

我们知道，这两种方式都可以配置特权密码，那么有什么差别呢？enable password 配置出来的密码是明文的，而 enable secret 配置出来的密码是加密的。后面的自然比前面的好，可是为什么现在还需要 enable password 这个命令呢？这是个历史遗留问题，思科最早的方式肯定是 enable password，后面才开发出来了 enable secret，并且为了保持一致性和一些客户的喜好，就让这两种方式共存。那么如果这两种密码都配置了，哪种方式起作用呢？

我们来看一下配置文件：

```
enable secret 5 $1$r3pX$mmV.4Z0Uu0y/pQ5eOoBkC0
enable password cisco
```

经过测试，发现 hlsz 才起作用，也就是说，如果同时配置了 enable password，enable secret，只有 secret 是起作用的，如果删除了 enable secret 密码，那么 enable password 就起作用了。

再看一下命令提示：

```
Router(config)#enable secret ?
  0      Specifies an UNENCRYPTED password will follow
  5      Specifies an ENCRYPTED secret will follow
  LINE   The UNENCRYPTED (cleartext) 'enable' secret
level   Set exec level password
```

你会发现，后面有几个选项，0 和 LINE 是明文，再说一遍，它不是指在配置看到的密码是明文，而是后面跟着输入的密码是明文。5 是指后面跟着的密码是密文。

举例来说：

```
Router(config)#enable secret 5 $1$r3pX$mmV.4Z0Uu0y/pQ5eOoBkC0
```

1r3pX$mmV.4Z0Uu0y/pQ5eOoBkC0 就是 hlsz 经过 md5 算法之后的密文，还是那句话，这样做的主要好处是防止偷窥，便于密码的保存。但是你在登录输入的时候不能输入这串密文，而要输入 hlsz 这个明文才行，系统会自动进行 md5 算法，然后进行比对。

其实，这里面可能还要注意另外一个选项，那就是 level，默认是给 level 15 配置的密码，如果要配置 leve2 或者其他级别的密码呢？

Router(config)#enable secret level 2 cuit

这样输入之后，就配置级别 2 的密码，测试一下：

Router#enable2   //从当前的 15 级别的权限切换到级别 2 的权限

Router#

会发现一个现象，如果从级别 15 的环境下向级别 2 转化，你会发现根本就不需要密码。如果要输入级别 2 的密码，必须先进入用户模式，再进入级别 2 模式。

Router>enable 2

Password:

Router#

这样才能看到效果。这里面有另外一个有趣的问题，级别 1 能设置密码吗？测试一下：

Router(config)#enable secret level 1 cuit

Router>

Router>enable 1

Router>

因为从 console 已进入就已经是用户模式，所以 level1 的密码在这里无用，不用输入。从上面的测试中，可以得出一个结论，从用户模式输入 enable，其实默认进入的是 15 级别，也就是最高权限模式。

回到刚才的配置级别 2 模式：

Router>enable 2

Password:

Router#

输入几个命令：

Router#show run

         ^

% Invalid input detected at '^' marker.

Router#conf t

        ^

% Invalid input detected at '^' marke

虽然出现的也是一个#，但是你会发现和 15 级别权限下相比，很多命令都不支持，这和用户模式也就是级别 1 没有区别。这是因为级别 1 到级别 14，它们是属于一个档次的权限级别，此时不存在级别越高权限越大的规则，默认情况下它们所包含的命令和级别 0 是一样的。那么如何才能让级别 2 拥有其他的权限呢？要完成这个，必须要经过本地授权。

先转到 15 级别，然后输入如下命令：

Router(config)#privilege exec level 2 show run

Router(config)#privilege exec level 2 config t

再转到级别 2 上去，然后测试：

Router>enable 2

Password:

Router#conf t

Enter configuration commands, one per line.   End with CNTL/Z.

Router(config)#exit

Router#sh run

Building configuration

这个时候，你就会发现级别 2 也支持这个两个命令了。关于授权的其他命令，我们会在 AAA 的授权那一部分去讲。

14.1.2　基于角色的 CLI

首先来看一下命令提示：

```
Router>enable ?
<0-15>    Enable level
view      Set into the existing view
<cr>
```

这里面有一个关键词 view，是思科新的用户定义模式。根据刚才的讲解，思科的用户权限默认分 16 个级别，从 0 到 15，并且它的默认情况是，级别 0 只有几条命令，15 级别拥有所有命令。而级别 1 到 14 默认是一样的权限，如果给一个级别的权限进行授权，那么高级别会自然继承低级别的权限。所以属于同一个级别的用户如果不经过授权，会拥有一样的权限，比较僵化。思科开发出了一种类似于 Windows 的用户权限分配方式，就是所谓基于角色的。

要配置基于角色的 view，必须要激活 AAA，这个下一节会谈到。

```
Router(config)#aaa new-model
```

并且必须要配置 15 级别的密码：

```
Router>enable view
Password:

Router#
```

进入到基于角色配置 root view 配置模式，在这个模式下，可以创建很多角色。

```
Router(config)#parser view hlsz
Router(config-view)#secret cisco
Router(config)#parser view cuit
Router(config-view)#secret cisco
```

分别创建了两个角色用户，一个是 hlsz，一个是 cuit，但是这两个用户目前还是只有用户模式的权限，如果想拥有其他权限，必须得给授权才行。

```
Router(config)#parser view hlsz
Router(config-view)#commands exec include show run
```

给了 hlsz 这个用户一个 show run 的权限，测试一下：

```
Router#enable view hlsz
Password:

Router#show run
*Mar    1 03:08:36.183: %PARSER-6-VIEW_SWITCH: successfully set to view 'hlsz'.
Router#show run
Building configuration...

Current configuration : 17 bytes
!
end

Router#conf t
        ^
% Invalid input detected at '^' marker.
```

我们看到这个 hlsz 用户，只要 show run 的权限，但是不能 config t，进入全局配置模式。对另外一个 cuit 用户进行授权。（注意转到 root view 下才能配置。）

```
Router(config)#parser view hlsz
Router(config-view)#commands exec include config t
```

测试一下：

```
Router#enable view cuit
Password:

Router#showru
*Mar  1 03:17:34.407: %PARSER-6-VIEW_SWITCH: successfully set to view 'cuit'.
Router#show run
          ^
% Invalid input detected at '^' marker.

Router#conf t
Enter configuration commands, one per line.   End with CNTL/Z.
Router(config)#
```

证明 config t 是可以的，但是 show run 是不行的。因为没有给它授权。

到这里，就可以看到基于角色的 cli 和以前 privilege 模式有显著的不同，它们没有继承关系，可以随意设置不同的权限。

超级 view

可以设置这样一个角色，他可以拥有其他几个用户的整合权限。这样的角色被称为超级 view。

设置一个超级 view：

```
Router(config)#parser view ccie superview（superview 是关键词）
Router(config-view)#
*Mar   1 03:22:50.435: %PARSER-6-SUPER_VIEW_CREATED: super view 'ccie' successfully created.
Router(config-view)#secret cisco
Router(config-view)#view hlsz
*Mar   1 03:23:06.183: %PARSER-6-SUPER_VIEW_EDIT_ADD: view hlsz added to superviewccie.
Router(config-view)#view cuit
*Mar   1 03:23:09.339: %PARSER-6-SUPER_VIEW_EDIT_ADD: view cuit added to superviewccie.
```

这样，就创建了一个叫作 ccie 的超级 view，拥有 hlsz 和 cuit 的所有权限。

测试一下：

```
Router#enable view ccie
Password:

Router#show run
Building configuration...

Current configuration : 17 bytes
end

Router#
*Mar   1 03:25:12.151: %PARSER-6-VIEW_SWITCH: successfully set to view 'ccie'.c
Enter configuration commands, one per line.   End with CNTL/Z.
Router(config)#
```

证明 hlsz 和 cuit 的权限全部被 ccie 给继承了下来。

commands 后面跟的命令非常多，这里要熟悉几个常用的。

● Router(config-view)#commands　exec

在特权模式下输入的命令。

● Router(config-view)#commands　configure

全局模式下的配置命令。

● Router(config-view)#commands　interface

接口模式下的配置命令。

14.2　AAA

AAA 是认证（Authentication）、授权（Authorization）、审计（Accounting）的简写，3A 是非常系统和全面地对用户活动和网络使用资源情况安全的描述。AAA 从 3 个方面体现了我们对网络资源的管理和监控。

认证（Authentication）

你是谁？是否有资格访问网络设备和网络资源。

授权（Authorization）

你能做什么？你对网络设备或者网络资源有什么样的访问权利？

审计（Accounting）

你做了些什么？你对网络设备输入了哪些命令？或者你的流量和访问时间是多少？

14.2.1　认证

主要是对用户网络身份的确认，看看这个 id 是否是被允许的访问用户。

那么如果配置 AAA 认证呢？

（1）首先必须全局启用 AAA。

Router(config)#aaa new-model

（2）下一步是指明认证的方式，也就是指定认证方式列表。

Router(config)#aaa authentication login default local

（3）这里的 default 关键字要注意，这是一个默认的名字，而且这个名字就叫默认（default），但是如果选择这个名字，千万要主意，它会在所有的登录接口上启用，比如 console 口，比如 telnet 等。也可以用另外的名字，比如：

Router(config)#aaa authentication login hlsz local

（4）但是这个时候，如果要在 console 控制台启用这个认证，必须得在 console 控制台应用这个认证方式列表。

Router(config)#line console 0

Router(config-line)#login authentication hlsz

（5）这个认证方式后面跟的关键词是 local，指明认证用的数据库是本地数据库。也就是用户名和密码在本地定义。我们定义一个本地用户名和密码：

Router(config)#username cisco password cisco

（6）测试一下

先退出：

Router(config)#end

Router#exit

Router con0 is now available

Press RETURN to get started.

（7）按回车键，输入刚才定义的用户名和密码：

*Mar　1 10:08:41.353: %SYS-5-CONFIG_I: Configured from console by console

User Access Verification

Username: cisco

Password:

Router>

（8）至此，已经通过 AAA 的方式成功登录到路由器。

但是可以这样说，如果只是使用本地数据库，用 AAA 还有什么意义呢？这里必须引出另外一个非常重要的角色，那就是 AAA 服务器。什么是 AAA 服务器呢？这是一个集中控制的概念，对认证来说，也就是用户的 ID 资源统一管理，统一在一个服务器上进行配置。其好处是集中管理，安全高效。

1. AAA 认证的基本架构

AAA 认证由客户端、AAA 客户端、AAA 认证服务器构成，如图 14-2 所示。

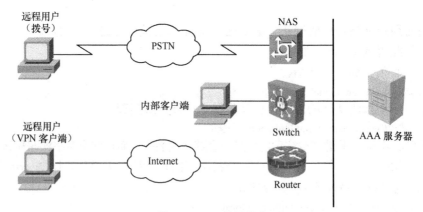

图 14-2　AAA 认证构成

其中的 NAS（网路访问服务器），switch，router，都是 AAA 客户端。也就是说它们对于普通客户端来说是服务器，对 AAA 服务器来说，它们又是 AAA 客户端。

思科的 ACS 是一个非常著名的 AAA 服务器，配置简单，功能强大。我们在前面做 802.1x 的时候已经领会到了，其实 ACS 的功能远不止这些，可以这样说，将来我们能想到的东西，都可以移植到 ACS 上面去做。

2. 思科的 ACS 支持两种认证协议

（1）TACACA+

这是思科自己开发的私有协议，使用的是 TCP，端口是 49，认证、授权、审计服务是分开的，对整个数据包进行加密，可以用于对路由器进行管理。数据库支持对加密口令的存储。

（2）RADIUS

开放的标准协议，使用的是 UDP，认证授权使用的端口是 1645 和 1812，审计使用的端口是 1646 和 1813，只对密码进行加密。认证、授权、审计合为一个服务，不能用于对路由器进行管理。数据库不支持对加密口令的存储。

3. 思科 ACS 的安装

现在的硬件都能满足 ACS 的安装要求，ACS 可以安装在 UNIX，LINUX，WINDOWS上，如果在 WINDOWS 下安装，操作系统必须是 server，并且一定得事先安装好 java 虚拟机环境。

下面介绍一下 ACS4.0 的安装过程。

（1）用鼠标双击 setup.exe。

（2）接受安装协议，如图 14-3 所示。

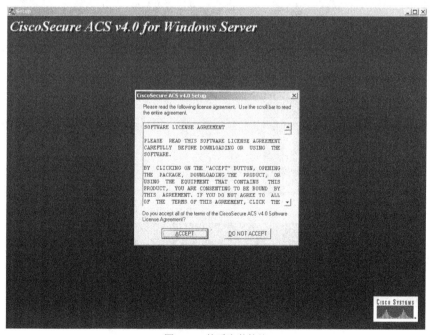

图 14-3　接受安装协议

（3）确认一些安装基本信息，比如客户端与 server 之间的联通性等，都勾上即可，否则不能进行下一步，如图 14-4 所示。

（4）选择安装文件夹，如图 14-5 所示。

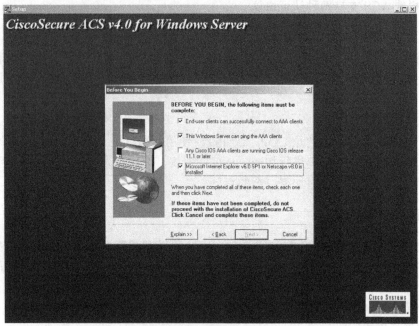

图 14-4　确认安装基本信息

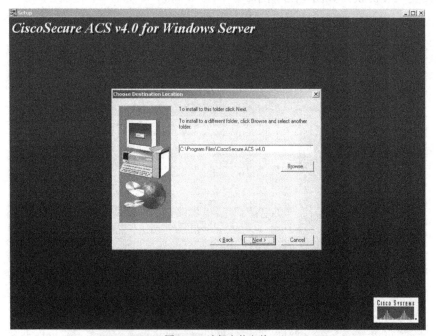

图 14-5　选择安装文件

（5）选择和核对数据库，只检查 ACS 数据库就可以，如图 14-6 所示。

（6）选择出现在 ACS 用户接口里面的高级选项，根据自己的需要进行勾选，如图 14-7 所示。

（7）选择登录监控和邮件提示，保持默认即可，如图 14-8 所示。

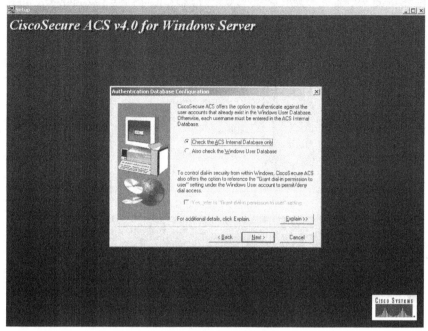

图 14-6　选择和核对数据库

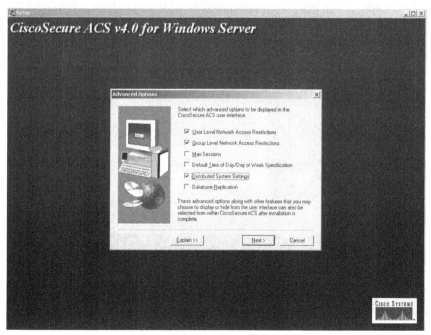

图 14-7　选择 ACS 接口里的高级选项

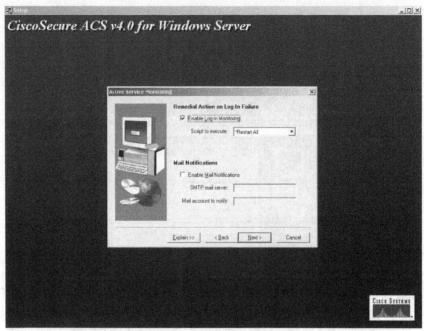

图 14-8 选择登录监控和邮件提示

（8）输入保护 ACS 数据库的密码，如图 14-9 所示。

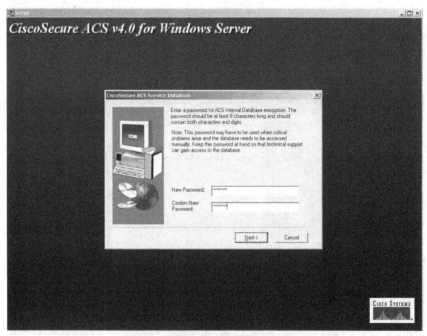

图 14-9 输入密码

（9）选择是否立刻启动 ACS 服务和是否查看 readme 文件等，如图 14-10 所示。

（10）安装完毕，如图 14-11 所示。

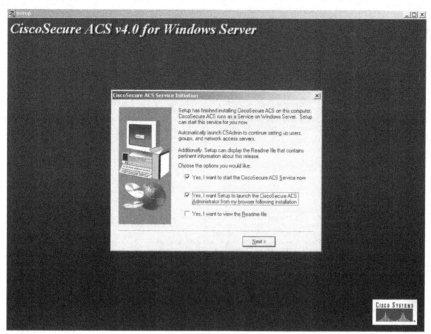

图 14-10　启动 ACS 服务

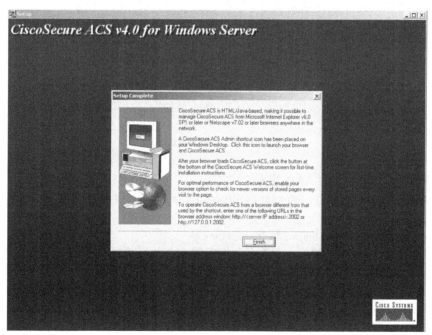

图 14-11　安装完毕

（11）ACS 启动界面，如图 14-12 所示。

Acs 安装完毕后，我们来看一下，用 ACS 作为服务器，如何实现 AAA 认证呢？

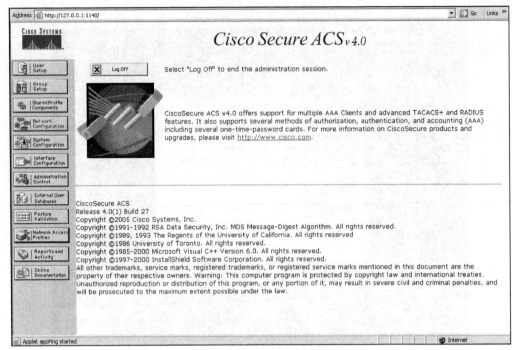

图 14-12　ACS 启动界面

我们用一个新的拓扑文件来完成这个实验，拓扑图如图 14-13 所示。

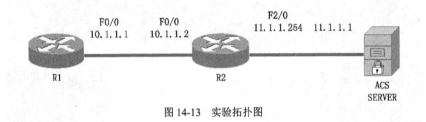

图 14-13　实验拓扑图

下面重新设计一下 R2 的 AAA 配置。

（1）这次没有用本地认证，我们使用了 tacacs+方式，用 ACS 服务器进行认证。

R2(config)#aaa new-model

R2(config)#aaa authentication login default group tacacs+

（2）既然使用 ACS 进行验证，那么必须得配置 ACS 服务器。这两条命令分别指定了 ACS 服务器的 IP 地址和它们验证对方用的 key。

r2(config)#tacacs-server host 11.1.1.1

r2(config)#tacacs-server key cisco

（3）那么在 ACS 上如何配置呢？首先在 ACS 上配置用户名和密码。单击左侧菜单中的 User Setup 按钮，然后在 User 文本框，填入新增加的用户名 ccna。如图 14-14 所示。

（4）然后单击 ADD/Edit 按钮，在 Password 文本框输入密码 ccna，再确认输一次。数据库默认是 ACS Internal Database，不要改变，其他的也不用理会。如图 14-15 所示。

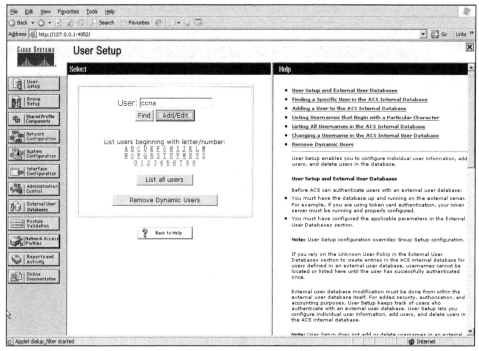

图 14-14　设置新增用户

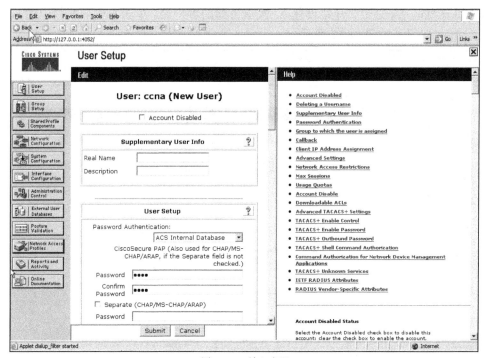

图 14-15　输入密码

（5）单击 Submit 按钮即可，然后单击 List all users 按钮，就可以看到刚刚创建的用户，如图 14-16 所示。

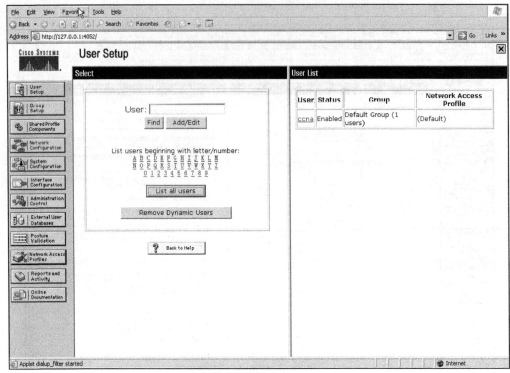

图 14-16　显示创建的用户

（6）用户设置完毕之后，开始设置 AAA 服务器的客户端。单击左侧导航栏中的 Network Cconfiguration 按钮，如图 14-17 所示。

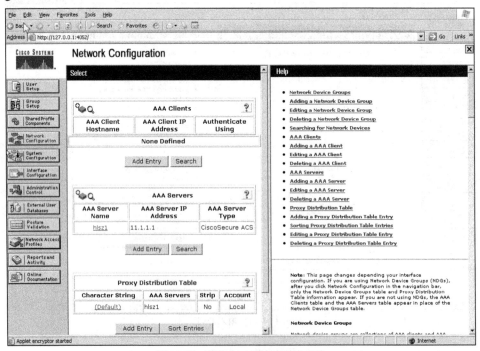

图 14-17　设置 AAA 服务器的客户端

（7）然后在 AAA Clients 的下面单击 Add Entry 按钮，增加一个新的客户端。分别输入客户端主机名 R2（这个随便起），IP 地址 11.1.1.254，还有认证 key cisco，并选择 TACACS+（Cisco IOS）认证方式，如图 14-18 所示。

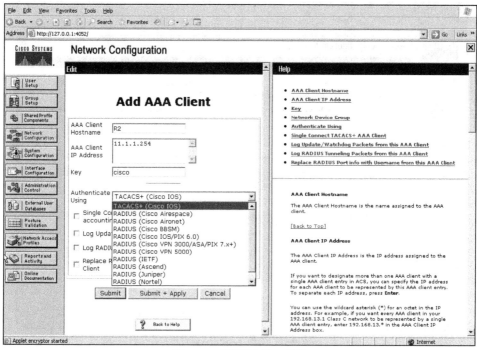

图 14-18 配置客户端 IP 地址

（8）单击 Submit+Apply 按钮，如图 14-19 所示。这样 AAA 客户端就添加完毕了。

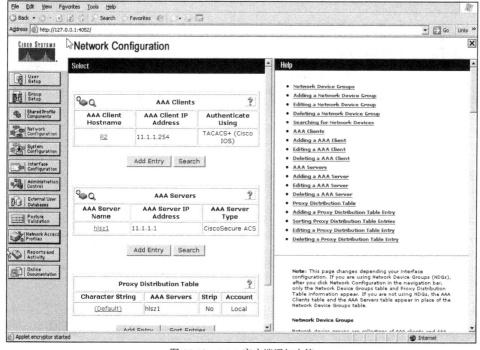

图 14-19 AAA 客户端添加完毕

（9）到这里，有两个地方需要注意，一个是如果改了 IP 地址，记得一定要修改 AAA Server 的地址，而这个 key 不用管，如图 14-20 所示。

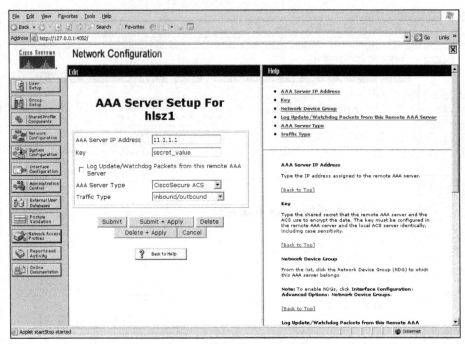

图 14-20　修改 AAA Server 地址

（10）然后还要重新启动一下 ACS 的服务。单击 System Configuration 按钮，然后单击 Service Control 按钮，最后单击 Restart 按钮，如图 14-21 所示。

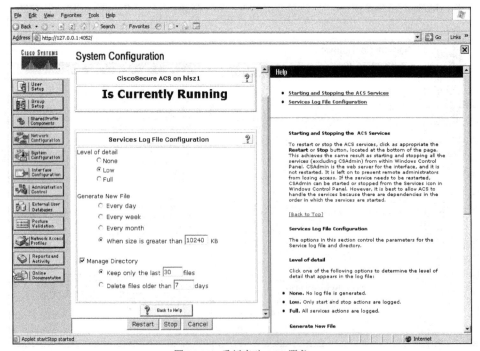

图 14-21　重新启动 ACS 服务

到这里，ACS 的基本配置就设置完毕了。

那么 ACS 配置是否正确呢？先要测试一下才行！

```
r2#test aaa group tacacs+ ccnaccna new-code
Trying to authenticate with Servergrouptacacs+
Sending password
User successfully authenticated
```

可以清晰地看到测试已经成功了。

从 R1 上 telnet 到 R2 看一下：

```
r1#telnet 10.1.1.2
Trying 10.1.1.2 ... Open


Password required, but none set

[Connection to 10.1.1.2 closed by foreign host]
r1#telnet 10.1.1.2
Trying 10.1.1.2 ... Open

Username: ccna
Password:

r2>
```

可以看到能够成功地登录到 R2 上去了。

修改一下认证方式：

```
r2(config)#aaa authentication login hlsz group tacacs+
```

我们把认证名字由 default 改成了 hlsz，这时要注意，如果配置成 default 这个特殊的名字，它会默认应用到 line vty 下面去，而如果要改成 hlsz，那么必须明确在 line vty 下面应用这个认证。

```
r2(config)#line vty 0 4
r2(config-line)#login authentication hlsz
```

14.2.2　授权

授权的概念，我们已经介绍过，就是用户一旦认证成功之后，他可以做什么事情。我们可以在 ACS 上对用户的权限进行赋予和限制。刚才测试的认证，细心的读者已经发现，登录进去的时候显示的是 r2>，这是用户模式，这个模式没有什么权限，那怎么才能通过 ACS 对这个用户进行授权呢？

（1）首先，必须得在 AAA 客户端上配置授权。定义授权方式列表，这里选用关键字是 exec，exec 指的就是特权级别的授权，比如我们的目的是授权成 15 级别，然后别忘了在 line vty 下进行应用。

```
r2(config)#aaa authorization exec hlsz group tacacs+
r2(config)#line vty 0 4
r2(config-line)#authorization exec hlsz
```

（2）AAA 客户端配置完毕之后，还得在 ACS 服务器上做，客户端是请求授权，ACS 才是真正授权的。用户 ccna 在默认的组（default group）里面，所以可以对 group 进行设置，

让 user 继承组的设置。单击 Group Setup 按钮，然后单击 Edit Settings 按钮，再选择右上角 Jump To TACACS+选项，如图 14-22 所示。

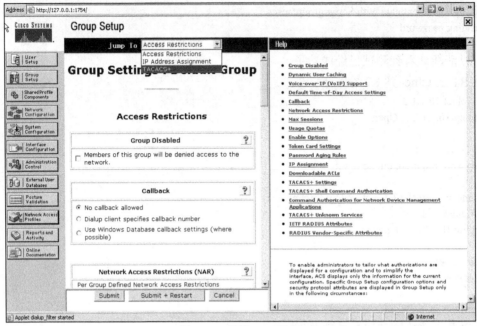

图 14-22　设置 group 选项

（3）然后勾选 Shell 和 Privilege 复选项，并在 privilege 后面的框里输入特权级别数字 15，如图 14-23 所示。

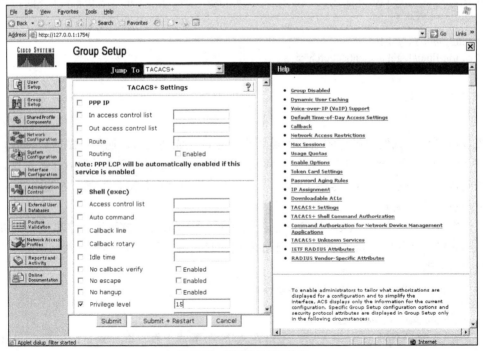

图 14-23　设置特权级别数字

（4）然后单击 `Submit + Restart` 按钮即可。

测试一下：

r1#telnet 10.1.1.2
Trying 10.1.1.2 ... Open

Username: ccna
Password:

查看一下特权级别，看看授权是否成功。

r2#show privilege
Current privilege level is 15

可以清晰地看到特权级别已经是 15 了。

但是，这又走向另外一个极端，这样授权之后，这个用户就拥有所有的权限，能否对这个 15 级别的权限限制一下呢？比如这个级别 15 的命令只能 show run。当然是可以的，需要做如下配置：

（1）在 AAA 客户端上启用命令 15 级别的授权，在 ACS 上进行授权：

r2(config)#aaa authorization commands 15 hlsz group tacacs+
r2(config)#line vty 0 4
r2(config-line)#authorization commands 15 hlsz

（2）在 ACS 上配置授权的命令：单击 `Group Setup` 按钮，然后单击 `Edit Settings` 按钮，选择 Jump to TACACS+选项，然后在 Shell Command Authorization Set 栏目中，选中 Per Group Command Authorization 单选项，如图 14-24 所示。

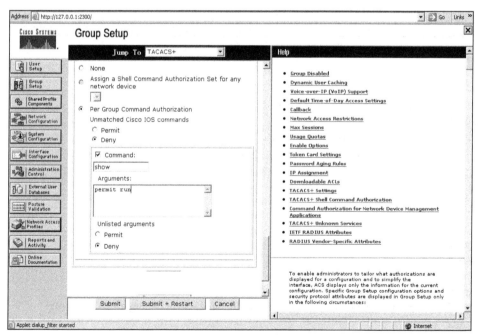

图 14-24　在 ACS 上配置授权的命令

（3）单击 Submit+Restart 按钮，就 OK 了！

（4）测试一下：

r2#conf t
Command authorization failed.

r2#show run

Building configuration..

授权的效果一目了然。

刚才是对 15 级别的授权，如果换成对 14 级别的授权，会怎么样呢？

（1）修改一下 AAA 客户端的配置和 ACS 上的配置，如图 14-25 所示。

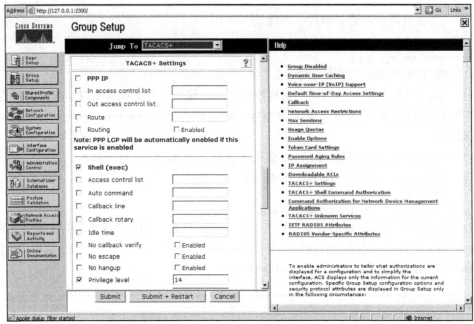

图 14-25　修改 AAA 客户端和 ACS 上的配置

（2）同时修改 R2 的配置：

r2(config)#aaa authorization commands 14 hlsz group tacacs+

r2(config)#line vty 0 4

r2(config-line)#authorization commands 14 hlsz

注意：命令的具体授权还在，也就是 show run 仍旧是被授权的命令。

（3）测试一下：

r1#telnet 10.1.1.2

Trying 10.1.1.2 ... Open

Username: ccna

Password:

Current privilege level is 14

可以看到，对特权级别 14 的授权已经成功。但是对命令的授权是否成功呢？

r2#show run

　　　　　^

% Invalid input detected at '^' marker.

这样的错误提示，不是没有被授权成功，而是说这个命令根本不存在，就是根本不支持 run 这个关键词。

这是为什么呢？因为特权级别 1 到 14 默认是一样的权限，根本就不支持这个命令，所以它没有这个能力，你在 ACS 上给它授权也是没有用的。谈到授权，必须先让它有这个能力。这需要在本地先进行一个授权，让级别 14 拥有一些命令权限，然后才能在 ACS 进行授权。

先对 ACS 进行一些本地授权：

r2(config)#privilege exec level 14 show run
r2(config)#privilege exec level 14 config t
r2(config)#privilege configure level 14 interface
r2(config)#privilege interface level 14 ipaddress
r2(config)#privilege interface level 14 no shut

经过这样一些本地授权之后，就让级别 14 拥有了 show run 和配置 IP 地址的能力。

再测试一下：

r2#show run
Building configuration...

r2#conf t
Command authorization failed.

发现和刚才的测试结果大相径庭，授权的结果非常明显。下面在 ACS 上进行一个完整的 IP 地址配置命令授权，如图 14-26 所示。

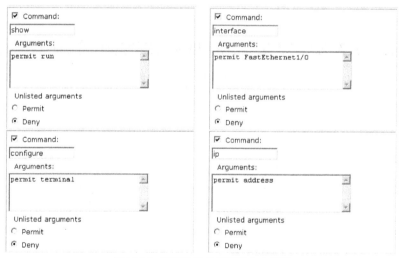

图 14-26　完整的 IP 地址配置命令授权

在 r2 上测试一下：

r2#conf t
Enter configuration commands, one per line.　End with CNTL/Z.
r2(config)#int f1/0
r2(config-if)#ip add 20.1.1.1 255.255.255.0
r2(config-if)#no shut

14.2.3　审　计

审计，就是用户都做哪些操作，登录了多长时间，用的网络流量是多少。其实就是用户干了些什么，访问了多长时间等。

下面对刚才级别 14 的用户登录命令做个审计。

（1）在 r2 上开启审计：

r2(config)#aaa accounting commands 14 hlsz start-stop group tacacs+
r2(config)#line vty 0 4
r2(config-line)#accounting commands 14 hlsz

（2）在 r1 上访问登录一下：

r1#telnet 10.1.1.2
Trying 10.1.1.2 ... Open

Username: ccna
Password:

r2#conf t
Enter configuration commands, one per line.   End with CNTL/Z.
r2(config)#int f1/0
r2(config-if)#ip add 20.1.1.1 255.255.255.0
r2(config-if)#

（3）在 ACS 上不用做任何配置，如何查看审计呢？单击 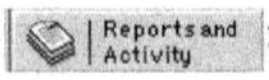 Reports and Activity 按钮，然后单击 TACACS+ Administration 按钮，再选择 Tacacs+ Administration active.csv 选项，可以看到命令审计信息如图 14-27 所示。

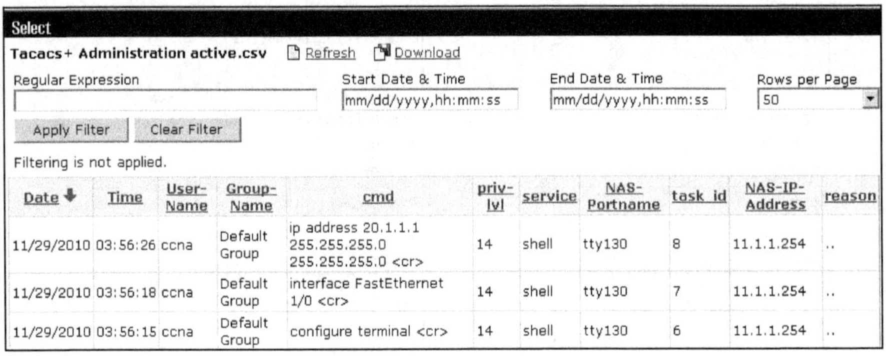

图 14-27　命令审计信息

14.3 管理安全

14.3.1　telnet

telnet 是常用的管理协议，上面做的一些测试都是使用 telnet 来进行的。然而，如果在工作上用 telnet 来对设备进行管理的话，就会产生严重的安全隐患。因为 telnet 的传输是明文的，也就是说，可以用简单的抓包工具来偷窥我们的密码，对上一节的 telnet 实验进行抓包。结果如下。

对用户名的抓包如图 14-28 所示。

```
⊞ Frame 14 (66 bytes on wire, 66 bytes captured)
⊞ Ethernet II, Src: cc:01:0e:f8:00:00 (cc:01:0e:f8:00:00), Dst: cc:00:0e:f8:00:00 (cc:00:0e:f8:00:00)
⊞ Internet Protocol, Src: 10.1.1.2 (10.1.1.2), Dst: 10.1.1.1 (10.1.1.1)
⊞ Transmission Control Protocol, Src Port: telnet (23), Dst Port: 19130 (19130), Seq: 13, Ack: 25, Len: 12
⊟ Telnet
   Data: \r\n
   Data: Username:
⊞ Frame 19 (60 bytes on wire, 60 bytes captured)
⊞ Ethernet II, Src: cc:00:0e:f8:00:00 (cc:00:0e:f8:00:00), Dst: cc:01:0e:f8:00:00 (cc:01:0e:f8:00:00)
⊞ Internet Protocol, Src: 10.1.1.1 (10.1.1.1), Dst: 10.1.1.2 (10.1.1.2)
⊞ Transmission Control Protocol, Src Port: 19130 (19130), Dst Port: telnet (23), Seq: 25, Ack: 37, Len: 1
⊟ Telnet
   Data: c
⊞ Frame 22 (60 bytes on wire, 60 bytes captured)
⊞ Ethernet II, Src: cc:01:0e:f8:00:00 (cc:01:0e:f8:00:00), Dst: cc:00:0e:f8:00:00 (cc:00:0e:f8:00:00)
⊞ Internet Protocol, Src: 10.1.1.2 (10.1.1.2), Dst: 10.1.1.1 (10.1.1.1)
⊞ Transmission Control Protocol, Src Port: telnet (23), Dst Port: 19130 (19130), Seq: 38, Ack: 27, Len: 1
⊟ Telnet
   Data: c
⊞ Frame 23 (60 bytes on wire, 60 bytes captured)
⊞ Ethernet II, Src: cc:00:0e:f8:00:00 (cc:00:0e:f8:00:00), Dst: cc:01:0e:f8:00:00 (cc:01:0e:f8:00:00)
⊞ Internet Protocol, Src: 10.1.1.1 (10.1.1.1), Dst: 10.1.1.2 (10.1.1.2)
⊞ Transmission Control Protocol, Src Port: 19130 (19130), Dst Port: telnet (23), Seq: 27, Ack: 39, Len: 1
⊟ Telnet
   Data: n
⊞ Frame 25 (60 bytes on wire, 60 bytes captured)
⊞ Ethernet II, Src: cc:00:0e:f8:00:00 (cc:00:0e:f8:00:00), Dst: cc:01:0e:f8:00:00 (cc:01:0e:f8:00:00)
⊞ Internet Protocol, Src: 10.1.1.1 (10.1.1.1), Dst: 10.1.1.2 (10.1.1.2)
⊞ Transmission Control Protocol, Src Port: 19130 (19130), Dst Port: telnet (23), Seq: 28, Ack: 40, Len: 1
⊟ Telnet
   Data: a
```

图 14-28　对用户名的抓包

对密码的抓包如图 14-29 所示。

```
⊞ Frame 29 (66 bytes on wire, 66 bytes captured)
⊞ Ethernet II, Src: cc:01:0e:f8:00:00 (cc:01:0e:f8:00:00), Dst: cc:00:0e:f8:00:00 (cc:00:0e:f8:00:00)
⊞ Internet Protocol, Src: 10.1.1.2 (10.1.1.2), Dst: 10.1.1.1 (10.1.1.1)
⊞ Transmission Control Protocol, Src Port: telnet (23), Dst Port: 19130 (19130), Seq: 41, Ack: 31, Len: 12
⊟ Telnet
   Data: \r\n
   Data: Password:
⊞ Frame 31 (60 bytes on wire, 60 bytes captured)
⊞ Ethernet II, Src: cc:00:0e:f8:00:00 (cc:00:0e:f8:00:00), Dst: cc:01:0e:f8:00:00 (cc:01:0e:f8:00:00)
⊞ Internet Protocol, Src: 10.1.1.1 (10.1.1.1), Dst: 10.1.1.2 (10.1.1.2)
⊞ Transmission Control Protocol, Src Port: 19130 (19130), Dst Port: telnet (23), Seq: 31, Ack: 53, Len: 1
⊟ Telnet
   Data: c
⊞ Frame 32 (60 bytes on wire, 60 bytes captured)
⊞ Ethernet II, Src: cc:00:0e:f8:00:00 (cc:00:0e:f8:00:00), Dst: cc:01:0e:f8:00:00 (cc:01:0e:f8:00:00)
⊞ Internet Protocol, Src: 10.1.1.1 (10.1.1.1), Dst: 10.1.1.2 (10.1.1.2)
⊞ Transmission Control Protocol, Src Port: 19130 (19130), Dst Port: telnet (23), Seq: 32, Ack: 53, Len: 1
⊟ Telnet
   Data: c
⊞ Frame 34 (60 bytes on wire, 60 bytes captured)
⊞ Ethernet II, Src: cc:00:0e:f8:00:00 (cc:00:0e:f8:00:00), Dst: cc:01:0e:f8:00:00 (cc:01:0e:f8:00:00)
⊞ Internet Protocol, Src: 10.1.1.1 (10.1.1.1), Dst: 10.1.1.2 (10.1.1.2)
⊞ Transmission Control Protocol, Src Port: 19130 (19130), Dst Port: telnet (23), Seq: 33, Ack: 53, Len: 1
⊟ Telnet
   Data: n
⊞ Frame 35 (60 bytes on wire, 60 bytes captured)
⊞ Ethernet II, Src: cc:00:0e:f8:00:00 (cc:00:0e:f8:00:00), Dst: cc:01:0e:f8:00:00 (cc:01:0e:f8:00:00)
⊞ Internet Protocol, Src: 10.1.1.1 (10.1.1.1), Dst: 10.1.1.2 (10.1.1.2)
⊞ Transmission Control Protocol, Src Port: 19130 (19130), Dst Port: telnet (23), Seq: 34, Ack: 53, Len: 1
⊟ Telnet
   Data: a
```

图 14-29　对密码的抓包

　　这个时候，你是否会出一身冷汗呢！的确，作为一个专业的网络工程师，是不能随便用 telnet 这个协议的，你可以使用更安全的 SSH 协议，或者对 telnet 的通信用 IPSEC 进行加密保护。SSH 和 IPSEC 会在下面讲解。

14.3.2　SSH

　　SSH 是现在主流的安全管理协议。与 telnet 先比，SSH 整个的工作过程更加复杂，并且不同厂家的实现方式也有差别，SSH 使用 tcp 的端口号 22，有版本 1.5、2.0，还有 1.99，版本 1.99 可以兼容 1.5 和 2.0。SSH 利用公钥认证体系来生成一个共享密码，这个密码用来加密数据，这样用户名和口令就能被保护，不会向 telnet 那样被窃听了。

　　下面来看下思科路由器的 SSH 配置，拓扑图如图 14-30 所示。

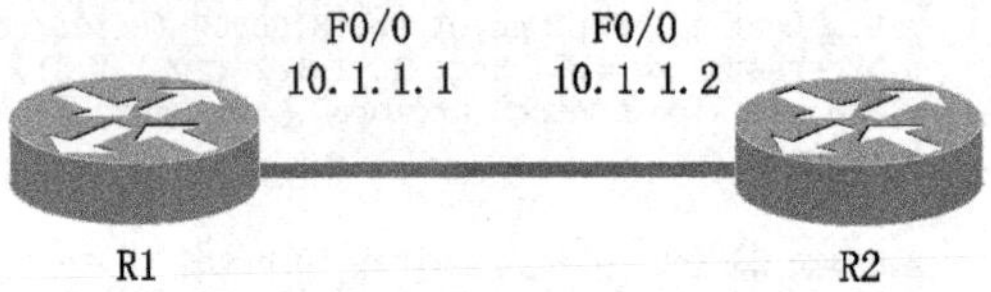

图 14-30　思科路由器的 SSH 配置拓扑

　　（1）首先，要配置 R2 的域名。

r2(config)#ip domain-name hlsz.com

　　（2）产生 RSA 密钥对。

r2(config)#crypto key generate rsa
The name for the keys will be: r2.hlsz.com
Choose the size of the key modulus in the range of 360 to 2048 for your
General Purpose Keys. Choosing a key modulus greater than 512 may take
a few minutes.

How many bits in the modulus [512]: 1024
% Generating 1024 bit RSA keys, keys will be non-exportable...[OK]

r2(config)#
*Mar 　1 05:18:08.918: %SSH-5-ENABLED: SSH 1.99 has been enabled
　　（3）你会发现，SSH 1.99 同时被激活了。这个时候，别忘了在 line vty 下激活 SSH。

r2(config)#line vty 0 4
r2(config-line)#transport input ssh
r2(config-line)#login local
　　（4）那还得配置一个本地用户名和密码。

r2(config)#username ccna password ccna
　　（5）这样做完之后，打开 SSH 登录，同时关闭 TELNET 登录，并且使用本地用户名和密码进行验证。
　　（6）在 r1 上测试一下。
r1#ssh -c 3des -l ccna 10.1.1.2

Password:

r2>
ssh 后面的参数解释：
r1#ssh ?
　　-c　　选择加密算法
　　-l　　使用这个用户名
　　-m　　选择 HMAC 算法
　　-o　　指定选项
　　-p　　连到这个端口
　　-v　　制定 ssh 协议版本
　　WORD IP 地址或者主机名

（7）最后调试一下。

```
r2#show ssh
Connection Version Mode Encryption   Hmac          State                Username
0           1.99    IN   3des-cbc    hmac-sha1     Session started      ccna
0           1.99    OUT  3des-cbc    hmac-sha1     Session started       ccna
2#show ipssh
SSH Enabled - version 1.99
Authentication timeout: 120 secs; Authentication retries: 3
```

14.3.3　日志

日志就是记录，就是我们在操作系统的过程中，系统有必要做出一些提示或者警告，或者把一些调试的信息保存记录起来，以供日后查看、调用、分析等。Syslog 是一个标准的日志协议，可以用这个协议把网络设备上的日志信息传递到日志服务器上去。我们以图 14-31 所示拓扑来做日志服务器的实验，具体配置如下：

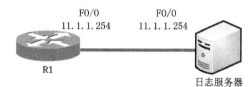

图 14-31　日志服务配置拓扑

r1(config)#logging host 11.1.1.1

上面的语句用于定义日志服务器的地址。

```
r1(config)#logging trap ?
<0-7>               Logging severity level
alerts              Immediate action needed          (severity=1)
criticalCritical conditions              (severity=2)
debuggingDebugging messages              (severity=7)
emergencies      System is unusable                  (severity=0)
errors              Error conditions                 (severity=3)
informational    Informational messages              (severity=6)
notifications    Normal but significant conditions (severity=5)
warnings          Warning conditions                 (severity=4)
<cr>
r1(config)#logging trap debugging
```

上面这句话定义的是日志的级别，毕竟信息的重要程度不一样，日志信息的严峻级别也就不一样。注意，7 也就是 debugging 是最低的级别，那么如果 7 这个级别都被日志了，其他的级别是否也被日志了呢？答案是肯定的，为什么这样说呢？不重要的事情都要记录，重要的肯定更要被记录了。

对于日志服务器，我们选取的是 KiwiSyslog 软件，这个软件是免费的日志软件。

在们在 r1 上测试一下：

```
r1#debugipicmp
ICMP packet debugging is on
r1#
r1#ping 11.1.1.1

Type escape sequence to abort.
Sending 5, 100-byte ICMP Echos to 11.1.1.1, timeout is 2 seconds:
!!!!!
Success rate is 100 percent (5/5), round-trip min/avg/max = 4/17/40 ms
```

r1#
*Mar   1 21:48:28.906: ICMP: echo reply rcvd, src 11.1.1.1, dst 11.1.1.254
*Mar   1 21:48:28.942: ICMP: echo reply rcvd, src 11.1.1.1, dst 11.1.1.254
*Mar   1 21:48:28.946: ICMP: echo reply rcvd, src 11.1.1.1, dst 11.1.1.254
*Mar   1 21:48:28.950: ICMP: echo reply rcvd, src 11.1.1.1, dst 11.1.1.254
*Mar   1 21:48:28.958: ICMP: echo reply rcvd, src 11.1.1.1, dst 11.1.1.254
会发现这些 debug 日志信息已经被发送到日志服务器上去了。如图 14-32 所示。

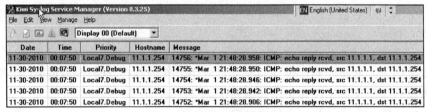

图 14-32　查看日志服务器记录

但是，这个 Syslog 协议也是不安全的，它是明文协议，要保证它的安全性，就要运行 IPSEC 协议对它进行保护。

14.4　虚拟专用网-VPN

随着 Internet 访问的增加，传统的 Internet 接入服务已越来越满足不了用户需求，因为传统的 Internet 只提供浏览、电子邮件等单一服务，没有服务质量保证，没有权限和安全机制，界面复杂不易掌握，VPN 的提出就是来解决这些问题。

VPN 实际上就是一种服务，用户感觉好象直接和他们的个人网络相连，但实际上是通过服务商来实现连接的。VPN 可以为企业和服务提供商带来以下益处：

（1）采用远程访问的公司提前支付了购买和支持整个企业远程访问基础结构的全部费用；

（2）公司能利用无处不在的 Internet 通过单一网络结构为职员和商业伙伴提供无缝和安全的连接；

（3）对于企业，基于拨号 VPN 的 Extranet 能加强与用户、商业伙伴和供应商的联系；

（4）电话公司通过开展拨号 VPN 服务可以减轻终端阻塞；

（5）通过为公司提供安全的外界远程访问服务，ISP 能增加收入；通过 Extranet 分层和相关竞争服务，ISP 也可以提供不同的拨号 VPN。

14.4.1　VPN 原理概述

VPN，顾名思义，virtual private network，虚拟专用网络。它能够提供给我们一种全新的连接方式，是一种"基于公共数据网，给用户一种直接连接到私人局域网感觉的服务"。VPN 可分为三大类：（1）企业网与远程（移动）雇员之间的远程访问（Remote Access）VPN；（2）企业各部门与远程分支之间的 Intranet VPN；（3）企业与合作伙伴、客户、供应商之间的 Extranet VPN。

VPN 实现的两个关键技术是隧道技术和加密技术。采用 IP Sec 进行加密,然后通过隧道协议,建立目的地和源之间的"隧道",就好像在 Internet 当中建立一条只允许我们使用的信息通过的隧道,让需要传送的信息在 A 地进行封装,到达 B 地后把封装去掉还原成原始信息,这样就形成了一条由 A 到 B 的通信隧道。VPN 包含的种类很多,并不是一定要加密,像我们学习过的帧中继,它也是 VPN,因为它是统计时分复用,相对于 DDN 的时分复用来说,它的价格相对低廉,而大部分时间都能像专线一样满足客户的需求。还有 MPLS VPN,它是从虚拟路由器的角度来看的,一个路由器里面有不同的路由表,每个 VPN 客户有它独特的路由表,并且默认来说,这个路由器的不同的路由表相互之间不能访问,这个就类似于给客户专用的路由器一样。本节讲的 IPSEC VPN,是从加密的角度来看的,我们可以选择公共线路,比如从因特网走,但是因为数据是加了密的,所以,即使有人从中间截获了数据,那么也不怕。这种从安全行的角度来看,特别像专线(PN),所以也是 VPN 的一种,并且由于这种 VPN 价格极其低廉,所以被广泛的部署和采用。

目前实现隧道技术的有 GRE 一般路由封装(Generic Routing Encapsulation),L2TP 第二层隧道协议(Layer 2 Tunneling Protocol)和 PPTP 点到点隧道协议(Point to Point Tunneling Protocol),在 Cisco 的设备上有时我们可能还会使用 L2F 第二层转发(Layer 2 Forwarding)技术。

GRE 协议是 Cisco 专有的隧道协议。它可以提供虚拟的点到点链路,允许不同的协议封装在 IP 隧道里。L2TP 协议由 Cisco 和 Microsoft 共同开发,用于替代 L2F 和 PPTP。它将 L2F 和 PPTP 合并到一种协议当中。PPTP 协议让数据在企业到网络到远程网络安全的传输。而 L2F 也是 Cisco 专有的隧道协议,它逐渐被 L2TP 所取代。

14.4.2 VPN 的身份验证方法

前面已经提到 VPN 的身份验证采用 PPP 的身份验证方法,下面介绍一下 VPN 进行身份验证的几种方法。

CHAP:CHAP 通过使用 MD5(一种工业标准的散列方案)来协商一种加密身份验证的安全形式。CHAP 在响应时使用质询-响应机制和单向 MD5 散列。用这种方法,可以向服务器证明客户机知道密码,但不必实际地将密码发送到网络上。

MS-CHAP:同 CHAP 相似,微软开发 MS-CHAP 是为了对远程 Windows 工作站进行身份验证,它在响应时使用质询-响应机制和单向加密。而且 MS-CHAP 不要求使用原文或可逆加密密码。

MS-CHAP v2:MS-CHAP v2 是微软开发的第二版的质询握手身份验证协议,它提供了相互身份验证和更强大的初始数据密钥,而且发送和接收分别使用不同的密钥。如果将 VPN 连接配置为用 MS-CHAP v2 作为唯一的身份验证方法,那么客户端和服务器端都要证明其身份,如果所连接的服务器不提供对自己身份的验证,则连接将被断开。

EAP:EAP 的开发是为了适应对使用其他安全设备的远程访问用户进行身份验证的日益增长的需求。通过使用 EAP,可以增加对许多身份验证方案的支持,其中包括令牌卡、一次性密码、使用智能卡的公钥身份验证、证书及其他身份验证。对于 VPN 来说,使用 EAP 可以防止暴力或词典攻击及密码猜测,提供比其他身份验证方法(例如 CHAP)更高的安全性。在 Windows 系统中，对于采用智能卡进行身份验证，将采用 EAP 验证方法；对于通过密码进行身份验证，将采用 CHAP、MS-CHAP 或 MS-CHAP v2 验证方法。

14.4.3　IPSEC

一般而言，我们采用 IP sec 技术来进行加密。IPSEC 将几种安全技术结合形成一个完整的安全体系，它包括安全协议部分和密钥协商部分。

IPSEC 主要由以下 3 大协议构成，如图 14-33 所示。

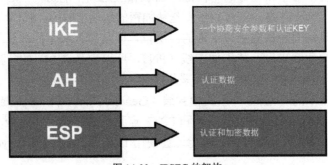

图 14-33　IPSEC 的架构

IKE 是一个协议框架，由几种协议构成，主要是负责认证双方自动协商加密密钥；AH 是 IPSEC 的一种工作形式，AH 的参考文献是 RFC 2402，它所对应到的 IP 协议号是 51。AH 不能加密，只能对数据包进行验证，保证数据的完整性。AH 采用了安全哈希算法，防止黑客阶段数据包或向网络中插入伪造的数据包，也能防止抵赖（发送方宣称自己是与所发数据毫无关系的第三方）。当需要身份验证而不需要机密性的时候，使用 AH 协议时最好的选择。另外一种是 ESP（封装安全负载），参考文献是 RFC 2406，它所对应的 IP 协议号是 50，它具有如下功能：Confidentiality（encryption）私密性（加密）；Connectionless integrity（连接完整性）；Data origin authentication（数据源认证）；An antireplay service（反重放服务）等。加密保证了数据包的私密性，而验证保证了数据包在传输过程中的完整性。

（1）安全关联和安全策略：安全关联（Security Association，SA）是构成 IPSec 的基础，是两个通信实体经协商建立起来的一种协定，它们决定了用来保护数据包安全的安全协议（AH 协议或者 ESP 协议）、转码方式、密钥及密钥的有效存在时间等。

（2）IPSec 协议的运行模式：IPSec 协议的运行模式有两种，IPSec 隧道模式及 IPSec 传输模式（见图 14-34）。隧道模式的特点是数据包最终目的地不是安全终点。通常情况下，只要 IPSec 双方有一方是安全网关或路由器，就必须使用隧道模式。传输模式下，IPSec 主要对上层协议即 IP 包的载荷进行封装保护，通常情况下，传输模式只用于两台主机之间的安全通信。

传输模式不新增加 IP 头，而隧道模式新增加一个 IP 头，鉴于目前的使用情况，传输模式的应用空间很小，我们一般都选择隧道模式。

（3）AH（Authentication Header，认证头）协议：设计 AH 认证协议的目的是用来增加 IP 数据报的安全性。AH 协议提供无连接的完整性、数据源认证和抗重放保护服务，但是 AH 不提供任何保密性服务。IPSec 验证报头 AH 是个用于提供 IP 数据报完整性、身份认证和可选的抗重传攻击的机制，但是不提供数据机密性保护。验证报头的认证算法有两种：一种是基于对称加密算法（如 DES），另一种是基于单向哈希算法（如 MD5 或 SHA-1）。验证报头的工作方式有传输模式和隧道模式。传输模式只对上层协议数据（传输层数据）和 IP 头中的固定字段提供认证保护，把 AH 插在 IP 报头的后面，主要适合于主机实现。隧道模式把需要保护的 IP 包封装在新的 IP 包中，作为新报文的载荷，然后把 AH 插在新的 IP 报头的后面。隧道模式对整个 IP 数据报提供认证保护。

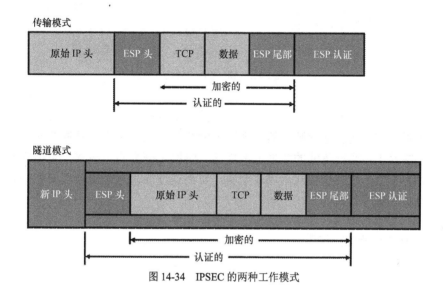

图 14-34　IPSEC 的两种工作模式

（4）ESP（Encapsulate Security Payload，封装安全载荷）协议：封装安全载荷（ESP）用于提高 Internet 协议（IP）协议的安全性。它可为 IP 提供机密性、数据源验证、抗重放以及数据完整性等安全服务。ESP 属于 IPSec 的机密性服务。其中，数据机密性是 ESP 的基本功能，而数据源身份认证、数据完整性检验以及抗重传保护都是可选的。ESP 主要支持 IP 数据包的机密性，它将需要保护的用户数据进行加密后再重新封装到新的 IP 数据包中。它不但能对数据包进行验证，而且可以对数据包进行加密。可以用于加密一个传输层的段（如：TCP、UDP、ICMP、IGMP），也可以用于加密一整个的 IP 数据报。

（5）Internet 密钥交换协议（IKE）：Internet 密钥交换协议（IKE）是 IPSec 默认的安全密钥协商方法，参考文献是 RFC 2409。IKE 是一个协议框架，由几种协议构成，主要是负责认证双方自动协商加密密钥。IKE 通过一系列报文交换为两个实体（如网络终端或网关）进行安全通信派生会话密钥。IKE 建立在 Internet 安全关联和密钥管理协议（ISAKMP）定义的一个框架之上。IKE 是 IPSec 目前正式确定的密钥交换协议，IKE 为 IPSec 的 AH 和 ESP 协议提供密钥交换管理和 SA 管理，同时也为 ISAKMP 提供密钥管理和安全管理。IKE 具有两种密钥管理协议（Oakley 和 SKEME 安全密钥交换机制）的一部分功能，并综合了 Oakley 和 SKEME 的密钥交换方案，形成了自己独一无二的受鉴别保护的加密材料生成技术。SKEME 代表的是公钥密码产生机制；Oakley 则表示在两个对等体之间产生加密 Key；ISAKMP 一个消息交换架构，包括在两个对等体之间进行的包的格式和状态的转换。

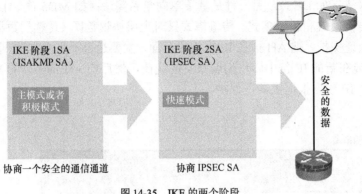

图 14-35　IKE 的两个阶段

　　IKE 过程主要分为两个阶段（见图 14-35），第一个阶段是为第二个阶段服务的，也就是说第一个阶段要协商一些安全参数给第二个阶段的协商建立一个安全的通信通道。第二个阶段协商的安全参数才是要给传输的数据加密用的。阶段 1 分为两个模式，主模式要用 6 个包进行协商，更加安全，而积极模式只用 3 个包，协商速度快，但是安全性要差些。第二个阶段只有一个模式，快速模式。

14.4.4　IPSEC 加密原理

（1）对称加密
　　对称密钥加密指加密方和解密方的密钥是相同的，对称密钥加解密速度快，是现在数据主流的加密方式，根据加密算法不同，又分为 DES，3DES，AES 等。
　　其工作原理如图 14-36 所示。

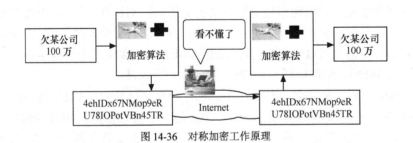

图 14-36　对称加密工作原理

（2）公钥加密（非对称加密）
　　对称加密有着加密速度快的优势，可是有个严重的问题，密钥如何传递给对方呢？大家可以想想，这的确是个很难解决的问题。1976 年，美国斯坦福大学的迪菲（Diffie）和赫尔曼（Hellman）提出了公开密码的划时代新思路，就是不但算法可以公开，密码也可以公开，只不过这个密码分为两种，一种是公开密码，一种是私有密码，用公开密码进行加密，而用私有密码进行解密。公开密码谁都可以拿到，但是由于算法的问题，从公开的密码很难推算出私有密码。这样就解决了密码的传递问题。可是这种加密方式也是有问题的，就是加解密的速度非常慢，只适合加密密码或者一些小量的信息。

其工作原理如图 14-37 所示。

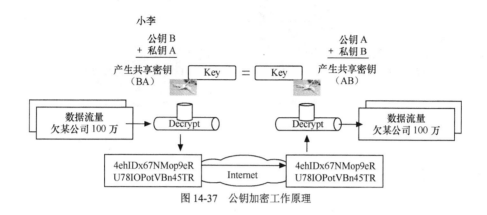

图 14-37　公钥加密工作原理

（3）DH 算法

DH 算法其实还提供了另外一种自动产生共享密码的思路，也就是根据公钥密码的思路，通过两个对等体之间的公钥等数据的交换，利用数学算法可以在两端得出相同的密钥。这个密钥再作为密钥的种子得出其他用途的密钥，比如验证用的，或者加密用的。

其工作原理如图 14-38 所示。

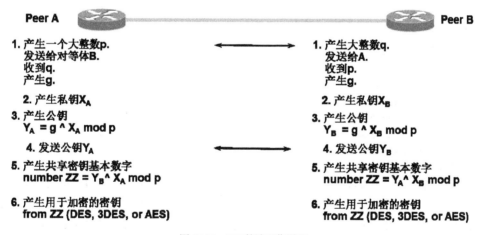

图 14-38　DH 算法工作原理

（4）HASH 算法

HASH 就是单向散列函数的意思，这个函数有这样一个特点，单向计算很简单，但是不能逆向运算，有点类似于化学变化，比如，你可以把一张纸烧成灰，但是你不能再把灰还原成纸，并且只要改动一点，运算出来的结果就会有变化，所以这个特征让 hash 特别适合做完整性验证。目前常用的有 MD5 和 SHA1 两种，MD5 只有 128 位长，安全性较差，现在已经能轻易破解。SHA1 是 160 位，目前看来比较安全。

其工作原理如图 14-39 所示。

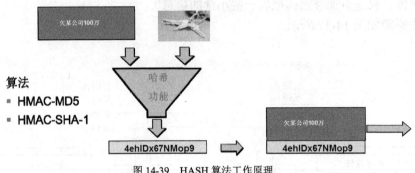

图 14-39　HASH 算法工作原理

14.4.5　VPN/IPSEC 的配置实验

在介绍了一些 IPSec 的基本知识后，现在开始做一个 IPSec 的实验。实验拓扑图如图 14-40 所示。

图 14-40　实验拓扑图

（1）制定 IKE 阶段 1 的策略。

```
r1#configure terminal
r1(config)#crypto isakmp policy 10
r1(config-isakmp)#authentication pre-share
r1(config-isakmp)#encryption 3des
r1(config-isakmp)#hash sha
r1(config-isakmp)#group 2
r1(config-isakmp)#lifetime 7200
```

这里的认证方式，我们选择了 pre-share，也就是双方要实现约定一个共享密码，这种验证方式简单，但是不适合于大规模部署，因为如果对等体特别多，为了安全，就要为每一个对等体分配不同的共享密钥，这样就会变得非常不方便。所以这时会选择 rsa-sig 选项，也就是 RSA 数字签名的方式来验证对等体。加密的算法选择了 3des，HASH 选择了 SHA，DH 组选择了组 2，长度是 1 024 位，协商的 SA，也就是安全参数的生存时间选择了 7 200 秒，这个时间要根据情况进行设置，如果设置太长，安全性就要降低，设置太短，就会造成安全参数的不断重复协商，造成网络额外的负担。

r1 和 r2 两边的 IKE 阶段 1 的策略要相同。但是 policy 后面的那个值可以不相同，那只是表示顺序，只有本地意义。Lifetime 也可以不相同，以小的为准。

r2 的配置：

```
r2#configure terminal
r2(config)#crypto isakmp policy 10
```

r2(config-isakmp)#authentication pre-share
r2(config-isakmp)#encryption 3des
r2(config-isakmp)#hash sha
r2(config-isakmp)#group 2
r2(config-isakmp)#lifetime 7200

（2）配置预共享密钥。

r1(config)#crypto isakmp key 0 cisco address 12.1.1.2
r2(config)#crypto isakmp key 0 cisco address 12.1.1.1

两边的 key 都配置成了 cisco，这个一定要一样。

（3）配置 IPSEC 转换集。

r1(config)#crypto ipsec transform-set hlsz esp-3des esp-sha-hmac
r2(config)#crypto ipsec transform-set hlsz esp-3des esp-sha-hmac

这个所谓的转换集，就是指明了 IKE 阶段 2，也就是对数据加密采取的一些形式和算法，本例中用了 esp，加密用 3des，验证用了 sha。

（4）创建感兴趣数据流。

r1(config)#access-list 100 permit ip host 1.1.1.1 host 2.2.2.2
r2(config)#access-list 100 permit ip host 2.2.2.2 host 1.1.1.1

感兴趣数据流就是指定哪些数据流被加密。这个 ACL 就定义了我们要定义的要加密的数据流，和这个 ACL 匹配的数据流才被加密，不匹配的不被加密。

（5）创建加密图。

r1(config)#crypto map cuit 1 ipsec-isakmp
r1(config-crypto-map)#set peer 12.1.1.2
r1(config-crypto-map)#set transform-set hlsz
r1(config-crypto-map)#match address 100

r2(config)#crypto map cuit 1 ipsec-isakmp
r2(config-crypto-map)#set peer 12.1.1.1
r2(config-crypto-map)#set transform-set hlsz
r2(config-crypto-map)#match address 100

加密图就是把需要的一些配置集中起来，比如对等体，调用刚才定义的转换集，还有感兴趣数据流。

（6）把加密图应用到接口。

r1(config)#interface fastEthernet 0/0
r1(config-if)#crypto map cuit

r2(config)#interface fastEthernet 0/0
r2(config-if)#crypto map cuit

（7）测试。

r1#ping 2.2.2.2 source loopback 0

Type escape sequence to abort.
Sending 5, 100-byte ICMP Echos to 2.2.2.2, timeout is 2 seconds:
Packet sent with a source address of 1.1.1.1
.!!!!
Success rate is 80 percent (4/5), round-trip min/avg/max = 16/82/188 ms

查看一下加密包的个数：

1#show crypto engine connections active

ID Interface	IP-Address	State	Algorithm	Encrypt	Decrypt
1 FastEthernet0/0	12.1.1.1	set	HMAC_SHA+3DES_56_C 0		0
2001 FastEthernet0/0	12.1.1.1	set	3DES+SHA	0	4
2002 FastEthernet0/0	12.1.1.1	set	3DES+SHA	4	0

查看一下 IKE 阶段 1 的 SA：

r1#show crypto isakmpsa

dstsrc	state	conn-id slot status
12.1.1.2 12.1.1.1	QM_IDLE	1 0 ACTIVE

下面是 r1 和 r2 的整体配置：

```
r1#show running-config
Building configuration...

Current configuration : 1154 bytes
hostname r1
!
ipcef
noip domain lookup
!
cryptoisakmp policy 10
encr 3des
authentication pre-share
group 2
lifetime 7200
cryptoisakmp key cisco address 12.1.1.2
!
cryptoipsec transform-set hlsz esp-3des esp-sha-hmac
!
crypto map cuit 1 ipsec-isakmp
set peer 12.1.1.2
set transform-set hlsz
match address 100
!
interface Loopback0
ip address 1.1.1.1 255.255.255.0
!
interface FastEthernet0/0
ip address 12.1.1.1 255.255.255.0
crypto map cuit
!
ip http server
noip http secure-server
ip route 0.0.0.0 0.0.0.0 12.1.1.2
!
access-list 100 permit ip host 1.1.1.1 host 2.2.2.2
!

r2#show running-config
Building configuration...

Current configuration : 1375 bytes
```

```
hostname r2
!
ipcef
noip domain lookup
!
cryptoisakmp policy 10
encr 3des
authentication pre-share
group 2
lifetime 7200
cryptoisakmp key cisco address 12.1.1.1
!
cryptoipsec transform-set hlsz esp-3des esp-sha-hmac
!
crypto map cuit 1 ipsec-isakmp
set peer 12.1.1.1
set transform-set hlsz
match address 100
!
interface Loopback0
ip address 2.2.2.2 255.255.255.0
!
interface FastEthernet0/0
ip address 12.1.1.2 255.255.255.0
crypto map cuit
!
ip http server
noip http secure-server
ip route 0.0.0.0 0.0.0.0 12.1.1.1
!
access-list 100 permit ip host 2.2.2.2 host 1.1.1.1
```

14.4.6　SSLVPN

SSLVPN 是现在发展得比较火的一个技术，它与 IPSEC 的最大不同就在于，SSLVPN 不需要安装客户端，现在电脑上的浏览器都默认支持 SSLVPN。当然上面讲的 IPSEC 属于 site-to-site 类型的，也就是站点到站点，特别适合于公司的总部和分部之间相连接。如果是出差人员怎么办呢，他们要随时访问公司的内网，收发邮件或者提交报表。这样的情况下，如果用 IPSEC 的话，就用 EZVPN 来实现。但是这个时候客户端要装一个软件，也就是 ezvpn 的客户端，还要做简单的设置。这对于那些对网络技术没有概念的人来说，相对麻烦一些。而 SSLVPN 就没有这样的缺点。但是由于 SSLVPN 工作在应用层和传输层之间，它特别适合于 Web 的应用，如果不是 Web 的应用，就变得相对麻烦一些了。这时候 IPSEC 就有优势了，因为它工作在网络层，毫不影响上层的应用。

14.4.7　SSL 工作原理

SSL 是一个介于 HTTP 与 TCP 之间的一个可选层，其位置大致如下。

```
 _ _ _ _ _ _ _ _ _ _
    |HTTP|
 _ _ _ _ _ _ _ _ _ _
    |SSL|
 _ _ _ _ _ _ _ _ _ _
    |TCP|
 _ _ _ _ _ _ _ _ _ _
    |IP|
 _ _ _ _ _ _ _ _ _ _
```

如果利用 SSL 协议来访问网页，其步骤如下：

用户：在浏览器的地址栏里输入 https://www.hlsz.com。

HTTP 层：将用户需求翻译成 HTTP 请求，如：

    GET/index.htmHTTP/1.1

    Hosthttp://www.hlsz.com

SSL 层：借助下层协议的信道安全，协商出一份加密密钥，并用此密钥来加密 HTTP 请求。

TCP 层：与 Webserver 的 443 端口建立连接，传递 SSL 处理后的数据。

接收端与此过程相反。

SSL 在 TCP 之上建立了一个加密通道，通过这一层的数据经过了加密，因此达到保密的效果。

SSL 协议分为两部分：HandshakeProtocol 和 RecordProtocol。其中 HandshakeProtocol 用来协商密钥，协议的大部分内容就是通信双方如何利用它来安全地协商出一份密钥。Record Protocol 则定义了传输的格式。

14.4.8　SSL 密钥协商过程

由于对称加密的速度比较慢，所以它一般用于密钥交换，双方通过公钥算法协商出一份密钥，然后通过对称加密来通信，当然，为了保证数据的完整性，在加密前要先经过 HMAC 的处理。

SSL 默认只进行 Server 端的认证，客户端的认证是可选的。图 14-41 所示是其流程图（摘自 TLS 协议）。

简单地说便是：SSL 客户端（也是 TCP 的客户端）在 TCP 链接建立之后，发出一个 ClientHello 来发起握手，这个消息里面包含了自己可实现的算法列表和其他一些需要的消息，SSL 的服务器端会回应一个 ServerHello，这里面确定了这次通信所需要的算法，然后发过去自己的证书（里面包含了身份和自己的公钥）。Client 在收到这个消息后会生成一个秘密消息，用 SSL 服务器的公钥加密后传过去，SSL 服务器端用自己的私钥解密后，会话密钥协商成功，双方可以用同一份会话密钥来通信了。

```
Client                                  Server

ClientHello           -------->
                                      ServerHello
                                      Certificate*
                                 ServerKeyExchange*
                                 CertificateRequest*
                      <--------   ServerHelloDone
Certificate*
ClientKeyExchange
CertificateVerify*
[ChangeCipherSpec]
Finished              -------->
                                 [ChangeCipherSpec]
                      <--------        Finished
Application Data      <------->    Application Data
```

图 14-41　SSL 密钥协商流程图

如果上面的说明不够清晰，这里用个形象的比喻，假设 A 与 B 通信，A 是 SSL 客户端，B 是 SSL 服务器端，加密后的消息放在方括号[]里，以突出明文消息的区别。双方处理动作的说明用圆括号（）括起。

A：我想和你安全地通话，我这里的对称加密算法有 DES，RC5，密钥交换算法有 RSA 和 DH，摘要算法有 MD5 和 SHA。

B：我们用 DES-RSA-SHA 这对组合好了。

这是我的证书，里面有我的名字和公钥，你拿去验证一下我的身份（把证书发给 A）。

A：（查看证书上 B 的名字是否无误，并通过手头早已有的 CA 的证书，验证了 B 的证书的真实性，如果其中一项有误，发出警告并断开连接，这一步保证了 B 的公钥的真实性。）（产生一份秘密消息，这份秘密消息处理后将用作加密密钥、加密初始化向量和 hmac 的密钥。将这份秘密消息-协议中称为 per_master_secret-用 B 的公钥加密，封装成称作 ClientKeyExchange 的消息。由于用了 B 的公钥，保证了第三方无法窃听。）

我生成了一份秘密消息，并用你的公钥加密了，给你（把 ClientKeyExchange 发给 B）。

注意，下面我就要用加密的办法给你发消息了！

（将秘密消息进行处理，生成加密密钥，加密初始化向量和 hmac 的密钥。）

B：（用自己的私钥将 ClientKeyExchange 中的秘密消息解密出来，然后将秘密消息进行处理，生成加密密钥，加密初始化向量和 hmac 的密钥，这时双方已经安全地协商出一套加密办法了。）

注意，我也要开始用加密的办法给你发消息了！

A：[我的秘密是...]

B：[其他人不会听到的...]

14.4.9　SSLVPN 实验

实验的拓扑图如图 14-42 所示。

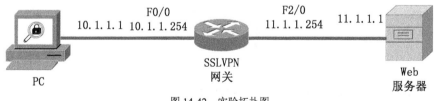

图 14-42　实验拓扑图

（1）配置认证：
```
gateway(config)#aaa new-model
gateway(config)#aaa authentication login webvpn local
gateway(config)#username cuit password cuit
```
（2）配置哪个接口开启 webvpn 服务：
```
gateway(config)#webvpn gateway testgateway
gateway(config-webvpn-gateway)#ip address 10.1.1.254 port 443
gateway(config-webvpn-gateway)#inservice
```

注意：这步配置完成后，SSL 网关会生成一个自签名的证书。

（3）创建 webvpn 上下文：

gateway(config)#webvpn context c1
gateway(config-webvpn-context)#gateway testgateway domain oa
gateway(config-webvpn-context)#aaa authentication list webvpn
gateway(config-webvpn-context)#inservice

（4）测试一下：

在 PC 的浏览器里输入 https://10.1.1.254/oa。

注意要先访问网关，并且后面一定要跟着我们在 context c1 里面定义的 domain oa。

（5）这个时候浏览器提示收到一个证书，但是这个证书并没有经过浏览器认证，问是否要继续，单击 Yes 按钮，如图 14-43 所示。

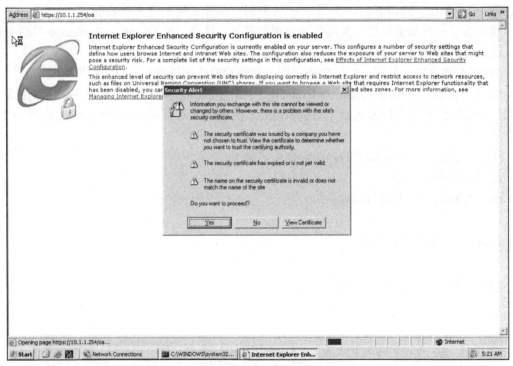

图 14-43 提示收到证书

（6）随即出现了登录的界面，如图 14-44 所示。

（7）输入用户名 cuit、密码 cuit，如图 14-45 所示。

（8）单击 Login 按钮之后，就进入了 SSLVPN 网关，如图 14-46 所示。

（9）在 URL 的位置输入我们要访问的内网 Web 服务器的网址，如图 14-47 所示。

（10）会显示成功地访问了内网的服务器，如图 14-48 所示。

这个实验简单演示了 SSLVPN 的功能，让读者对 SSLVPN 有个更加直观的理解。

SSLVPN 的功能还有很多，比如可以自定义书签，可以访问内网的共享文件，可以允许应用 telnet，ftp 等，SSLVPN 还可以有客户端，这样就可以给客户提供更多的功能。

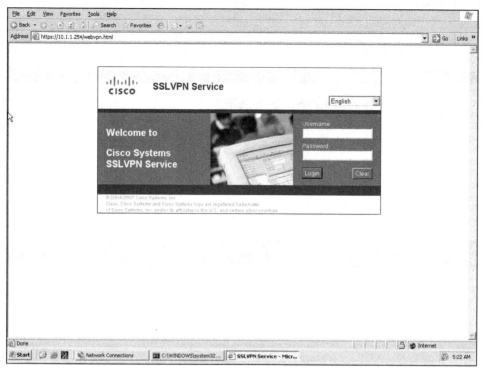

图 14-44　登录界面

图 14-45　设置用户名和密码

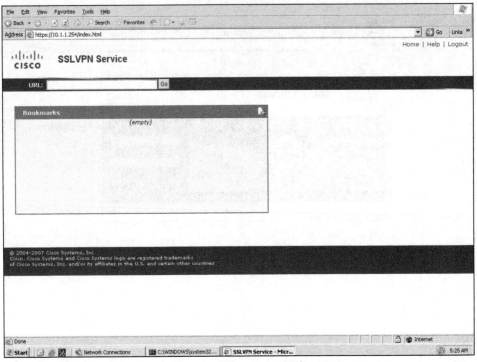

图 14-46 进入 SSLVPN 网关

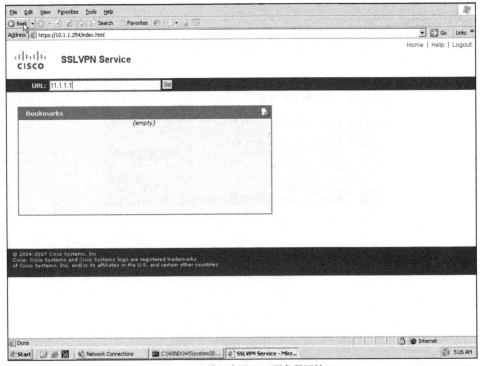

图 14-47 输入内网 Web 服务器网址

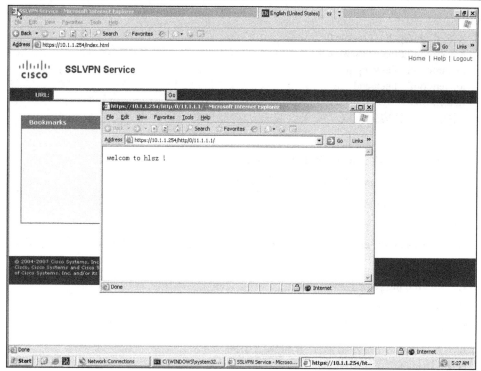

图 14-48　访问成功

本 章 小 结

本章介绍了一些 IOS 的安全措施。首先介绍了几种 IOS 登录的密码安全，着重讲述了明文和加密两种口令的区别。然后分步讲述了 AAA 的认证、授权、审计的原理、配置、实施。最后介绍了 VPN 的概念，本章讲述了 IPSEC VPN 和 SSLVPN 的工作原理，加密算法以及配置实施，重点在于加密算法的理解，结合它的原理，才能记住 VPN 配置的过程。

习　　题

选择题

1．访问路由器第一个关口，也是防御攻击的第一道防线是（　　）

　A．vty 登陆端口

　B．con sole 口

　C．根端口

　D．AUX 口

　答案：B

2．如果字符"cisco"经过 service password-encryption 加密后生成的密文为：1r3pX$mmV.4Z0Uu0y/pQ5eOoBkC0，那么欲给路由器的控制台密码设置为 Cisco，路由器

的配置为

```
Router(config)#line console 0
Router(config-line)#password 7?
Router(config-line)#login
Router(config-line)#end
Router#
```

则在"?"处应输入（   ）

A．cisco

B．cisco1r3pX$mmV.4Z0Uu0y/pQ5eOoBkC0

C．1r3pX$mmV.4Z0Uu0y/pQ5eOoBkC0

D．1r3pX$mmV.4Z0Uu0y/pQ5eOoBkC0cisco

答案：C

3．service password-encryption 和 enable secret 设置的两种加密密文，哪种密文更安全？
（   ）

A．service password-encryption

B．enable secret

C．由于它们都采用的 MD5 单向散列算法，所以安全性相同

D．无法比较，因为它们采用的算法不同

答案：B

4．在路由器的十六个权限级别中，以下对它们的权限级别描述正确的是（   ）

A．级别越高，它包含的权限也越大。

B．级别 14 的权限可能小于级别 1 的。

C．0 不包含任何权限。

D．15 的权限最高。

答案：B、D

5．以下哪条命令是建立超级用户 ccie 的 CLI 命令（   ）

A．Router(config)#parser view ccie superview

B．Router(config)# parser superview ccie

C．Router(config)# commands superview ccie

D．Router(config)# commands view ccie superview

答案：A

6．对命令 Router(config)#aaa authentication login jyj local 的解释正确的是（   ）

A．AAA 的认证采用本地数据库中的 username 和 password 进行认证，并且该认证默认会在每个登录端口上进行认证。

B．AAA 的认证采用本地数据库中的 username 和 password 进行认证，并且该认证，默认不会在每个登录端口进行认证，只有再相应的端口下启用才会生效。

C．AAA 的认证采用 ACS 服务器上的 RADIUS 或者 TACACS+进行认证，并且该认证默认会在每个登录端口上进行认证。

D．AAA 的认证采用 ACS 服务器上的 RADIUS 或者 TACACS+进行认证，并且该认证，默认不会在每个登录端口进行认证，只有再相应的端口下启用才会生效。

答案：B

7. 下面关于 RADIUS 和 TACACS+的介绍正确的是（   ）

A．TACACS+思科自己开发的私有协议，使用的是 TCP 的 49 端口；RADIUS 是开放的标准协议，使用 UDP 的 1645 和 1812 端口。

B．TACACS+认证、授权、审计服务是分开的，对整个数据包进行加密；RADIUS 只对密码进行加密。认证、授权、审计合为一个服务。

C．TACACS+和 RADIUS 都可以用于对路由器进行管理。

D．TACACS+数据库支持对加密口令的储存；RADIUS 数据库不支持对加密口令的储存。

答案：A、B、D

8. AAA 第三个 A 分别代表什么？（   ）

A．authentication、authorization、accounting

B．authorization、authentication、accounting

C．American Automobile Association

D．Amateur Athletic Association

答案：A

9. SSH 默认工作的端口号是（   ）

A．TCP 的 22 端口　　　　　　　　　B．UDP 的 23 端口

C．TCP 的 21 端口　　　　　　　　　D．UDP 的 20 端口

答案：A

10. 如果开启路由器的日志功能，执行命令(config)#logging trap 5（   ）

A．表示 5-15 级别都被日记了。　　　B．只表示 5 级别被日记了。

C．表示 5-7 级别被日记了。　　　　　D．表示 0-5 级别都被日记了。

答案：D

第 15 章　模拟器的使用

知识点：
- 掌握 Dynamips 模拟工具的使用
- 掌握 GNS3 模拟工具的使用

　　思科模拟器的发展给网络技术的普及和推广带来巨大的影响。随着时代的发展，现在的模拟器技术也突飞猛进。记得笔者刚刚开始学习网络的时候，只有 BOSON 的模拟器，那是真正的模拟器，就是软件模拟 IOS 的运行。当时，很多命令都不支持，只能拿来练习命令。虽然 BOSON 的模拟器现在发展得也很好了，但是对最新的模拟器来说，还是有天壤之别。最新的模拟器严格说来不是模拟器，而是真实的 IOS 在普通 PC 上的运行。也就是说把 IOS 放在专用的路由器硬件上。它就是可以当商品出售的路由器。我们现在的模拟器只是把 IOS 移植到 PC 上来运行而已。当然能模拟出一个类似于真正硬件的工作环境。思科的 IOS 本来就是根据 Unix 内核进行编写的，现在最新版也用 Linux，所以把 IOS 移植到电脑上来用就无可厚非。所以，现在模拟器实在是太好了，完全不是 IOS 的模拟，而是 IOS 的真正运行。这样，你足不出户，一毛不拔，就可以拥有价值百万或者千万的豪华实验环境。可谓一机在手，别无他求，让你在网络技术的海洋里任意遨游。下面主要介绍 3 种模拟器。

15.1　Dynamips

　　Dynamips 的作者是法国 UTC 大学（University of Technology of Compiegne，France）的 Christophe Fillot，这款软件的出现对网络学习者来讲是划时代的，他的个人贡献完全可以写入网络技术教育史。他写这款软件的目的是使更多的人可以领略思科 IOS 的巅峰技术魅力。由于 IOS 在 PC 上工作性能有限，所以不会被当作真正的路由器来使用，只是用来学习和研究。

15.1.1　Dynamips 安装过程

　　Dynamips 的安装过程非常简单，只需要安装两个文件即可。一个是–0.11.0_080414.exe，dynagen 可以到 www.dynagen.org 上去下载，而另外一个 WinPcap_4_0_2.exe，可以到 www.winpcap.org 上去下载。前一个是 Dynamips 的主文件，而后面一个是抓包驱动文件。先安装 WinPcap，然后安装 dynagen。

1．Winpcap 的安装过程

（1）用鼠标双击安装文件，如图 15-1 所示。

（2）同意协议，如图 15-2 所示。

（3）安装完毕，如图 15-3 所示。

2．安装 dynagen

（1）双击安装图标，如图 15-4 所示。

（2）同意协议，如图 15-5 所示。

（3）选择开始菜单，如图 15-6 所示。

（4）安装完毕，如图 15-7 所示。

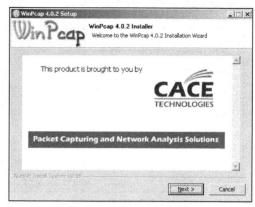

图 15-1　单击 Next 按钮安装

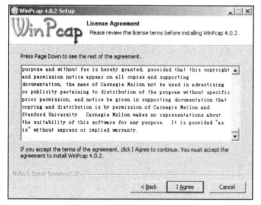

图 15-2　同意协议继续安装

图 15-3　单击 Finish 按钮

图 15-4　安装欢迎界面

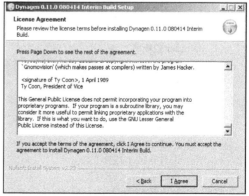

图 15-5　同意协议并安装

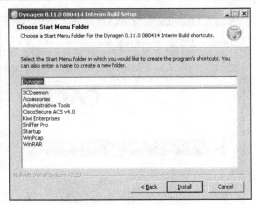

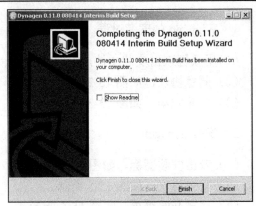

图 15-6　安装开始菜单程序名称　　　　　　　　　　　图 15-7　安装完毕

15.1.2　Dynamips 的使用

1. 拓扑文件

我们实验时，总是非常关心网络的拓扑，也就是说路由器之间的连线是如何做的？这在 Dynamips 里面是由一个拓扑文件来做的。

用一个记事本打开一个拓扑文件：

```
autostart = False
[127.0.0.1]

    [[Router r1]]
        image = e:\7200\images\C3640-JKS.BIN
        model = 3640
        console = 3001
        ram = 128
        mmap = False
        slot0 = NM-1FE-TX
        slot1 = NM-1FE-TX
        slot2 = NM-1FE-TX
        F0/0 = r2 F0/0

    [[Router r2]]
        image = e:\7200\images\C3640-JKS.BIN
        model = 3640
        console = 3002
        ram = 128
        mmap = False
        slot0 = NM-1FE-TX
        slot1 = NM-1FE-TX
        slot2 = NM-1FE-TX
```

拓扑文件的解释如下：

autostart = False

关闭路由器的自动启动，推荐。

[127.0.0.1]

用的 IP 地址是本地回还接口是 127.0.0.1。

这个文件定义了两个 router，r1 和 r2

image = e:\7200\images\C3640-JKS.BIN

这句话指定了 IOS 软件的加载位置。

model = 3640

指明了路由器的型号是 3640。

console = 3001

通过超级终端连接路由器用的端口。

ram = 128

分给路由器的内存，这个要根据不同的 IOS 型号，给予不同的分配，72 的 IOS 推荐给到 196，但是也不要给太多，够用就好，可以自己尝试一下，先给个小的，如果不够用，再加大。

mmap = False

当内存不够的时候，禁止使用硬盘，如果电脑内存不够，可以把 mmap = False 改成 mmap = true，这时候，如果内存不够用了，就可以使用硬盘存储空间，当然速度会变得非常慢。

slot0 = NM-1FE-TX

插槽 0 插入的模块是 NM-1FE-TX，也就是一个快速以太口的模块。

F0/0 = r2 F0/0

这一条就指明了 r1 的 F0/0 接口和 r2 的 F0/0 的接口连接在一块了。

2. Dynamips 的启动

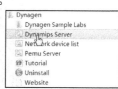

（1）Dynamips 安装完毕后，可以在桌面双击启动快捷方式 Dynamips Server，也可以在"开始/程序"菜单里面选择 Dynamips Server 选项，如图 15-8 所示。

图 15-8　启动 Dynamips

（2）这样就把服务器启动了，下面是服务器的启动界面，如图 15-9 所示。

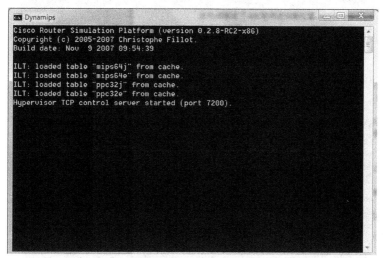

图 15-9　服务器启动界面

（3）下面就是双击已经编辑好的拓扑文件，这里需要注意的是，拓扑文件放置的目录一定不能包含中文字符。正确打开拓扑文件的界面，如图 15-10 所示。

（4）输入 list，查看有哪些路由器，如图 15-11 所示。

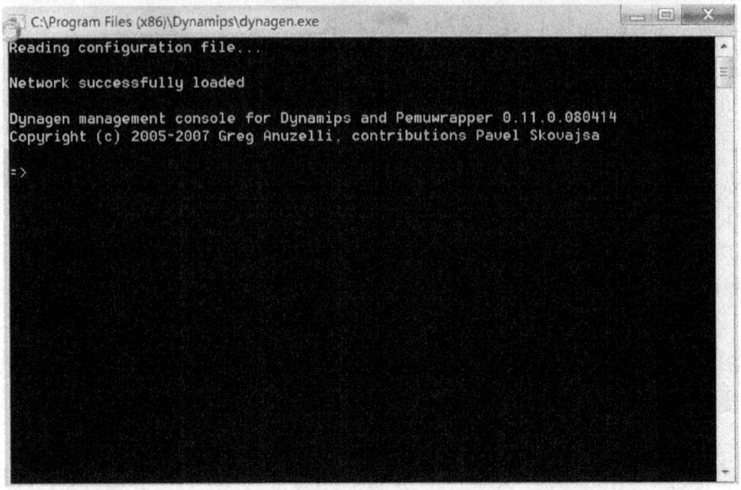

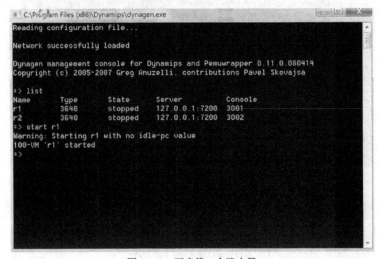

图 15-10　拓扑文件界面

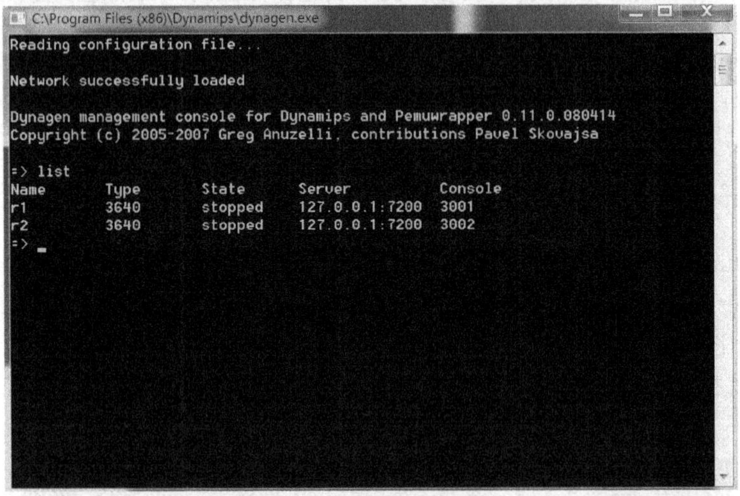

图 15-11　查看存在的路由器

（5）输入 Start r1，开启第一个路由器，如图 15-12 所示。

图 15-12　开启第一个路由器

（6）这时会看到出现一个警告，它的意思是 r1 没有 idle-pc 值。看一下，此时 CPU 的使用率是非常高的，如图 15-13 所示。

（7）这是这个程序的编写问题，就是使用完 CPU 之后，不会自动释放资源，导致 CPU 的使用率过高，导致一些性能差些的机器根本开不了几台路由器，可以用一个 idle-pc 值来解决这个问题。首先获取 idle-pc 值。输入 idlepc get r1，如图 15-14 所示。

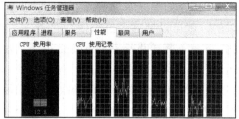

图 15-13　计算 Idle-pc 值前的 CPU 消耗

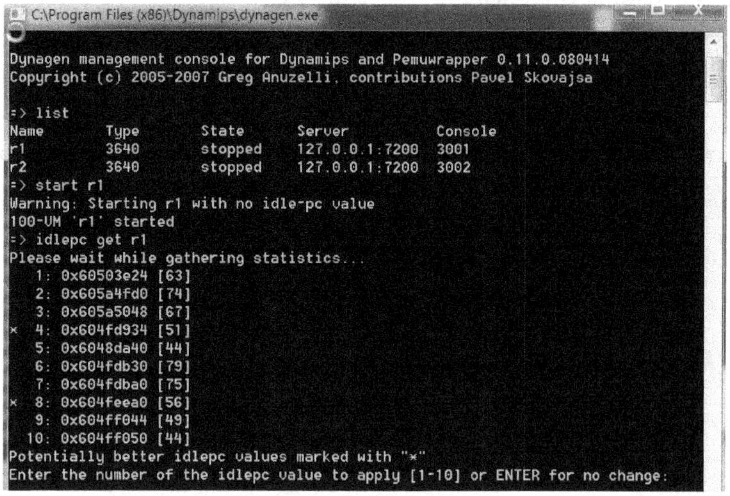

图 15-14　计算 Idle-pc

（8）下面会给出很多值，有的前面带着星号，这是推荐的值。注意这个值不一定好用，技巧是多获取几次，然后选择出现星号次数最多的那个。可以先用一个值，如果这个值不行，就先不保存，然后重启，重新获取。这里选择 4，看看效果如何？如图 15-15 所示。

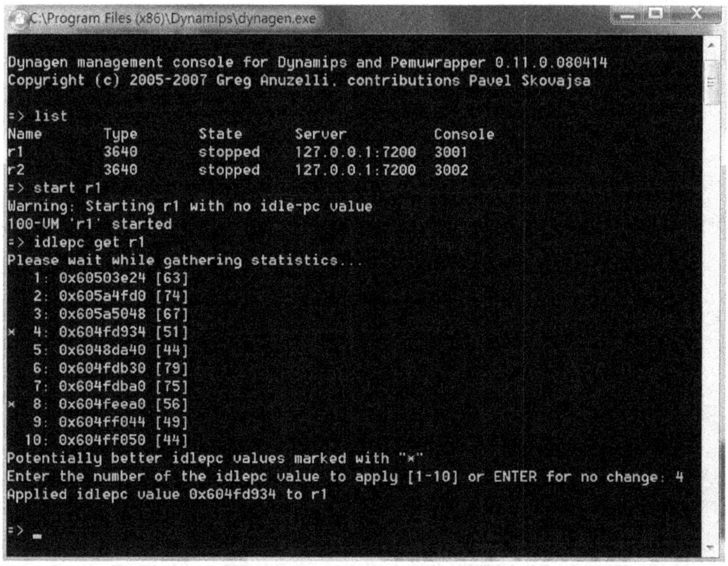

图 15-15　选择一个计算值

（9）看一下 CPU 的使用率，如图 15-16 所示。

（10）效果是非常明显的，证明这个值是可以的，就可以把这个值给保存起来，其他同型号的 ios 就不需要重新获取 idlepc 值了，如图 15-17 所示。

（11）如果这个值没有选取好，也保存了，那怎么办呢？可以找到这个文件,把这个文件删除，或者把其中的一个 idlepc 值删除。在 Win7 里，这个文件的位置是 C:\Users\Administrator 下，如图 15-18 所示。

图 15-16　Idle-pc 值计算后的 CPU 消耗

图 15-17　保存该 Idle-pc 值

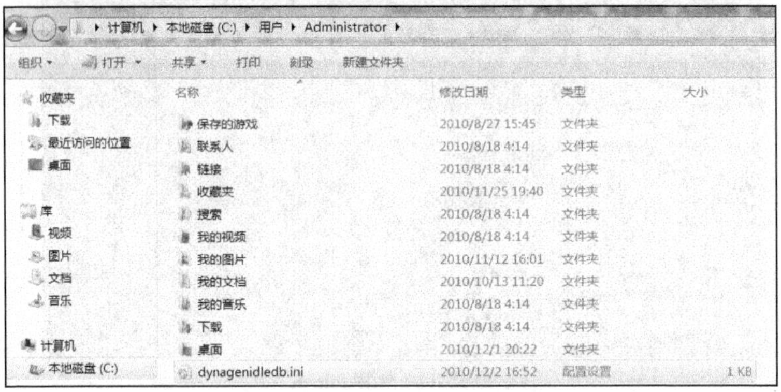

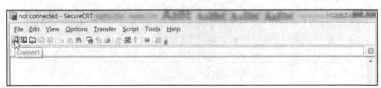

图 15-18　Win7 下 Idle-pc 值存放位置

（12）把这个文件用记事本打开，会发现曾经保存的 idlepc 值，如图 15-19 所示。

（13）如果觉得不合适，可以全部删除文件，或者删除一个具体的值即可。

3. Dynamips 的访问

既然路由器已经启动了,那么如何去访问这个路由器呢？还记得拓扑图文件里的 IP 地址 127.0.0.1 和 console 端口号吗？就通过这个地址和端口号 telnet 上去。

图 15-19　所保存的 Idle-pc 值

可以用 XP 自带的超级终端,可是 Win7 已经取消了超级终端，其实，即使是有这个软件，我们也不推荐，为什么呢？用起来非常不方便，微软很多的小工具都做得不够专业，推荐大家用 SecureCRT 这个软件，可以 telnet，可以 ssh，也可以通过串口访问路由器的 Console 口。

（1）SecureCRT 有安装版，有绿色版。安装完毕，打开后点击连接图标，如图 15-20 所示。

图 15-20　新建连接

（2）单击"新建文件夹"按钮，如图 15-21 所示。

图 15-21　新建文件夹

（3）命名文件夹为 test，如图 15-22 所示。

图 15-22　新建文件夹 test

（4）点中这个文件夹，然后选择新建会话选项，在弹出对话框的 Protocol 列表框中，选择 telnet 选项，如图 15-23 所示。

（5）单击"下一步"按钮，在 Hostname 文本框中填入 127.0.0.1，设置 Port 是 3001，如图 15-24 所示。

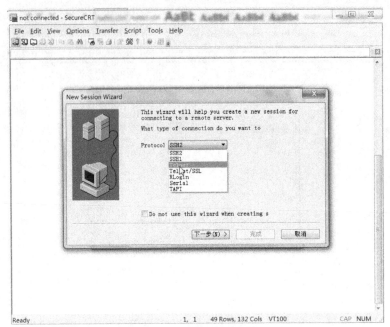

图 15-23 选择 telnet 选项

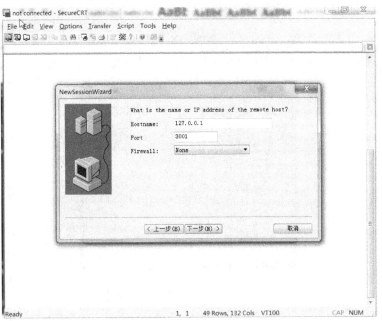

图 15-24 输入端口

（6）单击"下一步"按钮，在"会话名称"文本框中填入 r1，如图 15-25 所示。

（7）完成之后单击连接，如图 15-26 所示。

（8）然后按回车键，如图 15-27 所示。

（9）会发现字体有点儿小，可以修改字体大小和颜色，执行 Options/Session Options…命令，如图 15-28 所示。

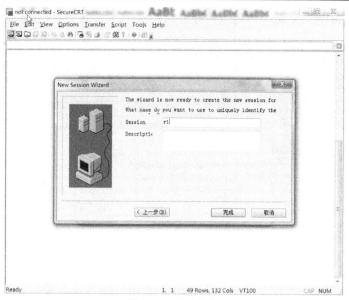

图 15-25　修改名称

图 15-26　完成单击连接

图 15-27　回车继续

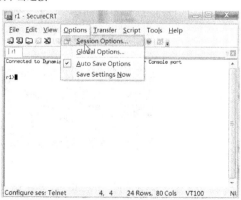

图 15-28　修改字体

（10）单击 Appearance 选项，可以修改会话和颜色，如图 15-29 所示。

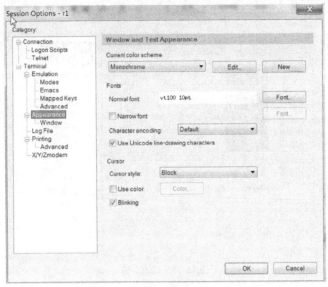

图 15-29　选择要修改的字体和颜色

（11）单击 Font 字体按钮，可以编辑字体，如图 15-30 所示。

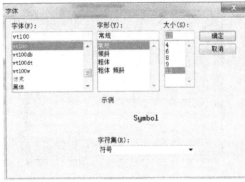

图 15-30　修改字体

（12）单击 Edit 按钮可以编辑颜色：前景色选了白色，背景色选了黑色，设置完毕后，可以看到发生的变化，如图 15-31 所示。

图 15-31　修改后的界面

（13）R2 的过程类似，主要要在 Port 填入 3002。首先单击 Cnnect in Tab 按钮，如图 15-32 所示。

图 15-32　在一个标签中显示

（14）在弹出的对话框中，单击 New Session 按钮，选择新会话，如图 15-33 所示。

（15）进入 New Session Wizard 对话框，在端口 Port 文本框中填入 3002，如图 15-34 所示。

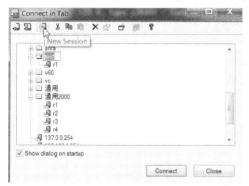

图 15-33　新建会话

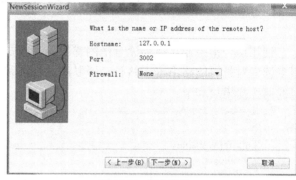

图 15-34　输入端口

（16）开启 r2，如图 15-35 所示。

图 15-35　开启 r2

（17）连接 r2，如图 15-36 所示。

图 15-36　连接 r2

15.2　7200 系列路由器的模拟

7200 系列路由器和 3600 系列路由器的接口有些不同，所以拓扑文件也不相同，下面就是一个 7200 路由器工作环境的拓扑文件。

autostart = false

[localhost]
port = 7200
udp = 10000

```
[[router r1]]
image = C:\7200\images\C7200-JKS.BIN
model = 7200
console = 3000
ram = 256
mmap = false
slot1 = PA-2FE-TX
```

主要是将 model 改成 7200，关键是接口卡 slot1 变成 PA-2FE-TX，其他的类似。

15.3 可以模拟的板卡和模块

使用这个模拟器，往往读者最困惑的是，不知道什么样的路由器接什么样的模块，因为很多读者对思科的路由器不熟悉，所以添加模块和卡就变得非常困难。下面是可以模拟的思科的路由器模块和卡。

```
==========1700s==========
```

1710
    Slots: 0 (available)
    WIC slots: 0
    CISCO1710-MB-1FE-1E   (1 FastEthernet port and 1 Ethernet port, automatically used)
    Note, interfaces do not use a slot designation (e.g. "f0")
1720
    Note, interfaces do not use a slot designation (e.g. "f0")
1721
    Note, interfaces do not use a slot designation (e.g. "f0")
1750
    Note, interfaces do not use a slot designation (e.g. "f0")
1751
1760
    Slots: 0 (available)
    WIC slots: 2
    C1700-MB-1ETH (1 FastEthernet port, automatically used)

Cards:
    - WIC-1T (1 Serial port)
    - WIC-2T (2 Serial ports)
    - WIC-1ENET (1 Ethernet ports)

```
==========2600s==========
```

2610
    Slots: 1 (available)
    WIC slots: 3
    CISCO2600-MB-1E (1 Ethernet port, automatically used)
2611
    Slots: 1 (available)
    WIC slots: 3
    CISCO2600-MB-2E (2 Ethernet ports, automatically used)
2620
    Slots: 1 (available)

WIC slots: 3
CISCO2600-MB-1FE (1 FastEthernet port, automatically used)
<u>2621</u>
   Slots: 1 (available)
   WIC slots: 3
   CISCO2600-MB-2FE (2 FastEthernet ports, automatically used)
<u>2610XM</u>
   Slots: 1 (available)
   WIC slots: 3
   CISCO2600-MB-1FE (1 FastEthernet port, automatically used)
<u>2611XM</u>
   Slots: 1 (available)
   WIC slots: 3
   CISCO2600-MB-2FE (2 FastEthernet ports, automatically used)
<u>2620XM</u>
   Slots: 1 (available)
   WIC slots: 3
   CISCO2600-MB-1FE (1 FastEthernet port, automatically used)
<u>2621XM</u>
   Slots: 1 (available)
   WIC slots: 3
   CISCO2600-MB-2FE (2 FastEthernet ports, automatically used)
<u>2650XM</u>
   Slots: 1 (available)
   WIC slots: 3
   CISCO2600-MB-1FE (1 FastEthernet port, automatically used)
<u>2651XM</u>
   Slots: 1 (available)
   WIC slots: 3
   CISCO2600-MB-2FE (2 FastEthernet ports, automatically used)

Cards:
   - <u>NM-1E</u>   (Ethernet, 1 port)
   - <u>NM-4E</u>   (Ethernet, 4 ports)
   - <u>NM-1FE-TX</u>   (FastEthernet, 1 port)
   - <u>NM-16ESW</u>   (Ethernet switch module, 16 ports)
   - <u>NM-NAM</u>
   - NM-IDS
   - <u>WIC-1T</u> (1 Serial port)
   - <u>WIC-2T</u> (2 Serial ports)

===========3600s===========
<u>3660</u>
   Slots: 6 (available)
<u>3640</u>
   Slots: 4
<u>3620</u>
   Slots: 2

Cards:
   - <u>NM-1E</u>   (Ethernet, 1 port)
   - <u>NM-4E</u>   (Ethernet, 4 ports)

- NM-1FE-TX   (FastEthernet, 1 port)
- NM-16ESW   (Ethernet switch module, 16 ports)
- NM-4T   (Serial, 4 ports)
- Leopard-2FE   (Cisco 3660 FastEthernet in slot 0, automatically used)

=============3700s=============
2691 (The 2691 is essentially a 3700 with 1 slot)
    Slots: 1 (available)
    WIC slots: 3
3725
    Slots: 2 (available)
    WIC slots: 3
3745
    Slots: 4 (available)
    WIC slots: 3

Cards:
    - NM-1FE-TX   (FastEthernet, 1 port)
    - NM-4T   (Serial, 4 ports)
    - NM-16ESW   (Ethernet switch module, 16 ports)
    - GT96100-FE   (2 integrated ports, automatically used)
    - NM-NAM
    - NM-IDS
    - WIC-1T (1 Serial port)
    - WIC-2T (2 Serial ports)

=============7200s=============
7206
    Slots: 6 (available)

Chassis types:
- STD
- VXR

NPEs:
- NPE-100
- NPE-150
- NPE-175
- NPE-200
- NPE-225
- NPE-300
- NPE-400
- NPE-G2 (Requires the use of NPE-G2 IOS images)

Cards:
- C7200-IO-FE   (FastEthernet, slot 0 only)
- C7200-IO-2FE (FastEthernet, 2 ports, slot 0 only)
- C7200-IO-GE-E   (GigabitEthernet interface only, Ethernet not currently functional, slot 0 only)
- PA-FE-TX (FastEthernet)
- PA-2FE-TX (FastEthernet, 2 ports)
- PA-4E (Ethernet, 4 ports)
- PA-8E (Ethernet, 8 ports)

- PA-4T+　(Serial, 4 ports)
- PA-8T (Serial, 8 ports)
- PA-A1 (ATM)
- PA-POS-OC3 (POS)
- PA-GE (GigabitEthernet)

15.4　以太网交换机的模拟

15.4.1　NM-16ESW 模块

思科的路由器现在都是多业务路由器，也就是路由器上可以插交换机的模块。如果在3600 的机器上插入 NM-16ESW 的模块，路由器就可以变成一个交换机来用了，但是这种交换机模块的功能是有限的，不能完全和思科真正的交换机相比。

```
[[Router r1]]
    image = e:\7200\images\C3640-JKS.BIN
    model = 3640
    console = 3001
    ram = 128
    mmap = False
    slot0 = NM-1FE-TX
    slot1 = NM-16ESW
```

加上这个模块之后，这个路由器就有了交换机的功能。

15.4.2　Dynamips 自己模拟器的交换机

Dynamips 自己也可以模拟虚拟的交换机的，这个交换机只是占用很小的资源，但是不能配置，只能起到一个连接的作用。下面就是 r1 和 r2 通过虚拟的交换机连接在一起的拓扑。

```
autostart = False
[127.0.0.1]

    [[Router r1]]
        image = e:\7200\images\C3640-JKS.BIN
        model = 3640
        console = 3001
        ram = 128
        mmap = False
        slot0 = NM-1FE-TX
        slot1 = NM-16ESW
        f1/0 = S1 1

    [[Router r2]]
        image = e:\7200\images\C3640-JKS.BIN
        model = 3640
        console = 3002
        ram = 128
        mmap = False
```

```
    slot0 = NM-1FE-TX
    slot1 = NM-1FE-TX
    f1/0 = S1 1

[[ETHSW S1]]

    1 = access 1
    2 = access 1
```

虚拟交换机是 S1，它有两个口，当然可以再加。1 = access 1，前面的 1 表示第一个口，第二个 1 表示接入的是 VLAN1，而第二个口也是介到 VLAN1 里面来了。而 f1/0 = S1 1 中后面的 1 指的是第一个口。

15.4.3　虚拟帧中继交换机

我们做实验的时候也经常碰到帧中继交换机，其实还是推荐大家用路由器去模拟一下，但是这个软件可以模拟虚拟的帧中继交换机，可以有效地节约资源，对那些不太熟悉电脑性能的读者是有一定用途的。

下面是一个模拟器帧中继交换机的拓扑：

```
autostart = False
[127.0.0.1]

    [[Router r1]]
        image = e:\7200\images\C3640-JKS.BIN
        model = 3640
        console = 3001
        ram = 128
        mmap = False
        slot0 = NM-1FE-TX
        slot1 = NM-4T
        s1/0 = F1 1

    [[Router r2]]
        image = e:\7200\images\C3640-JKS.BIN
        model = 3640
        console = 3002
        ram = 128
        mmap = False
        slot0 = NM-1FE-TX
        slot1 = NM-4T
        s1/0 = F1 2

    [[FRSW F1]]
        1:102 = 2:201
```

这个拓扑说的是 r1 连接帧中继交换机的 1 口，r2 连接帧中继的 2 口，r1 分配的 dlci 号是 102，r2 分配的 dlci 号是 201。

15.5　与真实网路连接

模拟的路由器可以与真实的网络连接在一块儿吗？可以！那么如何连接呢？

在安装的时候，会出现一个 Network device list 的图标，双击它可以获取到每个网卡的参数，只要把这个网卡参数和路由器的一个接口连接在一起，就可以完成这个路由器和真实网卡的通信了。

网络设备列表如图 15-37 所示。

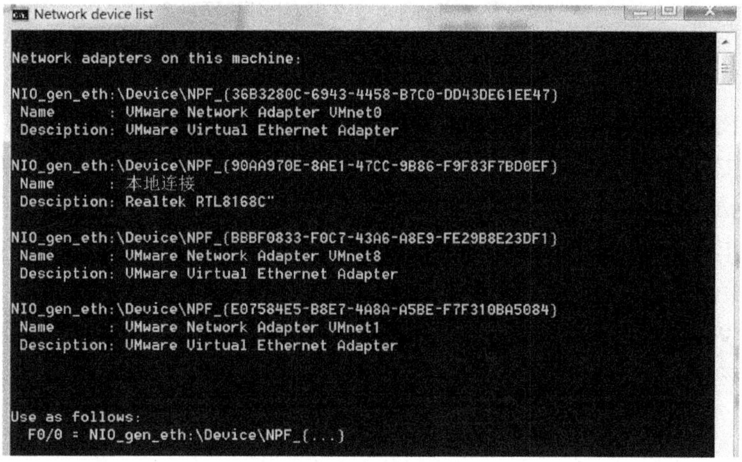

图 15-37　网络设备列表

把本地连接和 r1 的 f0/0 口连接在一起：

```
[[Router r1]]
    image = e:\7200\images\C3640-JKS.BIN
    model = 3640
    console = 3001
    ram = 128
    mmap = False
    slot0 = NIO_gen_eth:\Device\NPF_{90AA970E-8AE1-47CC-9B86-F9F83F7BD0EF}
```
这样就可以了。

15.6　保存和重启配置

在模拟器启动的 ios 里面，输入 wr 或者 copy run start 保存配置。并且你的寄存器的值也是 0x2102，但是你会发现还是不能保存，这是为什么呢？因为真正的寄存器配置应该在拓扑文件里面。

```
[[router r1]]
image = C:\7200\images\C7200-JKS.BIN
model = 7200
console = 3000
ram = 256
confreg = 0x2102
```
这样，在你重启的时候，就可以看到自己保存的文件了。

在模拟器的 ios 里面，是不能 reload 重启路由的，如果要重启，请用下面的方式，如图 15-38 所示。

```
=> reload r2
100-VM 'r2' stopped
100-VM 'r2' started
```

图 15-38　路由器重启

15.7　GNS3 软件介绍

GNS3 是由 Jeremy Grossmann 等编写的一套基于 Dynamips 的图形可视化前端的网络模拟工具。GNS3 项目是开源的自由程序，能使用于多种操作系统，包括 Windows、Linux 等。它不像 boson 或者 packet tracer 那样纯粹的软件模拟器，其工作原理和 Dynamips 是一样的，也是相当于将真的 IOS 放在 PC 上运行，但是，相比 Dynamips，GNS3 是图形化的，具有易于操作、易理解等优点。需要注意的是，GNS3 虽然能模拟绝大部分路由器的 IOS，但是对于许多交换机的 IOS 模拟，是不能实现的。因此，在涉及交换机的 IOS 的配置上，还是应该以真机为准。用户可以到 GNS 官网 http://www.gns3.net 免费下载 GNS3 的最新版本。

15.7.1　软件安装与配置

GNS3 的安装方法如下所述，此处以 GNS3-0.7.2 为例。

（1）用鼠标右键单击 GNS3 安装图标，以管理员身份运行。如果不以管理员身份运行，安装好后，某些功能无法正常运行。

（2）在以下安装界面单击"Next"按钮，如图 15-39 所示。

（3）在以下安装界面单击 I Agree 按钮，同意安装条款，如图 15-40 所示。

图 15-39　此处单击 Next 按钮

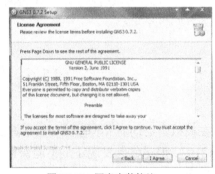

图 15-40　同意安装协议

（4）在以下安装界面单击 Next 按钮，默认选择开始菜单文件夹，如图 15-41 所示。

（5）在以下安装界面单击 Next 按钮，以选择安装组件，这里全部用默认设置，如图 15-42 所示。

（6）在以下安装界面单击 Install 按钮，建议依照默认安装在 C 盘，以便后面和 Wireshark 抓包软件关联，以实现在 GNS3 上方便地运用 Wireshark 软件，对实验的数据包进行抓包分析。同时请注意，GNS3 的安装目录不能含有中文等特殊字符，否则将无法正常安装，如图 15-43 所示。

图 15-41　建立程序名

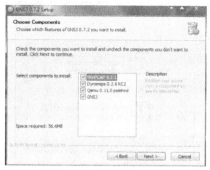

图 15-42　安装默认组件

（7）在以下安装界面单击 Finish 按钮，安装完成，如图 15-44 所示。

图 15-43　设置安装路径

图 15-44　完成安装

提示：

如果是在 Win7 系统下安装，安装好后，可能会出现安装的 ico 图标不能正常显示的情况，此时用右键单击该启动程序，在弹出菜单中选择"属性"选项，在弹出对话框中选择"更改图标"选项，在 GNS3 安装路径下找到 ico 图标，单击"确定"按钮即可。如图 15-45 所示。

在完成了对 GNS3 的安装后，下面开始对 GNS3 进行初始化配置。配置过程大致可以分为三步。

（1）用鼠标右键单击 GNS3 启动程序图标，在弹出菜单中选择以管理员身份运行。

图 15-45　选择 ico 图标

（2）在显示的窗口中单击"1"按钮，如图 15-46 所示。

（3）在如下的窗口中 Language 栏可以选择语言，这里可以选择"简体中文"，如图 15-47 所示。

（4）单击左侧的 Dynamips 选项，然后在右侧的窗口中单击 Test 按钮，出现如下信息，显示测试成功。注意，如果在软件安装和运行的时候不是以管理员身份运行，这里可能会出现测试不成功的情况。在后面的使用中要确保此处测试成功，如图 15-48 所示。

（5）用鼠标单击右侧的 Capture 按钮，此处设置抓包软件的位置，默认是用的 C 盘下安装的 Wireshark 软件。如果安装的抓包软件在其他位置，此处可以选择路径，如图 15-49 所示。

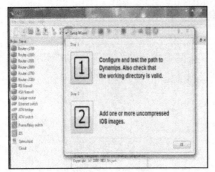

图 15-46　首步配置

图 15-47　选择语言

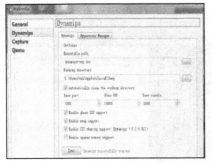

图 15-48　测试配置是否正常

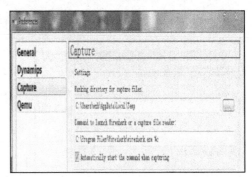

图 15-49　抓包软件关联

（6）其他配置默认即可，单击 Apply、OK 按钮，完成第一阶段的配置，如图 15-50 所示。

（7）在回到的界面单击"2"按钮，进行第二阶段的配置，如图 15-51 所示。

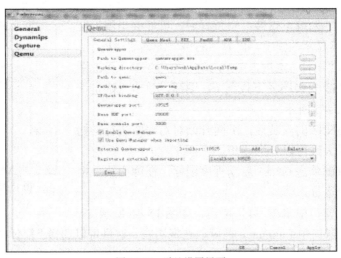

图 15-50　默认设置界面

（8）在弹出的窗口中，设置 IOS 路径，如图 15-52 所示。

（9）此处选择了已下载好的 Cisco 2691ios，单击"打开"按钮，如图 15-53 所示。

说明：

一些 IOS 可以在下面网址下载到：http://www.net130.com/CMS/Pub/soft/soft_ios/index.htm/

（10）然后单击 Save、Close 按钮，如图 15-54 所示。

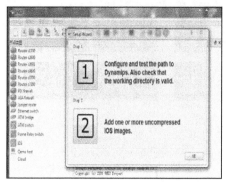

图 15-51　第 2 步配置

图 15-52　选择 IOS 路径

图 15-53　选择相应 IOS

图 15-54　确定选择 IOS

（11）在主窗口处，执行上方的 Edit/Preferences 命令。选择 Dynamips 选项后，再次单击 Test 按钮进行测试。显示测试成功，第二阶段配置完成，如图 15-55 所示。

（12）下面进行第三阶段的配置。在主窗口中单击开始添加的 2691IOS 路由器，拖动到右边的工作区，如图 15-56 所示。

图 15-55　选择设置说明

图 15-56　选择路由器

（13）再单击上方的开始按钮，如图 15-57 所示。

（14）此时打开任务管理器，查看 CPU 的消耗。会发现消耗明显增大，大致在 60%左右，如图 15-58 所示。

（15）用鼠标右键单击路由器 R1，选择"Idle PC"选项，计算 Idle PC 值。

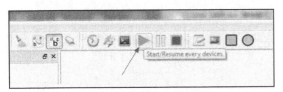

图 15-57 运行拓扑中的设备

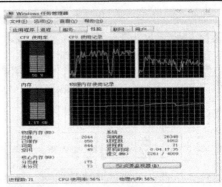

图 15-58 计算前的 CPU 消耗

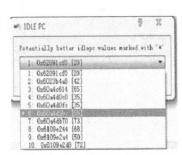

图 15-59 首选星号的 IDLE PC 值

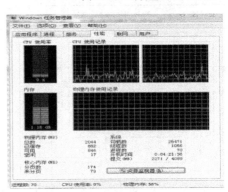

图 15-60 计算后的 CPU 消耗

（16）选择带"*"号的值，如图 15-59 所示。要是没有，可以多次计算，也可选择一个不带星号的其他值，直到再次查看 CPU 消耗时，其值瞬间降低到正常，如图 15-60 所示。

说明：

有时候，即使选择了带星号的 Idle 值，CPU 消耗仍然居高不下，此时应该继续计算，所以星号只是个参考，不是绝对的。计算以后，下次用到该型号的路由器的时候，不需要再计算。但是在添加新的 IOS 型号镜像文件的时候，依旧要计算该新添加的 IOS 的 Idle Pc。

自此，3 个阶段的 GNS3 配置已经完成。下次启动 GNS3 的时候，便可以开始实验。

15.7.2 简单的实验过程

GNS3 配置好以后，现在做一个简单的串行链路的实验。

（1）拖动两台已经设置了 IOS 并计算过 Idle PC 值的路由器到工作区。

（2）用鼠标选中两台路由器，在空白区域单击鼠标右键，选择"配置"选项，如图 15-61 所示。

（3）选中左侧的 R1 与 R2，然后在右侧的"插槽"栏下选择"插槽 1"，选择"NM-4T"模块，如果要模拟交换机，此处选择"NM-16ESW"模块。单击 OK 按钮，如图 15-62 所示。

（4）单击左上角的水晶插头样的按钮，如图 15-64 所示。不用管弹出的接口选择框，如果不想出现这个选择框，可以在图 15-63 中将"当添加连接默认使用手动方式"复选框勾选上。然后在 R1 上单击鼠标左键。选择 S1/0 接口。再在 R2 上单击鼠标左键，选择 S1/0 接口。于是 R1 与 R2 之间的串行链路就建立起来了，如图 15-65 所示。

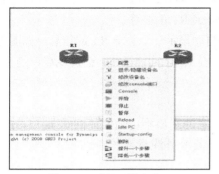

图 15-61　选择配置选项

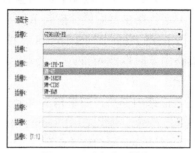

图 15-62　选择串行模块

图 15-63　添加手动模式

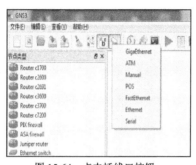

图 15-64　点击插线口按钮

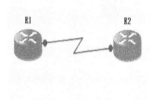

图 15-65　连接好的拓扑图

（5）再次单击左上角的红叉按钮，停止新加线路连接。单击上方的开始按钮，运行。此时路由器已经正常运行。运行后设备的接口由红色转变为绿色，如图 15-66 和图 15-67 所示。

图 15-66　再次单击以取消

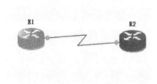

图 15-67　正常运行

拓扑搭建好路由器正常运行后，就可以进行路由器的配置。可使用 GNS3 自带的 Console 功能配置，单击上方的图示按钮，如图 15-68 所示，弹出如图所示的配置界面，如图 15-69 所示。每个路由器对应一个配置界面。

图 15-68　图示出开始配置

图 15-69　配置界面

除了用 GNS3 上的 Console 配置外，还可以关联到 SecureCRT 进行配置，也可以用远程终端或者 WEB 进行管理配置。这里只谈论关联 SecureCRT 的操作。

（1）运行路由器后鼠标指向 R1 等待几秒钟，会自动显示一个关于 R1 的信息，如图 15-70 所示。这里我们看到 R1 的 Console 口的端口是 2000。在 R2 上同样操作，会发现端口是 2001，再添加路由器时以此类推。

提示：

在运行路由器后，如果再添加新的路由器进来，它的端口不再是紧随的+1 端口，而是+2 中间跳跃了一个。所以在用 SecureCRT 连接的时候，要分外注意。

（2）打开 SecureCRT 6.6。

（3）单击左上角的图标，建立新的连接，如图 15-71 所示。

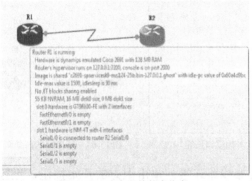

图 15-70　路由器的基本信息

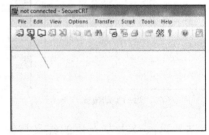

图 15-71　建立新的连接

（4）在弹出的对话框中，在 Protocol 列表框中选择 Telnet 选项，在 Hostname 栏填入 127.0.0.0/8 网段内任意的本机回送地址。在 Port 栏填写第一步中得出的相应路由器对应的 Console 端口号。将 Show quick connect on startup 复选框勾选上，以便下次启动 CRT 的时候可以直接连接，不用再配置。再将 Open in a lab 复选框也勾上，方便多个路由器运行后用 Alt+数字组合键进行快速切换。最后单击 Connect 按钮完成连接，如图 15-72 所示。

（5）在连接成功后，可以修改它的名称，以便与 GNS3 上路由器的名称相对应，方便操作。用鼠标右键单击 127.1.1.1 按钮，在弹出菜单中选择 Rename 选项，在弹出的命名对话框中输入 R1 或者其他名字，单击 OK 按钮即可，如图 15-73 所示。

图 15-72　配置连接

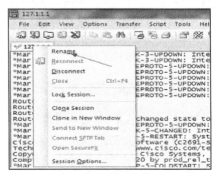

图 15-73　修改名称

15.7.3　实验拓扑和配置文件的保存与再次读取

当做好实验后，想将本次的实验拓扑以及配置保存下来以便下次使用的时候，操作步骤如下。

（1）在配置界面特权模式下输入 write，将配置保存至内存中。

（2）在 GNS3 上单击如图 15-74 所示的图标。

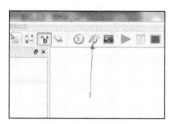

图 15-74　配置导出

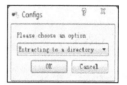

图 15-75　导出配置

（3）在弹出的窗口中单击 Extracting to a directory 按钮，如图 15-75 所示。单击 OK 按钮，然后选择要储存的配置文件的位置。建议将所有设备的配置文件放在一个文件夹里面，方便以后再次读取。

（4）保存好后 GNS3 下方的控制台会显示，如图 15-76 所示。

（5）保存拓扑图，如图 15-77 所示。

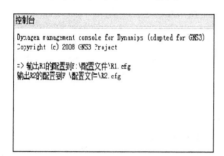

图 15-76　保存好后的显示

图 15-77　保存拓扑

（6）选择保存的名称、路径，然后单击"确定"按钮。于是配置与拓扑都保存完毕。拓扑是以 .net 格式文件保存的。关闭 GNS3。

提示：

有时候，当 GNS3 意外关闭时，再次运行 GNS3 不能成功，这个时候在任务管理器中的进程栏关闭图示进程，GNS3 便又能正常启动，如图 15-78 所示。

下面进行再次打开拓扑与配置的操作。

（1）双击开始保存的 .net 文件后，自动进入到 GNS3 界面。

（2）单击图 15-79 所示按钮，在弹出的对话框

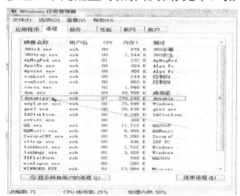

图 15-78　结束未正常退出的进程

中选择 Importing from a directory 选项，然后找到开始保存的配置文件文件夹，确定即可，如图 15-80 所示。

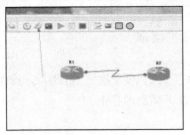

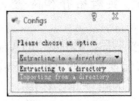

图 15-79　配置导入　　　　　　　　　　图 15-80　导入配置

（3）导入成功后即可运行路由器，登录到配置界面继续进行操作。

15.7.4　GNS 与本机网卡的桥接

在有些实验中，需要使自己的本机与模拟器上的路由器连接起来。比如，将 GNS3 上的一台路由器 R1 与自己电脑的网卡用以太网线连接，在电脑的网卡上配置 IP 为 192.168.1.2/24，在路由器上与之连接的接口上配置 IP 为 192.168.1.1/24，在电脑上 DOS 就可以 ping 通该路由器上的接口 IP，也可在电脑网卡上的网关设置成该路由器接口的 IP。又比如在做 VPN 实验时，本机要运行 VPN 客户端软件，利用本机与模拟器的通信可以模拟 VPN 的全过程实现。现在介绍桥接方式。

（1）在左侧的节点类型栏中拖动 Cloud 选项到右侧工作区，也可以用电脑图标样的 Qemu host，但是也要将其设置成云类型，如图 15-81 所示。

（2）双击左侧的 C1 选项，右侧会出现当前可用网卡。注意，如果在启动 GNS3 的时候不是以管理员的身份运行，可能会使得这里没有任何网卡可选。如果是带有无限网卡的机器，建议关闭无限网卡后进行。这里的网卡可以是真实的物理网卡，也可以是虚拟机上桥接过来的虚拟网卡，或者本机的虚拟回环网卡，如图 15-82 所示。

图 15-81　节点云的选择

（3）单击"添加"、OK 按钮。于是可以在云和路由器之间连线了，如图 15-83 所示。

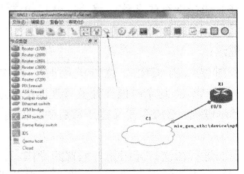

图 15-82　选择网卡　　　　　　　　　　图 15-83　设备之间连线

（4）单击"运行"按钮，即可对 R1 进行配置。对云的配置在本地物理机的网卡处。

提示：

如果想使用电脑图标样的 Qemu host 来代表主机。设置如下：

（1）如图 15-84 所示，执行"编辑/图标管理"命令。

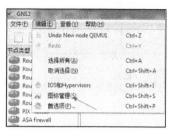

图 15-84　选择配置图标

（2）在左侧选择该计算机图标，添加到右侧，设置名称，这里将类型设置成 Cloud。单击 apply、OK 按钮，如图 15-85 所示。

图 15-85　图标配置

（3）然后就可以将该图标拖到工作区，如图 15-86 所示。

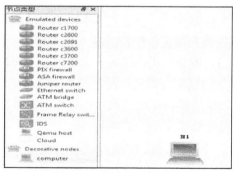

图 15-86　拖动 N1 至工作区

（4）用鼠标双击 N1 图标，类型云一样要添加网卡。如果没有网卡可选，可重新以管理员身份打开 GNS3。设置结束。

15.7.5　GNS3 其他图标按钮说明

下面介绍一下 GNS3 上其他的按钮功能，如图 15-87 所示。

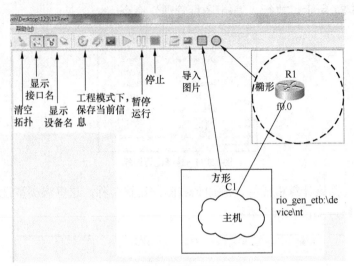

图 15-87　其他图标的说明

● 椭形、方形：可以在工作区产生相应的形状。用来外观上表示几台设备在一个物理区域，或者在某些配置上用到的逻辑区域。比如，在 OSPF 中设置几台路由器为 AREA0，就可以用这两个形状将这些设备外观上集合到一起，以展现 OSPF AREA0 的概念，方便读懂拓扑。

● 导入图片：可以在这里向工作区间导入一些图片用以增强对拓扑的理解。

● 停止：停止路由器的运行。如果将配置已经保存到内存中，那么停止后不退出 GNS3，再单击"开始"按钮运行，配置继续在路由器内。要彻底清除，必须重启 GNS3 或者不将配置保存在 NVROM。

● 暂停：暂停路由器的运行。暂停后，计算机的 CPU 想消耗会大大降低，在要重新进行配置时，单击"开始"按钮即可。同时，暂停后还可以继续向工作区间添加新的设备，来与暂停的设备之间连接。

● 保存当前信息：在工程模式下，当建立一个网络实验的工程，单击该按钮能够对当前的工作情况进行保存。包括拓扑情况、配置情况、日志等。

● 设备名：单击该按钮，能显示工作区内设备的名称。再次单击工作名会隐藏，默认是显示的。也可以在路由器上用鼠标右键选择是否选中设备名。

● 接口名：该按钮用以决定是否在连线的接口处显示该接口的名称。

● 清空拓扑：用于清除当前工作区间的拓扑。